myBook+

Ihr Portal für alle Online-Materialien zum Buch!

Arbeitshilfen, die über ein normales Buch hinaus eine digitale Dimension eröffnen. Je nach Thema Vorlagen, Informationsgrafiken, Tutorials, Videos oder speziell entwickelte Rechner – all das bietet Ihnen die Plattform myBook+.

Und so einfach geht's:

- Gehen Sie auf **https://mybookplus.de**, registrieren Sie sich und geben Sie Ihren Buchcode ein, um auf die Online-Materialien Ihres Buches zu gelangen
- **Ihren individuellen Buchcode finden Sie am Buchende**

Wir wünschen Ihnen viel Spaß mit myBook+!

Generationen zusammen führen

Daniela Eberhardt

Generationen zusammen führen

Mit Generation X, Y, Z, Alpha und Babyboomern die Arbeitswelt gestalten

4. aktualisierte und erweiterte Auflage

Haufe Group
Freiburg · München · Stuttgart

Bibliografische Information der Deutschen Nationalbibliothek

Die Deutsche Nationalbibliothek verzeichnet diese Publikation in der Deutschen Nationalbibliografie; detaillierte bibliografische Daten sind im Internet über http://dnb.dnb.de/ abrufbar.

Print:	ISBN 978-3-648-18142-3	Bestell-Nr. 10118-0004
ePub:	ISBN 978-3-648-18143-0	Bestell-Nr. 10118-0103
ePDF:	ISBN 978-3-648-18144-7	Bestell-Nr. 10118-0153

Daniela Eberhardt
Generationen zusammen führen
4. aktualisierte und erweiterte Auflage, November 2024

Munzinger Str. 9, 79111 Freiburg
www.haufe.de | info@haufe.de

Bildnachweis (Cover): © Bojan89, iStock

Produktmanagement: Kerstin Erlich

Inhaltsverzeichnis

Vorwort und Danksagung zur 4. Auflage

»Generationen zusammen führen« erscheint in einer vierten und vollständig aktualisierten und um aktuelle Themen erweiterten Auflage. Seit der Erstausgabe sind neun Jahre vergangen. Alter, Altern, verschiedene Generationen sind Themen, die heute genauso aktuell sind wie in den letzten Jahren. Und doch sieht die Arbeitswelt innerhalb kürzester Zeit seit der 3. Auflage im Jahr 2021 heute anders aus. Inzwischen steht die Generation Alpha kurz vor dem Berufseintritt und die geburtenstarke Babyboomer-Generation ist in der letzten Berufsphase, an der Schwelle zum Ruhestand oder bereits in Rente. Die gegenwärtige gesellschaftliche Situation ist geprägt durch Krieg in Europa, globale Krisen sowie gesellschaftliche Herausforderungen wie die Klimakrise. Zudem sind veränderte Ansprüche an eine inklusive Gesellschaft oder eben der Anspruch auf Beibehaltung des Status quo zu beobachten. Die Corona-Pandemie hat einen signifikanten Einfluss auf die Entwicklung der digitalen Zusammenarbeit, der Verbreitung von Homeoffice und der Entwicklung verschiedener Ausprägungen von New-Work-Arbeitswelten genommen. Wir sind mitten im Generationenwechsel und dieser verstärkt den Fachkräftemangel respektive in vielen Branchen bereits den allgemeinen Arbeitskräftemangel. Dies hat zusammen mit den sich weiterentwickelten Kompetenzen und Präferenzen für flexiblere Formen der Zusammenarbeit, Work-Life-Balance, Arbeitszeitreduktion etc. zu neuen betrieblichen Herausforderungen und Vorgehensweisen geführt.

Derzeit ist der Anteil Babyboomer in den Belegschaften der Unternehmen hoch und die Zusammensetzung – mit Branchenunterschieden – eher alterszentriert. Mit dem Eintritt der Babyboomer in den Ruhestand wird sich diese Zusammensetzung in den nächsten Jahren jedoch rasch ändern. Unsere Gesellschaft und Arbeitswelt sind flexibel, schnell und von rasanten Entwicklungen geprägt. Die Ansprüche der Generationen an mehr Flexibilität in der Arbeitswelt bezüglich Arbeitsort und Arbeitszeit gleichen sich in einigen Punkten immer mehr an. »Neue« Formen der Zusammenarbeit geben etwas mehr individuellen Freiraum, werden geschätzt und nachgefragt. Die Arbeitswelt verändert sich laufend und fordert uns Menschen in vielen Berufsfeldern durch Komplexität, veränderte Arbeitsabläufe, Personalmangel, verdichtete Aufgabenpakete oder Unsicherheiten bezüglich real existierender oder antizipierter Veränderungen heraus. All diese Entwicklungen in der Arbeitswelt führen zu individuellen Antworten sowie generationstypischen Verhaltensweisen. Auch weiterhin lassen sich altersspezifisch unterschiedliche Werthaltungen, Arbeitsweisen sowie Kompetenzen im Umgang mit Digitalisierung und neu auch generativer künstlicher Intelligenz beobachten. Die genannten Besonderheiten dienen im Rahmen des Generationenmanagements sowie der Führung in generationenübergreifenden Teams als Orientierungsrahmen. Ziel ist es menschliche Dynamiken, Bedürfnisse und Verhaltensweisen besser verstehen sowie einordnen zu können. Die Auseinandersetzung mit dem Individuum und seinen Besonderheiten kann dieser Orientierungsrahmen jedoch nicht ersetzen.

Auch in dieser 4. Auflage möchte ich reflektieren, wie sich mein persönlicher Umgang mit dieser Thematik weiterentwickelt hat. In meiner Funktion als Direktorin HR Stadt Zürich durfte ich die Veränderung in der Arbeitswelt vielfältig und für eine Multi-Branchen-Organisation weiterentwickeln und die Zusammenarbeit in der hybriden Arbeitswelt aktiv pflegen. Persönliche Highlights im Generationenmanagement waren die Einführung eines Programms für Young Professionals, die weitere Flexibilisierung der letzten Berufsphase und die nun mögliche Beschäftigung über das offizielle Renteneintrittsalter hinaus. Privat habe ich ein mir sehr nahestehendes Ehepaar in seiner letzten Lebensphase begleitet. Dabei wurde ich mit der Erkenntnis konfrontiert, dass die Bewältigung des Alltags für hochaltrige Menschen ohne Unterstützung zunehmend schwieriger wird. Ich habe erlebt, was es bedeutet, wenn Pflegeplätze rar sind und Hilfe dann, wenn man sie am meisten braucht, nur eingeschränkt verfügbar ist. Und auch in meiner Kernfamilie haben sich alle – generationstypisch – weiterentwickelt. Unser Sohn (Generation Z) ist parallel zum Studium in einem durch Vertreter der Gen Z geführten Start-up für Influencer-Marketing als Head of Sales tätig. Unsere Tochter, auch Angehörige der jungen Generation, ist Consultant in einer Boutique-Unternehmensberatung, die neu eine generationsübergreifende Co-Leitung hat. Sie hat sich intensiv fachlich mit dem Thema auseinandergesetzt und engagiert sich auch beruflich aktiv dafür. Mein Mann (Babyboomer) und ich (Generation X) haben uns für eine weitere berufliche Herausforderung und einen Stellenwechsel entschieden. Mein Weg führt zurück in die Angewandte Psychologie und an die Hochschule und ich freue mich sehr auf diese neue Aufgabe.

Auch die vierte Auflage ist mit Unterstützung anderer entstanden: Jana Eberhardt verantwortet als Co-Autorin in der 4. Auflage die Überarbeitung des Kapitels zu den Generationen in der Arbeitswelt. Alina Wohlt hat die Grafiken zur demografischen Entwicklung sowie die Initiativen aktualisiert. Verschiedene Fachexpertinnen und Fachexperten haben in den Fallstudien zur Stadtverwaltung Zürich und zu anderen Organisationen ihren Beitrag zum Generationenmanagement aufbereitet und zur Verfügung gestellt. Miriam Minidis hat erneut die formale Überarbeitung unterstützt. Euch allen ganz herzlichen DANK dafür!

Daniela Eberhardt, Zürich im Juli 2024

Vorwort und Danksagung zur 3. Auflage

»Generationen zusammen führen« erscheint in einer dritten und vollständig überarbeiteten Auflage. Seit der Erstausgabe sind erst sechs Jahre vergangen. Alter, Altern, verschiedene Generationen sind Themen, die heute genauso aktuell sind wie in den letzten Jahren. Und doch hat sich vieles weiterentwickelt und verändert. Wir haben jetzt bis zu fünf Generationen in den Unternehmen. Die Arbeitswelt hat im letzten Jahr große Veränderungen erfahren, die schnell umgesetzt werden mussten. Die weltweite Corona-Pandemie hat zu einer massiven Beschleunigung der Digitalisierung, des Kompetenzzuwachses im Bereich digitale und flexible Arbeitswelten bei allen Generationen und zu neuen Rahmenbedingungen der Führung und Zusammenarbeit geführt.

Zwischenzeitlich ist die Generation Z in das Berufsleben eingetreten oder steht an der Schwelle zum Berufseintritt. Sie muss sich in der Berufseintrittsphase in einer Lern- und Arbeitswelt zurechtfinden, die im Schwerpunkt digital, im Homeoffice und mit wenig direktem Austausch mit anderen stattfindet. Die Millennials haben sich in der Arbeitswelt etabliert und sind in den Unternehmen angekommen. Die Generation X hat neue Herausforderungen in der Vereinbarkeit von Beruf und Familie bewältigt und kennt das Paralleluniversum von Homeoffice und Homeschooling, Arbeiten und Lernen in Videokonferenzen und hat die sich immer mehr auflösenden Grenzen von Arbeit und Privatem am intensivsten erlebt. Die Silver Worker sind weitgehend im Ruhestand und die Babyboomer, die immer noch die größte Anzahl an Erwerbspersonen in der Bevölkerung stellen, sind jetzt die älteste Mitarbeitendengruppe. Sie befinden sich in den »kritischen letzten Jahren« vor dem Erreichen des offiziellen Renteneintrittsalters. Einige von ihnen erfahren immer weniger Support im Unternehmen und stehen an der Schwelle zum freiwilligen oder forcierten früheren Austritt aus dem Berufsleben, andere sind weiterhin so eingebunden, dass das Ende der Berufstätigkeit noch kaum vorstellbar scheint.

Sie alle profitieren davon – virtuell oder physisch – zusammen zu arbeiten und gemeinsam und voneinander zu lernen.

Wie können Führungspersonen den Herausforderungen in der Arbeitswelt durch »Generationen zusammen führen« gerecht werden? Welche Rahmenbedingungen können durch Generationenmanagement aufgebaut werden, damit der demografische Wandel und ein Miteinander der Generationen gelingen können? Die dritte Auflage des Buches behandelt diese Fragen. Es wurden Ausführungen zu Generation Z integriert, die fachlichen Grundlagen, die Fallbeispiele und Initiativen, wie auch die Szenarien der demografischen Entwicklung überarbeitet, aktualisiert und durch neuere Entwicklungen ergänzt. Wie bisher werden durch Fachwissen, praktische Tipps, Praxisbeispiele,

Checklisten und Hilfsmittel vielfaltige Möglichkeiten und Perspektiven auf das Thema geboten.

Die Reflexion zur Führung unterschiedlicher Generationen führt für mich immer auch zu einem Blick auf den Generationenzusammenhalt und die Alterungsprozesse in meinem privaten, persönlichen Umfeld. Neue Formen der Vereinbarkeit von Arbeit und Beruf haben mich aufgrund intensiver Betreuung der ältesten Generation beschäftigt und meine Auseinandersetzung mit der nächsten Lebensphase beschleunigt. Meine Kernfamilie besteht nur noch aus zwei Generationen. Mein Sohn (Generation Z) hat im Praktikum erste Arbeitserfahrungen gesammelt und ist im (unfreiwilligen Fern-) Studium angekommen. Meine Illustratorin und Tochter (Millennial) hat ihr Studium in Fine Arts abgeschlossen. Wir Eltern als Angehörige der Generationen X und Babyboomer sind indessen vor allem in flexibleren und digitaleren Arbeitsformen unterwegs. In nur wenigen Jahren ändert sich die persönliche Situation, was eine neue Art der Reflexion über das Thema Alter, älter werden, und wie wir über verschiedene Generationen miteinander umgehen und uns gegenseitig unterstützen einsetzt.

Auch die dritte Auflage von »Generationen zusammen führen« ist unter Mitwirkung verschiedener Generationen entstanden. Dieses Mal in weitgehend virtueller Zusammenarbeit, was wiederum neue und spannende Erfahrungen gebracht hat.

Viviane Peter, zuständig für das Generationenmanagement bei der Stadt Zürich und Alina Wohlt, die mit ihr zusammen das Projekt »Young Professionals« bei der Stadtverwaltung bearbeitet, haben die Ausführungen zur Generation Z übernommen und bei weiteren Aktualisierungen tatkräftig unterstützt. Miriam Minidis hat uns diverse administrative Aufgaben abgenommen. Herzlichen Dank für all den Fachaustausch und die gemeinsame Weiterentwicklung des Themas wie für die Unterstützung bei der Buchaktualisierung. Die Fallstudie »Stadt Zürich« und diverse Fallstudien anderer Organisationen wurde durch die jeweiligen Fachexpertinnen und Fachexperten aktualisiert, vielen Dank!

Daniela Eberhardt, Zürich, im August 2021

Vorwort und Danksagung zur 2. Auflage

Das Thema »Generationen zusammen führen« hat wenige Jahre nach Erscheinen der ersten Auflage an Bedeutung weiter zugenommen. Die Arbeitswelt muss sich vielen Herausforderungen stellen, dazu gehört die größere Anzahl älterer Mitarbeitenden. In fast allen Industrienationen bleiben Menschen zunehmend länger im Arbeitsprozess. Die Gründe hierfür sind so vielfältig wie die Menschen selbst. Eine Ursache liegt sicherlich bei den veränderten Rahmenbedingungen der jeweiligen Vorsorgeeinrichtungen – durch zunehmend steigendes Lebensalter und eine anhaltend niedrige Verzinsung von Altersguthaben können sich immer weniger Menschen einen frühzeitigen Ausstieg aus dem Berufsleben leisten. Zugleich ist die heutige Generation älterer Mitarbeitender in dieser Lebensphase oftmals gesund, kompetent und motiviert. Mental und körperlich möchten sich diese Menschen beruflich engagieren und aktiv in den letzten Berufsabschnitten einbringen und häufig noch nicht kürzertreten oder aussteigen.

Gleichzeitig kommen jüngere Menschen auf den Arbeitsmarkt mit völlig anderen Kompetenzen, Wünschen, Wertvorstellungen und Ansprüchen an die Gestaltung der Arbeitswelt und einem veränderten Berufswahlverhalten. Die Arbeitswelt selbst schreitet mit Entwicklungen im Bereich Digitalisierung, Globalisierung, neuen Arbeitsformen etc. fort. Einige Branchen leiden bereits heute unter Fachkräftemangel, andere Bereiche sehen sich davon bedroht.

Wie können Führungskräfte diese Entwicklung positiv begleiten? Wie können sie zusammen mit den Kolleginnen und Kollegen aus den HR- und Personalabteilungen die enormen Veränderungsprozesse im beruflichen Alltag abfedern, positiv nutzen und den oft anspruchsvollen und divergierenden Ansprüchen und Erwartungen gerecht werden?

»Generationen zusammen führen« gibt Führungskräften und HR-Fachkräften in unterschiedlichen Feldern der Zusammenarbeit wichtige Impulse zur aktiven Gestaltung und Nutzung der Rahmenbedingungen von Führung wie auch der eigenen Führungspraxis.

In der zweiten Auflage wurden notwendige Aktualisierungen vorgenommen, z.B. die Entwicklung der europäischen Arbeitsmarktzahlen, Internet-Links und einzelne Praxisbeispiele. Neu ist darüber hinaus ein durchgängiges Praxisbeispiel (Stadtverwaltung Zürich), das Umsetzungsmöglichkeiten in allen Handlungsbereichen aufzeigt. Die optimale Erfüllung staatlicher Aufgaben ist der Stadt Zürich ein zentrales Anliegen. Den Schlüssel hierzu liefert eine vielfältige Belegschaft, die als Organisation analog zur älter werdenden Gesellschaft die Entwicklung und Veränderung mitträgt und eine proaktive Rolle im Generationenmanagement einnimmt. Im Rahmen des Umsetzungsprojektes der HR-Strategie 2015 – 2018 wurde das Projekt »Vielfalt als Chance« mit Schwerpunkt Generationenmanagement lanciert, das erstmals die vielfältigen Aktivitäten integriert, sichtbar macht und um einzelne, bedarfsorientierte Maßnahmen ergänzt. Integrativ wurden diverse andere HR-strategische Umsetzungsprojekte so bearbeitet, dass sie für die Zusammenarbeit aller Generationen unterstützend, hilfreich und nützlich sind.

Ich bedanke mich bei den Co-Projektleiterinnen Mirjam Schlup und Rebekka Hofmann und dem altersgemischten Team des Projekts »Vielfalt als Chance« für ihr Engagement und die Ergebnisse und Aktivitäten rund um die gesamtstädtische Lancierung des Themenschwerpunkts Generationenmanagement. Bei der Recherche und Aufbereitung des Materials für die Neuauflage haben Viviane Peter, Ivana Fausch, Cordelia Kissling und Jacqueline Zürcher mitgeholfen, auch ihnen gilt mein bester Dank.

Daniela Eberhardt, Zürich, im September 2018

Vorwort und Danksagung zur 1. Auflage

»Generationen zusammen führen« ist ein Buch, das die vielfaltigen Facetten der Führung von Millennials, Generation X und Babyboomern und allen gemeinsam aufzeigt. Durch Fachwissen, praktische Tipps, Praxisbeispiele, Checklisten und Hilfsmittel werden vielfaltige Möglichkeiten und Perspektiven für das Thema geboten.

Unterschiedliche Generationen am Arbeitsplatz erinnern an das Zusammenleben verschiedener Generationen in einer Familie und haben vergleichbare Chancen und Herausforderungen. In meiner angestammten Großfamilie leben drei Generationen miteinander verbunden. Immer wenn sich alle treffen, gibt es angeregte Gespräche, man meint fast, alles rede durcheinander und keiner höre zu. Dann gibt es noch die jüngste Generation, die während der Familiengespräche von mittlerweile 20 Personen in ihren Smartphones stöbert und sich Messages hin und her schickt. Und doch verstehen sich alle auf eine fast mystische Art und Weise, die einzelnen Generationen haben verschiedene Themen, die Kommunikation ist unterschiedlich. Es funktioniert durch ein gemeinsam getragenes Verständnis, dass alle zusammengehören und eine gewisse Führung und Koordination, die langsam von der ältesten Generation an die mittlere Generation übergeht. Das ist die Grundlage, dass diese kleine Gemeinschaft wertschätzend und im Austausch miteinander lebt. In meiner Kleinfamilie lässt sich noch mehr beobachten: Es gibt z. B. einen Angehörigen der Generation Z, das ist die Generation, die kurz vor dem Berufseintritt steht. Er arbeitet neben seiner hauptberuflichen Tätigkeit als Oberstufenschüler als Texture Packer ganz freiwillig und sehr engagiert für möglichst angesagte Youtuber. Die Motivation kommt aus der Faszination für die Videospielszene und die Chance, dazuzugehören: Der Lohn ist die Ehre, dass seine kleinen Entwicklungen – immer wieder neu als im Internet platzierter Auftrag – vom Youtuber ausgewählt werden. Als Angehörige der Babyboomer-Generation ist mir dieses Medium eher fremd und dieses freiwillige und sehr engagierte Zusammenspiel von führen und geführt werden in der virtuellen Welt hat etwas Faszinierendes. Es stellt sich die Frage, welche neuen Formen der Führung und Zusammenarbeit kommen auf uns zu?

»Generationen zusammen führen« ist ein Buch, das unter Mitwirkung verschiedener Generationen entstanden ist. Die Arbeit in einem kleinen, generationenübergreifenden Verbund war spannend und lehrreich. In der Zusammenarbeit haben wir das Thema gelebt, uns teilweise virtuell ausgetauscht, an verschiedenen Orten und zu unterschiedlichen Zeiten gearbeitet und verschiedene Schwerpunkte eingebracht. Es gab auch ein gewisses Unverständnis dafür, dass ich alle Fachartikel ausdrucke und in Papierform bearbeite und gewisse Triumpherlebnisse, dass diese vermeintlich altmodische Art überlegen war, als für längere Zeit die Technik nicht funktionierte.

Ich möchte mich sehr für die engagierte und kompetente Zusammenarbeit bei den beiden Co-Autoren Tamara Garcia (Millennial) und Jan Rauch (Generation X) bedanken, die je ein Kapitel zusammen mit mir verfasst haben. Großer Dank geht auch an alle anderen, die mitgewirkt haben: Christian Thurn (Millennial), der die Aufbereitung der Praxisbeispiele und -hilfsmittel verantwortet und mir immer wieder mit Feedback zum Text und praktischen Anfragen zur Unterstützung zur Seite stand; Bernadette Rufer (Babyboomer) hat das Buchprojekt an vielen Punkten administrativ unterstützt und v. a. die Literaturverwaltung und -dokumentation sehr zuverlässig übernommen; Sandrine Koch (Millennial) half bei Recherchearbeiten und Grafiken und Yole De Paola (Millennial) verantwortet die gesamte finale Aufbereitung der Tabellen und Abbildungen. Christine Engel-Haas (Babyboomer) hat uns mit dem Lektorat kompetent unterstützt, vielen Dank hierfür! Große Freude macht es mir auch, dass meine Tochter Jana Eberhardt (Millennial) die Illustrationen für das Buch übernommen hat.

Daniela Eberhardt, Zürich, im Juli 2015

1 Generationen zusammen führen – eine Einführung

Als wir jung waren, hat man uns gelehrt, uns nach den Älteren zu richten. Heute, wo wir selber älter sind, sollen wir auf die Jugend hören.
William Saroyan (amerikanischer Schriftsteller)

Kapitelübersicht

Mitarbeiterinnen und Mitarbeiter stellen eines der wichtigsten Elemente für Unternehmenserfolg dar. Im Hinblick auf Alter ist ein differenzierteres Führungsverhalten gefragt, unsere Gesellschaft altert, die Anforderungen, Technologien und erforderlichen Kompetenzen verändern sich rapide. In den Unternehmen haben sich die Zusammensetzung und die altersgemäße Durchmischung der Belegschaft verändert, die Generation Z ist Teil der Arbeitswelt und die Generation Alpha steht vor dem Berufseintritt. Die Generationenperspektive bietet wertvolle Hinweise, um den Unterschieden der Angehörigen verschiedener Generationen gerecht zu werden und den Zusammenhalt zu fördern. Es bleiben aber Orientierungshilfen. Um der Vielfalt der Individuen gerecht zu werden, braucht es einen Fokus auf den oder die Einzelne. Werte und Erwartungen können jedoch besser eingeordnet und vieles erklärt und beschrieben werden, wenn die Besonderheiten der Generationen berücksichtigt werden. Die individuellen Ansprüche und Kompetenzen divergieren immer stärker und bieten gleichzeitig die Chance für eine vielfältige Form der Aufgabenbearbeitung. Zentrales Erfolgskriterium für die Arbeitsfähigkeit während der gesamten (Berufs-)Lebensspanne und auch für die Zusammenarbeit verschiedener Generationen ist die altersgerechte und generationengerechte Führung der Einzelnen und eine generationsübergreifende Führung der Belegschaft. Doch was bedeutet das für die Praxis? Es bedeutet, sich mit generationsspezifischen Themen und der Frage der Zusammenarbeit in der Vielfalt auseinanderzusetzen. Es heißt auch, Abschied zu nehmen vom Senioritätsprinzip und vom Jugendwahn. Der richtige Umgang mit Vielfalt ist facettenreich und kann gelernt werden. Vielfältige Ansatzpunkte, Betrachtungs- und Vorgehensweisen, Praxisbeispiele und Hilfsmittel zeigen auf, wie dies möglich sein kann.

Folgende Schwerpunktthemen bieten einen Einblick in die Besonderheiten und Vielfalt der Führung von Generation Alpha, Generation Z, Millennials, Generation X und Babyboomern: Beschreibung von Spezifika verschiedener Generationen in der Berufs- und Arbeitswelt, die demografische Entwicklung in Deutschland, der Schweiz und im europäischen Umfeld, Entwicklungsthemen über die Lebensspanne und Perspektiven zum lebenslangen Lernen und Wissenstransfer. Dieses Buch beschreibt u. a. Führungsansätze auf den beiden Ebenen Personalführung (interaktionelle Führung) und des Generationenmanagements (strukturelle Ebene).

Für die Personalführung werden im Buch verschiedene Führungsstile für die Führung einer bestimmten Generation und die Zusammenarbeit zwischen den Generationen beleuchtet. Für jede Generation werden zudem ihre generationsspezifischen Besonderheiten in der Führung und als Führungsperson aufgezeigt und der Umgang mit kritischen Personalführungssituationen und Alter vertieft.

Das Generationenmanagement schafft förderliche Rahmenbedingungen, die die Führung von Mitarbeitenden und Teams im Sinne der gewünschten Entwicklung und Handlungsausrichtung unterstützt: »Ein aktives Generationenmanagement schafft Rahmenbedingungen im Sinne von Führungs- und Organisationsumfeldern, die die Beschäftigten aller Altersgruppen befähigen und motivieren, vollen Einsatz zu leisten und dabei mit sich und ihrem Umfeld zufrieden zu sein.«[1] Im Buch werden Möglichkeiten und Rahmenbedingungen aufgezeigt, um durch Generationenmanagement die nötigen Strukturen und Vorgehensweisen zu gestalten und eine altersgerechte, generationenübergreifende Unternehmenskultur zu fördern.

1.1 Anliegen und Themenfelder der generationengerechten Führung

Wichtig

Organisationen verfolgen Ziele. Dazu brauchen sie Mitarbeitende mit vielfältigen Kompetenzen, Interessen und Motivationslagen, um den unterschiedlichen Anforderungen und Ansprüchen gerecht zu werden. Eine altersheterogene Belegschaft stellt in diesem Bezug eine große Ressource dar. Eine generationenübergreifende Führung ermöglicht die Integration und zielgerichtete Ausrichtung der Mitarbeiterinnen und Mitarbeiter verschiedener Generationen sowie die Zusammenarbeit zwischen den Generationen.

Jede Organisation – egal welcher Branche, Organisationsform oder -größe – strebt bestimmte Ziele an, die erreicht werden sollen. Die dafür zur Verfügung stehenden Mittel sind beschränkt. Zu den erfolgskritischsten Elementen gehören die Mitarbeiterinnen und Mitarbeiter, ihre Kompetenzen, ihr Engagement und ihr Einsatz tragen entscheidend zum Unternehmenserfolg bei. Angehörige verschiedener Altersgruppen und Generationen haben unterschiedliche Kompetenzschwerpunkte, Werthaltungen,

1 Tavolato, 2016, S. 4.

befinden sich in unterschiedlichen Berufs- und Lebensphasen etc. Diese Vielfalt stellt ein immenses Potenzial und zugleich eine enorme Herausforderung für die Führung dar.

Dieses Buch soll helfen, ein differenziertes Führungsverhalten im Hinblick auf die Thematik Alter und Generationenzugehörigkeit zu entwickeln. Nützliches Wissen, praktische Hinweise und Hilfsmittel sowie Beispiele aus der Praxis bieten dabei Unterstützung, altersgemischte Belegschaften erfolgreich und konstruktiv zu führen. Zentrale Grundlagen für die generationenübergreifende Führung sind eine Kultur und ein Führungsstil, die von Fairness und Wertschätzung geprägt sind. Jede Generation hat ihre Vorlieben, Stärken und Besonderheiten und keine ist per se leistungsschwächer oder Nutznießer der anderen Generationen. Und jede Generation hat unterschiedliche Präferenzen, Erfahrungen und Kompetenzschwerpunkte. Die Herausforderung an die Führungskraft besteht darin, vom Erfahrungsschatz, dem Know-how, den Vorlieben und Stärken zu profitieren und offen zu sein für neue Lebens- und Arbeitsmodelle, um Mitarbeitende aller Generationen langfristig für das eigene Unternehmen und die anstehenden Aufgaben begeistern zu können. Die Einteilung in Generationen gibt dabei nur einen Rahmen, der Orientierung bietet und für Besonderheiten sensibilisiert. In der Führung und Zusammenarbeit geht es darum, dem und der Einzelnen gerecht zu werden und adäquat zu reagieren. In diesem Sinne darf die Einteilung in Generationen und Zuschreibung von Besonderheiten nicht zu einer stereotypen oder vorurteilshaften Handlungsweise führen.

Wichtig

Unser Lebensalter und unsere Generationszugehörigkeit prägen unser Erleben und Verhalten.

Die Betrachtung von Lebensalter und Zugehörigkeit zu einer Generation ist ein nicht ganz einfaches Unterfangen, da der Prozess des Älter-Werdens völlig unterschiedlich verläuft. Kompetenzen und Fähigkeiten und auch vorherrschende Entwicklungsstufen verändern sich vom frühen Erwachsenenalter (Berufseintritt) bis zum späteren Erwachsenenalter (Berufsaustritt), wenngleich es große Unterschiede zwischen den Individuen gibt und sich Zuordnungen nur allgemein vornehmen lassen. Über viele Menschen hinweg betrachtet, gibt es jedoch einen Einfluss des Lebensalters auf bestimmte Werthaltungen und die Entwicklung von Kompetenzen, wenngleich der Unterschied zwischen den einzelnen Individuen mit zunehmendem Alter größer wird.

Neben Geschlecht, Religionszugehörigkeit, kulturellem Hintergrund u.a. ist Alter definitiv ein Diversity-Kriterium. Wir fühlen uns einer bestimmten Altersgruppe zugehörig, diese ist uns ähnlich, während andere Altersgruppen sich von uns unterscheiden. Diesem Zusammenspiel verschiedener Generationen liegt eine ganz eigene Dynamik und eigenes Muster zugrunde. Die Zusammensetzung der Belegschaft im Hinblick auf das Lebensalter (organisationale Demografie) und der geschickte Umgang mit dieser Thematik kann weitreichende Folgen für das Handeln von Mitarbeiterinnen und Mitarbeiter oder ganzen Organisationen haben. Diese werden mit der aktuell stattfindenden demografischen Entwicklung und Veränderung von Belegschaftsstrukturen in Organisationen für die erfolgreiche Bewältigung der Führungsaufgaben zunehmend erfolgskritisch. Die Auseinandersetzung mit diesem Thema bedeutet auch gleichzeitig, Abschied zu nehmen vom Senioritätsprinzip und vom Jugendwahn. Derzeit arbeiten vier Generationen von Mitarbeitenden mit unterschiedlicher Sozialisation im Unternehmen zusammenarbeiten. Die Zusammensetzung der Generationen entwickelt sich in den nächsten Jahren rasant weiter, die Fragestellungen und Schwerpunkte in der Führung sowie die Dynamik zwischen den Generationen verändert sich fortlaufend. Auf die Führung kommen dabei immer wieder neue Themen der Vereinbarkeit von Beruf und Privatleben, des lebenslangen Lernens, des Erhalts von psychischer und physischer Gesundheit über das gesamte Berufsleben hinweg, der Schaffung von förderlichen Arbeitsbedingungen (Arbeitsort inkl. Remote Work und Homeoffice sowie verschiedene Arbeitszeitmodelle), des Einsatzes von Digitalisierung und technologischen Entwicklungen, struktureller Rahmenbedingungen und einer alterssensitiven Führungskultur zu. Die Zugehörigkeit zu einer bestimmten Altersgruppe und Generation ist individuell und die damit verbundenen Themen der Mitarbeiterinnen und Mitarbeiter sind oftmals sehr persönlich und – im Falle von (ggf. auch unerwünschten) Veränderungen oder (anspruchsvollen) Erwartungen an die Zusammenarbeit innerhalb einer vielfältigen Belegschaft – oftmals auch emotional. Dabei kommt dem persönlichen Führungsstil und -verhalten im Umgang mit verschiedenen Generationen und in der generationenübergreifenden Führung eine besondere Bedeutung zu.

Wichtig

Die Themen Diversity und organisationale Demografie stellen zentrale Erfolgsfaktoren im Unternehmen dar.

Sind Unternehmen erfolgreicher, wenn sie Vielfalt leben und besonders auf altersgemischte Zusammenarbeit setzen? Diese grundsätzliche Frage nach den Vorteilen einer heterogenen im Gegensatz zu einer homogenen Belegschaft kann und soll nicht mit einem »ja« oder »nein« beantwortet werden. Erkenntnisse aus Fachliteratur und Forschung zur Vielfalt unterschiedlicher Personengruppen in der Organisation (Diversity) und zur demografischen Zusammensetzung der Belegschaft (organisationale Demografie) zeigen auf, welche Auswirkungen auf die Zusammenarbeit und den Erfolg eines Unternehmens zu erwarten sind, wenn die Personalstruktur heterogener oder homogener ist. Einfacher ausgedrückt: Es gibt immer Vor- und Nachteile, wenn sich die Mitarbeitenden in Geschlecht, Alter, Nationalität eher ähneln oder eben unterscheiden. Vielfalt, auch Altersvielfalt, ist also nicht *per se* gut oder schlecht, sondern kann Vorteile und auch Herausforderungen mit sich bringen. Altersvielfalt zu managen, ist eine aktuelle Herausforderung in der Führung und wird mit einer immer noch tendenziell alternden Belegschaft bis zum Ausscheiden der Babyboomer in Zukunft sowie der parallelen beruflichen Sozialisation und Integration der jungen Generationen noch zunehmen. Es geht dabei um Personalführungsthemen in dieser anspruchsvollen Situation und um die Weiterentwicklung der Belegschaft, der Organisation und die künftige Ausrichtung, zusammen mit den alternden Mitarbeitenden für eine Zukunft ohne sie. Um diese Führungssituation und den Wandel zu führen und zu gestalten, gibt es zahlreiche Perspektiven und Möglichkeiten, durch ein alterssensitives Vorgehen die Ressourcen der unterschiedlichen Generationen im Unternehmen zu verbinden.

1.2 Arbeitsfähigkeit als Voraussetzung für lebenslange Beschäftigung

Ein Leben lang motiviert, gesund und kompetent beruflich tätig zu sein, ist eine Lebensleistung. Grundlage für die Führung von Generationen ist die Arbeitsfähigkeit der Mitarbeiterinnen und Mitarbeiter jeden Alters. Diese wird maßgeblich durch Führung beeinflusst.[2] Es geht darum, den Einzelnen ein Berufsleben lang – vom Berufseinstieg bis zum Übertritt in die Nacherwerbsphase – in seiner Arbeitsfähigkeit zu fördern, der Vielfalt der verschiedenen Generationen gerecht zu werden und die gesamte Belegschaft in ihrer Kombination in ihrer Arbeits- und Zukunftsfähigkeit zu fördern.

Welche Faktoren machen eine gute Arbeitsfähigkeit aus? Wie kann diese erreicht werden?

Langjährige Studien zur Beschreibung und Erhebung der Arbeitsfähigkeit wurden in Finnland, am Finnish Institute of Occupational Health (FIOH) vorgenommen. Finnland gilt beim Thema Generationenmanagement und in der altersgerechten Führung als Pionierland. Die demografische Entwicklung hat in Finnland den Peak der geburtenstärksten Jahrgänge ein paar Jahre früher als Deutschland und die Schweiz erlebt, ihre Babyboomer sind also etwas älter. In Finnland erfolgten die ersten umfangreichen Forschungen zum Thema, Programme auf Ebene der Politik und Organisationen wurden entwickelt. Viele spätere wissenschaftliche Arbeiten orientieren sich an den Vorarbeiten und Erfahrungen der finnischen Kolleginnen und Kollegen. Forschungen und praktische Empfehlungen zum Generationenmanagement nahmen ihren Anfang mit der Beachtung von Alterungsprozessen und dem Umgang mit älteren Mitarbeitenden und wurden durch eine Gesamtperspektive auf alle Generationen und deren

2 Vgl. Ilmarinen und Tempel, 2002.

Miteinander ersetzt. Der Erwerb und Erhalt der Arbeitsfähigkeit ist und bleibt eine zentrale Grundlage für ein lebenslanges erfolgreiches Berufsleben.

Definition: Arbeitsfähigkeit

»Unter Arbeitsfähigkeit verstehen wir [...] die Summe von Faktoren, die eine Frau oder einen Mann in einer bestimmten Situation in die Lage versetzen, eine gestellte Aufgabe erfolgreich zu bewältigen«.[3]

Arbeitsfähigkeit entsteht aus einer dynamischen Beziehung zwischen den individuellen Ressourcen und Bedürfnissen einer Mitarbeiterin oder eines Mitarbeiters und den Ressourcen, die am Arbeitsplatz zur Verfügung stehen. Die Passung von Person und Umgebung ist Teil des Kernkonzeptes der Arbeitsfähigkeit und die Interaktion der einzelnen Einflussfaktoren wird oftmals in Form eines »Hauses der Arbeitsfähigkeit« illustriert (vgl. Abb. 1.1).[4] Dieser Vergleich ist sehr treffend. Man stelle sich vor, das Erdgeschoss stürzt ein, dann stürzt der Aufbau darüber auch ein. Genauso aufeinander aufbauend wie einzelne Stockwerke sind die einzelnen Elemente der Arbeitsfähigkeit zu beurteilen. Die Grundlage des Hauses der Arbeitsfähigkeit bildet die körperlich-seelische Vitalität. Mit zunehmendem Alter nehmen die gesundheitsbedingten Austritte aus dem Erwerbsleben zu. Aber auch in jungen Jahren sind die Belastungen enorm und die Gesundheitsrisiken im körperlichen wie im psychischen Bereich hoch. Erkrankungen wie Erschöpfungsdepression oder Burn-out stellen bereits heute die Hauptrisikofaktoren für Erkrankung, die von der OECD erhoben werden.[5]

Aufbauend auf der gesundheitlichen Grundlage folgt das Thema Kompetenz. Kompetenzen, die sich aus Ausbildung, Weiterbildung, praktische Erfahrung, persönliche Faktoren wie Intelligenz usw. ergeben, können sich z. B. durch Lernen und Erfahrung im Verlauf des Lebens verändern und verschiedene Generationen im Unternehmen haben unterschiedliche Kompetenzschwerpunkte. Sowohl Gesundheit (physische und psychische) als auch Kompetenzerwerb und -erhalt sind lebenslange Herausforderungen für alle Mitarbeiterinnen und Mitarbeiter. Beide Themenfelder werden durch Motivation, Einstellung und Werte beeinflusst, die den dritten Bereich der Arbeitsfähigkeit bilden. Schließlich spielen die Arbeit selbst sowie die Arbeitsumgebung eine wesentliche Rolle, während die altersgerechte Führung zentral beim Ausbau und Erhalt der Arbeitsfähigkeit ist. Beeinflusst wird die Entwicklung der Arbeitsfähigkeit des Mitarbeitenden ebenfalls durch das eigene persönliche Umfeld, die Familienkonstel-

3 Ebenda, S. 166.
4 Vgl. Wallin, 2015.
5 Vgl. auch Eberhardt, 2009.

lation und auch die regionale Umgebung (einfachheitshalber in der Grafik nicht dargestellt).

Die Möglichkeit, ein Berufsleben lang erwerbstätig zu bleiben, wird neben der Arbeitsfähigkeit auch von anderen Faktoren beeinflusst. Beispielhaft zu nennen sind die Bevorzugung von Altersgruppen oder Generationen im Arbeitsmarkt oder Altersdiskriminierung, politische Rahmenbedingungen oder HR-Praktiken (z. B. Altersanstieg in Lohnsystemen und Auswirkungen auf die Rekrutierung Älterer, Altersbeschränkung bei Stelleninseraten).

Abb. 1.1: Haus der Arbeitsfähigkeit (nach Tempel und Ilmarinen, 2013)

Generationen zusammen führen benötigt eine lebenslange Arbeitsfähigkeit der einzelnen Mitarbeiterinnen und Mitarbeiter aber auch eine Unternehmenskultur, die alterssensitiv ist und die Zusammenarbeit zwischen den Generationen fördert und unterstützt. Schlussendlich geht es darum, ein Mehrgenerationenhaus zu bauen, in dem für alle Generationen und Altersgruppen für bestimmte Herausforderungen altersspezifisch insgesamt aber generationenübergreifend Bedingungen geschaffen werden, die die Freude an der Arbeitstätigkeit und die Arbeitsfähigkeit fördern.

1.3 Dimensionen und Facetten der generationengerechten Führung

Generationen zusammen führen – wie kann das ganz mittelbar durch Führung geschehen? In der Führungsliteratur wird ganz grob zwischen *struktureller* und *interaktioneller* Führung unterschieden.

In der strukturellen Führung geht es um die Schaffung von Rahmenbedingungen, Prozessen, Abläufen oder Führungshilfsmitteln, die in einer Organisation für alle Mitarbeitenden eingesetzt werden (z. B. Personalbeurteilungsbogen). Generationenmanagement ist diese strukturelle Führung, spezifiziert und konkretisiert für die Führung verschiedener Generationen. Generationenmanagement entlastet im Alltag, Mitarbeiterführung wird durch diese Rahmenbedingungen strukturiert und teilweise auch ersetzt. Ansatzpunkte zur Gestaltung des Generationenmanagements finden sich in der Organisationslehre und im Human-Resource-Management (HRM). In der Organisationslehre finden sich Modellvorstellungen und Gestaltungsoptionen, z. B. über den Organisationsaufbau, Entscheidungsprozesse in Organisationen oder auch über die strategische Führung und ihre Umsetzung. Diese Facetten haben einen indirekten Einfluss auf die Führung im Generationenmix. Werden z. B. organisatorische Kernprozesse so ausgerichtet, dass sehr global Aufgaben verteilt und via moderner Technologien koordiniert werden, hat das u. a. eine Wechselwirkung mit den verschiedenen Kompetenz- und Motivationsschwerpunkten verschiedener Generationen in der Organisation. Wenn die Unternehmensstrategie darauf fokussiert, vielfältige Kundensegmente zu bearbeiten, die unterschiedliche Altersgruppen ansprechen, wird eine altersgemischte Belegschaft zum Ziel strategischer Führung. Für die Gestaltung von Führungssystemen und -prozessen wie auch für die Umsetzung strategischer Maßnahmen durch Projekte und Programme ist das HRM in der Experten- und Umsetzungsrolle in der Organisation.

In der interaktionellen Führung geht es um die Personalführung und die Gestaltung der Interaktion zwischen Führungsperson und Mitarbeiterin oder Mitarbeiter. Personalführung kann unterschiedlich definiert werden. Beim Thema Generationen zusammen führen lohnt es sich, eine Perspektive einzunehmen, bei dem die Akzeptanz der Mitarbeitenden eine große Rolle spielt.

Definition: Führung

»Führung heißt, andere durch eigenes, sozial akzeptiertes Verhalten so zu beeinflussen, dass dies bei den Beeinflussten mittelbar oder unmittelbar ein intendiertes Verhalten bewirkt.«[6]

Mit einer kooperativen Führungsmentalität können Mitarbeitende in ihrer Motivation gestärkt und abgeholt werden. Generationen zusammen führen bedeutet, soziale Akzeptanz bei verschiedenen Generationen zu erlangen, unabhängig davon, welcher Generation die Führungskraft selber angehört. Besser ausgedrückt: Sie ist auf seine eigenen alters- oder generationsbedingten Anteile in der Führung aufmerksam und offen in der Begegnung mit verschiedenen Menschen und ihren Besonderheiten, die sich auch aus deren Zugehörigkeit zu einer Generation oder Altersgruppe ergeben.

Die folgenden Schwerpunktthemen zum Thema Generationen zusammen führen ermöglichen einen vertieften Einblick in die ganze Vielfalt der Führung im demografischen Wandel.

Kapitel 2
In Kapitel zwei wird die Unterscheidung der verschiedenen Generationen am Arbeitsplatz eingeführt und die Besonderheiten und Spezifika von Generation Alpha, Generation Z, Millennials, Generation X und Babyboomern vorgestellt. Daraus ergeben sich generationsspezifische und -übergreifende Ansprüche für die Führung.

Kapitel 3
Im dritten Kapitel werden verschiedene Facetten der demografischen Entwicklung näher beleuchtet. Wie viele Erwerbspersonen stehen in welcher Altersgruppe oder Generation dem Arbeitsmarkt zur Verfügung? Wie hoch ist die Erwerbsbeteiligung unterschiedlicher Arbeitsgruppen? Zudem wird auf die aktuelle Situation des Fach-

6 Weibler, 2012, S. 19.

kräftemangels sowie ausgewählte Megatrends eingegangen und ihre Auswirkungen auf die Zukunft der Führung unterschiedlicher Generationen vorgestellt.

Kapitel 4
In Kapitel vier werden Alterungsprozesse und die Entwicklung des Menschen im Lebenslauf genauer betrachtet. Die körperliche, geistig und gesundheitliche Verfassung verändert sich im Lebenslauf, die Lebensumstände auch. Diese Entwicklung und die Art, wie Alter wahrgenommen wird, hat einen Einfluss auf die generationengerechte Führung.

Kapitel 5
Lebenslanges Lernen bedeutet kontinuierliches Lernen über die gesamte Lebensspanne. Kapitel fünf beleuchtet Motivation und Lernen im Lebenslauf und zeigt auf, welche verschiedenen Lernformen sich für welche Generationen besonders eignen. Es geht aber auch um Bildungsinteressen, Wissenstransfer und -austausch, die Förderung intergenerationalen Lernens und lebensphasenorientierter Personalentwicklung.

Kapitel 6
In Kapitel sechs wird die Personalführung vertieft. Es gibt verschiedene Modellvorstellungen und Empfehlungen zur Führung von Mitarbeitenden verschiedener Generationen. Es werden Führungsstile für die generationengerechte Führung beschrieben und die Spezifika von Generation Z, Millennials, Generation X und Babyboomer als Mitarbeitende wie als Führungspersonen beleuchtet.

Kapitel 7
In Kapitel sieben werden die Möglichkeiten des Generationenmanagements beschrieben, die durch den Einsatz von einschlägigen HR-Praktiken konkretisiert werden. Nach einer Einbettung des Generationenmanagements in die strategische Führung werden anschließend eine Vielzahl an HR-Handlungsfeldern, z. B. die Durchführung von Altersstrukturanalysen und Erstellung von HR-Demografie-Berichten, die Mitarbeiterauswahl, -bindung oder das Performance-Management vertieft.

Kapitel 8
»Generationen zusammen führen« erfordert eine alterssensitive Organisationskultur, die Aspekte wie lebenslanges Lernen, generationenübergreifende Zusammenarbeit, Innovation und Gesundheit umfasst. Möglichkeiten der Kulturanalyse und -gestaltung sowie der generationenübergreifenden Teamarbeit werden aufgezeigt.

1.4 Buchaufbau und Struktur

»Generationen zusammen führen« bietet Leserinnen und Lesern einen fundierten Überblick über die Fachthemen, die sie für das Thema alter(n)sgerechte Führung und Generationen zusammen führen benötigen.

Die Aufbereitung von Wissen, Fakten und nützlichen Erkenntnissen erfolgt auf Basis des wissenschaftlich und fachlich fundierten *state of the art*. Ergänzt wird dies durch Praxisbeispiele und verschiedenste Arbeitshilfen, die einfach und direkt im eigenen Führungsalltag einsetzbar sind. Im Anhang findet sich ergänzend eine Liste nützlicher und weiterführender Internetlinks, die einzelne Facetten vertiefen oder verdeutlichen.

Das Lesen des Textes wird durch verschiedene, optisch voneinander differenzierte Textarten unterstützt: Definitionen von Fachbegriffen und Standards, Fragen zum Praxistransfer, wichtige Aussagen, praktische Arbeitshilfen und Tools, Interessantes aus der Forschung und Initiativen von Regierungen oder von Verbänden. Jedes Kapitel erhält zudem eine konkrete Umsetzung des Generationenmanagements bei der Stadt Zürich als Anwendungsbeispiel. Am Ende jeden Kapitels finden Sie Leitfragen für den unmittelbaren Praxistransfer.

Zusammenfassung und Kernaussagen des Kapitels

Es gibt immer Vor- und Nachteile, wenn sich Mitarbeitende in Geschlecht, Alter, Nationalität etc. ähneln bzw. unterscheiden. Der richtige Umgang mit Vielfalt muss gelernt werden. Dieses Buch zeigt Ihnen auf, wie dies möglich sein kann.

Mitarbeiterinnen und Mitarbeiter stellen eines der wichtigsten erfolgskritischen Elemente für Unternehmen dar. Führungsverhalten muss im Hinblick auf Alter differenziert werden. Dies erfordert eine Beachtung des Faktors Alter und Generation in der Führung, um einerseits den einzelnen Generationen gerecht zu werden, und diese andererseits zusammen zu führen und von dem Miteinander der Generationen zu profitieren.

Generationengerecht zu führen bedeutet auch, Abschied zu nehmen vom Senioritätsprinzip und vom Jugendwahn, die in einigen Unternehmen als Leitmotiv bestehen.

Die Grundlage für eine lebenslange Arbeitsfähigkeit bilden körperlich-seelische Vitalität und der Erwerb, Ausbau und Erhalt von Kompetenzen und Fähigkeiten. Um diese Kompetenzen für die Ziele der Organisation einzubringen, sind motivierte Mitarbeitende erforderlich, die über positive Einstellungen und Werte zur (generationengerechten) Zusammenarbeit verfügen. Die Arbeit selbst, z. B. die Arbeitsumgebung und die Führung sind weitere zentrale Aspekte für die Arbeitsfähigkeit von Mitarbeitenden. Hinzu kommen weitere Kontextfaktoren wie die eigene Familie, die regionale Struktur, das persönliche Umfeld.

In der Führungstheorie kann grob zwischen struktureller und interaktioneller Führung unterschieden werden. Strukturelle Führung erfolgt via Generationenmanagement und fokussiert auf die Schaffung von Rahmenbedingungen, Abläufen und Prozessen, also einer Struktur, die ein gewisses Maß an Verlässlichkeit für die Mitarbeitenden schafft. Interaktionelle Führung bedeutet »Führen im Generationenmix« und bezieht sich auf die direkte Beziehung zwischen Führungsperson und Mitarbeiterin oder Mitarbeiter.

Die Kapitel dieses Buches umfassen verschiedene Schwerpunktthemen, die einen Einblick in die Vielfalt der Führung von Generationen bieten:

- In Kapitel 2 geht es um die verschiedenen Typen von Generationen und deren Ansprüche an die Führung,
- Kapitel 3 beleuchtet die aktuelle demografische Entwicklung und Trends in der Arbeitswelt,
- Kapitel 4 beschäftigt sich mit Alterungsprozessen auf körperlicher, geistiger und gesundheitlicher Ebene,
- Kapitel 5 behandelt das Thema lebenslanges Lernen, Wissensmanagement und dessen Bedeutung für die Praxis.
- Kapitel 6 beschreibt verschiedene Führungsstile und bespricht die Besonderheiten in der Führung unterschiedlicher Generationen sowie im Generationenmix.
- Die Chancen und Möglichkeiten von Generationenmanagement und HR-Praktiken werden in Kapitel 7 erläutert.
- Kapitel 8 beschäftigt sich mit der Rolle der Organisationskultur bei der auf Vielfalt und Inklusion ausgerichteten Führung von Generationen.

2 Generationen in der Arbeitswelt und ihre Besonderheiten[7]

The old believe everything, the middle-aged suspect everything, the young know everything.
Oscar Wilde (Phrases of Philosophies for the Use of the Young, 1894)

Kapitelübersicht

Die alternde Belegschaft ist eine der zukünftigen Herausforderungen in den Industrieländern. Dafür sind neue Ansätze im Umgang mit allen Generationen nötig.

Jede Generation ist in einer Gesellschaft sozial-zeitlich positioniert. Daraus ergibt sich eine bestimmte Identität, die leitend ist für das Denken, Wollen, Handeln oder Fühlen dieser Personen. Derzeit befinden sich etwa Generationen in der Erwerbstätigkeit und erste Vertretende einer neuen Generation steigen bald ins Berufsleben ein:

- **Babyboomer** (1956 – 1964) haben als Wert eine Ausrichtung auf das Materielle und auf Sicherheit. Teilweise wird auch die Generation der Silver Worker (1945 – 1955) zu dieser Gruppe hinzugezählt.
- Die Werte der **Generation X** (1965 – 1979) sind stärker von dem Streben nach Wohlstand, Karriere und Sicherheit geprägt.
- Wandel und Veränderung sind für die **Generation Y** (1980 – 1994) normal, sie schätzen die Vereinbarkeit der verschiedenen Lebensbereiche und finden den klassischen hierarchischen Aufstieg nicht mehr sehr attraktiv.
- Die **Generation Z** (1995 – 2009), auch Generation Internet genannt, sind in den letzten Jahren vermehrt ins Berufsleben eingestiegen.
- Noch ist die **Generation Alpha** (2010 – 2025) nicht im Berufsleben, was sich aber bald durch erste Einstiege in die Berufsbildung ändern wird.

Altersvielfalt oder eine homogene Belegschaft haben verschiedene Auswirkungen auf das Unternehmen und bringen besondere Herausforderungen mit sich. Es gilt, die Führung so zu gestalten, dass die Vielfalt den Nutzen für die Organisation erhöht. Wir brauchen zwischen den Generationen einen bisher noch nie da gewesenen Dialog, Know-how-Transfer, eine Führung von Altersvielfalt und den Aufbau von einer generationengerechten Kultur mit altersgemischten Teams sowie Ansätze des lebenslangen Lernens.

7 Co-Autorin Kapitel zwei: Jana Eberhardt

2.1 Führung verschiedener Generationen in der Arbeitswelt

Lange Zeit wurde in der Führung dem Umgang mit verschiedenen Generationen oder der Zusammenarbeit zwischen den Generationen wenig Beachtung geschenkt. Das Thema Altersdiversität hat kaum Eingang in die Managementkonzepte oder Führungsliteratur gefunden. Aktivitäten und Programme fokussierten – wenn überhaupt – auf die *aging work force*, ein unbestritten wichtiger Bestandteil für ein umfassendes Generationenmanagement. In Umfragen zur Bedeutung der Altersentwicklung erhielt das Thema lange Zeit kaum oder wenig Bedeutung.[8] In neueren Umfragen zur Bedeutung von Themen für das HR-Management zeichnet sich ein steigender Trend für das Thema Generationenmanagement und Führung von Generationen ab. Z. B. wurde in einer Human-Resource-Management-Trendstudie die alternde Belegschaft unter anderem als zukünftige Herausforderung für Führungskräfte und das Human-Resource-Management angegeben.[9] In den letzten Jahren entstand eine Vielzahl an Publikationen, Veranstaltungen, Weiterbildungsangeboten und Forschungsprojekten. Wagt man einen Blick in die Praxis, stellt man fest, dass es eher um die Kompensation von Fähigkeiten oder die Veränderung der Ansprüche älterer Arbeitnehmer (z. B. Altersteilzeit) geht, als um die Vorstellung eines integrativen Generationenmanagements.[10] In Zukunft wird es neue Ansätze brauchen, die den verschiedenen Generationen mit ihren Besonderheiten gerecht werden und diese erfolgreich verbinden.

8 Vgl. Hübner & Wahse, 2003, sie gehen von 4 % bis 15 % je Studie aus.
9 Cachelin, 2013.
10 Z. B. Höpflinger u. a., 2006.

2.1.1 Altersvielfalt – Fluch oder Segen?

Motivierte und kompetente Mitarbeitende, die sich für die Ziele ihrer Organisation einsetzen sowie eine konstruktive Zusammenarbeit pflegen, sind für eine Organisation sehr wichtig. Verschiedene Generationen in einem Unternehmen haben unterschiedliche Stärken, Ansprüche, einen unterschiedlichen Wissens- und Erfahrungsstand und befinden sich in unterschiedlichen Lebensphasen – auch, was ihre Karrierevorstellungen oder ihre Lebensthemen außerhalb der Arbeit betrifft.

Vielfalt (oder Diversity) in Unternehmen geht weit über die Überlegungen der sozialen Gerechtigkeit und Chancengleichheit und Fairness hinaus. Kunden haben oftmals spezifische Bedürfnisse, zu denen die Mitarbeitenden ähnlicher Altersgruppen besseren Zugang erhalten. Z. B. arbeiten in Online- und Printmedien für Generation-Z- oder -Y-Angehörige zumeist auch nur Angehörige der Generation Z oder Y. Zudem verfügen langjährige Mitarbeitende zum Teil über spezifisches Wissen, dessen Weitergabe an die nächsten Generationen für die Fortschreibung des Unternehmenserfolgs maßgeblich sein kann.[11] Es geht nicht mehr nur um Fairness, sondern auch um den Business Case.[12]

Senior Experten bereichern Teams

»Wie begegnen wir den Herausforderungen des demografischen Wandels? Und wie können das Know-how und die Erfahrung der Mitarbeiter für die Zukunft erhalten bleiben? Diese Fragen stellen wir uns beinahe täglich. Bosch hat mit den Seniorexperten einen Weg gefunden, Wissen rechtzeitig zu teilen.«[13]

Die Bosch-Gruppe setzt als internationales Technologie- und Dienstleistungsunternehmen mit knapp 400.000 Mitarbeitenden weltweit auf »Technik fürs Leben« und positioniert sich in vier verschiedenen Unternehmensbereichen als führender Anbieter im Internet der Dinge (IoT) und weiteren innovativen Produkten. Jährlich werden Tausende Patente angemeldet und in einer alternden Gesellschaft sieht das Unternehmen Bosch eine entscheidende Herausforderung darin, dass das Know-how nicht verloren gehen darf, wenn die Mitarbeitenden in den Ruhestand gehen. Bereits seit 1999 setzt Bosch auf »Senior Experts«, d. h. registrierte Ruheständler der Firma Bosch. Aus den anfänglich 30 Personen wurden 1500 Senior Experts weltweit, die mit ihren 50.000 Jahren Erfahrung bereits 65.000 Arbeitstage in verschiedenen Tätigkeitsbereichen, wie Schulungen, Qualitätssicherung, Vorträge, Konstruktionsunterstützung, Prozessanalyse- und

11 Siehe Fallbeispiel; vgl. auch Ely & Thomas, 2001; Froese, Hildisch & Kempter, 2015.
12 Eberhardt & Streuli, 2016.
13 Bosch, 2021.

design etc. eingebracht haben. Mit diesem Programm wird die Wertschätzung gegenüber den erfahrenen (ehemaligen) Mitarbeitenden ausgedrückt und auf Wissenstransfer im Unternehmen gesetzt. Langjährige Erfahrungen und frische Ideen werden bestmöglich kombiniert. Die Senior Experts werden dabei in Anlehnung an ihre letzte Tätigkeit entlohnt, damit sie nicht aus Kostengründen eingesetzt werden. Die Firma Bosch berichtet von sehr positiven und langjährigen Erfahrungen mit ihren Senior Experts, die zusammen mit einem starken finanziellen Engagement für die berufliche Weiterbildung Lernen und Entwicklung in der Firma fördert.[14]

Eine homogene oder heterogene HR-Demografie erzeugt unterschiedliche Realitäten. Auch wenn die Arbeit mit einer relativ altershomogenen Arbeitsgruppe auf den ersten Blick vieles vereinfacht (die Wertesysteme sind eher synchron, die Art der Arbeit und Zusammenarbeit auch), so liegt gerade darin die Krux: Wenn alle gleichzeitig den Schwerpunkt auf Vereinbarkeit von Beruf und dem Leben mit kleinen Kindern legen oder gleichzeitig um die Karrieremöglichkeiten rangeln, kann das anspruchsvoll für die Führung werden. Die demografische Zusammensetzung der Mitarbeitenden in einem Unternehmen hat Einfluss auf verschiedene Themen in der Personalführung:[15]

- **Aufstiegschancen:**
  Je nachdem wie heterogen oder homogen die Zusammensetzung einer Altersgruppe ist, hat das unterschiedliche Auswirkungen. V. a. in Unternehmen, bei denen der Aufstieg vorrangig nach dem Senioritätsprinzip erfolgt (dies ist häufig bei Führungspositionen der Fall), führt eine homogene Altersstruktur zum Beförderungsstau. Das Risiko besteht darin, hoch qualifizierte Personen nicht in entsprechende Positionen zu bekommen: Diese stufen ihren Aufstieg als unwahrscheinlich ein, weil alle Kolleginnen und Kollegen oder auch die Führungsperson im selben Alter sind.
- **Soziales Klima und Kultur:**
  Gleich und Gleich gesellt sich gern. Nimmt der Anteil einer anderen Altersgruppe (gekoppelt mit anderen Fähigkeiten) zu, nehmen normalerweise auch die Ängste, Konflikte und Vorurteile und der Konformitätsdruck innerhalb einer Gruppe zu. Daraus können die Abnahme der Arbeitszufriedenheit und eine zunehmende Fluktuation resultieren.
- **Entscheidungsfähigkeit von (Topmanagement-)Gruppen:**
  Die Entscheidungsfähigkeit und Innovationskraft kann ebenfalls abnehmen. Eine längere, gemeinsame Sozialisation und Zusammenarbeit kann dazu führen, dass z. B. Topmanagement-Teams ihre Strategie seltener anpassen.[16]

14 Vgl. Bosch, 2021.
15 Vgl. Nienhüser, 1998.
16 Z. B. Finkelstein & Hambrick, 1990.

- **Durchsetzbarkeit von Ansprüchen von Arbeitnehmervertretungen:** Belegschaften mit großer Altersheterogenität verfügen über weniger Streikfähigkeit. Aufgrund von Generationsunterschieden werden objektiv gleiche Ereignisse anders verarbeitet und gemeinsame Problemsichten oder Interessensvertretungen erschwert.

Ein integrativer Ansatz von Diversity geht von verschiedenen Perspektiven aus. Einige Dimensionen, wie die Zugehörigkeit zu einer bestimmten Altersgruppe, sind vorgegeben (dies ist auch bei Geschlecht, Nationalität etc. der Fall), andere werden im Laufe der Zeit erworben (z.B. Berufserfahrung, Ausbildung, Dauer der Beschäftigung/Dienstalter).[17] Für verschiedene Aufgaben in Unternehmen werden verschiedene Perspektiven benötigt, die bevorzugt von Angehörigen verschiedener Generationen eingebracht werden. Verschiedene Altersgruppen im Unternehmen bringen unterschiedliche Talente ein, erhöhen den Zugang zu verschiedenen Kundengruppen und bringen unterschiedliche Perspektiven in die Zusammenarbeit ein. Da die verschiedenen Generationen unterschiedliche Lebensschwerpunkte haben, werden auch soziale Konflikte reduziert.

Diversity-Management, HR Policies und ein förderliches Führungsverhalten unterstützen die Inklusion von Mitarbeitenden aller Generationen in die Organisation, das Unternehmen, wobei Letzterem eine wichtige und häufig zu wenig beachtete Funktion zukommt. Eine erfolgreiche Umsetzung kann gelingen, wenn Führungspersonen (und Mitarbeitende) den Kontext und die Bedeutung von Vielfalt erkennen, im Unternehmen entsprechende Age-Management-Praktiken etabliert werden und Führungspersonen die Integration und Inklusion aller Generationen fördern anstelle einer Aufspaltung der Belegschaft.[18]

Wichtig

Vielfalt in der Zusammensetzung der Belegschaft erhöht den Anspruch an die Führung. Verschiedene Kompetenzen, Ansprüche, Erfahrungen und Erwartungen müssen integriert werden. Gelingt es, diese Vielfalt zusammenzuführen, erhöhen sich der Handlungsspielraum und die Möglichkeiten von Organisation und Mensch.

Der Zusammenhang zwischen Diversity und Ergebnissen ist in die Organisationskultur, die Unternehmensstrategie und die Richtlinien für Human-Resource-Management und -prozesse eingebettet. Aus der Vielfalt, zu der auch die demografische Vielfalt gehört, lassen sich bestimmte Unternehmensergebnisse ableiten (z.B. Leistung, Zufriedenheit, Fluktuation). Diese Ergebnisse werden durch die Kommunikation, Konflikte, den Zusammenhalt in der Arbeitsgruppe/im Unternehmen, Information und Kreativität beeinflusst. Die Führungsherausforderung liegt gerade darin, diese Prozesse so zu

17 Vgl. Gardenswartz & Rowe, 2008.
18 Vgl. Buengeler, Leroy & De Stobbeleir, 2018.

gestalten, dass die Vorteile der vielfältig zusammengesetzten Belegschaft einen Mehrwert für das Unternehmen erzeugen.[19]

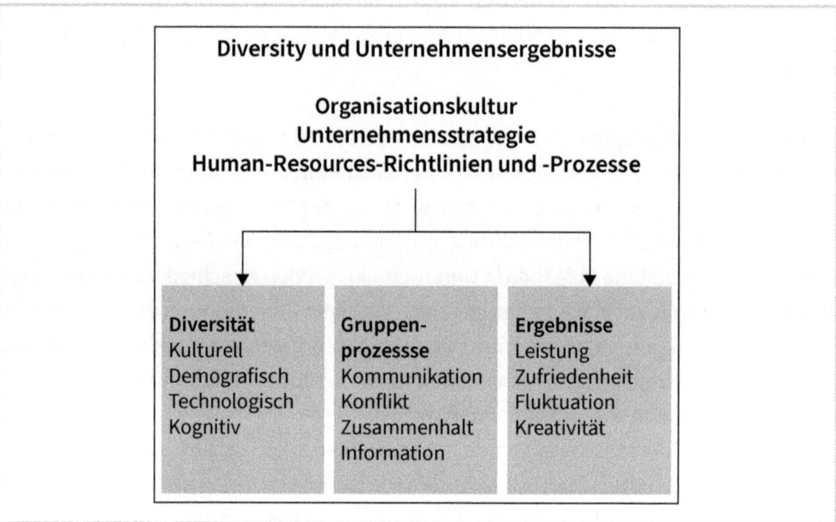

Abb. 2.1: Diversity und ihr Einfluss auf die Unternehmensergebnisse (aus Kochan et al., 2003, S. 7)

Praxisbeispiel: Generationenmanagement bei der Stadt Zürich

Als größte Stadtverwaltung der Schweiz zählt die Stadt Zürich im Jahr 2024 rund 30.000 Mitarbeitende, die in neun Departementen bzw. in über vierzig Dienstabteilungen beschäftigt werden. Weiterhin werden rund 1350 Lernende in 50 verschiedenen Berufen und unterschiedlichen Lehrformaten ausgebildet. Die Stadt Zürich umfasst als einzige Schweizer Stadtverwaltung neben der klassischen Kommunalverwaltung auch Betriebe wie das Elektrizitätswerk, die Verkehrsbetriebe, die Wasserversorgung sowie Entsorgung + Recycling Stadt Zürich. Ebenso umfasst sie auch ein städtisches Krankenhaus, Gesundheitszentren für das Alter, Schulen oder kulturelle Einrichtungen.

Als Besonderheit der Stadt Zürich als Arbeitgeberin gilt die Branchenvielfalt und die damit einhergehenden vielfältigen Aufgabenstellungen, die für Mitarbeitende in verschiedenen Berufen und Dienstabteilungen eine sinnstiftende Tätigkeit ermöglichen und den Service Public in den Mittelpunkt stellen. Die übergeordnete personalpolitische Ausrichtung der Stadt Zürich setzt u. a. auf die aktive Förderung von Vielfalt der Mitarbeitenden, unabhängig von Alter, Geschlecht, sexueller

19 Vgl. Kochan et al., 2003.

Orientierung, Herkunft, Funktion oder Beschäftigungsgrad und betrachtet diese Vielfalt als Chance.

Die Stadt Zürich ist eine lernende Organisation, die Raum für Ideen und selbstständiges Arbeiten bietet, als Einrichtung der öffentlichen Hand jedoch auch für Stabilität, Zuverlässigkeit und Gleichbehandlung ihrer Mitarbeitenden einsteht. Die Wertschätzung gegenüber allen Mitarbeitenden sowie eine gelebte positive Führungskultur stellen wichtige Grundlagen der Zusammenarbeit dar.

Die Betrachtung der demografischen Zusammensetzung der Stadtverwaltung im Jahr 2024 ergibt, dass mehr Frauen (55,5%) als Männer bei der Stadtverwaltung arbeiten. Das Durchschnittsalter der städtischen Mitarbeitenden ist mit 44,5 Jahren relativ hoch, verglichen mit demjenigen der schweizerischen Erwerbsbevölkerung (42,2 Jahre[20]). Das eher hohe Durchschnittsalter der städtischen Mitarbeiterinnen und Mitarbeiter ist repräsentativ für die öffentliche Verwaltung, das Durchschnittsalter im öffentlichen Sektor lag im Jahr 2023 bei 44,2 Jahren.[21] Die demografische Entwicklung bringt für die Stadt Zürich, wie für andere Unternehmen und Verwaltungen auch, etliche Herausforderungen wie Pensionierungswellen, alternde Belegschaften, Fachkräftemangel und Wettbewerb um qualifizierte Nachwuchs- und Fachkräfte mit sich.

Um diesen Herausforderungen aktiv zu begegnen, setzt die Arbeitgeberin Stadt Zürich analog zur personalpolitischen Ausrichtung auf Inklusion und Gleichbehandlung aller Generationen und bietet auf die unterschiedlichen Lebensphasen zugeschnittene Angebote an.

Die Stadt Zürich engagiert sich neben der Ausbildung von Lernenden in einer Vielzahl von Berufen auch durch ein breites Angebot an Praktikumsstellen in der Nachwuchsförderung.

Auch ermöglicht die Arbeitgeberin mit flexiblen Arbeits(zeit)modellen und weiteren Angeboten die Vereinbarkeit von Berufs- und Privatleben. Für ältere Mitarbeitende gibt es diverse Angebote, wie beispielsweise den flexiblen Altersrücktritt. Ebenso investiert die Stadt Zürich in den Erhalt und die Förderung der individuellen Arbeitsfähigkeit sowie das lebenslange Lernen der gesamten Belegschaft. Den städtischen Mitarbeitenden steht dazu ein breites Weiterbildungsangebot zur Verfügung, das entsprechend der auf dem Arbeitsmarkt erforderlichen Kompetenzen kontinuierlich angepasst oder erweitert wird. Beispielsweise wurden aufgrund der zunehmenden Digitalisierung und dem verstärkten mobilen Arbei-

20 Bundesamt für Statistik, 2023.
21 Bundesamt für Statistik, 2023.

ten verschiedene Bildungsangebote ergänzt, die die Zusammenarbeit auf Distanz sowie den zunehmenden Einsatz von Onlinemedien im Arbeitsalltag thematisieren. Darüber hinaus fördert die Stadt Zürich mit verschiedenen Angeboten und förderlichen Rahmenbedingungen die Gesundheit der eigenen Mitarbeitenden und sie verfügt über ein stadtweites Case Management, das Mitarbeitende nach Krankheit oder Unfällen bei der Rückkehr in den Arbeitsalltag unterstützt.

Aufgrund des demografischen Wandels und zur Stärkung der Arbeitgeberattraktivität für alle Generationen definierte die Stadt Zürich das Thema Generationenmanagement seit 2015 als strategischen HR-Schwerpunkt definiert. Die Umsetzung erfolgte in zeitlich gestuften Umsetzungsphasen innerhalb der nächsten Jahre. Ausgangspunkt der von 2016 bis 2018 stattfindenden Projektarbeit war die Aktualisierung des HR-Demografieberichts der Stadt Zürich (ehemals Altersstrukturbericht) mit deskriptiven Kennzahlen zur Beschreibung der Personalstruktur sowie eine umfassende Analyse der bereits existierenden gesamtstädtischen und dienstabteilungsspezifischen Maßnahmen, Richtlinien und »Good Practices« zum Generationenmanagement. Es entstanden im Projekt eine ganzheitliche Perspektive für das Thema Generationenmanagement, eine Sensibilisierung der altersgemischten HR-Community sowie die Sichtbarmachung bereits existierender generationenübergreifender und generationenspezifischer Arbeitgeberangebote. Das altersdurchmischte Projektteam definierte aufgrund dieser Analyse Handlungsfelder und erarbeitete verschiedene Beiträge für ein erfolgreiches Generationenmanagement. In der letzten Strategiephase, die bis Ende 2022 dauerte, wurde der Altersstrukturbericht erneut aktualisiert und ausgebaut. Beispielsweise wurden neu Kennzahlen zur jüngsten Berufsgruppe, zur Voll- und Teilzeitarbeit sowie zum Pensionierungsverhalten in der Stadt erhoben. Projekte zur Erarbeitung altersgruppenspezifischer Maßnahmen wurden weiter konkretisiert oder lanciert. In der Periode der HR-Strategie 2022 – 2026 ist das Generationenmanagement einer von drei Strategieschwerpunkten. Neu wurden in diesem Zeitraum u. a. ein stadtweites Hochschulpraktikumsprogramm zur Weiterbildung und Vernetzung von Hochschulpraktikantinnen und -praktikanten sowie die Teilnahme an Hochschulmessen eingeführt. Zudem wird ein Demografie-Cockpit eingeführt, das im Intranet jederzeit aktuelle Demografie-Daten zur Verfügung stellen und den periodisch erstellten Altersstrukturbericht ablösen wird. In der aktuellen Strategiephase bis Ende 2026 werden weitere Maßnahmen zur Förderung des Direkteinstiegs von jungen Berufseinsteigerinnen und Berufseinsteigern geprüft sowie Methoden zum Wissenstransfer zwischen den Generationen erprobt. Für die älteren Mitarbeitenden wurden zum 01.01.2024 erweiterte Möglichkeiten für mehr Flexibilität in der letzten Berufsphase eingeführt. Es wurden sowohl Grundlagen für einen früheren Austritt aus dem Berufsleben mit Beteiligung der Arbeitgeberin Stadt Zürich an der Pensionskasse als auch eine zeitlich begrenze Weiterführung der beruflichen Tätigkeit über das ordentliche Pensionierungsalter hinaus geschaffen.

2.1.2 Generationen und Generationenbeziehungen – was ist damit gemeint?

»Generationen zusammen führen« setzt bei einem grundlegenden sozialen Thema an, den Generationsbeziehungen. Die Reflexion und Gestaltung des Zusammenlebens von Jung und Alt beschäftigt die Menschheit schon lange. Die Perspektive der Betrachtung von Generationen in Bezug auf Führung hingegen ist recht jung und hat mit den Umbrüchen zu tun, die in der Führung zu beachten sind. Sie definieren die bisherige Abfolge und das Zusammenleben von Generationen neu. Beispielhaft hierfür ist der nicht mehr zwingend ans Lebensalter gebundene Zuwachs an Erfahrung mit Blick auf die neuen Technologien und ihre Anwendung im Arbeitsleben. Mit der Veränderung der HR-Demografie werden neue Karrieremodelle und Entwicklungspfade von Jung und Alt zum Thema. Ältere Mitarbeitende steigen aus der Führung aus und bekommen jüngere Chefs, jüngere Mitarbeitende werden damit konfrontiert, ältere Mitarbeitende zu führen. Dies weicht von überlieferten Traditionen ab, die mit dem Alter die Seniorität und die Richtung des Lerntransfers definieren. Es gilt also, umzudenken, und neue Wege zu finden, um dieser Entwicklung gerecht zu werden.

Höpflinger (2008a) hat sich vertieft mit dem Begriff Generation und den verschiedenen Perspektiven der Betrachtung von Generationen im Zusammenspiel gewidmet. Schon in der Antike wurde auf das Spannungsfeld von Generationsbeziehungen verwiesen. Kinder bilden die neue Generation und im Umgang mit Generationen geht es immer um die »Differenzen vor dem Hintergrund menschlicher Gleichheit« (S. 21). Das Generationenetikett oder Generationenbegriffe werden in der Öffentlichkeit vielfältig verwendet, z. B. 68er-Generation (rebellische Jugend um 1968), Generation @ (Kinder der Computerrevolution), Generation Golf (1965 – 1975 geboren, unpolitisch, spezifisches Konsumverhalten), No-Future-Generation (Jugend in den 1980er-Jahren), gierige Generation (neue egoistische Rentnergeneration).

Oftmals sind diese Etiketten unscharf, da sie auf Basis von kurzfristigen kulturellen, technischen oder medialen Entwicklungen Menschen zu Generationen zusammenfassen. Dies vereinfacht und ist plakativ. Generationeneinteilungen, bei denen gemeinsame Erlebnisse, Erfahrungen oder Werthaltungen vorhanden sind (z. B. Nachkriegsgeneration), sind hingegen robuster in der Einschätzung von Wahrnehmungen und Handlungen. Die Einteilung in Generationen kann hilfreiche Hinweise für die Betrachtung von Phänomenen, Erwartungen und Handlungen liefern. Sie darf gleichwohl nicht überstrapaziert werden, birgt sie doch die Gefahr von unzutreffenden Verallgemeinerungen.

Was ist eine Generation? Wissenschaftlich werden verschiedene Basisdefinitionen unterschieden.[22] Diese Perspektiven fassen wir etwas zusammen und nutzen sie als Arbeitsdefinition für dieses Buch.

Definition: Generation

Generationen werden innerhalb einer Gesellschaft, einem Staat oder einer Familie sozial-zeitlich positioniert. Daraus ergibt sich eine bestimmte Identität, die leitend ist für das Denken, Wollen, Handeln oder Fühlen dieser Personen. Dabei sind die Geburtenjahrgänge und die Zugehörigkeit zu den oben genannten Gruppierungen bedeutend.[23]

Die Perspektive der zeitlichen Einordnung einer Generation wird auch bei der Einteilung in Generation Alpha, Generation Z, Millennials, Generation X und Babyboomer eingenommen. Wenn eine bestimmte Altersgruppe zusammengefasst betrachtet und nicht direkt einer bestimmten Zeitphase zugeordnet wird, reden wir von Kohorten.

22 Vgl. Lüscher & Liegl, 2003; Höpflinger, 2008a.
23 In Anlehnung an Höpflinger, 2008a.

Definition: Kohorte

Als Kohorten werden in den Sozialwissenschaften Gruppen bezeichnet, die bestimmte Lebensphasen oder Ereignisse in einer bestimmten Zeit gemeinsam erlebt haben. So kann man Personen z. B. in Alterskohorten oder Berufskohorten einteilen.

Generationenbeziehungen umfassen die wechselseitige Beeinflussung und das soziale Lernen zwischen Angehörigen einer Organisation, innerhalb einer Generation sowie zwischen verschiedenen Generationen. Wenn z. B. Perspektiven wie junge Chefin/junger Chef und ältere Mitarbeiterin/älterer Mitarbeiter eingenommen werden, dann werden *intergenerationelle* Beziehungen beleuchtet. Geht es um das Kommunikationsverhalten der Millennials untereinander, dann geht es um die Beziehungen innerhalb einer Generation, um *intragenerationelle* Beziehungen. Auch wenn Wertvorstellungen und Einstellungen zwischen Generationen nicht immer übereinstimmen, ist aus den sozialpsychologischen Forschungen bekannt, dass Kontaktdichte und -häufigkeit die Chance erhöhen, Nähe und ein Zugehörigkeitsgefühl zu erzeugen, was für den Aufbau funktionierender Teams – auch über die Generationen hinweg – ein zentrales erfolgskritisches Element ist und durch Führung beeinflusst werden kann.

In der Wissenschaft geht der Anspruch an die Verwendung des Generationenbegriffs noch weiter und umfasst auch die Perspektive der Generationendifferenz. Die Angehörigen einer Generation verbinden gemeinsame »prägende Erfahrungen sowie Umbrüche der Lebens- und Gesellschaftsgeschichte und dementsprechend in Fühlen, Denken, Wissen und Handeln«.[24] Solche prägenden Ereignisse, wie z. B. die gemeinsame Kindheit während des Krieges, bilden bei einer solchen Verwendung des Generationenbegriffs die Grundlage für eine Generation. Auch das Konzept der Generationenordnung ist Teil dieses umfassenden wissenschaftlichen Generationenbegriffs. Dabei wird die Gesamtheit aller Bräuche, Sitten und Regelungen in einer Gesellschaft betrachtet.

Die Einteilung der Generationen in Generation Alpha, Generation Z, Millennials, Generation X und Babyboomer oder andere Begriffe setzt bei der zeitlichen und gesellschaftlichen Positionierung an, betrachtet auch die Beziehung innerhalb und zwischen diesen Generationen und kann prägende Umbrüche der Gesellschaftsgeschichte enthalten (z. B. die rapide und umfassende Verbreitung von Neuen Medien im Alltag).

Der in diesem Band gewählte Generationenbegriff geht jedoch nicht so weit, dass die betrachteten Generationen der umfassenden, wissenschaftlichen Einteilung in Generationen gerecht werden. Dies wäre kontraproduktiv für die Thematik »Generationen zusammen führen«. Die Einteilung in verschiedene Gruppierungen hilft, bestimmte Werte, Erfahrungen etc. zu beleuchten und zu gruppieren. Es bleiben grobe Orien-

24 Höpflinger, 2008a, S. 23.

tierungen, die nicht dieselbe Bedeutung wie Generationen, die tatsächlich massive, einschneidende Erlebnisse teilen, haben. Diese erste Einteilung in Generation Alpha, Generation Z, Millennials, Generation X und Babyboomer hilft als Vereinfachung, den Blick zu schärfen. Bei der Zusammenarbeit von Jung und Alt und der generationenübergreifenden Führung dient sie zur Orientierung, bleibt jedoch relativ allgemein. Dieser Verweis auf einen groben Bezugsrahmen ist wichtig, wenn wir uns im nächsten Kapitel den psychologischen Phänomenen des Alterns und der Entwicklung von Kompetenzen und Fähigkeiten zuwenden. Es lassen sich über Altersgruppen hinweg bestimmte Phänomene beschreiben und beobachten, aber auch hier kann eine derartige Einteilung keinesfalls dem Individuum gerecht werden.

Wichtig

Die Beschreibung unterschiedlicher Generationen dient der Orientierung und dem Verständnis für unterschiedliche Schwerpunkte von Personengruppen. Diese Vereinfachung und Kategorisierung hat ihre Grenzen. Für die Führung braucht es eine differenzierte Betrachtung von Mensch und Situation, dabei kann die Beachtung von Generationsspezifika helfen, Handlungen zu verstehen oder Lösungen zu finden.

Die Zuordnung von Mitarbeitenden zu einer Generation hilft, bestimmte Aspekte zu verstehen, die auf die Führung von Mitarbeitenden einen Einfluss haben oder die Führungsbeziehung zwischen Mitarbeiterin/Mitarbeiter und Führungsperson beeinflussen. Es geht um die Betrachtung der »pädagogischen Perspektive« und der »zeitgeschichtlich-gesellschaftlichen« Betrachtung im weiteren Sinne.[25]

Die *pädagogische Perspektive* beleuchtet, wie Erziehung und Lernen nach dem Lebensalter aufgeteilt werden. Dabei bilden die Älteren die erziehende und vermittelnde Generation und die Jüngeren sind die Lernenden. Dieses Bild hat viele Jahre auch das Bild von Führung in Organisationen geprägt und ist heute noch in vielen Unternehmen existent. Es ist erkennbar an hierarchischen Ordnungsmustern mit einer größeren Zahl an Führungspersonen (v. a. in Topmanagement-Positionen), die älter als die Belegschaft sind, oder an kulturellen Elementen einer Organisation, die auf Seniorität aufbauen. Bekannt für eine stringente Orientierung an Senioritätsprinzipien sind etwa japanische Unternehmen. Hier ist der Einfluss der Landeskultur deutlich spürbar, die stark auf Seniorität aufbaut.

Schlagworte der postmodernen Entwicklung sind die Abkehr von Traditionen und eine zunehmende Individualisierung. In moderneren Gesellschaften sind in jüngerer Vergangenheit Abweichungen und Veränderungen bezüglich des Senioritätsprinzips erkennbar, was zu Konflikten oder Missverständnissen zwischen erziehender und nachwachsender Generation führen kann. Massiv spürbar ist dies bei der Medienerfahrung und dem Um-

25 In Anlehnung an Höpflinger, 2008a.

gang mit neueren Technologien. Das Lebensalter steht nicht mehr im Verhältnis zu den Erfahrungswerten, im Gegenteil: Die jüngere Generation hat häufig längere und umfassendere Erfahrungen mit neuen Technologien und Medien und beide Generationen – die jüngere und die ältere – werden zur lernenden und vermittelnden Generation.

2.2 Generationen in der Arbeitswelt und ihre Besonderheiten

Wir werden in Deutschland, der Schweiz und in ganz Europa gemeinsam älter. Diejenigen, die 2024 ihren 60. Geburtstag feierten, stellen mengenmäßig die größte Population in der Bevölkerung dar. Sie sind unsere Babyboomer. In den Unternehmen ist hingegen die Generation X am stärksten vertreten.

Im Folgenden werden die verschiedenen Generationen im Unternehmen ausführlicher dargestellt und werden hinsichtlich ihrer präferierten Werte und vorherrschenden Kompetenzen beleuchtet. Unbestritten bleibt die Tatsache, dass diese Zuordnung eine Orientierungshilfe darstellt, die Aussagen aber nicht zwingend für jedes Individuum dieser Generation zutreffen.

Die Babyboomer sind zwischen 1950 – 1964 geboren (gemeinsame Alterszugehörigkeit) und haben ihre Jugendzeit im geteilten Deutschland, also in der BRD oder DDR erlebt. Sie alle haben den Mauerfall als junge Erwachsene erlebt. Dieses Ereignis haben sie mit anderen Babyboomern gemeinsam. Vorgehende Generationen (z. B. die Nachkriegsgeneration) haben zu diesem Ereignis einen anderen Bezug. Sie erlebten z. B. den Mauerfall im mittleren Erwachsenenalter und ordnen das in ihre Lebensumstände anders ein: von der Kindheit im Kriegsdeutschland, über den Mauerbau bis zum Mauerfall. Eine Generation hat also eine gemeinsame Identität entwickelt.

Neben den Babyboomern sind in Organisationen verschiedene andere Altersgruppen vorzufinden. Alle Generationen im Unternehmen haben ihre Besonderheiten, wurden von bestimmten Ereignissen geprägt und bringen sich mit ihren Wertvorstellungen, ihrem Wissen und ihren Erfahrungen ins Arbeitsleben ein. Die heutigen Generationen im Arbeitsleben werden unterschiedlich bezeichnet und oftmals entlang einer Zeitleiste eingeteilt. Die Charakteristika und Besonderheiten verschiedener Generationen und ihre Varianten in der Bezeichnung werden in diesem Kapitel intensiver beleuchtet.

In der heutigen Arbeitswelt sind aktuell mehrere Generationen aktiv. Die am häufigsten vorkommenden Generationen sind:

- die Generation Z,
- die Millennials – auch Generation Y genannt,
- die Generation X und
- die Babyboomer.

In absehbarer Zukunft wird zudem die Generation Alpha vermehrt ins Arbeitsleben eintreten. Die Generationen werden – je nach Autor – auch anders benannt oder nochmals in Untergruppen unterteilt (z. B. die Bezeichnung der älteren Babyboomer als Silver Worker). Gerade die älteren Babyboomer (Silver Worker) und die Generation Z (Generation Internet) spielen eine wichtige Rolle an den Übergängen des Berufslebens (Eintritt und Austritt) und haben ganz eigene Schwerpunkte und Themenfelder. Es lohnt sich, gelegentlich auch deren ganz spezifische Führungsthematik zu berücksichtigen.

Die folgende Einteilung der Generationen findet sich in ähnlicher Form in anderen Publikationen wieder.[26] Die heute und bald erwerbstätigen Generationen im Überblick:
- **Babyboomer** (Geburtsjahrgänge 1955 – 1964)
- **Generation X** (Geburtsjahrgänge 1965 – 1979),
- **Millennials** oder **Generation Y** (Geburtsjahrgänge 1980 – 1994),
- **Generation Z** (Geburtsjahrgang 1995 – 2009).
- **Generation Alpha** (Geburtenjahrgang 2010 – 2025)

Generationen und die Motivation zu arbeiten

In der öffentlichen Diskussion wird häufig behauptet, dass junge Menschen zu viel Wert auf eine ausgewogene Work-Life-Balance legen und dass dies zu einem Rückgang der Arbeitsmotivation und des Arbeitseinsatzes führt. Ein genauerer Blick auf die Fakten zeigt jedoch ein differenzierteres Bild.

Eine neue Studie mit Daten von 584 217 Personen, die zwischen 1981 und 2022 in 113 Ländern erhoben wurden, liefert diese spannenden Erkenntnisse:[27]
- Allen Generationen ist gemeinsam, dass die Bedeutung der Arbeit in jungen Jahren gering ist, dann zunimmt und mit der Zeit wieder abnimmt.
- In den letzten Jahrzehnten hat die Bedeutung der Arbeit für alle Generationen abgenommen.

Weitere spannende Daten liefert die Schweizerische Arbeitskräfteerhebung SAKE (Bundesamt für Statistik, 2021c): Seit 1996 ist die durchschnittliche Arbeitszeit der Schweizer Bevölkerung von 70% auf 72% gestiegen. Insbesondere bei den unter 40-Jährigen hat sich das Arbeitspensum sogar von 75 auf 80% erhöht, obwohl mehr Menschen studieren und damit später ins Vollzeitarbeitsleben eintreten.

Warum also diese verzerrte Wahrnehmung? Ein Grund liegt darin, dass heute zwar mehr Männer Teilzeit arbeiten, aber auch mehr Frauen erwerbstätig sind

26 Die Einteilung und Beschreibung erfolgt in Anlehnung an Jha, 2020; Klaffke, 2014; Bruch, Kunze & Böhm, 2010; Joester, 2014.
27 Vgl. Schröder, 2023.

oder ein höheres Arbeitspensum haben. Außerdem neigen Menschen dazu, Informationen so auszuwählen und zu interpretieren, dass sie ihre eigenen Überzeugungen bestätigen. Wenn also davon die Rede ist, dass die junge Generation nicht arbeiten will, bleiben entsprechende Beispiele stärker im Gedächtnis – ein Phänomen, das als »Confirmation Bias« bezeichnet wird. Hinzu kommt, dass junge Menschen ihre Erwartungen und Wünsche heute anders kommunizieren. Insbesondere Vertreter der Generation Z äußern den generellen Wunsch nach weniger Arbeitszeit und Überstunden offener als frühere Generationen.[28]

2.2.1 Die Babyboomer-Generation

Die Babyboomer (Geburtsjahrgänge 1955 – 1964) werden je nach Literatur mit den Silver Workern (Geburtenjahrgänge 1945 – 1954) zusammengenommen. Da diese in den allermeisten Fällen bereits aus dem Erwerbsleben ausgeschieden sind, wird auf diese Personengruppe im Folgenden nicht weiter eingegangen. Quarch und König (2013) nennen die Boomer-Generation auch die »unterschätzte Generation«, die das Gefühl des »Zu-spät-gekommen-Seins« mit sich trägt, weil sie die großen Umbrüche der 1968er-Bewegung nicht als Erwachsene miterlebt hat. Sie bezeichnen sie aber auch als »Stand-by-Generation«, die sich noch nicht im möglichen Umfang in den gesellschaftlichen Diskurs eingebracht hat. Die Babyboomer folgen in ihrem Fortschrittsglauben und ihren Verlustängsten teilweise ihren Eltern und haben eine materielle und sicherheitsorientierte Werteorientierung. Die Babyboomer bilden die geburtenstärksten Jahrgänge, wuchsen oft mit mehreren Geschwistern auf, gingen in überfüllte Schulklassen. Für die vorhandenen Ausbildungs- und Studienplätze gab es immer (zu) viele Bewerbende. Sie waren und sind in jeder Lebensphase der Konkurrenz der eigenen Altersgruppe ausgesetzt und haben früh gelernt, sich durchzusetzen, aber auch zu kooperieren.

Die Wiedervereinigung Deutschlands mit all ihren Facetten verbindet die Babyboomer als einschneidendes Lebensereignis. Sie wuchsen in die Zeit des Bewusstseins für das Waldsterben hinein und trugen ökologische Überlegungen in die Politik. Während von Teilen der Generation die Friedens- und Umweltbewegung getragen wurde, war ansonsten das Bewusstsein für Nachhaltigkeit und Formen der Diskriminierung noch nicht im heutigen Ausmaß etabliert. Zu Beginn ihres Berufslebens erlebten die Babyboomer wirtschaftliche Stagnation und Ölpreiskrise, gefolgt von Arbeitslosigkeit und dem Verlust von Ausbildungsplätzen. Berufliche Unsicherheit und das Gefühl, dass es noch viele andere gibt, waren prägende Lebensumstände. Aus heutiger Sicht hat sich der Lebensstandard dieser Generation im Durchschnitt jedoch stetig verbessert. Für viele war es möglich, die eigene Karriere langfristig zu planen, Vermögen aufzubauen, Wohneigentum zu erwerben und (bald) einen gesicherten Ruhestand zu genießen. In

28 Vgl. Löffler & Giebe, 2021.

der Babyboomer-Generation war das Familienmodell mit einem – meist männlichen – Ernährer besonders häufig vertreten und auch finanziell möglich. Religion und gesellschaftliche Normen verloren aber im Vergleich zu früheren Generationen bereits stark an Relevanz und Verbindlichkeit.

Teamfähigkeit gilt als Stärke dieser Generation, sie haben neue Werte wie Gleichberechtigung und Fairness in die Arbeitswelt eingebracht und gelten als Workaholics mit ausgeprägter Arbeitsorientierung. In ihren ersten Berufsjahren gab es bereits partizipative Formen der Unternehmensführung und eine gewisse Mitarbeiterorientierung in den Unternehmen. Die Rolle der Gewerkschaften war in Deutschland relativ stark und die kollektive Arbeitnehmervertretung hatte einen hohen Stellenwert. Die Arbeitswelt war von neuen Ideen des Lean Management geprägt, die Stabilität und Sicherheit in der Arbeitswelt verringerten. In den letzten Jahren kam es zu einer zunehmenden Verdichtung der Arbeit. Die Babyboomer sind finanziell und technisch gut ausgestattet, um ihrem Motto »Jeder ist seines Glückes Schmied«[29] zu folgen.

Die Babyboomer befinden sich heute in der (späten) Lebensmitte und ziehen Bilanz über ihr bisheriges Leben. Die älteren Babyboomer sind zum Teil noch intensiv im Berufsleben tätig, zum Teil befinden sie sich bereits im Übergang in den Ruhestand. Erfolge und weniger gelungene Schritte werden sichtbar. Das persönliche und berufliche Engagement hat sich in der Zwischenzeit ausgezahlt oder es wird deutlich, dass bestimmte Dinge nicht mehr erreichbar sind.[30]

2.2.2 Die Generation X

Die Generation X (Geburtsjahrgänge ca. 1965 – 1979) wird auch Generation Golf oder die Sorglosen genannt. Sie erlebte kollektiv die Tschernobyl-Katastrophe und das Ende der New-Economy-Blase. Der Begriff Generation X leitet sich aus dem Roman von Coupland (1991) »Generation X – Geschichten für eine immer schneller werdende Kultur« ab. Der Roman kritisiert den Wohlstand der Vorgängergeneration und beschreibt die Werte der Generation X. Auch die Bezeichnung Generation Golf geht auf einen Roman zurück, in dem von individualistischem Lebensgefühl und behütetem Aufwachsen die Rede ist.[31]

Vertreter der Generation X haben die Tschernobyl-Katastrophe und das Platzen der New-Economy-Blase Ende der 1990er-Jahre ebenso erlebt wie die steigende Arbeitslosigkeit und die Ökonomisierung weiter Teile der Gesellschaft. Zu ihren beruflichen Erfahrungen

---

29 Quarch & König, 2013, S. 225.
30 Vgl. Bruch, Kunze & Böhm, 2010.
31 Illies, 2000.

gehören die Lohnsteigerungen und der Anstieg der Arbeitslosigkeit in Deutschland seit den 1970er-Jahren bis zum Höhepunkt 2005.[32] Die lebenslange Beschäftigung tritt etwas in den Hintergrund, ebenso wie die Aussicht auf berufliche Etablierung und Stabilität. Die Werte der Generation X sind stärker vom Streben nach Wohlstand, Karriere und Sicherheit geprägt und ähneln damit eher den Silver Workern als den Babyboomern. Diese Generation ist gut ausgebildet und teilweise bereits international orientiert, sei es durch Sprachkenntnisse oder eigene Auslandsaufenthalte. Arbeitsmodelle wie flexible Arbeitszeiten oder Homeoffice sind einigen von ihnen vertraut, sie konnten diese Flexibilisierung der Arbeitswelt bereits zu Beginn ihres Berufslebens aktiv erfahren. Zu ihren Berufseinstiegserfahrungen gehört die Arbeit in verschiedenen Formen der Gruppenarbeit wie Qualitätszirkeln, Projektarbeitsgruppen oder auch teilautonomen Arbeitsgruppen. Sie arbeiten zunehmend in einer Dienstleistungs- und Wissensgesellschaft, lebenslanges Lernen gewinnt an Bedeutung und ist für ihren Berufsalltag notwendig. Die Kommunikations- und Informationstechnologien verändern sich rasant und haben die Arbeitswelt seit dem Eintritt dieser Generation stark beeinflusst. Heute ist die Generation X die am stärksten im Berufsleben vertretene Generation.[33]

Die Generation X ist eine Generation, in der häufiger als in der Generation der Babyboomer beide Elternteile berufstätig waren. Sie konnte oft behütet und in wirtschaftlich stabilen Verhältnissen aufwachsen. Insgesamt gründen sie selbst später als frühere Generationen eine eigene Familie und gelten als sehr zielstrebig – vom Berufsleben bis hin zur Familiengründung. Die Vereinbarkeit von Beruf und Familie stellte insbesondere in der Lebensphase mit kleinen Kindern eine große Herausforderung dar, die durch ein neues Selbstverständnis der Väter zunehmend von beiden Partnern getragen wurde. Der Schwerpunkt der Herausforderung der Vereinbarkeit von Beruf und Familie lag und liegt jedoch noch bei den Frauen. Die Generation X ist heute oft in Führungspositionen, teilweise mit internationaler Verantwortung und gleichzeitig Eltern von Jugendlichen und jungen Erwachsenen. Als neue Belastung für die Vereinbarkeit von Beruf und Familie kommt hinzu, dass die eigenen Eltern zum Teil pflegebedürftig werden.

2.2.3 Die Millennials oder Generation Y

Die Millennials (Geburtsjahrgänge ca. 1980 – 1994) werden oftmals auch in Anlehnung an die chronologische und alphabetische Reihenfolge Generation Y genannt. Sie sind (noch) die zweitjüngste Generation im Arbeitsleben und haben sich in den letzten Jahren im Berufsleben etabliert und erste Projekt- und Führungserfahrungen gesammelt. Als einschneidendes Ereignis erlebten sie die Anschläge vom 11. September 2001, die die Grundannahmen der westlichen Welt wie liberale Demokratie und globale Markt-

32 Vgl. Statista, 2024
33 Vgl. Bundesamt für Statistik, 2023

wirtschaft erschütterten; in Deutschland wuchsen sie während der Wiedervereinigung auf. Sie wurden mehrheitlich von fürsorglichen Eltern partnerschaftlich erzogen und in ihrem Selbstwertgefühl und ihrer Entwicklung gefördert. In der Familie durften sie als gleichberechtigte Partner über viele Dinge des Alltags mitentscheiden. Sie sind die erste Generation, die parallel zur Entwicklung des Internets aufgewachsen ist und alle Entwicklungen miterlebt hat. Sich im World Wide Web zu bewegen und digitale Medien zu nutzen, ist für diese Generation selbstverständlich. Die Kommunikation mit Freunden findet über soziale Netzwerke bzw. Social Media statt und wird durch aktive Treffen ergänzt oder bereichert. Es handelt sich um eine Always-on-Generation: Sie sind 24 Stunden online und über verschiedene Kommunikationskanäle erreichbar. Besonders beliebt sind YouTube, Instagram und in gewissen Berufsgruppen LinkedIn, während TikTok, Snapchat und Facebook zumindest im deutschsprachigen Raum für diese Generation eine geringere Bedeutung haben. In der Arbeitswelt fordern sie Entwicklungsmöglichkeiten, sinnvolle Arbeit, Mitspracherecht und regelmäßiges Feedback. In den neuen Arbeitswelten, die stark von den Möglichkeiten des Internets, Cloud Computing etc. geprägt sind, fühlen sie sich sehr wohl, auch in dezentralen und stark vernetzten Organisationsstrukturen. Wandel und Veränderung sind für sie normal, sie schätzen die Vereinbarkeit von Lebensbereichen und empfinden den klassischen hierarchischen Aufstieg als unattraktiv.

Die Millennials sind in einer globalisierten und von Unsicherheit geprägten Welt groß geworden und mit vielen Optionen und einer guten Ausbildung aufgewachsen. Es geht um Möglichkeiten und die Motivation, etwas Spannendes zu tun oder zu erleben. Es geht aber auch darum, dass sich die Arbeitswelt verändert hat, dass neue, flexible Beschäftigungsformen entstehen, die weniger Sicherheit, Stabilität und Aufstiegschancen bieten. Damit muss sich diese Generation auseinandersetzen. Die erste Aussage im Wertesystem der Millennials lautet: Die Arbeitswelt muss im Hier und Jetzt attraktiv sein.

Im »War for Talents« sind sie eine besonders gefragte Personengruppe, denn sie bringen erste relevante Berufserfahrung mit, sind gut ausgebildet, mit digitalen Medien vertraut und haben häufig ein hohes Entwicklungspotenzial. Mit der anstehenden Pensionierungswelle der geburtenstarken Jahrgänge wird sich dieser Trend noch verstärken. Allerdings können die teilweise sehr hohen Ansprüche der Generation Y und der Arbeitgeber je nach Branche zu Herausforderungen bei der Jobsuche/-gewinnung führen.

Privat befinden sich viele Angehörige der Generation Y in der Phase der Familienplanung und -gründung, sofern Kinder gewünscht und möglich sind. Gleichberechtigte Partnerschaften werden angestrebt und es stellt sich die Frage, wie Kinder, Partnerschaft und Karriere unter einen Hut gebracht werden können. Auch wenn die Erwerbstätigkeit von Männern sinkt und die von Frauen steigt, übernehmen Frauen immer noch anteilig mehr Care-Arbeit, während Männer mehr Zeit im Beruf verbringen.

Mit der Generation Z haben sie gemeinsam, dass der Klimawandel und steigende Lebenshaltungskosten als größte Sorgen genannt werden. Daher ist es nicht verwunderlich, dass neben zu wenig erfüllender Arbeit auch zu geringe Bezahlung ein wichtiger Kündigungsgrund ist.[34]

2.2.4 Die Generation Z

Die Mitglieder der Generation Z (Geburtsjahrgänge ca. 1995 – 2009) sind zusammen mit jener der Generation Alpha sogenannte »Digital Natives«, was bedeutet, dass sie im digitalen Zeitalter aufgewachsen sind. Viele Technologien wie das Smartphone, aber auch soziale Medien haben sich während der Kindheit und Jugend der Generation Z etabliert. Im Jahr 2020 hatten über 98 % der Jugendlichen mindestens ein Profil in den sozialen Medien.[35] Während die älteren Vertreterinnen und Vertreter der Generation – ähnlich wie die Generation Y – vor allem auf Instagram und je nach Berufsgruppe auf LinkedIn aktiv sind, sind Snapchat und TikTok bei den Jüngeren ebenfalls sehr beliebt. Die regelmäßige Präsenz in den sozialen Medien beeinflusst die Art und Weise, wie diese Generation kommuniziert. Ein ständiger, schneller und informeller Austausch sowie sofortiges Feedback sind für die Generation Z normal. Dementsprechend offen, regelmäßig und informell kommunizieren sie oft auch im Arbeitsleben und wünschen sich häufige Rückmeldungen.

Einerseits können viele Angehörige der Generation Z im deutschsprachigen Raum auf eine sichere, von früheren Generationen aufgebaute finanzielle Basis zurückgreifen, sind hervorragend ausgebildet und haben Zugang zu vielfältigen Lebensmodellen und Karrieremöglichkeiten. Andererseits ist die Generation Z aber auch eine Generation, die sich der Krisen und der Fragilität bestehender Systeme bewusst ist. Von der Finanz- über die Flüchtlings- und Klimakrise zu der Corona-Pandemie und dem Ukrainekrieg hat diese Generation bereits in jungen Jahren viele Herausforderungen, teils aktiv, teils beobachtend, miterlebt. Auch wenn viele dieser Krisen die Lebensqualität (mit Ausnahme der Corona-Krise) der Generation Z im deutschsprachigen Raum noch nicht akut verschlechtert haben, so werfen sie doch ein negatives Licht auf die Zukunft. Den vielfältigen beruflichen Möglichkeiten steht der Anspruch gegenüber, sich ständig weiterzuentwickeln, um mit den Veränderungen Schritt halten zu können. Wenig überraschend hat die Generation Z einen kürzeren Planungshorizont als ältere Generationen. Dies zeigt sich zum Beispiel darin, dass eine von zwei Personen der Schweizer Generation Z sich vorstellen kann, in den nächsten zwei Jahren den Job zu wechseln.[36] Wer Mitarbeitende der Generation Z langfristig binden möchte, sollte

34 Vgl. Zalcman et al., 2023.
35 Vgl. Bernath et al., 2020.
36 Vgl. Zalcman et al., 2023.

darauf achten, dass sie sich mit den Werten und der Kultur des Unternehmens identifizieren und einen Sinn in ihrer Arbeit sehen.[37]

Eine Vielzahl von Faktoren, unter anderem die oben beschriebenen, führen dazu, dass die Generation Z die Jugendgeneration mit den größten psychologischen Herausforderungen ist. Noch nie haben so viele junge Menschen unter Schlafstörungen, Kopfschmerzen, depressiven Symptomen und Depressionen gelitten (Zukunftsinstitut).[38] Gerade diese Generation ist es aber auch, die einen offeneren und wertneutraleren Umgang mit psychischen Erkrankungen fördert und etabliert.[39]

Praxisbeispiel Deutsche Telekom: #wearefutureproof: Von Gen Z für Gen Z[40]

Die Deutsche Telekom hat mit ihrem Projekt Futureproof eine europaweite Kampagne gestartet, die es Menschen zwischen 16 und 26 ermöglicht, sich mit ihren eigenen Kompetenzen und Vorlieben auseinandersetzen und Jobwelten kennenlernen.»Was bringt die Zukunft? Welcher Job passt zu mir – und wohin entwickelt sich die Arbeitswelt?« sind Fragen, die sich insbesondere junge Menschen stellen und die sich während der Corona-Pandemie noch verschärft haben. Damit startet die Deutsche Telekom ihre europaweite Kampagne. Das Unternehmen lädt dazu ein, eigene Kompetenzen und Vorlieben zu erkennen und zeigt spannende Jobwelten. Kernstück des Projektes ist eine Web-App, auf der Nutzende in spielerischer Art ihr Interessensschwerpunkte herausfinden können. Dabei werden Fähigkeiten und Talente sowie Leidenschaft in personalisierte Karriere-Clustern überführt und viele inspirierende Berufsbilder und Praxisbeispiele aufgezeigt. »Wissens-Snacks«, Blog-Posts, Blitzumfragen und Bildergalerien geben weitere Impulse die Plattform und sich selbst kennenzulernen. Dies alles findet sich komprimiert auf einer Online-Plattform der Deutschen Telekom, die zusätzlich Einblick in Karrierewege bei der Telekom gibt und Links zu Workshops zur Verfügung stellt.

Der Roll-out dieses Programms erfolgte 2021 durch die Deutsche Telekom mithilfe einer europaweiten Social-Media-Kampagne in zehn europäischen Ländern und in Zusammenarbeit mit zahlreichen Protagonistinnen wie den Sängerinnen Billie Eilish und Zoe Wees oder der Nachhaltigkeitsbloggerin Anna-Laura Kummer, die auch Einblicke in ihre eigene Arbeit als Young Professionals geben und die Generation Z ermutigen. Der für die Kampagne eingesetzt Kurzfilm »The Future Feed« ermutigt junge Talente dazu, ihre Leidenschaft zum Beruf zu machen.

---

37 Vgl. Ernst & Young, 2021.
38 Vgl. Zukunftsinstitut, 2021.
39 Vgl. Zukunftsinstitut, 2021.
40 Vgl. Fulde, 2021.

2.2.5 Die Generation Alpha

Ab etwa 2010 – dem Jahr, in dem das iPad auf den Markt kam und Instagram startete – spricht man von der Generation Alpha. Während sich viele digitale Geräte, Tools und Plattformen parallel zur Generation Z entwickelt haben, gehören sie für die Generation Alpha von Anfang an zum Alltag. Zudem lernt diese Generation von Anfang an den gezielten Einsatz von AI als Privatpersonen kennen und anwenden. Die regelmäßige Nutzung von Mobiltelefonen und Laptops mit integrierten Apps ist dieser Generation von ihren Eltern, die häufig Angehörige der Generation Y sind, bereits seit ihrer Kindheit vertraut. Studienergebnisse zeigen, dass in dieser Generation teilweise schon Zweijährige einen Touchscreen bedienen und auf einem Handy navigieren können.[41] Prägend für die Generation Alpha ist auch die COVID-19-Pandemie, die sie als Kinder miterlebt haben. Vielerorts wurden Schulen vorübergehend geschlossen und auf digitalen Unterricht umgestellt. Der Bildungsstand und die zeitlichen Ressourcen der Eltern, in gewissem Maße auch ihre finanziellen Möglichkeiten, haben den Bildungserfolg in dieser Zeit überproportional beeinflusst. Die Elterngeneration der Generation Alpha, die Millennials, lebt nicht selten ein anderes Familienmodell vor als frühere Elterngenerationen. Gleichberechtigte Partnerschaften und Familienmodelle mit zwei berufstätigen Elternteilen haben stark zugenommen und werden die Erwartungen und Wahrnehmungen der jüngsten Generation beeinflussen.

Über die Rolle der Generation Alpha in der Arbeitswelt lässt sich zum jetzigen Zeitpunkt noch wenig sagen, da die ersten Angehörigen dieser Generation erst in Kürze mit der betrieblichen Berufsausbildung beginnen werden.

Interessantes aus der Forschung

Die Trendstudie »Jugend in Deutschland« befragt jährlich 14- bis 19-jährige Personen zu ihren Einstellungen, Werten, Sorgen und Lebensbedingungen. Die Studie von 2023 vergleicht zudem die Antworten mit jenen älterer Personengruppen. Bei der Erhebung mit 3050 Befragten hat sich gezeigt, dass viele Werte generationenübergreifend geteilt werden. Besonders wichtig sind für alle Familie, Gesundheit, Freiheit, Gerechtigkeit und Sicherheit. Die Motivation der Altersgruppen ist ebenfalls von ähnlichen Aspekten geprägt, wobei insbesondere Geld, Spaß und Sinnhaftigkeit eine Rolle spielen. Im Vergleich zur älteren Gruppe sind den untersuchten jungen Personen eine gute Arbeitsatmosphäre, gute Vorgesetzte und Jobsicherheit wichtiger.[42]

---

41 Vgl. Turk. 2017.

42 Vgl. Schnetzer, 2023.

Arbeitshilfe 1: Work Value Questionnaire[43]

DIGITALE EXTRAS

Diese Arbeitshilfe finden Sie zum Download unter Digitale Extras.

Bitte geben Sie an, wie wichtig es für Sie ist, die folgenden Komponenten in Ihrer Arbeit zu haben.

	Frage	Sehr wichtig	Wichtig	Eher wichtig	Eher unwichtig	Unwichtig	Sehr unwichtig
1	Erfolg bei der Arbeit						
2	Aufstieg, Beförderungsmöglichkeiten						
3	Leistungen, Urlaub, Krankheitsurlaub, Rente, Versicherung etc.						
4	Bei einer Organisation angestellt zu sein, bei der Sie stolz sind, für sie zu arbeiten						
5	Beitrag zur Gesellschaft						
6	Angenehme Arbeitszeiten						
7	Kollegen und Mitarbeiter, mit denen es Spaß macht, zu arbeiten						
8	Das Gefühl, als Person geschätzt zu werden						
9	Feedback zum Arbeitsresultat						
10	Unabhängigkeit bei der Arbeit						
11	Mitbestimmung in der Organisation						

43 Vgl. Murphy, 2011.

	Frage	Sehr wichtig	Wichtig	Eher wichtig	Eher unwichtig	Unwichtig	Sehr unwichtig
12	Mitbestimmung bei der Arbeit						
13	Interesse an der Arbeit; etwas zu tun, was Sie interessiert						
14	Jobsicherheit						
15	Status der Arbeit						
16	Sinnvolle Arbeit						
17	Gelegenheiten für persönliche Entwicklung						
18	Gelegenheit, Leute zu treffen und mit ihnen zu inter-agieren						
19	Bezahlung						
20	Anerkennung für gute Arbeit						
21	Verantwortung						
22	Einen fairen und aufmerksamen Vorgesetzten						
23	Anwendung Ihrer Fähigkeiten und Ihres Wissens bei der Arbeit						
24	Arbeitsumgebung (angenehm und sauber)						
25	Ethik und Integrität						

Tab. 2.1: Work Value Questionnaire

Generationen und ihre Spezifika	Baby-boomer	Generation X	Millenials	Generation Z	Generation Alpha
Wert-haltungen (primär)	Fleiß, Spar-samkeit und Pflicht-bewusstsein, Vernunft, Recht und Ordnung	Streben nach Wohlstand, Karriere und Sicherheit, pragmatisch, flexibel, struktur-bedürftig	tolerant, ziel-orientiert, selbstsicher, indivi-dualistisch, optimistisch, umwelt-bewusst	Streben nach Stabilität, Bewusstsein für soziale, ethische und ökologische Verantwortung	noch abzu-warten
Lebensphase	Letzte Berufsphase, Renten-eintritt, in Rente	Lebensphase Beruf und ältere Kinder	Lebensphase Beruf und kleinere Kinder	Abschluss Ausbildung und erste Berufs-phase	Schulzeit und tw. Berufswahl
Interaktion und Kommu-nikation	Team-player, viele Meetings	erfinderisch	partizipativ	direkt, persön-lich, dialog-orientiert, konstanter Wechsel zwischen verschiedenen Medien	schnell, direkt, digital, durch Bild- und Videocontent
Erwartungen an Unter-nehmen	gemeinsame Kultur, möchten sich als Teil des Ganzen sehen, bevorzugen Einzelbüros	globalen Blick behalten, Image und Qualität sind wichtig, genießen Extras	sinnstiftende Arbeit, keine Beschrän-kungen, keine Hierarchie, erwarten unmittel-bare Rück-meldung, Mentoring	Möglichkeit zur Übernahme von Verantwortung, Entwicklungs-möglichkeiten, persönliche Verbindung im Teamgefüge, Diversität	Orientierung und erste spielerische Einblicke in mögliche Ausbildungen, Präsenz in den sozialen Medien
Kompetenz-schwer-punkte	Teamfähig und loyal	anpassungs-fähig, unabhängig, technisch versiert	technikaffin, multitasking-fähig	Digital Natives, innovativ	Digital Natives mit AI-Kentnissen, weitere Kompetenz-schwerpunkte noch zu entwickeln

Generationen und ihre Spezifika	Baby-boomer	Generation X	Millenials	Generation Z	Generation Alpha
Werte am Arbeitsplatz	Beziehungs-orientiert, dienst-leistungs-orientiert, Prozessfokus	unter-nehmerisch, lassen sich nicht von Autoritäten einschüch-tern, betonen Resultatfokus	sinnstiftende Arbeit, beharr-lich, offen, flexibel, Arbeit ist nicht alles	unter-nehmerisch, möchten einen Beitrag leisten, Nutzung von Technologie, flexibel, Arbeit ist nicht alles	noch abzu-warten

Tab. 2.2: Generationen und ihre Merkmale

2.3 Mehrgenerationalität

Ein Individuum kann auch mehreren Generationen angehören, insbesondere jene Jahrgänge, die an der Grenze zu einer neuen Generation liegen. Zudem ändern sich Werte, Einstellungen und Lebensvorstellungen über die Zeit hinweg, sodass die Zuordnung zu einer Generation bzw. zu deren Werten schwanken kann. Die Einteilung der Menschen in Generationen erfolgt nach soziologischen, wissenschaftlichen Gesichtspunkten, die nicht unbedingt auf die Realität eines Einzelnen zutreffen müssen.

Findet sich ein Individuum in mehreren Generationen wieder, können sich soziale und kulturelle Einflüsse vermischen. Daraus können sich schlimmstenfalls Rollenkonflikte ergeben. Geschwister können z. B. elterliche Aufgaben gegenüber jüngeren Geschwistern übernehmen. Ein anderes Beispiel ist, wenn die jungen Generationen aufgrund ihrer Technik- oder Medienkompetenz gegenüber der mittleren und alten Generation gelegentlich die Rolle von Lehrenden einnehmen.[44]

2.4 Generationen zusammen führen

»Generationen zusammen führen« beachtet die Besonderheiten der Generationen in der Führung: Es gilt Generationseffekte zu erkennen und proaktiv die Führung so zu gestalten, dass die Vielfalt den Nutzen für die Organisation erhöht und die gesellschaftlichen Veränderungen auch in der Organisation ermöglicht (generationsübergreifendes Vorgehen). Außerdem geht es darum, jeder Generation mit ihren Besonderheiten in der Führung gerecht zu werden (generationsspezifisches Vorgehen). Wenn das nicht gelingt, wird Führung dem Hier und Jetzt gerecht, aber keinesfalls künftigen Anforde-

44 Lüscher et al., 2019.

rungen. Generationenwechsel gab es schon immer in Organisationen. Folgende geltenden Annahmen verlieren derzeit jedoch ihre Gültigkeit:

1. **Alter = mehr Erfahrung:** Der Erfahrungszuwachs ist neu, teilweise entkoppelt vom Lebensalter. Jüngere Mitarbeitende sind mit neuen Technologien aufgewachsen, sind Digital Natives und haben darin gegenüber älteren Mitarbeitenden einen Erfahrungsvorsprung.
2. **Seniorität als Werthaltung:** Das Prinzip der Seniorität bei Anerkennung, Zuteilung von Aufgaben oder Beförderungen und Entlohnung kann nicht länger als einziges Prinzip verfolgt werden.

Der jetzt stattfindende Generationenwechsel erfolgt unter einem neuen Vorzeichen: Der Erfahrungsvorsprung der jüngeren Mitarbeitenden gegenüber älteren Kolleginnen und Kollegen bezüglich Neuer Medien betrifft nur einen Bereich des benötigten Erfahrungswissens in Unternehmen. Sie haben weniger Erfahrung im Umgang mit Kunden, mit Arbeitsabläufen oder eine andere Art von persönlichem und beruflichem Netzwerk. In ihrem Wertgerüst sind nicht zwingend Werthaltungen wie der Respekt vor Alter, Seniorität und Erfahrung verankert, sondern sie neigen verstärkt zu individualistischer Sichtweise und Erwartungshaltung.

Neu sind also folgende Themen:

- ein grundlegender Wertewandel,
- die rasche technologische Entwicklung,
- die Tatsache, dass in den nächsten etwa zehn Jahren ein massiverer Austritt von älteren Mitarbeitenden in den Ruhestand stattfinden wird als in den Jahren zuvor und damit ein forcierter Generationenwechsel vonstattengeht,
- tendenziell stehen immer noch mehr Ältere den Unternehmen als Mitarbeitende zur Verfügung – wenn auf beiden Seiten möglich und erwünscht, als jüngere Mitarbeitende eintreten.

Unternehmen brauchen einen bisher noch nie da gewesenen Know-how-Transfer zwischen den Generationen (vgl. Kapitel 5 Wissenstransfer), eine Führung von Altersvielfalt und den Aufbau von altersgemischten Teams, lebenslanges Lernen in der Organisation, Einführung und Weiterentwicklung neuer Arbeitsformen, altersgerechte flexible Handhabung des eigenen Führungsstils, Aufbau von Führungsstrukturen und -systemen, um diese Arbeit mit den Generationen und generationenübergreifend zu fördern (vgl. Kapitel 7 Generationenmanagement), den Generationenwechsel zu bewältigen und vieles andere mehr. Es geht um Generationengerechtigkeit und die bestmögliche Förderung aller Generationen, sowohl spezifisch pro Generation als auch oft in der Kombination der Generationen, um damit erfolgreich die Gegenwart und die Zukunft der Führung zu gestalten.

Generationen und ihr Lernverhalten	Babyboomer	Generation X	Generation Y	Generation Z	Generation Alpha (ältere Mitglieder)
bevorzugte Lernformen	Vorträge und Workshops	erfahrungsbasiertes Lernen	digitales Lernen	Hybrider Top-down-Unterricht mit klarer Struktur und Zielvorgabe	spielerische, hybride Lernformen mit AI Features, zukünftig könnte sich Augmented Reality etablieren
favorisierte Lernumgebung	fordernde Umgebungen, in der Erfahrungen geteilt werden können	spaßhaftes Lernumfeld	medienzentrierte Umgebung	physische Begegnungen ergänzt durch smarte und nutzerfreundliche digitale Tools	interaktive und hybride Lernumgebung in der Informationen individuell entdeckt werden können
Lernmaterialien	Bücher, Leitfäden und PowerPoint	interaktive Lernmethoden und Fragenstellen an	Videos, Lern-Apps, Blogs, Podcasts, soziale Medien	Videos, Lern-Apps, Podcasts, soziale Medien, AI-Tools	Videos, Lern-Apps, Podcasts, soziale Medien, AI-Tools
Lernmethodiken	Fallstudien und Beispiele	praktische Aktivitäten und (Rollen-)spiele	(Rollen-) Spiele und digitale Medien	Kombination aus analog und digital im Rahmen von Projekten etc.	Gewohnt an Schulklassenunterricht ergänzt durch digitale Tools

Tab. 2.3: Trainingsansätze für die Generationen[45]

Praxisbeispiel: Speed-Dating der Generationen und 380-Grad-Mentoring

Manchmal verhindern Vorurteile und Stereotypisierungen von älteren bzw. jüngeren Mitarbeitenden die erfolgreiche Zusammenarbeit. Wie können diese Gruppen vernetzt werden, um den Austausch zu fördern? Die Stelle für Diversity und Employer Attractiveness der AXA lancierte ein Projekt, mit dem Ziel, den Austausch, das Verständnis und die Zusammenarbeit der Generationen zu fördern.

45 Vgl. Sparta, 2009; Randstad Deutschland, 2018.

Je 30 junge Mitarbeitende der Generation Millennials und 30 ältere Babyboomer wurden zu einem *Lunch and Learn* über Mittag eingeladen. Das Event wurde wie ein Speed-Dating organisiert: Die Teilnehmenden – jeweils ein junger und ein älterer Mitarbeitender – saßen sich gegenüber und diskutierten fünf Minuten über eine vorgegebene Frage, z. B. »Wie gehe ich mit sozialen Medien um?«, »Was bedeutet für mich der Renteneintritt?«, »Wie bedeutsam sind für mich flexible Arbeitsmodelle?«, »Wie zeigt sich Wertschätzung am Arbeitsplatz?«. Jede/r diskutierte eine Frage nacheinander mit zwei Personen der anderen Generation. Nach dem Gong wurde nach rechts oder nach links zum nächsten Gesprächspartner gewechselt. Latent vorhandene Vorurteile wurden bewusst – teilweise provokativ – thematisiert und erörtert. Nach dem Speed-Dating trafen sich die Gruppe der älteren sowie der jüngeren Mitarbeitenden zur gemeinsamen Reflexion. Die Erkenntnisse wurden dabei der jeweils anderen Generationengruppe vorgestellt.

Die Erfahrung zeigte, dass sich die Gruppen einander ähnlicher fühlten, als gedacht. Der Dialog wirkte wie eine Brücke zwischen den Generationen, Vorurteile wurden reflektiert und anschließend aufgelöst. Dies sei ein erster Schritt zur Stärkung des Miteinanders der Generationen, so Yvonne Seitz, Head of Human Resources Abacus und damalige Leiterin der Abteilung Diversity und Employer Attractiveness bei der AXA.

Eine weitere Maßnahme, um bei der AXA Generationen zusammenzuführen respektive Diversity erlebbar zu machen, war das sogenannte 380-Grad-Mentoring. Hierbei konnten sich interessierte Mitarbeitende aller Hierarchiestufen melden, um ein Jahr lang ein Mentoring mit einer Person aus einem anderen Bereich zu absolvieren. Ziel war es, unterschiedliche Blickwinkel zusammenzubringen und einen Mehrwert zu schaffen, der über 360 Grad hinausgeht (daher auch der Name des Programms: 380-Grad-Mentoring). Die Teilnehmenden konnten dabei einen Schwerpunkt wählen – entweder Generationenmanagement, Gender-Diversity oder Arbeitsmodelle. Durch die Fokussierung auf einen Schwerpunkt konnte bei der Zuweisung der Personen zu Tandems auf spezifische Fragen Rücksicht genommen werden, welche die Teilnehmenden während ihrer Mentoring-Gespräche thematisieren wollten. Wie die Durchführung mehrerer Staffeln gezeigt hat, profitierten stets beide Seiten voneinander, Mentoren und Mentees. Und da neben individuellen Fragen auch Bereiche miteinander in Kontakt kamen, die sonst nicht unbedingt miteinander zu tun haben, profitierte am Schluss auch die AXA als Unternehmen. Daher war es wichtig, einen organisierten Rahmen zu bieten, die Unterschiede positiv zu nutzen und Spaß am gemeinsamen Dialog zu haben.[46]

46 Aus: Seitz, 2018/2021.

Arbeitshilfe 2: Praxistransfer – Generationen und ihre Besonderheiten

Diese Arbeitshilfe finden Sie zum Download unter Digitale Extras.

DIGITALE EXTRAS

Was bedeutet das für die Praxis?
Machen Sie sich über die folgenden Fragestellungen Gedanken und überlegen Sie, welche Bedeutung der Umgang mit Generationen in Ihrer eigenen Organisation hat:

- Für welche Altersgruppen sind Sie ein attraktiver Arbeitgeber? Welche Altersgruppen bewerben sich bevorzugt bei Ihnen? Welche arbeiten hauptsächlich bei Ihnen?
- Welche Vorteile erleben Sie heute durch Altersvielfalt im Unternehmen?
- Wo liegen die Schwierigkeiten in der Zusammenarbeit der verschiedenen Generationen?
- Gibt es potenzielle Leistungsvorteile für das Unternehmen durch eine altersgemischte Belegschaft oder durch die Besetzung von Schlüsselpositionen durch Angehörige bestimmter Altersgruppen?
- Welche Veränderungen erleben Sie in Ihrem Unternehmen aufgrund der besseren Nutzung von Social Media und anderen Technologien der Mitarbeitenden? Gibt es aufgrund dieser Veränderungen andere Bedürfnisse für die Führung? Welche Führungsthemen kommen in diesem Zusammenhang auf die Führung zu?
- Welche Möglichkeiten sehen Sie, um den rasch stattfindenden Generationenwechsel in ihrem Unternehmen zu bewältigen?

Zusammenfassung und Kernaussagen des Kapitels

Jede Generation ist innerhalb der Gesellschaft sozial-zeitlich positioniert. Daraus ergibt sich eine bestimmte Identität, die leitend ist für das Denken, Wollen, Handeln oder Fühlen dieser Personen. Dabei sind die Geburtsjahrgänge und die Zugehörigkeit zu diesen Gruppierungen bedeutend. Diese Perspektive der zeitlichen Einordnung einer Generation wird auch bei der Einteilung in Generation Z, Millennials, Generation X und Babyboomer eingenommen.

Wir gehen aktuell von bald (wieder) fünf Generationen von Mitarbeitenden im Unternehmen aus: Babyboomer (ca. 1955 – 1964), Generation X (ca. 1965 – 1979), Generation Y, die oft auch als Millennials bezeichnet werden (ca. 1980 – 1994), Generation Z (1995 – 2009) und Generation Alpha (2010 – 2025). Babyboomer haben als Werte eine Ausrichtung auf das Materielle und auf Sicherheit. Die Werte der Generation X sind stärker von dem Streben nach Wohlstand, Karriere und Sicherheit geprägt. Wandel und Veränderung ist für die Generation Y normal, sie schätzen die Vereinbarkeit von Lebensbereichen und finden den klassischen, hierarchischen Aufstieg unattraktiv. Vertretende der Generation Z sind wahre »Digital Natives« und etablieren sich mehr und mehr in der Berufswelt. Für diese Generation ist eine klare Trennung zwischen Arbeits- und Privatleben wichtig, auch wenn sie keinesfalls aspirationslos ist – Angehörigen der Generation Z wünschen sich durchaus die Möglichkeiten zur Übernahme von Verantwortung. Die Generation Alpha wächst aktuell mit Eltern auf, die selbst einen täglichen Umgang mit Social Media und digitalen Tools haben sowie häufig eine ausgeglichene(re) Rollenverteilung der Geschlechter vorleben. Wie sie sich in der Arbeitswelt einfinden werden, zeigen die kommenden Jahre.

Die Einteilung von Menschen in Generationen ist lediglich eine Orientierungshilfe, die nicht zwingend auf jede Einzelperson zutrifft. Generationseinteilungen, bei denen gemeinsame Erlebnisse, Erfahrungen oder Werthaltungen vorhanden sind (z. B. Nachkriegsgeneration), sind robuster in der Einteilung und Einschätzung von Wahrnehmungen und Handlungen als eine Einteilung auf Basis kurzfristiger Entwicklungen.

Altersvielfalt oder eine altershomogene Belegschaft haben verschiedene Auswirkungen auf Unternehmen. So verhindert z. B. eine homogene Belegschaft eher Aufstiegschancen und vereinfacht in der Regel den Anspruch an die Führung. Führung von Altersvielfalt bedeutet, Menschen unterschiedlicher Generationen mit unterschiedlichen Kompetenzen, Erfahrungen und Werten zu verbinden und den Wissenstransfer sicherzustellen, damit sich insgesamt der Handlungsspielraum der Unternehmung vergrößert und erweitert. Es liegt allerdings eine besondere Aufgabe darin, Vielfalt so einzusetzen, dass sie dem Unternehmen einen Mehrwert bringt. Es gilt, Generationeneffekte zu erkennen und die Führung proaktiv so zu gestalten, dass die Vielfalt den Nutzen für die Organisation erhöht.

Unternehmen brauchen einen bisher noch nie da gewesenen Dialog zwischen den Generationen, Know-how-Transfer, eine Führung von Altersvielfalt und den Aufbau einer altersgerechten Unternehmenskultur, Kompetenzen für die Führung von altersgemischten Teams sowie Ansätze des lebenslangen Lernens.

Es gab immer schon Herausforderungen im Zusammenleben und -arbeiten von Generationen. Neu ist aber eine partielle Abkehr vom Senioritätsprinzip. Das bedeutet, dass erstmals nicht in allen Themen die nachkommende, jüngere Generation an Erfahrung und Wissen der älteren Generation unterlegen ist. Der Umgang mit Neuen Medien und der Wertewandel hin zu mehr Individualisierung erfordert eine neue Betrachtung der Generationen miteinander.

3 Demografische Entwicklung und die Zukunft der Führung

Das unternehmerische Umfeld wandelt sich so schnell und die Herausforderungen sind so komplex – das kann eine Generation allein zukünftig nicht mehr bewältigen.
Ralf Overbeck (2024)

Kapitelübersicht

Die demografische Entwicklung in Deutschland und der Schweiz zeigt eine massive Veränderung der ständigen Wohnbevölkerung. In Deutschland lebten Ende 2023 84,7 und in der Schweiz 8,9 Millionen Menschen. Beide Länder prognostizieren ein Anstieg der ständigen Wohnbevölkerung durch positive Wanderungssaldi, wobei für die Schweiz im Jahr 2050 eine Bevölkerung von 10,4 Millionen und für Deutschland im Jahr 2070 von 89,8 Millionen erwartet wird. In beiden Ländern stellen die Babyboomer mit dem stärksten Geburtsjahrgang 1964 die größte Bevölkerungsgruppe. Auffallend sind die Szenarien für den Anteil der ständigen Wohnbevölkerung in der Altersgruppe 20 – 64 bzw. 20 – 66 (das Erwerbspersonenpotenzial). Der aktuelle Anteil von 60 % für die Schweiz bzw. 62 % für Deutschland wird auf 55 % bzw. 56 % sinken. Während der Anteil der bis zu 20-Jährigen in etwa gleich bleibt, nimmt der Anteil der älteren und v.a. hochaltrigen Personen in beiden Ländern zu. In Europa haben die bis 25-Jährigen die tiefsten Erwerbsquoten und die 25- bis 55-Jährigen die höchsten. In allen Altersgruppen und bei beiden Geschlechtern ist die Erwerbsbeteiligung in den letzten Jahren konstant gestiegen, hervorzuheben ist dabei die Entwicklung der Altersgruppe 55 – 64. In allen betrachteten Ländern wurde die Erwerbsbeteiligung der älteren Mitarbeitenden zwischen 2020 und 2023 am stärksten ausgebaut.

Die Arbeitswelt steht daher ebenfalls vor massiven Veränderungen, da in den kommenden etwa 10 Jahren die geburtenstarken Babyboomer und teilweise auch die Generation X den Renteneintritt vollziehen werden. In Abhängigkeit von der Erwerbsquote dieser Generationen wird die Anzahl älterer Mitarbeitender in den Unternehmen in den nächsten Jahren zunehmen, was zu Veränderungen in der HR-Demografie und der Belegschaft führen wird.

Diese Entwicklung beeinflusst auch die Dynamik im Arbeitsmarkt wesentlich. In Deutschland und der Schweiz herrscht ein Fachkräftemangel, ja fast schon ein genereller Arbeitskräftemangel. Zusammen mit anderen Einflussfaktoren auf den Arbeitsmarkt ist das Ausscheiden respektive der Verbleib der Babyboomer-Generation ein wichtiges Instrument zur Abfederung dieser Entwicklung (z. B. Deloitte, 2019).

Unternehmen und Regierungen ergreifen viele Maßnahmen, um dem demografischen Wandel, v.a. bedingt durch den anstehenden Renteneintritt der Babyboomer, zu begegnen und ältere Mitarbeitende länger in der Berufstätigkeit zu halten. »Generationen zusammen führen« wird neben der demografischen Entwicklung auch von Megatrends beeinflusst, die unser Erleben und Verhalten in allen Lebensbereichen tangieren. Dabei spielen die Megatrends Individualisierung, Flexibilisierung und Digitalisierung die größte Rolle. Insbesondere die Entwicklungen im Bereich der künstlichen Intelligenz werden zu weiteren strukturellen Veränderungen der Profile der Beschäftigten und zu neuen Anforderungen im Bezug auf die benötigten Kompetenzen im Umgang mit dieser Technologie führen.

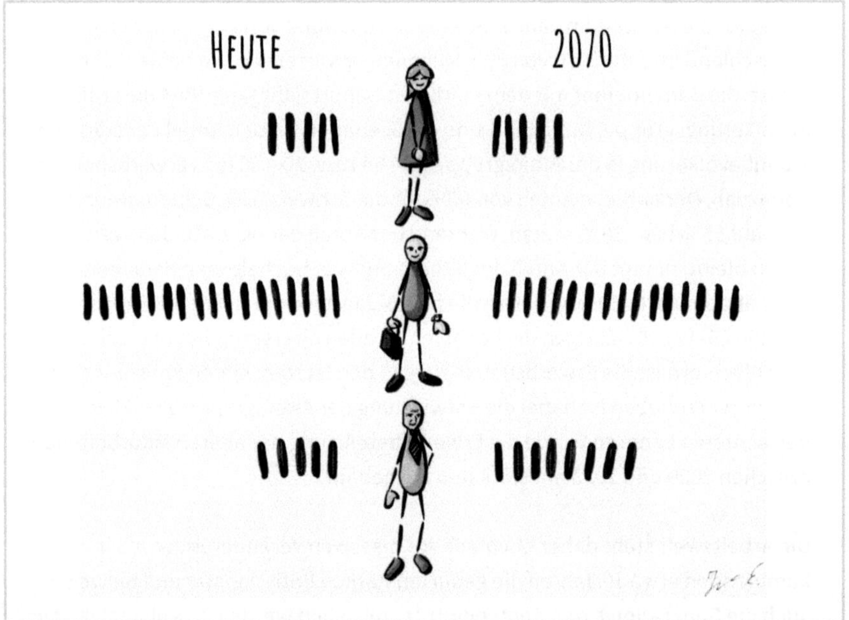

3.1 Der demografische Aufbau der Bevölkerung

In nahezu allen Industrieunternehmen ist derzeit eine demografische Entwicklung zu beobachten, die zu massiven Veränderungen im Bevölkerungsaufbau führt. Auslöser hierfür sind die seit Ende der 1960er-Jahre niedrige und tendenziell sinkende Geburtenrate – wobei diese schwankt und wieder leicht zugenommen hat – sowie eine zunehmend höhere Lebenserwartung. Damit verbunden ist eine sich ändernde Zusammensetzung der Generationen im Unternehmen zugunsten einer insgesamt älteren oder älter werdenden Belegschaft, sofern den Mitarbeitenden der Verbleib im Unternehmen bis zum Ruhestand ermöglicht wird und diese auch bis zum ordentlichen Rentenalter im Berufsleben bleiben. Hier sind insbesondere Branchenunterschiede zu beobachten.

Eine weitere Einflussgröße auf die Entwicklung der Erwerbsbevölkerung hat – neben Veränderung von Geburtenrate und Lebenserwartung – die Zuwanderung, die sich aus der Bilanz der Zuzüge und Wegzüge entwickelt. Hierfür wird in Deutschland und in der Schweiz – sowohl bei der Geburtenrate als auch bei der Lebenserwartung – von unterschiedlichen Szenarien ausgegangen.

Definition: Erwerbspersonenpotenzial

Das Erwerbspersonen- oder Arbeitskräftepotenzial ist die Grundgesamtheit derjenigen Personen, die im erwerbsfähigen Alter sind und damit dem Arbeitsmarkt potenziell zur Verfügung stehen. Das Erwerbspersonenpotenzial ergibt sich aus allen erwerbstätigen Personen, allen arbeitslosen Personen und der stillen Reserve. Letztere sind Personen, die derzeit für den Arbeitsmarkt nicht zur Verfügung stehen, unter bestimmten Bedingungen aber bereit wären, eine Beschäftigung anzunehmen.[47]

Das Erwerbspersonenpotenzial ergibt sich zunächst aus der Geburtenrate, der Lebenserwartung und der Zuwanderung. In ganz Europa und speziell in den hier näher betrachteten deutschsprachigen Ländern Deutschland und Schweiz kam es in den 1960er-Jahren zu einem massiven Einbruch der Geburtenrate, der sich von einem jahrelang niedrigen Niveau von ca. 1,4 Kinder je Frau bis Ende 2017 wieder etwas erholte und auf knapp 1,55 (CH) bzw. 1,6 (D) Kinder je Frau einspielte.[48] In Deutschland und der Schweiz ist das Geburtsjahr 1964 das geburtenstärkste, danach ging die Geburtenrate zurück und die vorher gleichförmig verlaufende Bevölkerungsentwicklung (pro Lebensjahr nimmt die Bevölkerung langsam ab) hat sich massiv verändert, insbesondere auch geprägt durch den Anstieg der Lebenserwartung und der Migration.

47 Vgl. auch Gabler Wirtschaftslexikon, 2015.
48 Destatis, 2024.; Statista, 2024a.

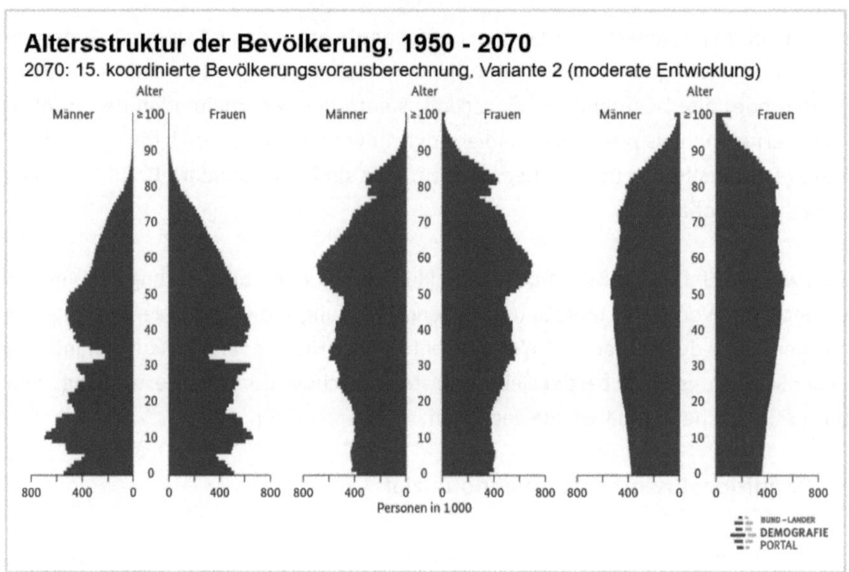

Abb. 3.1: Bevölkerungsaufbau in Deutschland 1950, 2022 und 2070 (entnommen aus: destatis.de, 2024)

Der stärkste Geburtenjahrgang bildet in Deutschland und der Schweiz somit der Jahrgang 1964, damit bildet die Gruppe der Babyboomer die stärkste Bevölkerungsgruppe. Der Altersaufbau in der Schweiz zeigt ein vergleichbares Muster auf.

3.2 Szenarien der Bevölkerungsentwicklung

In Deutschland lebten Ende 2023 rund 84,7 Millionen Menschen. Die Bevölkerung ist im Jahr 2023 um rund 0,3 Millionen Menschen gewachsen, was dem Durchschnitt der Jahre 2012 bis 2021 entspricht. Im Zeitverlauf unterliegt der Wanderungssaldo jedoch großen Schwankungen, die Phasen hoher Zuwanderung sind oftmals geprägt durch Kriege, politische Instabilitäten oder negative Veränderungen in den Herkunftsländern, wie z. B. die Kriege in Syrien oder der Ukraine. Im Jahr 2022 lag beispielsweise das Wachstum mit 1,1 Millionen Zuwanderung aufgrund des Ukraine-Kriegs wesentlich höher. Diese Netto-Zuwanderung (Saldo aus Zu- und Fortzügen) ist seit der deutschen Vereinigung die einzige Ursache für das Bevölkerungswachstum, da die Bilanz von Geburten und Sterbefällen seit den 1970er-Jahren negativ ausfällt.

Im Jahr 2021 waren rund 19 % der Gesamtbevölkerung Kinder und junge Menschen unter 20 Jahren, 62 % im erwerbsfähigen Alter von 20 bis 66 Jahren und knapp 20 % im Alter von 67 Jahren und älter. Der Anteil der Hochaltrigen ab dem 80. Lebensjahr lag bei 7 %.

Die Babyboomer stellen die größte Altersgruppe dar und befinden sich in der letzten Phase der Berufstätigkeit und erreichen nach und nach das Seniorenalter. Die Bevölkerungspyramide ist symmetrischer geworden, Männer wie Frauen erreichen heute ein höheres Lebensalter.

Die Prognose der weiteren Bevölkerungsentwicklung basiert auf verschiedenen Szenarien. Für die weiteren Ausführungen wird von den Szenarien einer moderaten jährlichen Geburtenrate von 1,55 Kindern je Frau, eines moderaten Anstiegs der Lebenserwartung bei Geburt bis 2070 für Jungen auf 84,6 und für Mädchen auf 88,2 Jahre und eines moderaten und hohen Wanderungssaldos von ca. 290 000 respektive 400 000 Personen pro Jahr ausgegangen.[49]

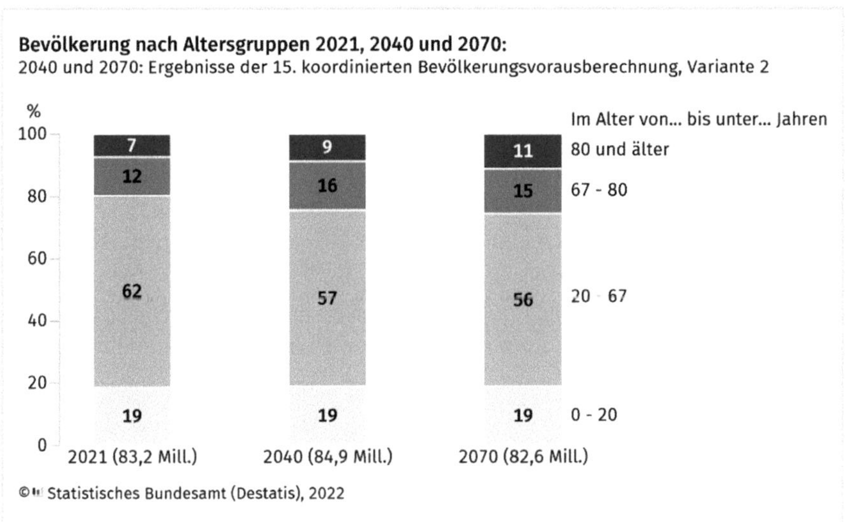

Abb. 3.2: Bevölkerung nach Altersgruppen 2021, 2040, 2070 (entnommen aus:destatis.de, 2024)

In diesen Szenarien haben v.a. die Annahmen über die Wanderungen eine größere Auswirkung auf die angenommene Bevölkerungszahl bis 2070. In der Variante der moderaten Zuwanderung wird die Bevölkerungszahl noch bis 2030 auf 85,2 Millionen Menschen steigen und danach kontinuierlich abnehmen und im Jahr 2070 82,6 Millionen Einwohner verzeichnen. Im Szenario mit hohem positiven Wanderungssaldo wird von einem steten Bevölkerungswachstum ausgegangen, sodass die Bevölkerung im Jahr 2030 auf 86,6 Millionen und im Jahr 2070 auf 89,8 Millionen angestiegen sein wird. Dabei verändert sich der Altersaufbau der Bevölkerung: Der Anteil der Kinder und Jugendliche bis zum 20. Lebensjahr bleibt gleich, der Anteil

49 Ergebnisse der 15. koordinierten Bevölkerungsvorausberechnung, Statistisches Bundesamt (destatis.de), 2024; Szenario G2L2W2 und G2L2W3.

an Personen zwischen dem 20. – 67. Lebensjahr nimmt innerhalb der Bevölkerung kontinuierlich ab, der Anteil der 67- bis 80-Jährigen steigt leicht und der Anteil der Hochaltrigen ab dem 80. Lebensalter nimmt stark zu.

In der Schweiz lebten 2023 8,9 Millionen Menschen. Ende 2023 waren 19,9% der ständigen Wohnbevölkerung unter 20 Jahre alt, 60,7% zwischen 20 und 64 Jahre alt und 19,3% 65 Jahre und älter. Für die Schweiz liegen Szenarien zur Bevölkerungsentwicklung von 2020 – 2050 vor. Die Entwicklung des Erwerbspersonenpotenzials hängt stark von der Entwicklung der ständigen Wohnbevölkerung und im engeren Sinne von der Zuwanderungsrate ab. Es liegen drei Grundszenarien vor, die in einer Kombination von Bildungsniveau, Arbeitsmarkt und Bevölkerungswachstum Annahmen treffen. Das Referenzszenario geht davon aus, dass die Bevölkerung mit ständigem Wohnsitz in der Schweiz im Jahr 2050 auf 10,4 Millionen ansteigt. Der Anteil der Bevölkerungsgruppe ab dem 65. Lebensjahr soll von 1,6 auf 2,6 Millionen wachsen. Der Altersquotient lag im Jahr 2013 bei 28,4% und ist innerhalb von zehn Jahren auf 31,8% im Jahr 2023 angestiegen, im Jahr 2045 soll er bei 48,1% liegen. Es wird erwartet, dass die Erwerbsbevölkerung zwischen 20 und 64 Jahren prozentual im Vergleich zu Ende 2023 schrumpft und der Anteil im Jahr 2050 nur noch bei 55% liegt.[50] Gleichzeitig steigt das Bildungsniveau der 25- bis 64-Jährigen massiv an. Der Anteil der Bevölkerung in diesem Alterssegment mit Tertiärabschluss (Hochschulen und höhere Berufsausbildungen) wird auf bis zu 65% im Jahr 2050 ansteigen, wobei sich die Qualifikation der Migrantinnen und Migranten parallel zur Aufnahmegesellschaft entwickeln wird und diese zunehmend über einen Tertiärabschluss verfügen werden.[51]

Die Schweiz hatte in den vergangenen Jahren eine hohe Nettozuwanderungsrate zu verzeichnen und damit einhergehend ein Wachstum der ständigen Wohnbevölkerung. In ihren neuen Szenarien zur Bevölkerungsentwicklung geht das (Schweizer) Bundesamt für Statistik davon aus, dass die Alterung der Schweizer Bevölkerung sich zwischen 2020 und 2030 stark beschleunigen wird und zudem in den nächsten 30 Jahren die Migration (und damit im Gegenzug eine Verjüngung) zunimmt, wobei diese Entwicklung durch politische Rahmenbedingungen beeinflusst wird. Das Bevölkerungswachstum wird sich auf die Einzugsgebiete Zürich und Genf konzentrieren und weniger ausgeprägt auch in den Kantonen Aargau, Wallis, Zug und Schaffhausen stattfinden.[52]

50 Statista, 2024b.
51 Vgl. Bundesamt für Statistik, 2020.
52 Vgl. ebenda.

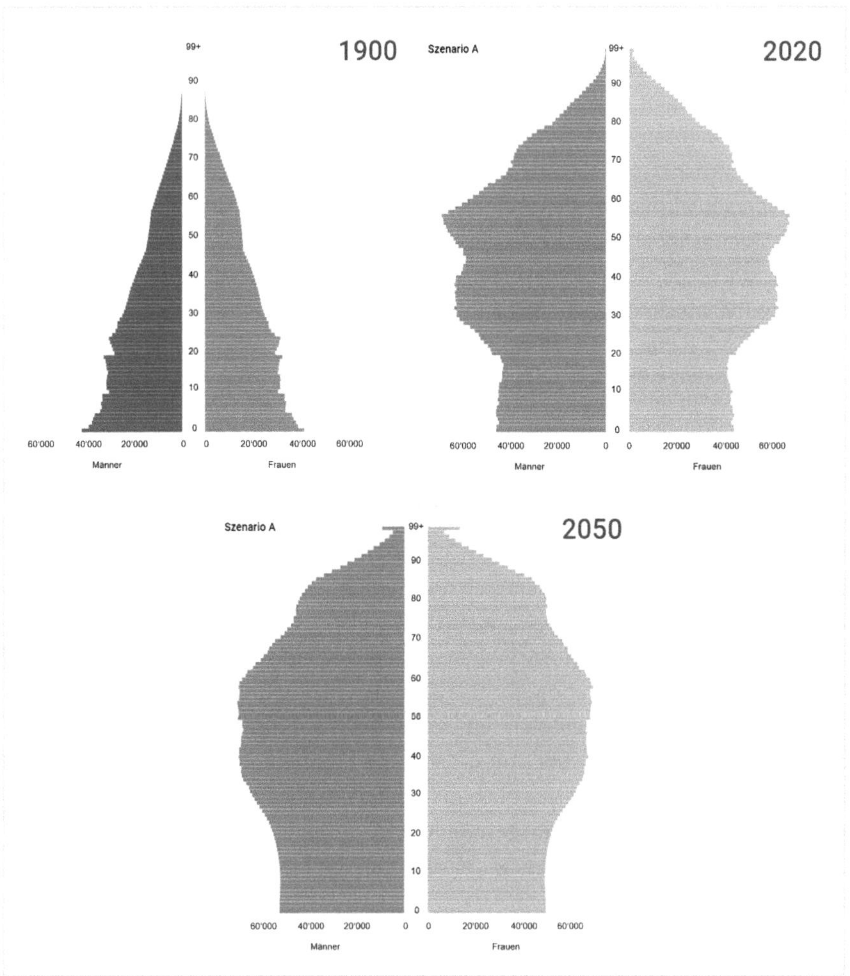

Abb. 3.3: Altersstruktur Schweiz 1900, 2020 und 2050 im Vergleich (entnommen aus: Kataloge und Datenbanken, Datenquelle: BFS 2021)

Die politischen Entwicklungen gehen in Deutschland, der Schweiz und generell in den Industrienationen in Richtung Verlängerung der Lebensarbeitszeit (z. B. durch Erhöhung des Renteneintrittsalters, den Rückgang/Verzicht auf Frührenteneintritt, Maßnahmen zur Erhöhung der Erwerbsbeteiligung älterer Arbeitnehmerinnen und Arbeitnehmer). In Deutschland gilt als Renteneintrittsalter inzwischen das 67. Lebensjahr (für alle Jahrgänge 1964 und später) oder Renteneintritt nach 45 Beitragsjahren in die gesetzliche Rentenversicherung. In der Schweiz wird seit 2024 das Renteneintrittsalter der Frauen dem der Männer angeglichen und vom 64. auf das 65. Lebensjahr umgestellt.[53]

53 Die Jahrgänge 1961 – 1969 profitieren von Übergangsregelungen während der sukzessiven Umstellung.

Von dieser Entwicklung wird insbesondere die Arbeitswelt stark betroffen sein, mengenmäßig ist – sofern die Erwerbsquote dieser Altersgruppe hoch ist – von einer Alterung der Belegschaft in den Organisationen auszugehen: »In den kommenden zwei Jahrzehnten werden stark besetzte Jahrgänge aus dem Erwerbsalter ausscheiden und das Erwerbspersonenpotenzial wird voraussichtlich abnehmen. Ob der Bedarf an Erwerbspersonen mit der voranschreitenden Digitalisierung geringer wird, ist noch offen.«[54] Für die Entwicklung im Arbeitsmarkt ist von Bedeutung, wie dieses Erwerbspersonenpotenzial sich in Erwerbstätigkeit niederschlägt. Eine wichtige Rolle spielt dabei die Teilhabe möglichst vieler Personen (unabhängig von Geschlecht, Einschränkungen, persönlicher Situation etc.) im Erwerbsleben (Erwerbsquote), sodass damit möglichst wenige Personen in der stillen Reserve sind und damit dem Arbeitsmarkt nicht zur Verfügung stehen.

In einigen Branchen besteht derzeit Fachkräftemangel, der sich jedoch auf weitere Berufsfelder ausdehnt. Das Arbeitskräftepotenzial findet sich künftig vermehrt in den verschiedenen Altersgruppen und inkludiert aktiv ältere Mitarbeitende und Babyboomer. Gleichzeitig verändert sich die Arbeitswelt aufgrund von Digitalisierung massiv und es bleibt offen bzw. umstritten, welche Auswirkungen diese Entwicklung auf den Gesamtbedarf im Arbeitsmarkt hat. Unklar ist auch, ob und in welchem Ausmaß die älteste Generation, die Babyboomer, in den Unternehmen immer noch mit »Altersbarrieren« zu kämpfen hat und in welchem Umfang ihre Vertreter aktiv dabei unterstützt werden, bis zum ordentlichen Rentenalter oder allenfalls darüber hinaus im Arbeitsprozess zu bleiben oder eher ein frühzeitiger Austritt aus dem Arbeitsprozess forciert wird. Insgesamt konnte in Deutschland und in der Schweiz die Erwerbsbeteiligung der über 55-Jährigen in den letzten Jahren laufend erhöht werden.

Abbildung 3.4 gibt einen Überblick über die aktuellen Erwerbsquoten der Bevölkerung im erwerbsfähigen Alter in Deutschland und der Schweiz.

54 Destatis, 2024; Statista, 2024b.

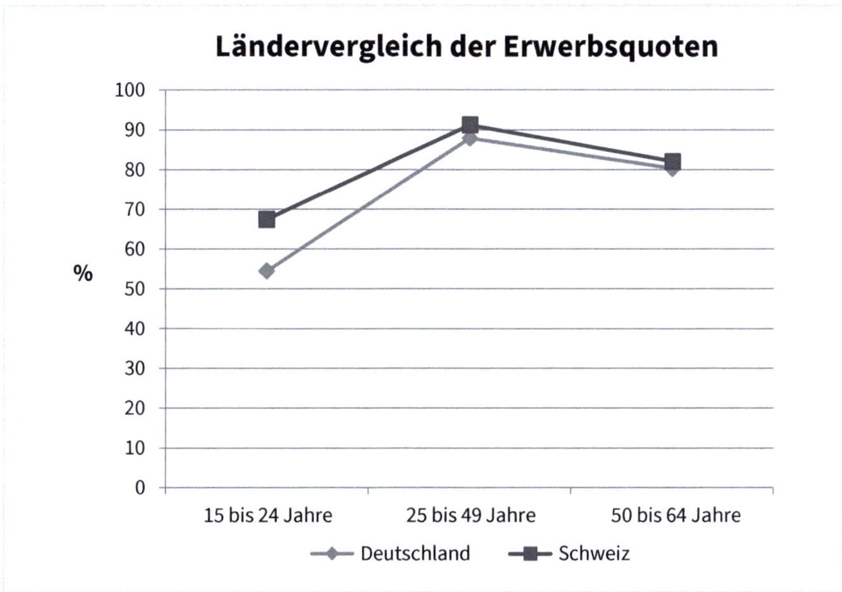

Abb. 3.4: Anteil Erwerbspersonenpotenzial pro Altersgruppen (eigene Darstellung; Angaben Eurostat 2023)

Wichtig

Die heutigen Babyboomer sind in beiden Ländern die stärkste Bevölkerungsgruppe und in ihrer letzten Berufsphase und teilweise bereits am Übergang in den Ruhestand. Es sind Anstrengungen im Bereich von Gesundheitsförderung, lebenslangem Lernen und generationenübergreifender Führung erforderlich, um einem bereits heute in einigen Branchen (z.B. Pflege) zu beobachtenden Fachkräftemangel aktiv entgegenzuwirken. Die Entwicklung des Fachkräftemangels und der Nachfrage nach qualifizierten Arbeitskräften ist auch abhängig von wirtschaftlichen und technologischen Entwicklung in der Zukunft.

In den nächsten Jahren wird sich der Wettbewerb um qualifizierte Fachkräfte verschärfen. Es gilt also, die Gesundheit und Arbeitsfähigkeit der Mitarbeitenden zu erhalten und diese an das Unternehmen zu binden. Alt und Jung sollten ihre Stärken einbringen und den Wissenstransfer ihres unterschiedlichen Erfahrungswissens wechselseitig pflegen. Für die kommenden Jahre wird eine Verschiebung der Altersstruktur der Bevölkerung im Erwerbsalter erwartet. Bemerkenswert ist der zu erwartende »alterszentrierte« Aufbau der HR-Demografie in den Unternehmen und v.a. Verwaltungen. Die Babyboomer stellen eine starke und zugleich die älteste Gruppe der Arbeitnehmenden in den Organisationen.[55]

55 Vgl. PWC & HSG, 2023.

Abbildung 3.5 bietet – ergänzend zu den Ausführungen spezifisch für Deutschland und die Schweiz – einen Überblick über das demografische Wachstum von 2020 bis 2050 in der Europäischen Union und den Nachbarländern der Schweiz gemäß dem Referenzszenario Eurostat (EUROPOP 2019).[56]

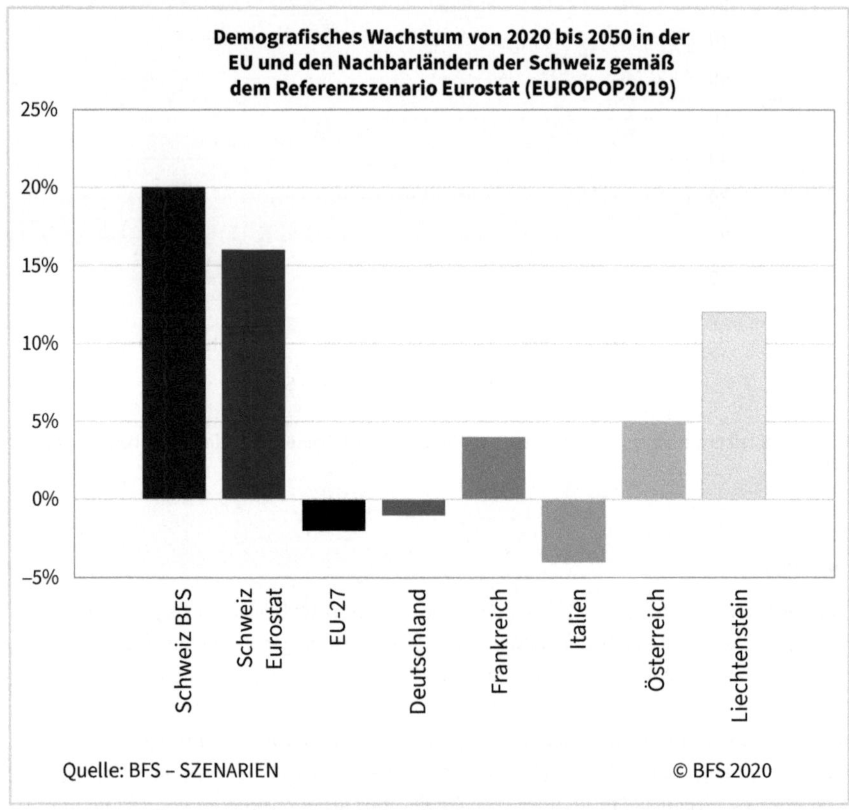

Abb. 3.5: Demografisches Wachstum von 2020 bis 2050 in der EU und den Nachbarländern der Schweiz (entnommen aus Bundesamt für Statistik, 2020, S. 33)

Definition: Altersquotient

Der Altersquotient ist der Anteil von Personen im Rentenalter (ab 65 Jahren (CH) und ab 66 Jahren (D) pro 100 Personen im erwerbsfähigen Alter.[57]

56 Bundesamt für Statistik, 2020, S. 33.
57 Destatis, 2024;Statista, 2024.

Definition: Jugendquotient

Der Jugendquotient ist der Anteil an Personen unter 20 Jahren auf 100 Personen zwischen 20 und 64 Jahren.[58]

Der Jugendquotient lag in der Schweiz Ende 2023 bei 32,1% und wurde für das Jahr 2023 auf 31% berechnet. Er wird in der Schweiz in den nächsten Jahren zunehmen und im Referenzszenario 2050 auf 37,8% vorhergesagt. In Deutschland wird prognostiziert, dass er bis 2030 relativ stabil bei 32% bleibt und dann bis zum Jahr 2070 ca 34% erreicht.

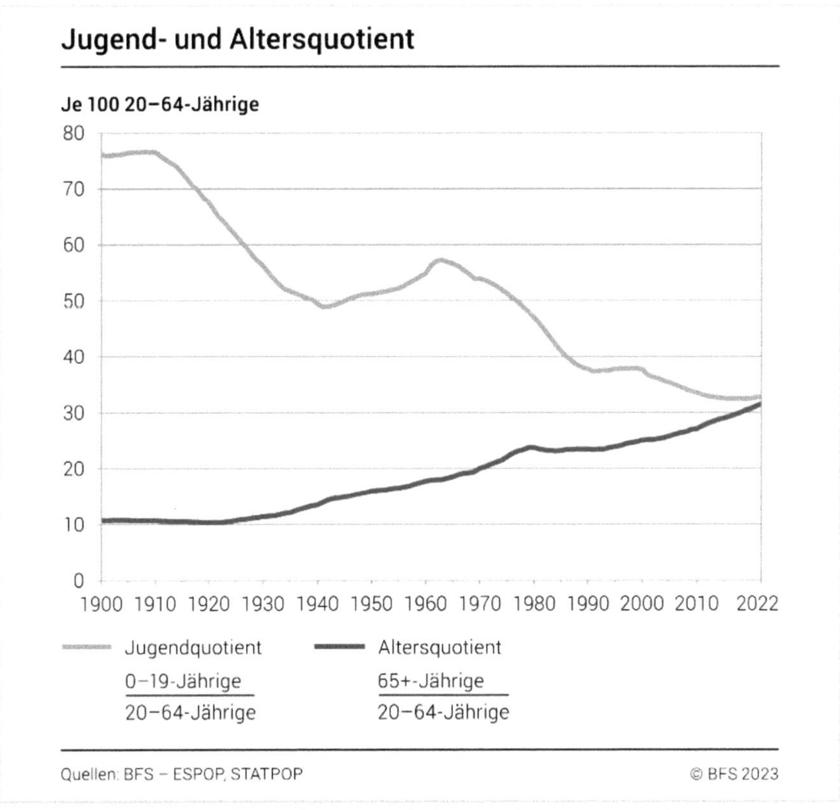

Abb. 3.6: Entwicklung Jugend- und Altersquotient in der Schweiz von 1900 – 2023 (entnommen aus BFS – Statistiken finden, Quelle: BFS – ESPOP, STATPOP 2023)

Der Anteil der Menschen im Erwerbsalter (für Deutschland: 20 bis 66 Jahre) wird in allen Varianten der prognostizierten Bevölkerungsentwicklung sinken, und bis 2070 bei einer angenommenen mittleren Zuwanderung bei 56% liegen. Der Anteil der Älteren

58 Statista, 2024.

nach dem offiziellen Renteneintrittsalter (67 plus) wird hingegen steigen und im Jahr 2070 26% betragen. Dabei wird der Anteil der Hochaltrigen ab 80 Jahren zunehmen. In diesem Szenario liegt der Altersquotient in Deutschland im Jahr 2023 bei 32% und steigt bis 2070 auf 46% an.[59]

Auch in der Schweiz nimmt der Altersquotient (Anteil der Personen im Alter von 20 bis 64 Jahren) im Betrachtungszeitraum stark zu, von 31,8% im Jahr 2023 auf 46,5% 2050 im Referenzszenario.

Für Deutschland und die Schweiz bedeutet das, dass mit Ende der prognostizierten Bevölkerungsvorausberechnung auf jede Person im Ruhestand nahezu eine Person im erwerbsfähigen Alter kommt.[60]

Initiative: Die Schweizer Fachkräfteinitiative[61]

Nicht nur die deutsche Bundesregierung, auch die Schweizer Politik rüstet sich für den demografischen Wandel. In den Jahren 2011 bis 2018 wurden im Rahmen der Fachkräfteinitiative Maßnahmen zur besseren Ausschöpfung des inländischen Fach- und Arbeitsmarktpotenzials in der Schweiz lanciert.

Damit diese Aktivitäten dauerhaft weiterverfolgt werden, hat der Bundesrat festgelegt, das neue Politikfeld »Fachkräftepolitik« ab 2019 als unbefristete Aufgabe in die Regelstruktur des SECO einzugliedern und die bestehenden Handlungsfelder unverändert weiter zu verfolgen.[62]

In den letzten Jahren ist neben allgemeinen Fachkräfteinitiativen zudem insbesondere der Pflegeberuf in das Zentrum der Fachkräftepolitik gerückt. Aufgrund der demografischen Alterung der Gesellschaft steigt der Bedarf nach medizinischer Versorgung laufend:

»Ältere Personen haben häufiger Beeinträchtigungen, die sich auf die Bewältigung von Alltagsaktivitäten auswirken, erkranken öfters chronisch und mehrfach und weisen entsprechend einen erhöhten Pflegebedarf auf. Dies zeigt sich unter anderem bei der Inanspruchnahme von Spitex-Diensten. 2019 nahmen 395 000 Personen in der Schweiz Leistungen der Spitex in Anspruch. Bei 42% handelte es sich um Personen ab 80 Jahren. Auch die durchschnittlich für Pflegeleistungen

59 Destatis, 2024.
60 Vgl. Destatis, 2024, Statista, 2024.
61 Kommunikationsdienst des Eidgenössischen Departements für Wirtschaft, Bildung und Forschung WBF, 2015.
62 Vergleiche hierzu Pressemitteilung des Staatssekretariats für Wirtschaft SECO, 2017 und Schweizerische Eidgenossenschaft (2018), Schlussbericht zur Fachkräfteinitiative.

aufgewendete Zeit ist in dieser Altersgruppe mit beinahe 76 Pflegestunden pro Jahr am höchsten (BFS, 2020). 2019 wohnten zudem fast 160 000 Personen, zumindest vorübergehend, in einem Pflegeheim. Drei von zehn waren 90 Jahre oder älter.«[63]

Gleichzeitig hat sich der Fachkräftemangel in der Pflege in den letzten Jahren erhöht. Um die Erhaltung der Pflegequalität sicherstellen zu können, wurde im Jahr 2022 die Umsetzung der Initiative »Für eine starke Pflege (Pflegeinitiative)« vom Bundesrat beschlossen.[64]

Für Deutschland wurde die Erwerbspersonenvorausberechnung auf die künftige Entwicklung der Bevölkerung und deren prognostiziertes Erwerbsverhalten abgestimmt. Grundlage für die Berechnung sind empirisch gemessene Verläufe der Erwerbsquote in früheren Jahren im Szenario mit mittlerer Migration und kontinuierlich steigender Erwerbsquote (W2EQ2).[65] In diesem Szenario geht die Erwerbsquote insgesamt von ca 43,6 Millionen im Jahr 2019 auf 38,5 Millionen im Jahr 2060 zurück.

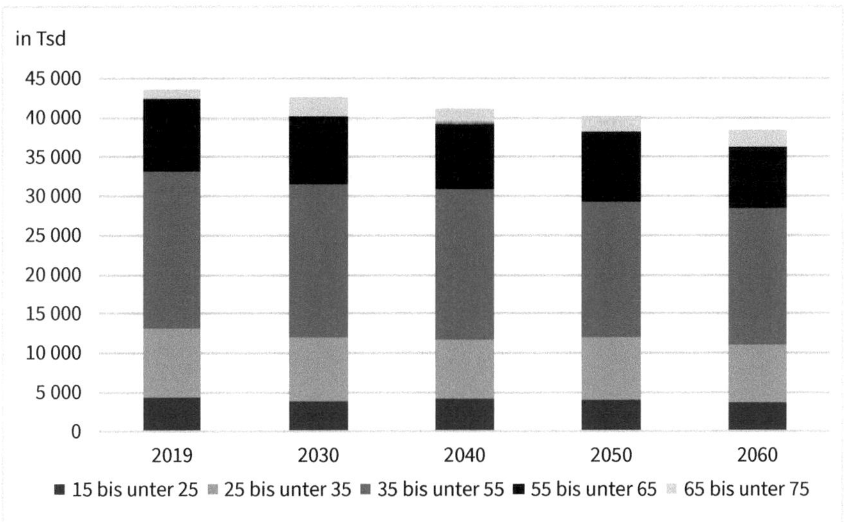

Abb. 3.7: Erwerbspersonenvorausberechnung im Alter von 15 bis 74 in Deutschland bis 2060 (eigene Darstellung: Daten entnommen aus Statistisches Bundesamt, 2020b, S. 33)

63 Faktenblatt Demographische Entwicklung und Pflegebedarf, Bundesamt für Gesundheit, 2021.

64 Bundesamt für Gesundheit, 2024.

65 Vgl. Statistsches Bundesamt (Destatis), 2020b, Erwerbspersonenvorausberechnung. Erwerbspersonenvorausberechnungen liegen aktuell nur bis 2060 für Deutschland und bis 2050 in der Schweiz vor.

Für die Schweiz wurde der Bestand der ständigen Wohnbevölkerung gemäß Referenzszenario von 2020 zugrunde gelegt, welches von einem leicht positiven Wanderungssaldo ausgeht. Die Erwerbsquote wird im Referenzszenario nicht berücksichtigt.[66]

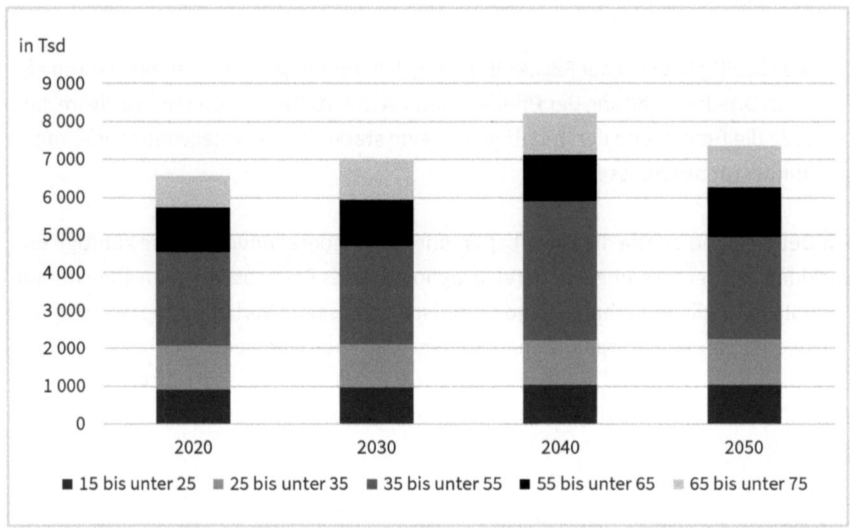

Abb. 3.8: Szenario Bevölkerungsentwicklung im Alter von 15 – 74 in der Schweiz bis 2050 (eigene Darstellung: Daten entnommen aus Bundesamt für Statistik, 2020; S. 71)

Die Verknappung des Arbeitskräfteangebots aufgrund der demografischen Entwicklung wird durch die tatsächliche Teilhabe am Arbeitsmarkt (Erwerbsquote) und durch die effektiv geleistete Arbeitszeit beeinflusst. Hierbei spielen die durchschnittliche Jahresarbeitszeit und die Anzahl an Jahren, in denen die Erwerbspersonen aktiv sind, eine zentrale Rolle.

Ein Blick auf die im Jahr 2022 geleisteten Arbeitsstunden je Einwohnerin und Einwohner im Alter von 15 – 64 Jahren ergibt eine durchschnittliche Jahresarbeitszeit von 1215 Stunden in der Schweiz und von 1031 Stunden in Deutschland. Diese Durchschnittszahl kann tiefer liegen, wenn insgesamt in einem Land eine hohe Erwerbsquote mit einer größeren Anzahl an Personen mit tiefen Teilzeit-Pensen besteht. Im Vergleich der OECD Länder kann es hier zu Verzerrungen kommen. Im Vergleich der beiden Länder Deutschland und Schweiz hingegen weniger, da die Schweiz insgesamt eine höhere Erwerbsquote als Deutschland aufweist (siehe vorgängige Abbildungen zu den Erwerbsquoten). Gelingt es, diese unterdurchschnittliche Ausschöpfung des Arbeitskräftepotenzials in Deutschland zu erhöhen, könnten Demografie-Effekte kompensiert werden.[67]

---

66 Vgl. Bundesamt für Statistik, 2020.
67 Schäfer, 2024.

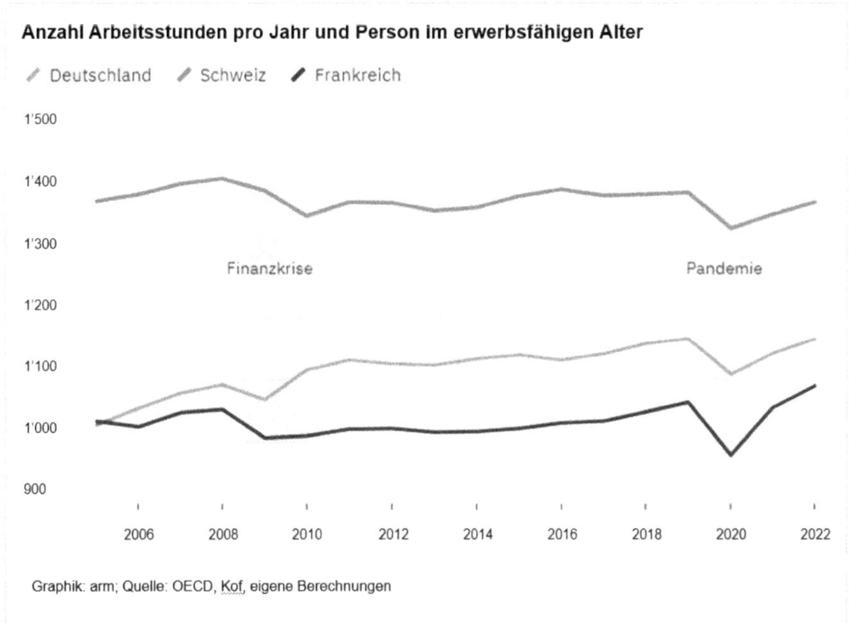

Abb. 3.9: Anzahl Arbeitsstunden pro Jahr und Person im erwerbsfähigen Alter[68]

In der Schweiz ist die Anzahl Arbeitsstunden pro Jahr und Person im erwerbsfähigen Alter gemäß Konjunkturforschungsstelle der Eidgenössisch Technischen Hochschule seit dreißig Jahren relativ stabil, was die Gesamtzahl der Arbeitsstunden auf alle Erwerbstätigen betrifft. Aufgrund einer vermehrten Berufstätigkeit der Frauen verteilt sich dieses Volumen aber anders. Das schrittweise Ausscheiden der Babyboomer-Generation aus dem Arbeitsleben wird auch in der Schweiz von dem weitverbreiteten Wunsch nach kürzeren Arbeitszeiten begleitet, was den Personalmangel in Zukunft verstärken wird, wenn dieser Effekt nicht kompensiert werden kann.[69]

Einen weiteren Einfluss auf die Erwerbsquote hat die Lebensarbeitszeit. Dafür schätzt das europäische Statistikamt für die EU und EFTA-Länder die Anzahl Jahre, die eine heute 15-jährige Person voraussichtlich lebenslang im Arbeitsmarkt aktiv sein wird. Die Schweiz liegt nach Island, Niederlande und Schweden mit 42,7 Jahren an der Spitze der Länder mit der längsten Lebensarbeitsdauer. Deutschland gehört mit einer prognostizierten Lebensarbeitsdauer von 39,6 Jahren ebenfalls zu den Top-10-Ländern. Wenn diese Lebensarbeitszeit mit der Jahresarbeitszeit kombiniert wird, ergibt sich die geschätzte Lebensarbeitszeit pro erwerbstätige Person in Stunden. Bei dieser Berechnung kommen Estland, Irland und Island auf die höchste Lebensarbeitszeit, di-

68 Müller, 2024: Quelle Daten OECD, Kof, eigene Berechnungen Müller.
69 Müller, 2024.

rekt gefolgt von der Schweiz mit 65.274 Stunden. Deutschland liegt jedoch mit 53.098 Stunden Lebensarbeitszeit auf Platz 27.[70]

3.3 Erwerbsbeteiligung der Generationen

Nicht nur das Durchschnittsalter wird in Deutschland, der Schweiz und weiteren Industrienationen sowie den dort ansässigen Unternehmen ansteigen, sondern ebenso die Altersheterogenität.[71] Mit der Altersheterogenität steigt der Anspruch an die Führung von Vielfalt, an die Integration junger Generationen ins Berufsleben. Der *war for talents* um die jungen Nachwuchskräfte und jüngeren Mitarbeitenden findet bereits statt und wird vermutlich weiter ansteigen. Somit nimmt auch die Bedeutung der Arbeitgeberattraktivität (*employer of choice)* für die begehrten Mitarbeitendengruppen zu (vgl. Kapitel 7). Im Gegenzug müssen Führungskräfte Offenheit bei Neueinstellungen gegenüber jungen Fachpersonen mit keiner oder wenig Berufserfahrung zeigen. Führungskräfte können Zusammenspiel der Generationen aktiv beeinflussen und benötigen daher ein Bewusstsein dafür, dass Vielfalt oder Heterogenität Chancen und Herausforderungen bieten. Nach einer erfolgreichen Gewinnung jüngerer (und älterer) Mitarbeitender geht es um deren Integration und Sozialisation in das Unternehmen. Dieser Prozess ist eine stetige Führungsherausforderung (vgl. Kapitel 6).

Praxisbeispiel: Charta der Vielfalt

Die Charta der Vielfalt ist eine Unternehmensinitiative zur Förderung von Vielfalt in Unternehmen und Institutionen. Finanziell und inhaltlich werden die Aktivitäten durch den im Jahr 2010 gegründeten gemeinnützigen Verein Charta der Vielfalt e. V. verantwortet. Bundeskanzler Olaf Scholz ist Schirmherr. Die Initiative will die Anerkennung, Wertschätzung und Einbeziehung von Vielfalt in der Unternehmenskultur in Deutschland voranbringen. Organisationen sollen ein Arbeitsumfeld schaffen, das frei von Vorurteilen ist. Alle Mitarbeiterinnen und Mitarbeiter sollen Wertschätzung erfahren – unabhängig von Alter, ethnischer Herkunft und Nationalität, Geschlecht und geschlechtlicher Identität, körperlichen und geistigen Fähigkeiten, Religion und Weltanschauung, sexueller Orientierung und sozialer Herkunft.

Die Charta der Vielfalt treibt mit unterschiedlichen Projekten, wie beispielsweise dem bundesweiten Deutschen Diversity-Tag oder der Konferenz DIVERSITY,

70 Müller, 2024; Quelle Daten Eurostat 2022/2023; Ausnahme Großbritanien 2019; OECD Daten, Berechnung Müller.

71 Vgl. Dychtwald, Erickson & Morison, 2004; Tempest, Barnatt & Coupland, 2002.

die fachliche Diskussion zu Diversity-Management in Deutschland weiter voran. Mittlerweile haben über 5000 Unternehmen und Institutionen (Stand April 2024) die Charta der Vielfalt unterzeichnet und verpflichten sich damit, ein wertschätzendes und vorurteilsfreies Arbeitsumfeld zu schaffen – neue Unterzeichner kommen stetig hinzu.[72]

Die Erwerbsbeteiligung wird von unterschiedlichen Faktoren beeinflusst. Grundsätzlich kann über den Aufbau der Bevölkerung abgeschätzt werden, wie viele Personen im erwerbsfähigen Alter potenziell dem Arbeitsmarkt zur Verfügung stehen.[73]

Je nach ökonomischen und politischen Rahmenbedingungen in Deutschland und der Schweiz bzw. den Industrienationen allgemein erhöht oder verringert sich der Anteil an Personen, die im entsprechenden Alter (in der Regel zwischen 15 – 65/67 Jahren) dem Arbeitsmarkt zur Verfügung stehen. Politische Rahmenbedingungen waren in der Vergangenheit z. B. die teilweise staatlich oder durch die Sozialversicherungen mitfinanzierte Möglichkeit zum Frührenteneintritt[74] oder staatlich geförderte Elternzeit sowie Erhöhung des gesetzlichen Renteneintrittsalters.

Das effektive Renteneintrittsalter kann durch Frührenteneintritt, gesundheitsbedingtes Ausscheiden aus dem Arbeitsprozess oder vorzeitigen Verlust des Arbeitsplatzes vom gesetzlich vorgesehenen Renteneintrittsalter abweichen. Bei einer Frühverrentung werden i. d. R. niedrigere Rentenleistungen gewährt, die Ausgestaltung der Rentensysteme hängt stark von demografischen Rahmenbedingungen ab. Das gesetzliche Renteneintrittsalter lag in Deutschland bis 2012 bei 65 Jahren und wird bis 2029 schrittweise erhöht. Die Jahrgänge 1964 und später erreichen die volle Altersrente erst mit dem 67. Lebensjahr. In der Schweiz liegt das gesetzliche Rentenalter bei 65 Jahren für Männer und für Frauen neu beim 65. Lebensjahr, wobei die Jahrgänge 1961 – 1969 als Übergangsjahrgänge graduell noch etwas eher in den Ruhestand eintreten werden. Das Ziel in Europa liegt bei einer Beschäftigungsrate von 75 % im Alter von 20 – 64, wobei insbesondere die Beschäftigungsrate der Altersgruppe 55 – 64 im Trend der letzten Jahre weiter erhöht werden soll.[75]

Die Situation am Arbeitsmarkt wird u. a. durch die persönlichen Perspektiven und Lebensmodelle beeinflusst. Gesellschaftliche Werte und Lebensmodelle beeinflussen die Erwerbsneigung, wie etwa die Unterbrechung des Arbeitslebens oder die Reduktion des Beschäftigungsgrades wegen Kinderbetreuungszeiten oder der Pfle-

72 Charta der Vielfalt e. V., 2024.
73 Leichte Variationen ergeben sich pro Land, da die Länge der Schulpflicht und das offizielle Pensionierungsalter variieren.
74 Diese wird faktisch derzeit auch in Ländern, in denen das weit verbreitet war, zurückgenommen oder abgeschafft.
75 EU OSH, 2021.

ge älterer Angehöriger. So steht bei ungünstiger Arbeitsmarktlage oftmals eine kleinere Anzahl potenzieller Erwerbspersonen dem Arbeitsmarkt zur Verfügung, weil diese sich aus dem Arbeitsmarkt zurückziehen. Diese Personen machen z.B. eine Aus- oder Weiterbildung, nehmen Elternzeit oder scheiden früher aus dem Erwerbsleben aus.

»Generationen zusammen führen« findet im Kontext dieser demografischen Entwicklung statt. Im Folgenden wird in den verschiedenen Alterskategorien der Anteil der Personen betrachtet, der aktuell erwerbstätig ist. Der Vergleich verschiedener europäischer Länder verdeutlicht, wie stark diese Erwerbsquote pro Altersgruppe auch von den arbeitsmarktlichen Gegebenheiten abhängt.

Wichtig

Dem Arbeitsmarkt steht eine bestimmte Anzahl an potenziellen Arbeitskräften zur Verfügung, diese ergeben sich aus dem Erwerbspersonenpotenzial. Wie viele Menschen davon tatsächlich einer Beschäftigung nachgehen, hängt von ökonomischen, rechtlichen und persönlichen Faktoren ab.

3.3.1 Die jüngste Generation im Arbeitsleben (Generation Z und bald Generation Alpha)

Beim Thema »Generationen zusammen führen« wird oft plakativ davon ausgegangen, dass die jüngsten Generationen im Arbeitsmarkt, da zahlenmäßig weniger als andere Altersgruppen, sehr begehrt und gefragt sind in den Unternehmen und ein *war for talents* stattfindet oder stattfinden wird. Der Blick auf die Eurostat-Statistiken (2023) zeigt jedoch, dass sie in den meisten europäischen Ländern faktisch nur zu einem kleinen Teil im Arbeitsleben stehen und dass es für die jungen Erwachsenen ohne Berufserfahrung anspruchsvoll ist, in das Berufsleben einzutreten. Sie erhalten somit widersprüchliche Botschaften. Einerseits heißt es: »Es herrscht Fachkräftemangel und es braucht euch «, andererseits fällt der Berufseinstieg statistisch gesehen nicht so leicht.

Bei der statistischen Erfassung der Erwerbstätigen werden alle Personen ab 15 Jahren erfasst, die in der Berichtswoche mindestens eine Stunde lang gegen Entgelt gearbeitet haben oder einen Arbeitsplatz hatten. Besonders niedrig ist die Erwerbsbeteiligung in den süd- und osteuropäischen Ländern, dort ist der Arbeitsmarkt angespannt und es herrscht eine hohe Jugendarbeitslosigkeit. Die höchste europäische Beteiligung der jungen Erwachsenen weisen die Niederlande mit knapp 83% auf. In Deutschland und der Schweiz ist die Erwerbsbeteiligung der unter 25-Jährigen in den letzten Jahren leicht angestiegen. Sie liegt neu bei 56,3% bei den Männern und 52,2% bei den Frauen (2020: 49,7% Männer und 46,8% Frauen) und in der

Schweiz bei 69,1% bei den Männern und 65,5% bei den Frauen (2020 knapp 59,4% beide Geschlechter). Dieser Unterschied ist auf den höheren Stellenwert der beruflichen Lehre in der Schweiz zurückzuführen, während in Deutschland in den letzten Jahren eine stärkere Verlagerung von der dualen Ausbildung hin zum Studium zu beobachten ist.

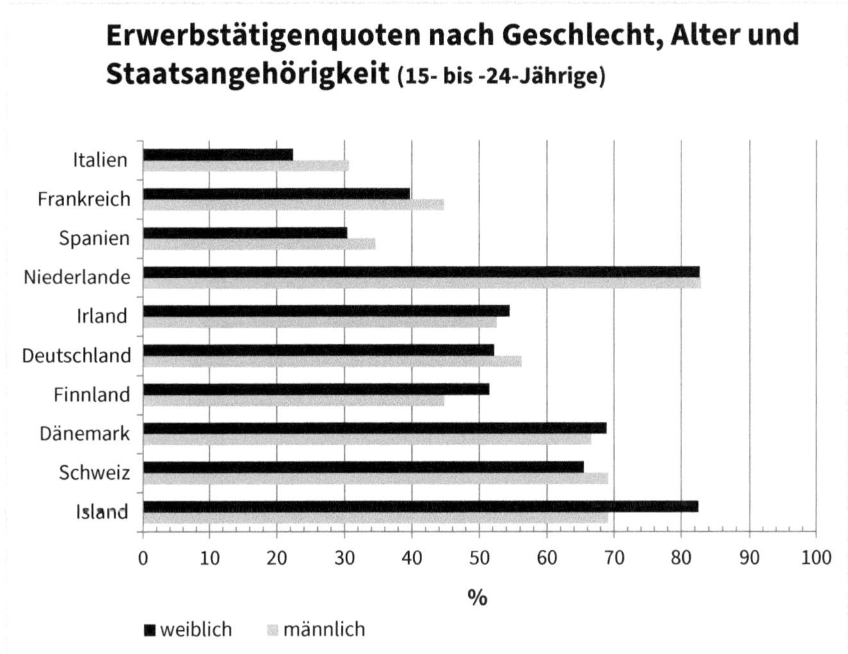

Abb. 3.10: Anteil der 15- bis 24-jährigen Erwerbspersonen in den Industrienationen (eigene Darstellung; Daten Eurostat 2023)

3.3.2 Die mittlere Generation im Arbeitsleben (Generation Y und X)

Die höchste Erwerbsbeteiligung weist die Altersgruppe der 25- bis 49-Jährigen auf. Auch hier sind über die Länder hinweg betrachtet arbeitsmarktliche Einflüsse zu beobachten. In dieser Lebensphase ist das Thema Vereinbarkeit von Beruf und Familie am relevantesten und die Unterschiede bei der Erwerbsbeteiligung zwischen Männern und Frauen gehen zu großen Anteilen auf die klassischen Geschlechterrollen zurück. Frauen unterbrechen ihre Erwerbstätigkeit häufiger zugunsten von Familienzeit oder reduzieren ihre Arbeitszeit, auch wenn diese klassischen Familien- und Geschlechterrollen inzwischen einem starken Umbruch unterworfen sind und nicht mehr so stark verbreitet sind wie in früheren Generationen. In Deutschland und der Schweiz ist auch in dieser Altersgruppe die Erwerbsbeteiligung im Jahr 2023 im Vergleich zu 2020 angestiegen. Im Jahr 2023 sind in Deutschland 83,3% und in der Schweiz 87,9% der Frauen erwerbstätig (2020 waren es 81,8% in Deutschland, 82,6% in der Schweiz). Bei den

Männern waren 2023 es 94,5% in der Schweiz und 92,5% in Deutschland (2020 waren es 88% in Deutschland und 91,5% in der Schweiz. Bei einer Unterscheidung nach Vollzeit- und Teilzeit-Tätigkeit ist der Anteil der erwerbstätigen Frauen in Vollzeit in dieser Lebensphase geringer.

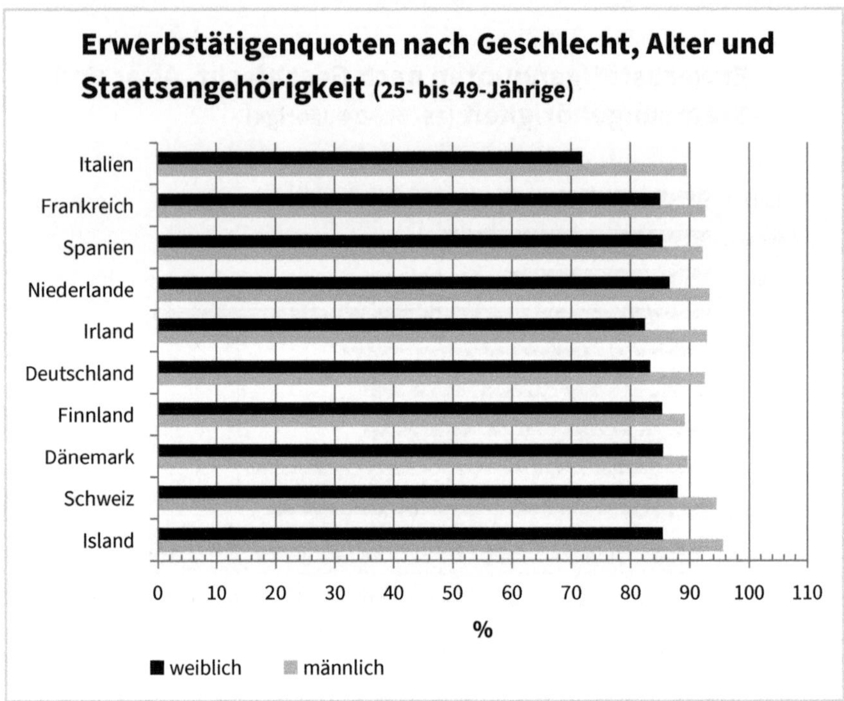

Abb. 3.11: Anteil der 25- bis 49-jährigen Erwerbspersonen in den Industrienationen (eigene Darstellung; Daten Eurostat 2023)

3.3.3 Die ältere Generation im Arbeitsleben (Babyboomer)

Die demografische Entwicklung oder das Phänomen des kollektiven Alterns, das am zwiebelförmigen Aufbau der Bevölkerung sichtbar wird, wirkt sich auch auf die Anzahl älterer Arbeitnehmerinnen und Arbeitnehmer aus. In Europa wurde in den letzten Jahren in verschiedenen Ländern das Renteneintrittsalter erhöht. Ein (arbeitsmarktpolitisch motivierter) Frührenteneintritt ist aufgrund des demografischen Wandels und verbreiteten Fachkräftemangels wesentlich weniger möglich als in früheren Jahren. Gleichwohl sind ca. zehn Jahre vor dem offiziellen Renteneintrittsalter in Deutschland und in der Schweiz rund ein Viertel der Frauen und zwischen 12–16% der Männer nicht im Erwerbsleben aktiv.

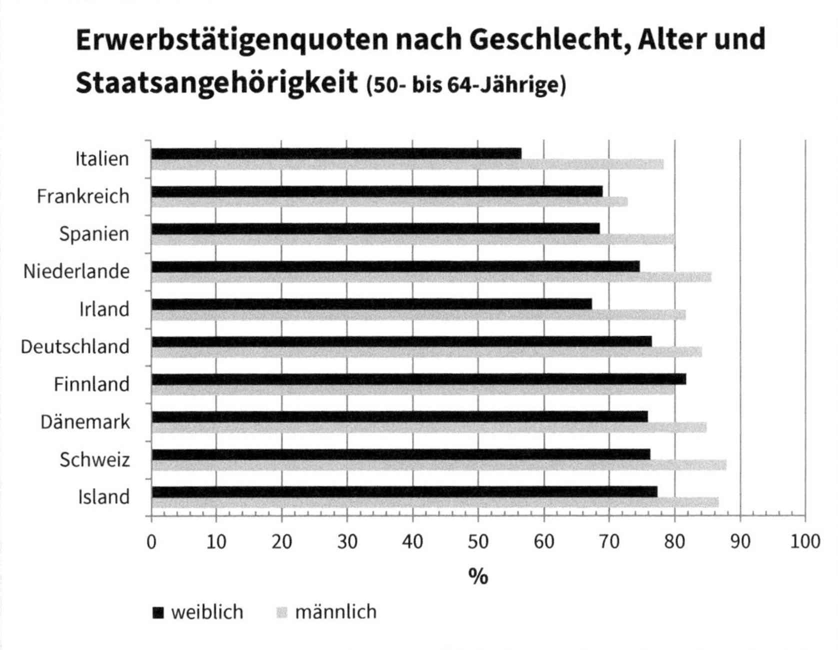

Abb. 3.12: Anteil der 50- bis 64-jährigen Erwerbspersonen in den Industrienationen (eigene Darstellung; Eurostat 2020)

Das frühzeitige Ausscheiden hängt von unterschiedlichen Gründen wie arbeitsmarktlichen Gegebenheiten, der Situation im Unternehmen/am Arbeitsplatz sowie von der persönlichen Situation ab. Die Erhöhung der Lebenserwartung und das *down-aging* (die heute 65-Jährigen wirken jünger und sind oftmals gesünder als die 65-Jährigen früherer Generationen) sowie die Finanzierung der Altersvorsorge führten auf politischer und gesellschaftlicher Ebene zu einer anhaltenden Diskussion um die Entlastung der Rentenversicherungen durch die Erhöhung der Renteneintrittsgrenze.

Aufgrund der demografischen Entwicklung haben viele Länder angefangen, die Erwerbsquote der 55- bis 64-Jährigen zu erhöhen. In Folge der Erhöhung der Renteneintrittsgrenze erhöht sich auch das Alter des vorzeitigen Ausscheidens aus dem Erwerbsleben. Eine Erhöhung des Anteils an 55- bis 64- Jährigen im Arbeitsleben kann auch erreicht werden, wenn beispielsweise finanziell abgesicherte Vorruhestandsfinanzierungen abgeschafft werden und/oder die Bereitschaft zur Beschäftigung älterer Mitarbeiterinnen und Mitarbeiter erhöht wird. Abbildung 3.13 zeigt anhand der Erwerbsbeteiligung in den letzten zehn Jahren vor Erreichen der Renteneintrittsgrenze, wie sich in nahezu allen Industrienationen in knapp 15 Jahren (2009 – 2023) und vor allem in den letzten drei Jahren (2020 – 2023) der Anteil der älteren Mitarbeitenden im Erwerbsleben kontinuierlich stark erhöht hat.

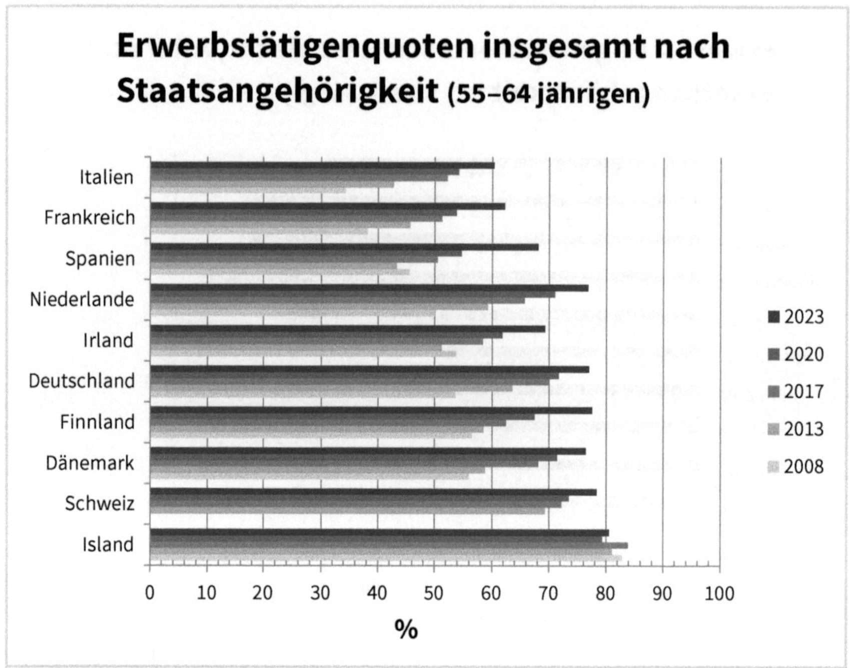

Abb. 3.13: Anteil der 55- bis 64-jährigen Erwerbspersonen in den Industrienationen (eigene Darstellung; Angaben: Eurostat 2008/2013/2017/2020/2023).

Initiative: Die Demografiestrategie der Bundesregierung[76]

Um der demografischen Entwicklung aktiv zu begegnen, hat die deutsche Bundesregierung Vorbereitungen, Konzepte und Maßnahmen entwickelt und diese 2012 in der sogenannten Demografiestrategie mit dem Titel »Jedes Alter zählt« zusammengefasst. Diese Strategie wird seither laufend fortgeschrieben und um neue Themen ergänzt. Die Konzepte bezogen sich ursprünglich sich auf sechs Bereiche und bildeten die Grundlage für ein demografiegerechtes Handeln. Die Bereiche befassten sich mit der Stärkung der Familien, Maßnahmen für die Arbeitsplatzgestaltung und Weiterbildung, selbstbestimmtes Leben im Alter, Regionalentwicklung und Zuwanderung gut qualifizierter ausländischer Fachkräfte.

Mit der Weiterentwicklung der Demografiestrategie unter dem Titel »Für mehr Wohlstand und Lebensqualität aller Generationen« hat die Bundesregierung 2015 den Arbeitsgruppenprozess fortgesetzt, um somit sowohl kurz- als auch langfristige Antworten auf die Bevölkerungsentwicklung zu geben.[77] Im Jahr 2017 wurde

76 Angelehnt an Mitteilungen des Presse- und Informationsamtes der Bundesregierung, 2015.

77 Die Bundesregierung, Demografiestrategie für alle Generationen e. V., 2018.

eine demografiepolitische Bilanz anknüpfend an die erstmals 2012 beschlossene und 2015 weiterentwickelte Demografiestrategie vorgelegt. Zwei Jahre später, 2019, wurde der Demografie-Radar entwickelt, der die regionalen Disparitäten in der Bevölkerungsentwicklung und Alterung aufzeigt.[78] Aktuell wird die Demografiestrategie ressort- und ebenenübergreifend weiter umgesetzt.[79]

Was sind die Gründe für ein vorzeitiges Ausscheiden aus dem Arbeitsmarkt? In der Schweiz nehmen gesundheitsbedingte Austritte aus dem Erwerbsleben ab dem 50. Lebensjahr zu. Ab dem 60. Lebensjahr kommen zunehmend persönliche und familiäre Gründe dazu.[80] Aber auch in Deutschland liegen die Hauptgründe für das Austreten aus dem Berufsleben für die 55- bis 64- Jährigen im Bereich Gesundheit, gefolgt von Altersruhestand und Vorruhestand sowie persönlichen Gründen und Entlassung.[81]

Initiative Arbeit 50Plus[82]

Der Bundesverband »Initiative 50Plus« (BVI50PLUS) stellt die Generation 50plus in den Mittelpunkt seiner Agenda. Neben der Fokussierung auf verschiedene Bedürfnisse (z. B. Bildungsbedürfnis) der Generation setzt die Initiative insbesondere bei der Förderung des Potenzials der Älteren für den Arbeitsmarkt an. Aufgrund des Fachkräftemangels sowie angesichts rückläufiger Zahlen bei jungem Fachkräftenachwuchs steigt die Relevanz zur Integration Älterer in den Arbeitsmarkt.

Insbesondere die Stellensuche dauert in der Regel bei älteren Arbeitssuchenden meist länger als bei jüngeren. Hier tritt das Arbeitsmarkt-Portal des BVI50PLUS als Stellenplattform auf den Plan. Durch die Herstellung der direkten Verbindung zwischen Arbeitssuchenden über 50 Jahren sowie Unternehmen mit passenden Stellen soll die Stellensuche für die Zielgruppe erleichtert werden.

3.4 Fachkräftemangel

Für ein konstantes Wirtschaftswachstum und die Aufrechterhaltung des heutigen Wohlstandes wird angenommen, dass künftig – trotz oder insbesondere wegen fortschreitender Digitalisierung – qualifizierte Arbeitskräfte benötigt werden und dass

78 Bundesministerium des Innern, 2024.
79 Bundesinstitut für Bevölkerungsforschung, 2024.
80 Vgl. Egger, Moser & Thom, 2007.
81 Morschhäuser, 2006, basierend auf Microzensus-Daten 2005.
82 Bundesverband Initiative 50Plus e. V., 2024

weiterhin ein »Gruppenwechsel« von der jungen zu der »alten Erwerbstätigengeneration stattfindet«.[83]

Aktuell nimmt der Bedarf nach neuen Arbeitskräften zu, in einer Vielzahl von Berufsfeldern liegt ein Fachkräftemangel vor. Diese Situation verbessert die Chancen der verschiedenen Generationen im Arbeitsmarkt. Generationsspezifische Hürden wie die fehlende Erfahrung bei Berufseinsteigern, die fehlende Teilhabe im Arbeitsleben bei Wiedereinsteigerinnen oder die Altersstereotype bei älteren Mitarbeitenden werden geringer, die Möglichkeiten für generationsspezifische Lösungen nehmen zu. Generell beeinflusst aber die demografische Entwicklung mit einer kleineren Geburts- als Sterberate und einem Rückgang des Erwerbspersonenpotenzials die Entwicklung des Fachkräftemangels.[84]

Der aktuelle Fachkräftemangel ist jedoch differenziert zu betrachten, da er von unterschiedlichen Entwicklungen beeinflusst wird.[85] In Deutschland erstellt die Bundesagentur für Arbeit eine jährliche Analyse der Arbeitsmarktsituation nach Berufen, die Fachkräfteengpassanalyse. Im Jahr 2022 wurde 200 Engpassberufe identifiziert, wobei die Mehrzahl der Berufsgattungen Fachkräfte, Spezialistinnen und Experten betrifft. Engpässe bestehen vor allem in der Pflege, medizinischen Berufen, Bau- und Handwerksberufen, IT sowie Verkehr und Bildung.[86]

Definition: Fachkräftemangel

Fachkräftemangel herrscht typischerweise, wenn eine bedeutende Anzahl von Arbeitsplätzen nicht besetzt werden kann, weil auf dem Arbeitsmarkt keine entsprechend qualifizierten Mitarbeiterinnen und Mitarbeiter zu finden sind.[87]

Besonders ausgeprägt wird der Fachkräftemangel den öffentlichen Sektor erreichen. Bis 2030 wird in der Schweiz eine Fachkräftelücke von 130 000 Personen, d. h. 15% des benötigten Vollzeitäquivalents (VZE) prognostiziert. Für die öffentliche Verwaltung im engeren Sinne sind die Prognosen noch dramatischer, es sollen bis 2030 30.000 Fachkräfte oder 25% der benötigten VZE fehlen.[88]

83 Vgl. Ehrentraut & Fetzer, 2007, S. 32.
84 Vgl. Deutscher Bundestag, 2022
85 Vgl. Scheiwiller, 2022a/b/c
86 Bundesagentur für Arbeit, 2022.
87 Fachkräftemangel – IAB-Forum, 2017.
88 Vgl. Bundesagentur für Arbeit, 2022; vgl. PWC & HSG, 2023.

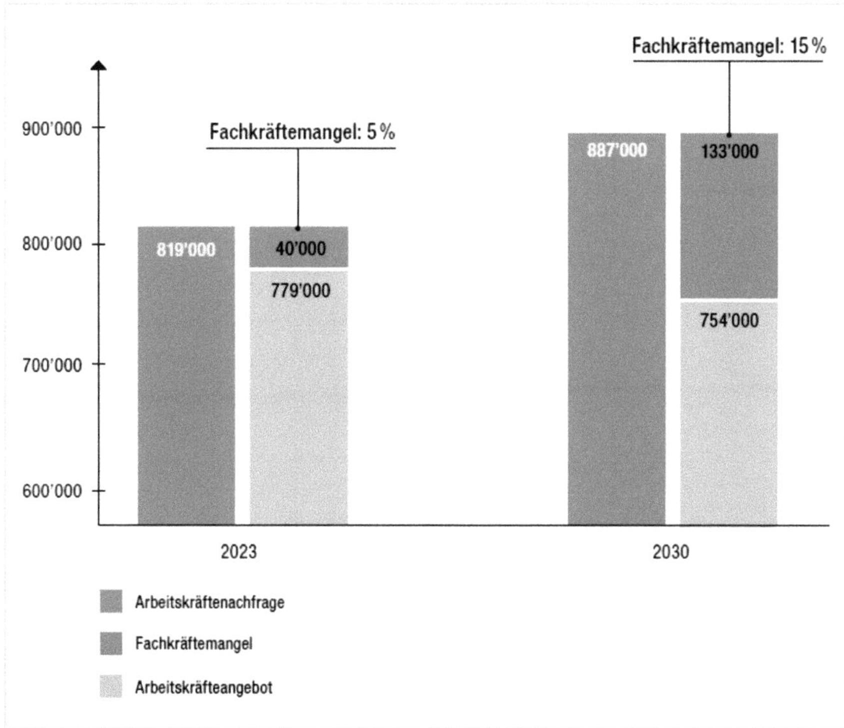

Abb. 3.14: Fachkräftemangel öffentlicher Sektor Schweiz 2023 – 2030 (PWC & HSG, 2023)

Man unterscheidet einen demografischen, einen strukturellen, einen konjunkturellen und einen Post-Corona-Fachkräftemangel.

Ein struktureller Fachkräftemangel entsteht, wenn in speziellen Branchen oder Berufsfeldern ein strukturelles Defizit besteht, weil beispielsweise die Arbeitsbedingungen zu schlecht oder das Ansehen zu tief ist. Beispiele hierfür sind Tätigkeiten in der Pflege, Gastronomie, Lehrberufe, Handwerk. Struktureller Fachkräftemangel entsteht auch in Berufsfeldern mit eigentlich guten Bedingungen aber mit aufwendigen und schwierigen Ausbildungen (z. B. Mediziner und Medizinerinnen oder im Ingenieurbereich) oder infolge steigenden Bedarfs durch Digitalisierung (z. B. Logistik, IT, Telematik).

Insgesamt lassen sich strukturelle Veränderungen im Bedarf an qualifizierten Arbeitskräften auch in der Veränderung von Tätigkeitsprofilen nach Erwerbstypen nachweisen. Deutschland unterscheidet in der Klassifikation der Berufe üblicherweise vier Anforderungsniveaus von Helfer-Anlerntätigkeiten bis zu hoch komplexen Tätigkeiten.[89] Eine ähnliche Unterscheidung wird auch den Analysen in der

89 Bundesagentur für Arbeit, 2023, S. 23.

Schweiz zugrunde gelegt. Grundsätzlich gilt, dass der Bedarf nach analytischen und interaktiven Nicht-Routine-Tätigkeiten innerhalb von zehn Jahren zugenommen hat, während manuelle Tätigkeiten weniger nachgefragt wurden.[90]

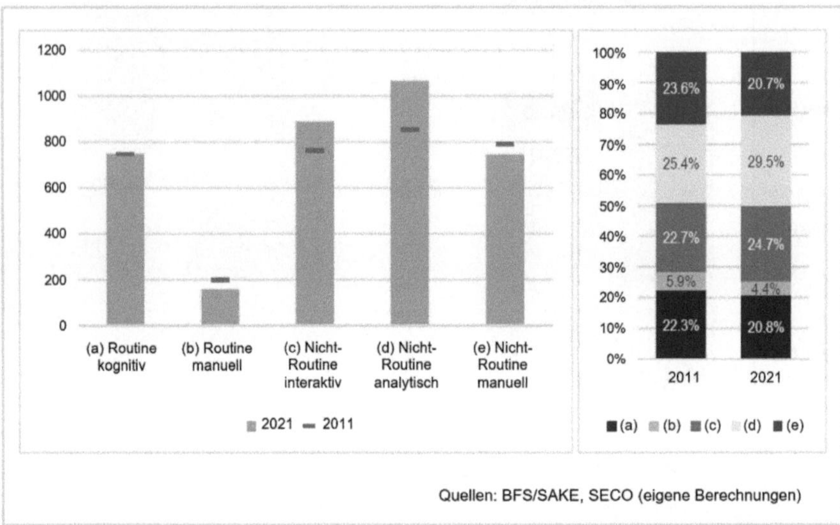

Abb. 3.15: Erwerbstätigkeit nach Tätigkeitstypen (in VZÄ) 2011 und 2021 (vgl. Bericht des Bundesrates, Monitoring 2022, S. 15)

Die strukturellen Veränderungen im Arbeitsmarkt können auch in den Entwicklungen der Erwerbstätigenzahlen nach Berufshauptgruppen am Beispiel Schweiz transparent gemacht werden. Innerhalb von zehn Jahren ist ein deutlicher Anstieg an Erwerbstätigen in Führungspositionen, intellektuellen und wissenschaftlichen Berufen sowie in technischen oder ähnlichen Berufen zu verzeichnen. Währenddessen ging die Anzahl an Erwerbstätigen im Handwerks- und Montagebereich zurück.[91] Es ist bei beiden Entwicklungen von analogen Veränderungen in Deutschland und weiteren Industrienationen auszugehen.

90 Schweizerische Eidgenossenschaft, 2022.
91 Schweizerische Eidgenossenschaft, 2022.

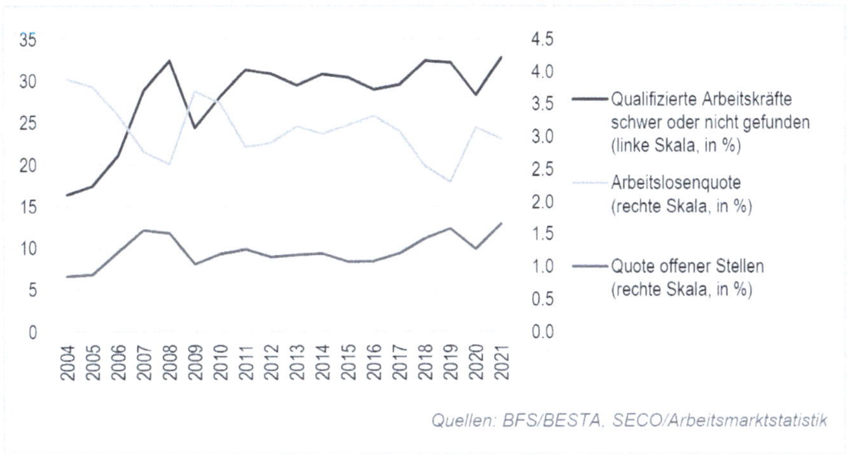

Abb. 3.16: Indikatoren zur Arbeitskräfteknappheit auf aggregierter Ebene (vgl. Bericht des Bundesrates, Monitoring 2022, S. 25)

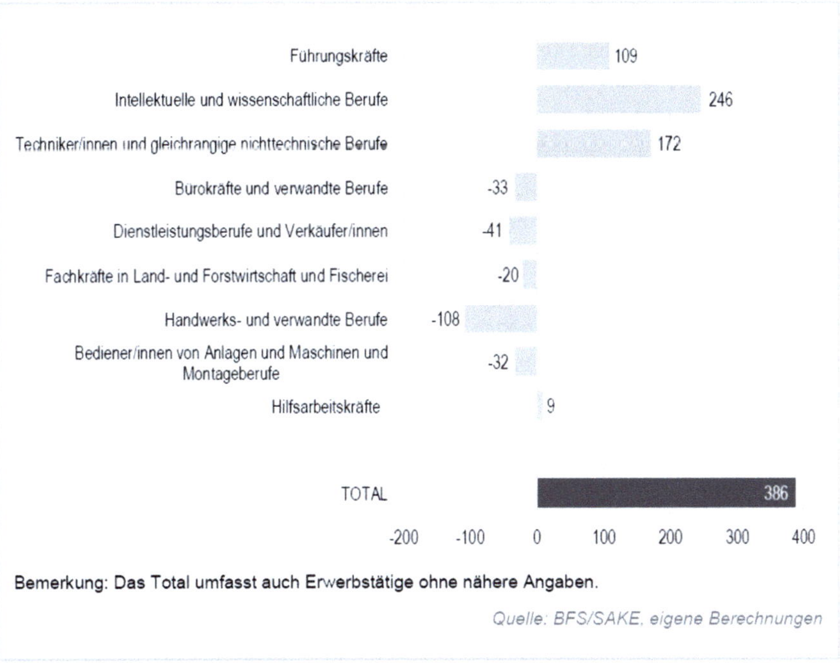

Abb. 3.17: Entwicklung Erwerbstätigenzahl nach Berufshauptgruppen, 2011 – 2021 in 1000 (vgl. Bericht des Bundesrates, Monitoring 2022, S. 24)

Der Fachkräftemangel wurde nach der Corona-Pandemie aufgrund von Aufholentwicklungen nach dem wirtschaftlichen Abschwung Ende 2020 verschärft. Die Schaffung neuer offener Stellen sowie die Beschleunigung digitaler Arbeitsweisen konnte nur verzögert im Arbeitsmarkt nachvollzogen werden und hatte v.a. in den letzten Jahren Einfluss auf die Entwicklungen am Arbeitsmarkt.

Der konjunkturelle Fachkräftemangel unterliegt den volatilen Zyklen der Volkswirtschaft. In Wachstumsphasen entsteht Personalknappheit und in Zeiten der Rezession erhöhte Arbeitslosigkeit. Diese Effekte können sich mit den anderen Arten von Fachkräftemangel kumulieren oder auch teilweise gegenseitig aufheben. Bei allen Ausführungen und Prognosen zum demografisch bedingten Fachkräftemangel sind die konjunkturellen Entwicklungen laufend zu beobachten, da sie die Bereitschaft zur Beschäftigung von bestimmten Generationen im Arbeitsmarkt wie älterer Mitarbeitende oder jüngere Fachkräfte mit wenig oder ohne Berufserfahrung kurzfristig beeinflussen können.

Der demografische Fachkräftemangel wird dadurch bedingt, dass weniger jüngere Erwerbspersonen in den Arbeitsmarkt eintreten, als ältere Arbeitnehmer der Generation Babyboomer im Arbeitsmarkt bleiben. Um dem Arbeitsmarkt genügend Arbeitskräfte zur Verfügung zu stellen, müssen andere Personengruppen – die sogenannte stille Reserve, z. B. Frauen oder ältere Mitarbeitende oder in Teilzeit erwerbstätige Personen – motiviert werden, sich (verstärkt) im Berufsleben zu engagieren. Ältere Mitarbeitende, d. h. die Babyboomer und Generation X nehmen durch ihren großen Anteil am Erwerbspersonenpotenzial aktuell und in den nächsten 10 Jahren damit eine besondere Position auf dem Arbeitsmarkt ein. Die Entwicklung im Zeitablauf zeigt, dass bereits ein entsprechendes Umdenken hinsichtlich der Beschäftigung älterer Arbeitnehmender stattfindet. Dies muss fortgesetzt werden, damit in den nächsten Jahren die gesamtwirtschaftliche Entwicklung in Deutschland (der Schweiz und anderen Industrienationen) teilweise kompensiert wird. Mit Blick auf die älteren Mitarbeitenden wird es notwendig sein, flexibler zu werden, was den Zeitpunkt des Berufsausstiegs betrifft. So sollte nicht nur der Frührenteneintritt abnehmen, sondern auch die freiwillige Fortsetzung des Arbeitsverhältnisses über die Ruhestandsgrenze eine Möglichkeit des flexiblen Übergangs in den Ruhestand darstellen (vgl. auch Ausführungen zur Lebensarbeitszeit im vorhergehenden Abschnitt).

Fachkräfteinitiative Deutschland

Um dem zunehmenden Fachkräftemangel entgegenzuwirken und die Wettbewerbsfähigkeit und den Wohlstand Deutschlands zu sichern, hat die Bundesregierung im Oktober 2022 die Fachkräfteinitiative beschlossen. Diese umfasst die fünf Handlungsfelder: zeitgemäße Ausbildung, gezielte Weiterbildung, Hebung von Arbeitspotenzialen, Erhöhung der Erwerbsbeteiligung, Verbesserung der Arbeitsqualität sowie der Wandel der Arbeitskultur, und die Modernisierung der Einwanderungspolitik zur Reduzierung der Abwanderung. Konkrete Umsetzungen sind beispielsweise die Stärkung der dualen Berufsausbildung oder

Initiativen zur Erhöhung der Erwerbsbeteiligung und zur Anpassung der Arbeitskultur. Erleichtert werden soll der Einstieg in den Arbeitsmarkt und die Stärkung der beruflichen Weiterbildung. Es gibt auch spezifische Programme, wie die Exzellenzinitiative Berufliche Bildung, die das Berufsbildungssystem stärken und innovieren soll.[92]

1. Zukunft der Arbeitswelt und ihr Einfluss auf das gemeinsame Führen von Generationen

Megatrends sind großflächige Veränderungen in den kommenden Jahrzehnten mit globalem Charakter und Einfluss auf alle Lebensbereiche. Sie betreffen Entwicklungen im sozialen, ökonomischen, politischen und technologischen Bereich. Megatrends haben Einfluss auf nahezu alle Lebensbereiche und dauern über eine längere Zeitperiode an.[93] Bei Megatrends wird von einer Entwicklung ausgegangen, die über 30 – 50 Jahre anhält (Beispiel: Globalisierung).[94]

Das Zukunftsinstitut (2024) bezeichnet die Megatrends als »Blockbuster« des Wandels. Es handelt sich um Trends, die einen »epochalen Wandel« einleiten. Aktuell werden verschiedene Megatrends beobachtet, u. a. New Work, Konnektivität, Wissenskultur und Individualisierung.[95] Eberhardt und Majkovic (2015) haben die künftigen Auswirkungen verschiedener Trends auf die Führung in Expertengesprächen mit Top-Führungspersonen und Führungsexperten in Forschung und Beratung erfragt. Im Folgenden werden diese Trends und Impulse zu den künftigen Führungsherausforderungen mit dem Fokus auf generationengerechte Führung dargelegt und um weitere aktuelle Entwicklungen ergänzt. Modellvorstellungen und Realitäten zu neuen Arbeitswelten sind Megatrends und gleichzeitig bereits in der Praxis angekommen. Remote Arbeiten, Telearbeit u. a. wurden durch den Ausbruch der Corona-Pandemie 2020 beschleunigt eingeführt, die Digitalisierung hat enorm Fahrt aufgenommen. Innovationen, digitale Transformationsprozesse, Arbeiten aus dem Homeoffice, mobil-flexible Arbeitsformen wurden quasi über Nacht eingeführt und umgesetzt. Im großen Stil wurden Verhaltensweisen angepasst und fundamentale Veränderungen vorgenommen.[96] Die Vermischung der physischen und virtuellen Arbeitswelt wurde durch das Coronavirus und die dadurch ausgelöste Pandemie weiter aufgelöst[97] und Lernprozesse freigesetzt: »Durch die Corona-Krise sind auch die älteren Arbeitnehmer digitalaffiner geworden.«[98]

92 Bundesministerium für Arbeit und Soziales, 2022; Bundesministerium für Bildung und Forschung, 2023.
93 Vgl. Kotler, Keller & Bliemel, 2007; Zukunftsinstitut, 2024.
94 Horx, Huber, Steinle & Wenzel, 2009.
95 Vgl. Martinelli, 2023.
96 Vgl. Georg, Lakhani & Puranam, 2020.
97 Vgl. Feierabend & Pfrombeck, 2020.
98 Rüdiger Maas im Interview, 2021.

Individualisierung

In den Industrienationen nehmen Werthaltungen zu, die sich an den persönlichen Wünschen und Zielen, an Eigenverantwortung und Selbstbestimmung orientieren. Gleichzeitig werden Unternehmen individueller, die klassischen Organisationsstrukturen werden durch neue und unterschiedliche Formen der Zusammenarbeit ergänzt und ersetzt. Je nach Aufgabe oder Projekt ist die Person mal Mitarbeiterin oder Mitarbeiter oder findet sich in einer Leitungsaufgabe wieder. Unternehmen werden sich mit Blick auf die demografische Entwicklung mehr denn je der Herausforderung stellen müssen, Menschen für das Unternehmen zu gewinnen, die vielfältige Potenziale haben und einbringen und sich auch längerfristig ans Unternehmen binden lassen. Klassische Hierarchien werden zunehmend abgelehnt und netzwerkartige Organisationsformen ergänzen die klassischen Organisationsstrukturen. In den letzten Jahren hat sich der individuelle Bedarf bezüglich flexibler Wahl des Arbeitsorts, die Möglichkeit zum Homeoffice und auch vielfältig der Wunsch nach flexibleren Arbeitszeiten, respektive Teilzeit akzentuiert.[99]

In der Führung geht es darum, diese zunehmend flexibleren Organisations- und Arbeitsformen (z. B. mehr Matrixorganisation, mehr ergänzende Projektorganisation, mehr Selbstorganisation, rollenbasierte Organisationsformen, zunehmende Co-Leitungen, Vielfalt an Arbeitszeitmodellen und zunehmende Teilzeit-Arbeit) zu gestalten sowie Diversität und Inklusion im Führungsverhalten zu fördern.[100] Ziel ist es, die stärker zunehmenden individuellen Vorstellungen zu verstehen und zu integrieren, ohne dabei die Anforderungen der Organisation und deren Leistungsfähigkeit aus dem Blick zu verlieren. Gerade den jüngeren Generationen wie der Generation Z oder den Millennials wird ein wesentlich stärkerer Individualismus zugeschrieben als den älteren Generationen. »Generationen zusammen führen« bedeutet auch, Mitarbeitende in neuen und ungewohnten Arbeitsformen einzusetzen (Fokus Babyboomer) und individualistische Positionen einzufangen (Fokus Generation Z und Millennials und zunehmend alle Generationen). Hilfreich sind hierfür der Aufbau von Vertrauen, der Einsatz von Coaching- und Mentoring-Fähigkeiten, die Fähigkeit, sich in Netzwerken und flexiblen Arbeitsformen zu bewegen und auf die verschiedenen Stärken der Generationen zu setzen. Carole Robin, die Verantwortliche der Führungsweiterbildungsprogramme in Stanford, sagte in der Interviewstudie dazu: *»Leadership is going to become more and more about being good at influencing others.«*[101]

Flexibilisierung, Digitalisierung und künstliche Intelligenz

Flexible Formen der Arbeitsorganisation und soziale Netzwerke wie LinkedIn, Xing, Facebook, Instagram oder TikTok beeinflussen Beziehungen innerhalb und außer-

99 Vgl. auch Müller 2024.
100 Vgl. Martinelli, 2023.
101 Robin in: Eberhardt & Majkovic, 2015, S. 57.

halb der Organisation und lösen die Grenze des Unternehmens auf. Flexibilisierung, unabhängig vom Alter der Mitarbeitenden, wird – ausgehend von jüngeren Generationen – nun zunehmend generell als Arbeitsform erwartet. Mitarbeitende sind vielfältig vernetzt und informiert, die Führung muss vermehrt Orientierung geben, statt Informationen liefern. Diese großen Netzwerke führen zu einem Erleben von weniger Verlässlichkeit in Beziehungen, zu instabileren Formen der Zusammenarbeit. Systemisches Denken und Handeln sowie eine förderliche Kultur im Umgang innerhalb der digitalen Welt werden vermehrt benötigt.[102] Gleichzeitig werden durch die digitale Vernetzung und größere verfügbare Datenmengen vielfach datenbasierte Führungsentscheidungen vorausgesetzt. Und doch ist der Mensch – auch als Führungsperson – im Umgang mit Mehrdeutigkeit, Menge und Komplexität mit Grenzen konfrontiert, er ist hingegen erfolgreich bei Bauchentscheidungen und vertraut oftmals seiner Intuition. Die erfolgreiche digitale Transformation ist im besonderen Masse abhängig davon, wie Führungskräfte digitale Technologien für die Organisation und deren Produktivität nutzbar machen bzw. Barrieren überwinden.[103] Führung und Change-Management im Bereich der digitalen Transformation ist ein zentraler Anspruch an das Generationenmanagement bzw. an die Nutzung der Fähigkeitsschwerpunkte und Kompetenzen aller Generationen.

Genau hier gibt es große Unterschiede zwischen den Generationen. Generation Alpha – wie bereits die Millennials – sind Digital Natives, sie sind mit Social Media aufgewachsen, meist vielfältig vernetzt und laufend via Social Media informiert. Babyboomer und Generation-X-Mitarbeitende haben diese Fähigkeiten erst nach und nach erworben, für sie sind andere Medien selbstverständlicher, wenngleich nach der Corona-Pandemie nahezu alle Generationen sich verstärkt online informieren und digital vernetzt arbeiten.

Seit 2022 findet mit der Weiterentwicklung der Artificial Intelligence (AI) und der Einführung von Anwendungen wie ChatGPT, DeepL oder anderen einfach nutzbaren Formen der künstlichen Intelligenz eine rasche Veränderung in der Lern- und Arbeitswelt statt. Generative künstliche Intelligenz kann auch unstrukturierte Daten aus den Social Media, internen Dokumenten und anderen Quellen benutzerfreundlich und leistungsstark analysieren und in kürzester Zeit zur Verfügung stellen. Die Zusammenarbeit an der Schnittstelle Mensch-Maschine verschiebt sich mit diesen neuen Möglichkeiten. Bereits für das Jahr 2025 wird prognostiziert, dass ca 30% der Einstiegsstellen, bis zu 50% der Expertinnen und Experten und bis zu 12% der Stellen im Topmanagement die Fähigkeit zur Nutzung von KI erfordern.[104] Dabei nutzen junge Generationen wie die Gen Z KI-Tools wie Chatbots derzeit mehr als andere Generatio-

102 Vgl. Hoe, 2019.
103 Vgl. Sainger, 2018.
104 IBM, 2023, S. 3.

nen, z. B. zum Verfassen von E-Mails, Recherchieren oder auch für Brainstorming.[105] Da sich im Topmanagement hingegen mehr Angehörige älterer Generationen befinden, kann in der Nutzung und im Erwerb von Kompetenzen im Umgang mit KI von Unterschieden zwischen den Generationen ausgegangen werden. Dabei sind diese digitalen Kompetenzen der Entwicklung von Fähigkeiten in der Lebensspanne (vgl. Kapitel 5) entgegenzustellen. Insbesondere bei der Einbettung von Informationen, die durch generative künstliche Intelligenz gewonnen werden, wird zunehmend die Fähigkeit zur Urteilsbildung benötigt, die während des Berufslebens mit dem Alter zunimmt.

Diese unterschiedlichen Präferenzen und Kompetenzen bedeuten für die Führung, in virtuellen Umgebungen und mit vielfältig vernetzten und informierten Mitarbeitenden zusammenzuarbeiten. Es bedeutet auch, dass es Mitarbeitende geben wird, die wesentlich weniger selbstverständlich und routiniert mit Neuen Medien oder den Anwendungen der generativen künstlichen Intelligenz umgehen und in der Folge andere Erwartungen an die Art der Information, Kommunikation und Zusammenarbeit haben. Wir befinden uns erneut in einer enormen Umbruchphase. Die Herausforderung besteht also darin, dass die jüngeren Generationen eine höhere Affinität zu digitalen Arbeitsformen haben und die älteren Generationen vermehrt im Topmanagement und bei den Entscheidungsträgern vorzufinden sind. Um Generationen zusammen zu führen, braucht es Übersetzungsleistung und Achtsamkeit, um über verschiedene Medien und Arbeitsformen unterschiedliche Generationen zu erreichen. Die technologischen Entwicklungen ermöglichen schnelleren, asynchronen und direkten Kontakt in den Social Media, begünstigen aber auch ein Informationsgefälle und Unsicherheiten über Herkunft und Qualität der Angaben. Dies alles führt dazu, dass die Führungsbeziehung und die Art des Austauschs und teilweise auch der Aufgabenverteilung neu definiert werden müssen. Beispielsweise benötigen virtuelle Formen der Zusammenarbeit eine Ergänzung im direkten und persönlichen Kontakt, um die Vielfalt der menschlichen Interaktion und Kommunikation zu erfassen. Datenmanagement und statistisches Wissen nimmt an Bedeutung genauso zu wie die klare Kommunikation von Zielen und Erwartungen im virtuellen komplexen Umfeld oder die Fähigkeit, Anwendungen der künstlichen Intelligenz zu nutzen.[106] Jeffrey Pfeffer, Professor an der Stanford University bringt die Führungsherausforderung im Umgang mit Social Media folgendermaßen auf den Punkt: »*I think there is an issue of focus with all of these new communication technologies. Everybody checking their Facebook page every minute or their e-mail has made focus much more difficult. So it's become a difference in degree rather than kind, but the leaders still need to keep people focused on what they need to be doing, and the people need to keep themselves focused of what they need to be doing.*«[107]

105 Vgl. York & Zinkula, 2023.
106 IBM, 2023, S. 3.
107 Pfeffer, in: Eberhardt & Majkovic, 2015, S. 68.

Interessantes aus der Forschung[108]

Das IBM Institut for Business Value hat 2023 eine Befragung u. a. zur Produktivität an der Schnittstelle Mensch-Maschine bei 3300 C-Suite-Executives (wie CEO, EFO, COO) in 22 Branchen und 28 Ländern wie auch bei 21.000 Mitarbeitenden aus 22 Ländern durchgeführt. Dabei wurden drei Schlüsselprioritäten identifiziert: Umgestaltung von Prozessen, Arbeitsaufgaben und Organisationsstrukturen zur Produktivitätssteigerung, Aufbau von Mensch-Maschine-Partnerschaften um das Mitarbeitendenengagement und die Produktivität zu verbessern, Investitionen in Technologien, damit sich die Menschen auf höherwertige Aufgaben konzentrieren können. Die Studie prognostiziert, dass KI und Automatisierung in den nächsten drei Jahren dazu führen, dass 40 % der Arbeitskräfte umgeschult werden müssen – 1,4 Milliarden Menschen weltweit. Der Schulungsbedarf bezieht sich auf Bereiche wie Marketing, Kundenservice, Beschaffung, Compliance, Finanzen. Führungskräfte werden sich vermehrt auf menschliche Fähigkeiten konzentrieren, dazu gehört Zeitmanagement, Prioritätensetzung, Zusammenarbeit und Kommunikation. Mit einer Vereinfachung der Technologie und die Übernahme von alltäglichen Aufgaben verlagert sich der Fokus auf die Fähigkeiten der Arbeitnehmenden zur Problemlösung und Zusammenarbeit.

Interessantes aus der Forschung[109]

Der Schweizer HR-Barometer 2020 hat erhoben, wie die unterschiedlichen Generationen mit der fortschreitenden Digitalisierung umgehen. Während Babyboomer mit analogen Medien aufgewachsen sind, gehören für die Generation Z digitale Entwicklungen wie Apps, Cloud- und Streaming-Dienste zum Alltag. Im Schweizer HR-Barometer 2020 wird der Digitalisierungsgrad der Arbeit bezogen auf die drei Dimensionen digitale Prozesse, datengestützte Entscheidungen und Nutzung von digitalen Technologien eingeschätzt. Am weitesten Einzug hat die Digitalisierung bei der Nutzung digitaler Technologien, wie z. B. Kommunikationsmittel oder mobile Endgeräte Einzug gefunden (vgl. Abb. 3.18).

108 Vgl. IBM, 2023.
109 Vgl. Feierabend & Pfrombeck, 2020.

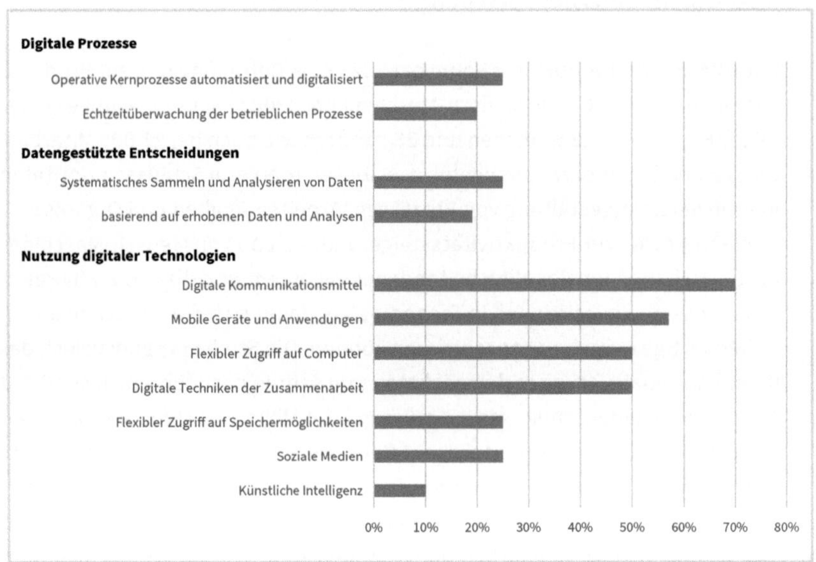

Abb. 3.18: Digitalisierungsgrad bei der Arbeit (entnommen aus: Feierabend & Pfrombeck, 2020, S. 39)

Interessantes brachte die Einschätzung der digitalen Selbstwirksamkeit, d.h. die innere Überzeugung, Ziele mit digitalen Technologien zu erreichen, über die verschiedenen Generationen zutage. In allen Altersgruppen sehen sich die Mitarbeiterinnen und Mitarbeiter eher gut oder sehr gut den beruflichen Anforderungen bezüglich Digitalisierung gewachsen, wobei sich die älteren Mitarbeitenden zwischen 56 – 65 etwas schlechter beurteilen. Gleichzeitig wurde festgestellt, dass Altersstereotype und negative Vorurteile gegenüber älteren Mitarbeitenden und deren Umgang mit neuen Technologien weit verbreitet sind.

Demografische Entwicklung

Der demografische Wandel kombiniert mit dem aktuell in einigen Branchen verbreiteten Fachkräftemangel führt tendenziell zu mehr Generationenvielfalt in den Unternehmen, zu einem höheren Anteil älterer Arbeitnehmer, einem *war for talents* um die kommende Generation Alpha, die Generation Z, die Millennials und zu einer Auseinandersetzung mit generationsspezifischen Bedürfnissen, Kompetenzen, Arbeitsformen und Werthaltungen. Generationen zusammen führen bedeutet, den Besonderheiten der jeweiligen Altersgruppen gerecht zu werden und gleichzeitig die Zusammenarbeit über die Generationen hinweg zu stärken. Demografische Entwicklung und Veränderung bringt auch eine Zunahme von Frauen in Fach- und Führungspositionen, auch im Topmanagement, und damit einen veränderten Umgang mit Rollenbildern und geschlechtsspezifischer Kommunikation mit sich.

Führung von Vielfalt bedeutet, die Besonderheiten und Stärken der jeweiligen Altersgruppen und Generationen bestmöglich einzusetzen, den Wissenstransfer der unterschiedlichen Kompetenzen wie den Umgang mit digitalen Medien und KI oder langjähriges Erfahrungswissen zu fördern und eine generationenübergreifende Kommunikation, Problemlösung und Zusammenarbeit sicherzustellen. Ebenso gehört es zu den vielfältigen Führungsaufgaben, das Thema Gesundheit zu fördern und lebenslanges Lernen zu unterstützen. Geschlechtsspezifische Muster in der Führung und Zusammenarbeit, Beförderungspraxis von Männern und Frauen prüfen, Vereinbarkeit von Beruf und Familie fördern, die Förderung weiblicher Rollenmodelle und die Vernetzung von Frauen durch Mentoring und Netzwerkanlässe sind ebenfalls Facetten der Führung von Vielfalt. Ravi, Venture Capitalist aus Palo Alto empfiehlt in der Interviewstudie: »*If you are not taking the best elements and best resources that are available you are hurting your own ability to run a great organization. You're limiting yourself.*«[110]

Weitere Megatrends wie Globalisierung oder soziale Verantwortung fokussieren die immer stärkeren Auswirkungen einer globalisierten Wirtschaftswelt und den wachsenden Anspruch an die interkulturelle Führung und Zusammenarbeit. Die soziale Verantwortung der Unternehmen wird – wie auch die ökologische Verantwortung – zunehmend eingefordert, auch über die Unternehmensgrenzen hinweg. Diese beinhaltet seitens der Gesellschaft v. a. auch den Anspruch an die Unternehmen und speziell an die Führungspersonen, einerseits jungen Menschen den Berufseinstieg zu eröffnen (z. B. durch ein Lehrstellenangebot oder die Einstellung von Berufsanfänger), andererseits Babyboomern den Verbleib im Berufsleben bis zum Erreichen des Rentenalters zu ermöglichen (z. B. durch die Neueinstellung älterer Mitarbeitender). Führungspersonen werden gefordert sein, sich über die Wirkungen ihres Handelns bewusst zu werden und entsprechend verantwortungsvoll zu handeln. Da das Verhalten von Führungspersonen und Organisationen oftmals kurzfristigen Anforderungen entsprechen muss, ist ein Umdenken gefordert, das durch die Unternehmensspitze eingeleitet werden sollte. Schein berichtet in der Interviewstudie über das bestmögliche Vorgehen: »*Top-down always is the only way you can begin a cultural change.*«[111]

Wichtig

Führung der Zukunft bedeutet, Menschen verschiedener Kulturen, Altersstufen, Geschlechter und Persönlichkeiten miteinander zu vernetzen, zusammen zu führen und zusammenzuführen.

Führung bedeutet, Zukunft zu gestalten. Dafür nutzen wir die Herangehensweisen, Erfahrungen und Modelle, die uns heute bekannt sind. Reicht das aus oder kommt etwas Neues auf uns zu? Führung ist vielfältig, findet unter unterschiedlichsten Rahmenbedingungen statt

110 Ravi, in: Eberhardt & Majkovic, 2015, S. 69.

111 Schein, in ebenda, S. 75.

und lebt u.a. von der Art und Weise, wie Führungskräfte diese Aufgabe als Person bewältigen und die Beziehungen zu den verschiedensten Menschen pflegen. In Wirtschaft und Gesellschaft finden derzeit große Umbrüche und Veränderungen statt, die massiven Einfluss auf die Arbeitsrealität in Organisationen nehmen und damit grundlegend die Anforderungen und Herausforderungen für Führungspersonen beeinflussen.

New Work

Die Diskussion um New Work entstand in den 1970er-Jahren als Reaktion auf die Entfremdung der Arbeit und wurden durch Frithjof Bergmann und sein Werk »New Work New Culture« ab 2004 bekannt. Seine Grundprinzipien zielen alle darauf ab, eine Arbeitskultur zu schaffen, die den Menschen in den Mittelpunkt stellt und ihm ein sinnhaftes und erfülltes Arbeitsleben ermöglicht. Hierzu gehört beispielsweise, die Arbeit so zu organisieren, dass Mitarbeitende autonom Entscheidungen treffen können und in Abkehr zu traditionellen hierarchischen Organisationsformen auch vermehrt Selbstkontrolle ausüben können (Selbstbestimmung). Arbeit soll Sinn stiften und es den Menschen ermöglichen, Aufgaben zu übernehmen, die ihnen wichtig sind (sinnstiftende Tätigkeiten). Technologische Entwicklungen sollen dafür genutzt werden, dass Menschen den Umfang ihrer Arbeit reduzieren und Technologie die individuellen Freiheiten ermöglicht (Technologische Unabhängigkeit). Arbeit soll auf persönliche Bedürfnisse und das Gemeinschaftswohl ausgerichtet (Dekommodifizierung von Arbeit), Arbeitsstrukturen und -modelle flexibler werden und sich vermehrt an den Bedürfnissen der Mitarbeitenden orientieren (Flexibilität und Vielfalt). Kooperation und Gemeinschaft sollen gefördert werden, damit durch die Arbeit an gemeinsamen Zielen gesellschaftlicher Mehrwert geschaffen werden kann.[112]

Es geht im Kern um die Flexibilität, Autonomie und den Sinn der Arbeitswelt. Aufbauend auf diesen Grundüberlegungen sind eine Vielzahl von Vorgehensweisen im New Work und Vorstellungen von der Gegenwart und Zukunft der Arbeit entstanden. Durch Flexibilisierung der Arbeitsgestaltung soll es den Mitarbeitenden ermöglicht werden, die eigene Arbeit auf die Lebensumstände anzupassen. Hierzu gehören Flexibilität bezüglich Arbeitszeit, Arbeitsort und Arbeitsumfang. Gefordert wird eine Kultur, die auf Ergebnisse setzt und Anwesenheit nachrangig ist.[113] Die Auswirkungen von New Work auf das Generationenmanagement sind vielfältig. Durch die Beachtung der individuellen Bedürfnisse und Präferenzen werden eine erhöhte Arbeitszufriedenheit und Bindung an das Unternehmen erwartet. New-Work-Prinzipien sind attraktiv, v.a. für die Generationen Alpha, Z und Millennials, und sie fördern eine Kultur, die die Zusammenarbeit und den Austausch zwischen den Generationen unterstützt. In der Führung wird Vertrauen eingesetzt, Verantwortung delegiert und eingefordert, es braucht aber auch Klarheit zu Zielen, Leistungserwartungen, Art der Abstimmung und Kom-

112 Bergmann, 2004

113 Vgl. Sinclair, Doelle, Gibson, 2022; Leonardi, 2021.

munikation und des Umgangs miteinander. Die Komplexität und der Anspruch an die Gestaltung von Führung sind hoch, insbesondere weil die Individualität stark betont wird. In der Führung geht es darum, dieser erhöhten Individualität gerecht zu werden und gleichwohl gemeinsam Lösungen und Ergebnisse zu erarbeiten, auch wenn einzelne Arbeitsaufgaben oder -zeiten weniger beliebt sind und in den Arbeitsprozess integriert werden müssen.

Interessantes aus der Forschung[114]

Die IAP-Studie 2023 befasste sich mit der Thematik »Hybrides Arbeiten und der flexible Mensch in der Arbeitswelt 4.0«. Hybrides Arbeiten ist durch räumliche und zeitliche Flexibilität gekennzeichnet und kombiniert das Arbeiten am Arbeitsplatz, im Homeoffice und an dritten Orten (z. B. Co-Working Space). Untersucht wurden die Auswirkungen dieser New-Work-Arbeitsformen mittels Onlinebefragung bei N = 484 Teilnehmenden und vertieft in sechs Fokusgruppen mit Mitarbeitenden, Führungspersonen und Fachpersonen aus HR und Personalentwicklung in der Schweiz (N = 25).

Hybrides Arbeiten wird von zwei Dritteln der Befragten positiv bewertet, der Anteil ist bei 78 % der Befragten in den letzten Jahren gestiegen, wobei mit 60 % die Arbeit im Office immer noch überwiegt. Die Remote-Arbeit erfolgt größtenteils im Homeoffice und in nur 6 % in »Third Spaces«. Bei der Stellenwahl ist Homeoffice ein wichtiges Kriterium, 85 % würden nur die Stellen wechseln, wenn sie die Möglichkeit erhalten, 1 – 3 Tage zu Hause zu arbeiten.

Als Vorteile des flexiblen Arbeitens werden v.a. die flexiblere Tagesgestaltung, Zeit- und Kostenersparnisse, bessere Work-Life-Integration, gesündere Lebensweise und fokussierteres wie effizienteres Arbeiten genannt. Die größten Herausforderungen liegen in der Abgrenzung von Arbeit und Privatleben und die Bindung zum Team wird als besonders anspruchsvoll erlebt. Einige Teilnehmer halten die Teamführung unter hybriden Bedingungen für eine größere Herausforderung. Meetingmarathons, Selbstorganisation und virtuelle Kommunikation werden als anspruchsvoll erlebt. Die Zusammenarbeit in den Teams funktioniert insgesamt sehr gut und es wird über keine Zunahme von Konflikten berichtet. 87 % der Befragten sind stolz, bei ihrer Organisation zu arbeiten, und sehen die Möglichkeit, hybrid zu arbeiten, als Wertschätzung und Vertrauensbereich. Gleichwohl wäre 44 % bereit, dennoch den Arbeitgeber zu wechseln. Die Mehrheit der Befragten berichtet über innovationsförderliche Bedingungen im Team und in der Organisation. Dabei wird die interne Vernetzung tendenziell als herausfordernd erlebt.

114 IAP-Studie, Institut für Angewandte Psychologie, 2023.

Arbeitshilfe 3: Übung: Reflexionsfragen Megatrends

DIGITALE EXTRAS

Diese Arbeitshilfe finden Sie zum Download unter Digitale Extras.

Impuls

Megatrends beeinflussen unser gesellschaftliches, berufliches und privates Leben und haben Einfluss auf die Zukunft der Führung. Individuen möchten mehr in ihrer Eigenheit beachtet werden, Organisationsstrukturen verändern sich kontinuierlich, *big data* stehen zur Verfügung und unterschiedlichste Informationen sind jederzeit verfügbar, KI ermöglicht vielfältige Unterstützung in Datenbeschaffung und -aufbereitung, Kontakte sind flexibel und via Social Media vermittelt, wir werden gemeinsam älter, der Frauenanteil im Berufsleben erhöht sich, der Anspruch der Männer an Teilhabe am Familienleben nimmt zu. Die Globalisierung führt zu erhöhten Ansprüchen an interkulturelle Kommunikation und die Frage nach der Verantwortungsübernahme für die daraus entstehenden Folgen wird thematisiert.

Reflexionsfragen

- Welche Ansprüche sehe ich auf mich als Führungsperson zukommen, wenn ich über diese Megatrends und die Digitalisierung inklusive Entwicklungen im Bereich KI (insgesamt) nachdenke?
- Welche Veränderungen erwarte ich für meine Führungsrolle und für meine Führungsaufgaben?
- Wenn ich über das Thema demografische Veränderung nachdenke (Alter und Gender), welche Führungsthemen kommen auf mich zu?
- Welche Fragestellungen beschäftigen mich?
- Was brauche ich persönlich/was stärkt mich, damit ich diesem künftigen Anspruch gerecht werden kann?

Arbeitshilfe 4: Praxistransfer – Demografische Entwicklung und Zukunft der Führung

DIGITALE EXTRAS

Diese Arbeitshilfe finden Sie zum Download unter Digitale Extras.

Was bedeutet das für die Praxis?

Machen Sie sich über die folgenden Fragen Gedanken und überlegen Sie, welche Bedeutung die demografische Entwicklung in Ihrer Organisation hat:

- Wie sieht die Altersstruktur für Ihre Branche aus? Gibt es Prognosen der einschlägigen Verbände? Gibt es Hinweise für bestimmte Altersauffälligkeiten von Berufsgruppen (z. B. eine bevorstehende Renteneintrittswelle ganzer Berufsstände oder ein massiver Nachfragerückgang bei den Lehrstellenangeboten etc.)

- Welche Demografie hat Ihr Unternehmen? Wie verteilen sich die Mitarbeitergruppen auf die Generationen Z, Millennials, Generation X und Babyboomer?
- Welche weiteren Herausforderungen bringen die Megatrends und die Digitalisierung (inklusive Entwicklungen in KI) für Ihren Führungsbereich und Ihr Unternehmen mit sich?

Zusammenfassung und Kernaussagen des Kapitels

Die **Entwicklung der Bevölkerung** führt in Deutschland und der Schweiz zu einer massiven Veränderung der demografischen Zusammensetzung der Bevölkerung. Gemeinsam ist beiden Ländern die Zunahme des Anteils des älteren Erwerbspersonenpotenzials und ein geringerer Anteil der jüngeren Generationen an der ständigen Wohnbevölkerung sowie ein massiver Anstieg der Hochaltrigen.

Die größte Bevölkerungsgruppe in Deutschland und der Schweiz sind die Babyboomer. In den Unternehmen verändert sich die Zusammensetzung der Belegschaft zugunsten eines höheren Anteils Mitarbeitender im mittleren und älteren Erwerbsalter, sofern es gelingt, die Babyboomer und die nachfolgende Generation X möglichst lange im Arbeitsprozess zu halten. Es besteht ein großes gesellschaftliches und unternehmerisches Interesse, die jüngeren Generationen erfolgreich in die Arbeitswelt zu integrieren und ältere Mitarbeitende länger im Unternehmen zu halten, auch um den in einigen Branche herrschenden Fachkräftemangel abzufedern. Der Anteil Mitarbeitender, die in den letzten zehn Jahren vor dem Erreichen des Rentenalters noch im Unternehmen sind, wurde in den letzten Jahren, insbesondere aber seit 2021 massiv gesteigert.

Die mittlere Generation von Arbeitnehmerinnen und -nehmern (25 – 49 Jahre) weist von allen Generationen die höchste Beteiligung am Arbeitsleben auf. Wenn also der Anteil älterer Mitarbeiter wie prognostiziert steigt, wird die mächtigste und einflussreichste Gruppe im Unternehmen der Generation X angehören, da die Babyboomer schrittweise in den nächsten Jahren aus dem Erwerbsprozess ausscheiden werden. Die jungen Arbeitnehmerinnen und Arbeitnehmer (15 – 24 Jahre) weisen (im Vergleich zu den anderen Generationen) eine verhältnismäßig niedrige Beteiligungsquote am Arbeitsleben auf, haben aber europaweit – wie alle Altersgruppen in den letzten Jahren – ihren Anteil gesteigert. Junge Arbeitnehmende werden als Digital Natives mit anderem Know-how, v. a. bei den Neuen Medien, und anderen Werthaltungen ins Arbeitsleben eintreten respektive sich in die Arbeitswelt einbringen und die Führung wird lernen, mit diesen Unterschieden zwischen den Generationen aber auch mit den allgemeinen gesellschaftlichen Entwicklungen umzugehen.

Es gibt **Megatrends und *Entwicklungen***, die das Führen von Generationen in Zukunft stark bestimmen werden. Exemplarisch betrachten wir hier Individualisierung, Flexibilisierung & Digitalisierung & KI, demografische Entwicklung und New Work. Der Trend zur **Individualisierung** kennt zwei Facetten. Einerseits werden die Organisationsformen individueller: Zur klassischen Aufbauorganisation kommt ergänzend eine Vielzahl an anderen Arbeitsformen in Projekten, zusammen mit Kunden oder der Konkurrenz u. v. m. Die Herausforderungen an die Zusammenarbeit in unterschiedlichen Rollen und Kooperationsformen dürften von den jüngeren Generationen leichter bewältigt werden. Andererseits wird ein Wertewandel hin zu vermehrtem Einfordern von Eigeninteressen und individuellen Vorstellungen postuliert. Dieser Wertewandel wird stark mit der Generation Millennials verknüpft. Der Anspruch an das Zusammenführen verschiedener Generationen wird künftig also herausfordernder.

Beim Trend **Flexibilisierung, Digitalisierung und KI** geht es um die Verfügbarkeit von Big Data und den Kompetenzen, diese schnellstmöglich zu erfassen, zu strukturieren und konstruktiv für sich zu nutzen (datengestützte Entscheidungen). Es geht aber auch um die immer stärkere Vernetzung in sozialen Netzwerken wie LinkedIn, Xing oder Facebook oder die Nutzung von Apps und Streaming-Diensten (Nutzung von digitalen Technologien) oder digitaler Prozesse (z. B. operative Kernprozesse oder Realtime-Überwachung von betrieblichen Prozessen). Und es geht um die immensen und raschen Veränderungen in der Arbeitswelt durch den Einsatz von generativer künstlicher Intelligenz. Damit wird der Anspruch an Information der Mitarbeiter (eine häufig vorkommende traditionelle Forderung gegenüber Vorgesetzten; Fokus Generation X und Babyboomer) ergänzt durch die Herausforderungen bei der Führung von gut informierten, mit vielfältigen Kontakten und der verstärkten Nutzung von KI jüngeren Generationen wie die Millennials und Generation Z. Der künftige Anspruch liegt hier vermehrt in der Vorgabe von Orientierung und Strukturierung als in der Information, in der Kommunikation, gemeinsamen Problemlösung und Fähigkeit zur Interpretation und Einbettung von automatisch generierten oder via Social Media verbreiteten Informationen. Generationen zusammen führen bedeutet, dies alles zu berücksichtigen und parallel und aufeinander abgestimmt zu bedienen. Die beschleunigte Digitalisierung im **Zusammenhang mit der weltweiten Corona-Pandemie** sowie die rasanten Entwicklungen in der KI verstärken diese Entwicklungen und diesen Anspruch.

Der Trend **demografische Entwicklung** postuliert die Beachtung verschiedener Geschlechter, Generationen und Kulturen als eine der der zentralen Führungsherausforderungen der Zukunft.

Der Trend **New Work** steht für Flexibilität, Autonomie und Sinnhaftigkeit in der Arbeitswelt. Ausgehend vom Individuum soll die Arbeit so gestaltet werden, dass der oder die Einzelne sich gut entfalten und eine optimale Abstimmung der eignen Bedürfnisse und Ziele mit dem Arbeitsumfeld ermöglicht wird. Die Führung setzt aber auch an der Kultur des Miteinanders, der gemeinsamen Erreichung möglichst sinnvoller Zielsetzungen und der Schaffung einer offenen und inklusiven Kultur an. Im Kontext dieses Trends sind eine Vielzahl an gesellschaftlichen Entwicklungen zu sehen, die in Kombination mit der demografischen Entwicklung einen massiven Einfluss auf die Arbeitswelt haben. So treffen aktuell Forderungen nach Verkürzung der Wochenarbeitszeit und Modellvorstellungen zur Vier-Tage-Woche zusammen mit dem sukzessiven Ausscheiden der Babyboomer aus der Arbeitswelt. Diese Entwicklungen sind im Kontext von Fachkräftemangel aber auch zunehmender Digitalisierung und Automatisierung zu beobachten und zu bewerten.

4 Alter und Älter-Werden – was bedeutet das?[115]

Man ist so alt, wie man sich fühlt.
Sprichwort

Kapitelübersicht

Bei der Altersbezeichnung kann zwischen chronologischem, biologischem, funktionalem und subjektivem Alter unterschieden werden. Die Unterscheidung orientiert sich an verschiedenen Kriterien, z. B. an der Anzahl gelebter Jahre, oder wie jemand im Umfeld zurechtkommt im Vergleich zu anderen im selben Lebensalter oder am Zustand verschiedener körperlicher und geistiger Funktionen im Vergleich zum Lebensalter. Das subjektive Alter bezieht sich darauf, wie alt man sich fühlt, und kann die Einstellung zur Arbeit besser vorhersagen als das chronologische Alter (Anzahl gelebter Lebensjahre), da es direkt vom Selbstkonzept der individuellen Person abhängt.

In der Arbeitswelt kommen drei große, altersbezogene Entwicklungsphasen vor: junges, mittleres und spätes Erwachsenenalter. Diese Phasen sind mit zentralen Entwicklungsthemen im privaten Umfeld und am Arbeitsplatz verbunden. Die kognitive Entwicklung über die Lebensspanne im Erwachsenenalter zeigt auf, dass es arbeitsplatzrelevante Fähigkeiten gibt, die im Alterungsprozess zunehmen, gleich bleiben oder abnehmen. Auch die körperliche Entwicklung und die Entwicklung des Gesundheitszustands zeigen altersspezifische Besonderheiten.

Im Bezug auf das Thema Alter bestehen viele Stereotype und Vorurteile, die handlungsleitend werden können gegenüber bestimmten Altersgruppen. Es gilt, die eigene Wahrnehmung am Bild der Wirklichkeit kritisch zu betrachten.

115 Dieses Kapitel ist in der Erstausgabe in Co-Autorenschaft mit Tamara Garcia entstanden.

4.1 Modellvorstellungen vom Altern – Chronologisches, funktionales, biologisches und subjektives Alter

Alter und Altern wird unterschiedlich beschrieben und Alternsvorgänge können biologisch, psychologisch oder auch philosophisch betrachtet werden. Die Berücksichtigung von Alter in der Mitarbeiterführung beachtet das Alter der Mitarbeitenden ebenso wie die Generation, der diese Person angehört.[116]

Alternsvorgänge verändern den Menschen in seiner körperlichen Leistungsfähigkeit, die Fähigkeiten und Kompetenzen verändern sich und auch die Motivation unterliegt bestimmten Alterungsprozessen. Beeinflusst werden diese Entwicklungen von diversen Faktoren, dabei spielen die gesundheitliche Situation und die Lernerfahrungen eine wichtige Rolle.

Bei der Altersbezeichnung kann zwischen chronologischem, biologischem, funktionalem und subjektivem Alter unterschieden werden.

> **Definition: Chronologisches Alter**
>
> Als kalendarisches, chronologisches Alter wird die Anzahl an Lebensjahre bezeichnet.[117] Das chronologische Alter startet mit der Geburt und endet mit dem Tod.[118]

116 Vgl. Lehr, 2003.
117 Vgl. Fischer, 2003.
118 Vgl. Ilmarinen, 2001.

Abb. 4.1: Das chronologische Alter der beiden Frauen ist gleich (entnommen aus Poethig, 2008)

Arbeitshilfe 5: Altersquiz – Facts on Aging[119]

Diese Arbeitshilfe finden Sie zum Download unter Digitale Extras.

DIGITALE EXTRAS

Im Folgenden finden Sie eine Reihe von Aussagen, die *wahr*, *eher wahr*, *eher falsch* oder *falsch* sein können. Die meisten Aussagen basieren auf alltäglichen Überzeugungen. Testen Sie sich, um zu sehen, wie gut Sie Fakten von Annahmen unterscheiden können.

		Wahr	Eher wahr	Eher falsch	Falsch
1.	Die Mehrheit (über 50%) der älteren Erwachsenen wird im Alter senil werden (mangelnde Merkfähigkeit, Desorientierung, Demenz).				
2.	Die meisten älteren Erwachsenen haben kein Bedürfnis oder die Leistungsfähigkeit für sexuelle Beziehungen, mit anderen Worten: Die meisten älteren Erwachsenen sind sexuell enthaltsam.				
3.	Das chronologische Alter ist die entscheidendste Bestimmungsgröße für das Alter einer Person.				

119 Vgl. Woolf, 2015.

		Wahr	Eher wahr	Eher falsch	Falsch
4.	Die meisten älteren Erwachsenen haben Schwierigkeiten, sich Veränderungen anzupassen, mit anderen Worten: Sie tendieren dazu, starr und beschränkt zu sein.				
5.	Körperliche Einschränkungen sind die primären Faktoren, die die Aktivitäten älterer Erwachsener begrenzen.				
6.	Alle fünf Sinne verschlechtern sich normalerweise im Alter.				
7.	Ältere Menschen sind unfähig, neue Informationen zu verarbeiten (»*you can't teach an old dog new tricks*«).				
8.	Körperliche Stärke nimmt im Alter eher ab.				
9.	Intelligenz nimmt im Alter eher ab.				
10.	Die Mehrheit der älteren Menschen sagt, dass sie die meiste Zeit glücklich sind.				
11.	Die große Mehrheit der älteren Erwachsenen wird an einem bestimmten Punkt in ein Pflegeheim gelangen.				
12.	Über 80% der älteren Menschen sagen, sie sind gesund genug, um ihre normalen Tagesaktivitäten unabhängig durchzuführen.				
13.	Die meisten älteren Erwachsenen werden von ihren Kindern abgelehnt.				
14.	Generell sind sich die meisten älteren Erwachsenen ziemlich ähnlich.				
15.	Die Mehrheit der älteren Menschen sagt, sie sind einsam.				
16.	Das Alter kann oft als eine zweite Kindheit charakterisiert werden.				
17.	Die meisten älteren Menschen sind mit Gedanken an den Tod beschäftigt.				

		Wahr	Eher wahr	Eher falsch	Falsch
18.	Die meisten älteren Menschen haben Einkommen unter der Armutsgrenze.				
19.	Menschen tendieren zu mehr Religiosität, wenn sie älter werden. Das ist oft die Folge des Bewusstwerdens der eigenen Sterblichkeit.				
20.	Schmerzen sind ein natürlicher Teil des Alterns.				
21.	Die Mehrheit der älteren Erwachsenen sagt, dass sie sich die meiste Zeit gereizt oder verärgert fühlen.				
22.	Nur ganz selten erbringt eine Person über 65 Jahren ein großes Kunstwerk oder eine wissenschaftliche Entdeckung.				
23.	Mit dem Alter kommt Weisheit.				
24.	Die Babyboomerstellen den größten Anteil an Personen in der Bevölkerung.				
25.	Die Generation Y sucht mehr Prestige und Status bei der Arbeit als die Babyboomer.				
26.	Ab dem 50. Lebensjahr bezeichnet die WHO-Mitarbeitende als »ältere Mitarbeitende«.				
27.	Die Schweiz ist im europäischen Umfeld führend, was den Anteil an Erwerbspersonen im Alter von 55 – 64 Jahren betrifft.				
28.	Wie gut jemand im Alter sein Leben bewältigen kann, hängt vom Lebensalter ab.				
29.	Je positiver Führungspersonen ihr eigenes Älterwerden wahrnehmen, desto positiver wird die Entwicklung der Fähigkeiten der Mitarbeitenden wahrgenommen.				

Auflösung

1. Falsch, 2. Falsch, 3. Falsch, 4. Falsch, 5. Falsch, 6. Eher richtig, 7. Falsch, 8. Richtig, 9. Eher falsch, 10. Richtig, 11. Falsch, 12. Richtig, 13. Falsch, 14. Falsch, 15. Falsch, 16. Falsch, 17. Falsch, 18. Falsch, 19. Falsch, 20. Falsch, 21. Falsch, 22. Falsch, 23. Eher falsch, 24. Richtig, 25. Falsch, 26. Falsch, 27. Richtig, 28. Falsch, 29. Richtig.

Die Weltgesundheitsorganisation (WHO) liefert uns Definitionen für die einzelnen kalendarischen, chronologischen Lebensspannen des Alterns. So sind z. B. Mitarbeitende im Alter von 45+ »ältere Arbeitnehmer«. Die OECD kategorisiert »mature workers«, d. h. reifere Arbeitnehmende als Personen 55+, was den Babyboomern entspricht. In der Literatur werden zumeist 45+ als ältere Mitarbeitende definiert.[120] Eine Untersuchung zur Wahrnehmung vom chronologischen Alter durch Entscheidungsträger in Organisationen und zur Vorstellung »ältere Mitarbeitende« ergab eine große Spannbreite, am häufigsten werden Mitarbeitende 55+ als »älter« wahrgenommen. Bei der Zuschreibung »ältere Mitarbeitende« spielt das eigene Alter der Entscheidungsträger eine Rolle, je älter sie sind, desto höher fällt das Alter aus, in dem die Mitarbeitenden als »älter« bezeichnet werden.[121]

Beispiele für den Umgang mit dem kalendarischen Alter sind:[122]

- Ich habe Kenntnis von meinem Alter und kann mir vorstellen, wozu ich körperlich und geistig in zehn Jahren fähig sein werde.
- Ich kann meinen Alterungsprozess managen und kann einschätzen, welche Fähigkeiten ich habe.
- Ich sehe einen Sinn darin, mein Alter zu beobachten und kreativ zu gestalten.

Definition: Funktionales Alter

Das funktionale Alter gibt an, wie gut es jemanden gelingt, im sozialen Umfeld zu funktionieren.[123]

Menschen altern auf unterschiedliche Weise. Das funktionale Alter umfasst das biologische Alter, das subjektive Alter, das psychologische Alter und die psychologische Bewertung des Alters. Es lässt sich lebenslang positiv und negativ beeinflussen und ist zugleich ein Maß für Gesundheit, Leistungsfähigkeit und Vitalität.[124]

120 Siehe auch Appannah & Biggs, 2015, S. 38.
121 Vgl. McCarthy, Heraty & Cross, 2014.
122 Fischer, 2003, S. 31.
123 Vgl. Fischer, 2003.
124 Vgl. Poethig, 2008.

Definition: Biologisches Alter

Das biologische Alter setzt den eigenen Alterungsprozess in Vergleich zu Menschen mit demselben chronologischen Alter. Beim biologischen Alter wird gefragt: Bin ich im Vergleich zu Gleichaltrigen schnell oder langsam gealtert? Sind meine Organe, meine Stoffwechselfunktionen u. a. im Vergleich zu Gleichaltrigen schnell oder langsam gealtert?[125]

Das biologische Alter kann sich je nach Lebensstil recht deutlich vom chronologischen Alter eines Menschen unterscheiden. Ein Beispiel lieferte in früheren Jahren der Automobilhersteller BMW. BMW bot in einem Pilotprojekt den Mitarbeitenden die Möglichkeit, ihr biologisches Alter zu ermitteln. Nach der Umfrage waren einige Mitarbeitende sehr überrascht und hätten nicht vermutet, dass ihr Verhalten so viel Einfluss auf ihr Alter und ihre Lebens- und Gesundheitserwartung hat. Diese wurden genutzt, um Projekte im Bereich der Gesundheitsförderung von Mitarbeitenden zu starten. Im Rahmen des betrieblichen Gesundheitsmanagements bietet BMW eine Vielfalt an Aktivitäten im Bereich Bewegung, Ergonomie, Suchtprävention und Initiativen zur Förderung der psychischen Stabilität an.[126] Dieses und andere Beispiele zeigen, dass Alternsvorgänge sich individuell sehr unterscheiden können und von mehreren Faktoren abhängen, wie z. B. vom Lebensstil, vom sozioökonomischen Umfeld, von genetischen Faktoren. Die persönliche Einstellung gegenüber dem Älterwerden und wie alt man sich im Allgemeinen fühlt, können ebenfalls den Alterungsprozess beeinflussen. In diesem Zusammenhang spricht man von subjektivem Alter.

Definition: Subjektives Alter

Das subjektive Alter ist das Alter, das ich als mein Alter empfinde.[127]

Wie alt empfinde ich mich? Beim subjektiven Altersempfinden werden Vergangenheits-, Gegenwarts- und Zukunftsaspekte beachtet. Charakteristische Fragen zur Bestimmung des subjektiven Alters sind:[128]

- Was habe ich geleistet und erlebt? (Vergangenheitsbezug)
- Bin ich privat, beruflich, finanziell zufrieden? (Gegenwartsbezug)
- Welche Wünsche und Ziele habe ich? Was werde ich aus meinem Leben künftig machen? (Zukunftsbezug)

Das subjektive Alter ist abhängig vom Selbstkonzept der Person und weist oftmals einen besseren Erklärungswert von altersbezogenem Handeln auf als das chronologi-

125 Vgl. Fischer, 2003.
126 Caiña-Andree, 2015; BMW Group, 2024.
127 Vgl. Fischer, 2003.
128 Ebenda.

sche Alter. Das subjektive Alter kann z. B. besser die Einstellung zur Arbeit vorhersagen als das chronologische Alter. Es wird empfohlen, bei altersspezifischen Programmen, wie z.B. Mentoring-Programmen, eine Einschätzung des subjektiven Alters vorzunehmen und auf dieser Basis die Zuteilung vorzunehmen.[129] Weiterhin ist bekannt, dass ein Zusammenhang zwischen subjektivem Alter und psychischem Wohlbefinden besteht. Positive Einstellungen gegenüber höherem Alter bringen eine höhere Lebenszufriedenheit, während negative Einstellungen gegenüber höherem Alter das psychische Wohlbefinden negativ beeinflussen.[130]

Das subjektive Alter ist bei der Arbeit relevanter als das chronologische Alter.[131] So konnte beispielsweise in einer Studie mit älteren Erwachsenen ab dem 60. Lebensjahr nachgewiesen werden, dass ein jüngeres subjektives Alter mit höherer Lebenszufriedenheit und besserer Gesundheit korreliert. Dazu gehört die Einschätzung der eignen Gesundheit wie auch geringere Anfälligkeiten gegenüber Krankheiten. Ein jüngeres subjektives Alter bedeutet, dass man sich jünger fühlt als das chronologische Alter.[132]

Wichtig

Alter, Alterungsvorgänge und -prozesse sind zu einem großen Teil subjektiv geprägt. Viele Personen fühlen sich häufig jünger oder älter, als ihr chronologisches Alter tatsächlich angibt. Dies hängt mit der persönlichen Entwicklung und den Einstellungen gegenüber dem Alter und dem Älterwerden zusammen.

4.2 Entwicklung im Lebenslauf

Betrachten wir den Lebenslauf als Ganzes – von der Geburt bis zum Tod – stellt sich die Frage, ob die unterschiedlichen Lebensläufe von Menschen eine gemeinsame zeitliche Struktur aufweisen und ob sich generelle Verlaufsmuster und Phasen der Entwicklung erkennen lassen. Aus den Versuchen, den Lebenslauf in seiner Gesamtheit zu beschreiben, sind zahlreiche Modelle hervorgegangen. Ein klassisches Modell des subjektiven Lebenslaufs lieferte Charlotte Bühler:[133]

1. Phase: Kindheit und Jugend (0 – 15 Jahre). Die Daseinsweise ist noch ohne Bestimmung, d.h. die grundsätzliche Frage nach dem Sinn des Lebens wird noch nicht gestellt. (Generation Alpha)
2. Phase: Der erste Übergang erfolgt, wenn erstmals die Frage »Wofür lebe ich?« gestellt wird oder man zum ersten Mal eigenständig für etwas einsteht. Diese erste selbstständige Entscheidung, bei der auch erstmals Verantwortung übernommen

129 Vgl. Rioux & Mokounkolo, 2013.
130 Mock & Eibach, 2011.
131 Rioux & Mokounkolo, 2013.
132 Vgl. Langballe, Skirbekk & Strand, 2023.
133 Charlotte Bühler 1933; in: Faltermaier, Mayring, Saup & Strehmel, 2014.

wird, leitet die nächste Phase ein, bei der die Lebensbestimmung noch unspezifisch und provisorisch ist (15 – 30 Jahre). (Generation Z)
3. Phase: In dieser Phase wird die Lebensbestimmung spezifisch und definitiv, der Mensch konzentriert sich auf das, was er im Leben erreichen und verwirklichen will. Es entstehen in der Regel Bindungen fürs Leben und die ersten Verpflichtungen werden eingegangen. Diese Phase dauert etwa vom 30. bis zum 45. Lebensjahr. (Generation Y oder Millennials)
4. Phase: Diese Phase ist gekennzeichnet davon, dass die Ergebnisse einer Bestimmung nun zu voller Bedeutung gelangen, d. h. Erfolge oder Misserfolge, Leistungen oder Versäumnisse werden deutlich und betrachtet. Das Leben neigt sich dem letzten Lebensabschnitt zu, ob gelungen oder misslungen. Diese Phase dauert in etwa vom 45. Lebensjahr bis zum 60. Lebensjahr. (Generation X)
5. Phase: In der letzten Phase stehen die Übergänge ins höhere Erwachsenenalter an. Während die Menschen 60 plus die Übergänge zwischen Beruf und Ruhestand (Generation Babyboomer) im Fokus haben, steht bei den Hochaltrigen (ab ca dem 80. Lebensjahr) das Leben unter dem Thema Auseinandersetzung mit dem Lebensende (Silent Generation). Die älteren Menschen blicken auf das vergangene Leben zurück oder versuchen, Versäumtes nachzuholen.

Dieses Modell betont psychologisch die Zielgerichtetheit im Lebenslauf: Das Individuum ist aktiver Gestalter seiner eigenen Entwicklung. Je nach Phase rücken verschiedene Entwicklungsthemen und Bedürfnisse in den Vordergrund, welche in den folgenden Abschnitten thematisiert werden. Dabei sollen gezielt auch die persönlichen Lebensbereiche betrachtet werden, denn sie haben einen direkten oder indirekten Einfluss auf die Berufstätigkeit und die Bewältigung der jeweiligen Lebensphase.

4.2.1 Zentrale Entwicklungsthemen im frühen Erwachsenenalter – Fokus Millennials und ältere Generation Z

Das frühe Erwachsenenalter wird oft zwischen dem 20. und 40. Lebensjahr angesiedelt, es lässt sich jedoch keine absolute Altersgrenze festlegen. Die Millennials und teilweise die älteren Angehörigen der Generation Z sind diesem frühen Erwachsenenalter zuzuordnen. In der Regel investieren junge Erwachsene viel Energie, um ihren Platz in der Gesellschaft zu finden, weshalb diese Phase oft als sensibel angesehen wird. Sie sind die Altersgruppe mit dem größten innovativen Potenzial für die Weiterentwicklung einer Gesellschaft. Der junge Erwachsene entwickelt sich in der Regel auf drei Ebenen:[134]

- **psychisch**: verschiedene Komponenten des Selbst wahrnehmen (Interessen, Meinungen, Fähigkeiten, Werte, Wünsche und Begabungen),

134 Bocknek, 1986.

- **interpersonal**: Partnerschaft, Konkurrenz mit anderen Erwachsenen,
- **gesellschaftlich-kulturelle Erwartungen**: Gründung einer Familie und Aufbau der beruflichen Karriere.

Als zentrale Lebensthemen des jungen Erwachsenen werden oft die Weiterentwicklung der Identität, die Entwicklung intimer Beziehungen, die Sozialisation in die zentralen Rollen von Beruf und Familie, die Auseinandersetzung mit Übergängen und kritischen Lebensereignissen sowie die Entwicklung von bedeutsamen Lebenszielen genannt. Typische Aufgaben für das frühe Erwachsenenalter sind:

- eine/n Lebenspartner/in finden,
- das Zusammenleben in einer engen Beziehung lernen,
- eine Familie gründen,
- Kinder erziehen,
- den eigenen Hausstand führen,
- den Einstieg in einen Beruf zu schaffen,
- öffentliche Verantwortung übernehmen und
- eine passende soziale Gruppe finden.[135]

Im Folgenden soll kurz auf den zentralen Lebensbereich des frühen Erwachsenenalters, den Beruf, eingegangen und die Bedürfnisse der jungen Erwachsenen in dieser Lebensphase betont werden.

4.2.1.1 Junge Erwachsene im Beruf

Die Persönlichkeitsentwicklung junger Erwachsener vollzieht sich zu einem großen Teil durch ihre Arbeit. Fähigkeiten, Motivation und Verhaltensweisen verändern sich in und durch die Arbeit, die Lerngelegenheiten und Möglichkeiten zum Kompetenzerwerb bietet. Autonomieerleben spielt dabei eine zentrale Rolle in der berufsbiografischen Entwicklung von jungen Erwachsenen.[136] Die Bedingungen und Anforderungen bei der Arbeit stecken damit den Rahmen für die Entwicklungsmöglichkeiten der Person im Beruf ab. Die Möglichkeiten für berufliche Entwicklungsprozesse stehen in Abhängigkeit von den gesellschaftlichen Rahmenbedingungen der Arbeit. Der gesellschaftliche Wandel schlägt sich in den Entwicklungsverläufen junger Erwachsener verschiedener Generationen nieder.[137] Die Rahmenbedingungen von Arbeit verändern sich u. a. durch die Digitalisierung, den Einsatz von KI und Transformationsprozesse in der Arbeitswelt wie New Work. Durch Globalisierung, weltweite Vernetzung und Social Media werden Informationen, Meinungsbildung und Trends schnell und international verfügbar. Von jungen Erwachsenen wird eine hohe Flexibilität und Mobilität

135 Vgl. Havighurst, 1972.
136 Vgl. Hoff, 2002.
137 Faltermaier et al., 2014.

erwartet, was durch Veränderungen und Unterbrechungen im Lebenslauf gekennzeichnet ist. Es werden neue berufliche Orientierungen und ständige Lernprozesse erforderlich, die mit einer Unsicherheit in der Lebensplanung verbunden sind, denn eine geringe Planbarkeit im beruflichen Kontext tangiert auch Entscheidungen in Partnerschaft und Familie. Entwicklungsaufgaben in Beruf und Familie führen noch immer v. a. bei Frauen zu Konflikten, wenngleich in den vergangenen Jahren zunehmend eine aktivere Väterrolle und eine Rollenteilung zwischen den Geschlechtern zu beobachten sind. Unterstützt werden solche veränderten Rollenbilder durch staatliche oder organisatorische Maßnahmen wie z. B. Vaterschaftsurlaub oder Elternzeit. Als günstige Arbeitsbedingungen für junge Erwachsene gelten solche mit einem hohen Anteil an selbstständiger und schöpferischer Tätigkeit sowie mit vielfältigen Anforderungen und Lerngelegenheiten. New-Work-Arbeitsbedingungen mit maximaler Flexibilität und hoher Sinnhaftigkeit werden zudem stärker von den jüngeren Erwachsenen nachgefragt. Die Arbeitsaufgaben sollen sinnhaft, bewältigbar und fordernd sein. Die Arbeit sollte so gestaltet werden, dass die Mitarbeitenden in ihrer personalen Entwicklung gefördert und gesundheitliche Beeinträchtigungen vermieden werden.[138] Für die persönliche Entwicklung ist v. a. die Möglichkeit der Selbstbestimmung im Arbeitsprozess wichtig.[139] Große inhaltliche Komplexität der Tätigkeit, ein hohes Maß an Selbstständigkeit und Eigenverantwortung und wenig Routinetätigkeit fördern die intellektuelle Flexibilität und beeinflussen das Selbstkonzept positiv.

4.2.1.2 Lebensphase Elternschaft

Welchen Einfluss die Elternschaft auf die persönliche Entwicklung hat, hängt von materiellen, lebensweltlichen und sozialen Bedingungen ab. Das Erziehen von Kindern wirkt sich ähnlich prägend auf die Entwicklung aus wie die Berufsarbeit. Mütter und Väter erleben auf der einen Seite intensive Gefühle zu ihrem Kind, sie können an der Verantwortung wachsen, Sinnhaftigkeit erfahren und im Zusammensein mit dem Kind neue Fähigkeiten und Kräfte aufbauen. Auf der anderen Seite erfahren sie Verluste und Einschränkungen. Die Einstellungen von Männern und Frauen zur Arbeitsteilung in der Familie, Kinderversorgung und Berufstätigkeit haben sich angenähert, doch die Voraussetzungen für eine Vereinbarkeit von Familie und Beruf sind nach wie vor nicht günstig.

Elternschaft kann insofern die Sicht auf die Welt verändern und zukunftsrelevante Entwicklungen stärker in den Vordergrund rücken.

138 Ulich, 1994.

139 Vgl. Kohn & Schooler, 1982.

4.2.2 Zentrale Entwicklungsthemen im mittleren Erwachsenenalter – Fokus Generation X und ältere Generation Y

Das mittlere Erwachsenenalter ist oft von der bekannten Midlife Crisis gekennzeichnet. Es können vier Perioden unterschieden werden:[140]

- **40 – 45 Jahre: Der Übergang zur Lebensmitte (noch Generation Y)**
  Die bisherige Lebensgestaltung und -struktur werden grundsätzlich infrage gestellt. »Was habe ich aus meinem Leben gemacht?« »Was gebe ich, was bekomme ich von meiner Frau/meinem Mann, meinen Kindern, Freunden, Beruf? »Was will ich noch erreichen?«
- **45 – 50 Jahre: Der Eintritt ins mittlere Erwachsenenalter (Generation X)**
  Das Leben ist neu taxiert, neue Wege gesucht und Entscheidungen getroffen. Das bisherige Leben kann noch infrage gestellt werden, aber es ist nun an der Zeit, eine neue Struktur aufzubauen.
- **50 – 55 Jahre: Der Übergang in den 50er-Jahren (Generation X)**
  In dieser Zeit wird die bisherige Lebensstruktur weiter modifiziert. Diejenigen, die sich im Übergang zur Lebensmitte zu wenig verändert haben, werden nun eine Krise erleben.
- **55 – 60 Jahre: Der Höhepunkt des mittleren Erwachsenenalters (Generation X)**
  Es wurde eine neue modifizierte Lebensstruktur entwickelt und diese führt nun in eine stabilere Lebensphase, die die Vollendung dieses Lebensabschnittes darstellt.

4.2.2.1 Typische Entwicklungsaufgaben im mittleren Erwachsenenalter

Für das mittlere Erwachsenenalter können fünf typische Entwicklungsaufgaben definiert werden:[141]

1. Eltern unterstützen ihre Kinder dabei, emotional selbstständige, reife, verantwortungsvolle und glückliche Erwachsene zu werden. Dazu ist es wichtig, ein positives Vorbild zu sein und auch Einsicht in das eigene emotionale Leben zu geben.
2. Das Engagement als Bürger im sozialen und politischen Raum ist eine Hauptaufgabe im mittleren Erwachsenenalter, d. h. die Übernahme sozialer und politischer Verantwortung ist wichtig, letztlich auch für die Demokratie.
3. Die berufliche Entwicklung soll zur eigenen Zufriedenheit gestaltet werden. Das heißt, den Höhepunkt der Karriere zu erreichen oder zu bewahren oder den beruflichen Pfad einzuschlagen, der zur eigenen Person passt und Sinn stiftet.
4. Es geht darum, Freizeitaktivitäten zu entfalten, die dem mittleren Erwachsenenalter entsprechen und befriedigend sind, die den eigenen Interessen entsprechen und bis ins hohe Alter aufrechterhalten werden können.

140 Nach Levinson, 1979.
141 Vgl. Havighurst, 1972.

5. Lernen, mit physiologischen Veränderungen im mittleren Erwachsenenalter umzugehen. Erste Anzeichen einer Leistungsabnahme auf den verschiedenen Gebieten (Sehen, Hören), hormonelle Veränderungen (v. a. bei Frauen), aber auch die ersten grauen Haare werden sichtbar.

4.2.2.2 Veränderungen im beruflichen Bereich

Die Arbeitsplatzstruktur und -gestaltung in westlichen Industrienationen ist vorwiegend auf das frühe Erwachsenenalter ausgerichtet. Arbeitgeber assoziieren mit zunehmendem Alter:

- eine sinkende Arbeitsproduktivität,
- eine höhere Unfallhäufigkeit,
- höhere Fehlzeiten infolge Krankheit,
- einen Rückgang intellektueller und körperlicher Fähigkeiten,
- geringere Bereitschaft zur Weiterbildung,
- geringeres Selbstvertrauen, Mangel an Dynamik und Initiative.

Diese Einschätzungen konnten durch gerontologische Studien widerlegt werden.[142] Das berufliche Leistungsvermögen nimmt mit dem Alter nicht grundsätzlich ab. Es gibt zwar abnehmende Fähigkeiten (z.B. die Bewältigung komplexer neuer Lernaufgaben unter Zeitdruck), eine Reihe beruflicher Fähigkeiten verbessert sich jedoch im Alter wie z.B. das Beurteilen von Situationen aufgrund von Erfahrungen, das Vermeiden von Risiken u.a. Mit der Abnahme der physischen Leistungsfähigkeit in der Arbeitswelt gehen auch zunehmenden krankheitsbezogenen Abwesenheiten einher. Die Verschlechterung der physischen und psychischen Leistungsfähigkeit im Alter hängt jedoch stark von den individuellen Eigenschaften ab.[143] Dennoch ist aufgrund spezifischer abnehmender Kompetenzen bzw. der ggf. verminderten Leistungsfähigkeit das eher »problemzentrierte« Bild des älteren Mitarbeiters respektive der älteren Mitarbeiterin relativ stabil. Die Chancen auf dem Arbeitsmarkt sind in Abhängigkeit von der allgemeinen Situation geringer. Es gilt immer noch, dass, was am Anfang der Laufbahn oder durch Weiterbildungen nicht investiert wurde, nur schwer aufgeholt werden kann. Der berufliche Bereich stellt im mittleren Erwachsenenalter eine Phase der kritischen Bilanzierung, der Stigmatisierung und der Auseinandersetzung mit Abbauprozessen dar.[144]

142 Lehr, 1981.
143 Vgl. auch Kleiniger & Wortmann, 2022; Troger, 2019; Schiefer & Hofmann, 2019.
144 Faltermaier et al., 2014.

4.2.3 Zentrale Entwicklungsthemen im späten Erwachsenenalter – Fokus Babyboomer (und frühere Generationen)

Entwicklungsaufgaben im Alter werden in der Literatur oft als Anpassungsnotwendigkeit an die sich verändernden Lebensumstände beschrieben. So nennt Havighurst[145] folgende Entwicklungsaufgaben im Alter:[146]

- Anpassung an die abnehmende körperliche Leistungsfähigkeit und Gesundheit,
- Umstellung auf und dann Gewöhnung und Anpassung an den Ruhestand und das damit verbundene verminderte Einkommen,
- evtl. Anpassung an den Verlust des Partners (z. B. Kompensation durch intensiveren Kontakt zu Kindern oder Freunden),
- Akzeptieren der Zugehörigkeit zu der älteren Altersgruppe,
- Veränderung des Rollenrepertoires (z. B. neue familienbezogene Rollen wie Großeltern).

Als kritisches Lebensereignis im späteren Erwachsenenalter wird oft der Eintritt in den Ruhestand gesehen, mit dem Veränderungen der Alltagsgestaltung (zeitliche Organisation des Tagesablaufs, soziale Kontakte) einhergehen. Der Wegfall der beruflichen Rolle und Struktur erfordert eine Entwicklung neuer täglicher Routinen und eine Umstellung im sozialen Netzwerk, es braucht neu Kontakte oder eine Wiederbelebung bestehender Kontakte. Weitere Veränderungen betreffen finanzielle Veränderungen, oftmals Zunahme gesundheitlicher Fragestellungen und eine Neuorientierung in der Freizeit.[147] Oft kommt es zu einer abrupten Abnahme der Leistungsanforderungen und die üblichen Anregungen und Anforderungen des beruflichen Umfeldes fehlen plötzlich. Ob und welche psychischen Folgen der Eintritt in den Ruhestand mit sich bringt, ist schwer zu beantworten. Nur ein Drittel der Betroffenen klagt nach dem Ruhestandsbeginn über Probleme wie Einsamkeit, Langeweile, Sinnverlust u. a. Das Ausscheiden aus dem aktiven Berufsleben beinhaltet aber auch die Möglichkeit zur persönlichen Weiterentwicklung, da keine Notwendigkeit mehr besteht, Dienstleistungen gegen Bezahlung oder gesellschaftliche Anerkennung zu erbringen. Diese Lebensphase bietet die Möglichkeit, Tätigkeiten auszuführen, die Spaß machen und die als intrinsisch belohnend empfunden werden.[148] Weitere signifikante Veränderungen ergeben sich mit dem Eintritt in den Ruhestand auch für die Paarbeziehung.

145 Havighurst 1972; Faltermaier et al., 2014.
146 Vgl. auch Margraf-Stiksrud & Richter, 2020.
147 Vgl. Hof & Wittwer, 2021.
148 Faltermaier et al., 2014.

Wichtig

Jede Lebensphase im Erwachsenenalter hat vorherrschende Entwicklungsaufgaben. Diese haben Einfluss auf die Berufstätigkeit und die Ansprüche an Entwicklung, Verantwortung und Vereinbarkeit von Lebensbereichen und beeinflussen somit die Erwartungen und Ansprüche an die Führung.

4.2.4 Kognitive Entwicklung und Leistungsfähigkeit im Alter

Mit dem Lebensalter nimmt auch der Gesundheitsstatus kontinuierlich ab. Besonders deutlich ist die Abnahme ab dem 50. Lebensjahr.[149] Ausgehend von den körperlichen Entwicklungen, die ab einem bestimmten Lebensalter mit einem Abbau wichtiger Funktionen einhergeht, wurde zunächst auch im kognitiven oder geistigen Bereich von einem Abbau ausgegangen.

Gerontologische und kognitionspsychologische Untersuchungen widerlegten in der zweiten Hälfte des 20. Jahrhunderts das bis dahin dominierende defizitorientierte Altersbild in den Sozialwissenschaften, welches den Alternsprozess hauptsächlich als Abbau- und Verlustprozess beschrieb. Das neue, sozialwissenschaftliche Altersbild betonte verstärkt die Ressourcen und die Individualität.[150] Inzwischen ist bekannt, dass zwar kognitive Verluste in einem Bereich – meist der als *fluide* bezeichnete Anteil der Intelligenz – wie etwa Reaktionsgeschwindigkeit oder Kurzzeitgedächtnis mit dem mittleren Erwachsenenalter erfolgen, dafür aber andere Fähigkeiten – die meist als *kristallin* bezeichnete Intelligenz (erfahrungsbasiertes Wissen, vernetztes Denken; umgangssprachlich auch Altersweisheit) – zunehmen. In anderen Bereichen sind Ältere durch ihr lebenspraktisches Erfahrungswissen zu überdurchschnittlichen Leistungen fähig.[151] Die umfassende Lebenserfahrung älterer Mitarbeitender macht diese hinsichtlich ihrer beruflichen Leistungsfähigkeit konkurrenzfähig zu ihren jüngeren Kolleginnen und Kollegen.[152]

Die Unterscheidung zwischen Leistung und Fähigkeit (*performance* vs. *competence*) sind bedeutsam, wenn Altersunterschiede in Intelligenzmessungen festgestellt werden. Kognitive Leistungen werden durch eine Reihe von Faktoren, wie Gesundheit, Motivation, Testerfahrung und Reaktionsgeschwindigkeit, beeinflusst. Allgemein kann aber gesagt werden, dass die kognitiven Fähigkeiten unterschiedlichen Alterungsprozessen unterliegen:

- Fluide Intelligenz (z. B. Schnelligkeit des Denkens, Reaktionszeit) nimmt im Alter ab.
- Kristalline Intelligenz (z. B. Wortschatz, Allgemeinwissen, Erfahrung) bleibt intakt oder nimmt zu/kompensiert die Abnahme fluider Intelligenz.

---

149 Brandenburg & Domschke, 2007.
150 Baltes & Baltes, 1993; Schaie, 2005.
151 Baltes & Baltes, 1993; zit. nach Schmidt & Tippelt, 2009, S. 75.
152 Lahn, 2003.

Definition: Fluide und kristalline Intelligenz

Fluide Intelligenz bezieht sich auf die Fähigkeit, logisch zu denken und Probleme zu lösen.

Kristalline Intelligenz umfasst Fähigkeiten, die von Wissen und Erfahrung abhängen.[153] Die Entwicklung der kristallinen Intelligenz hängt stark von Sozialisationsprozessen ab, während die fluide Intelligenz eher biologischen Alterungsprozessen unterliegt.[154]

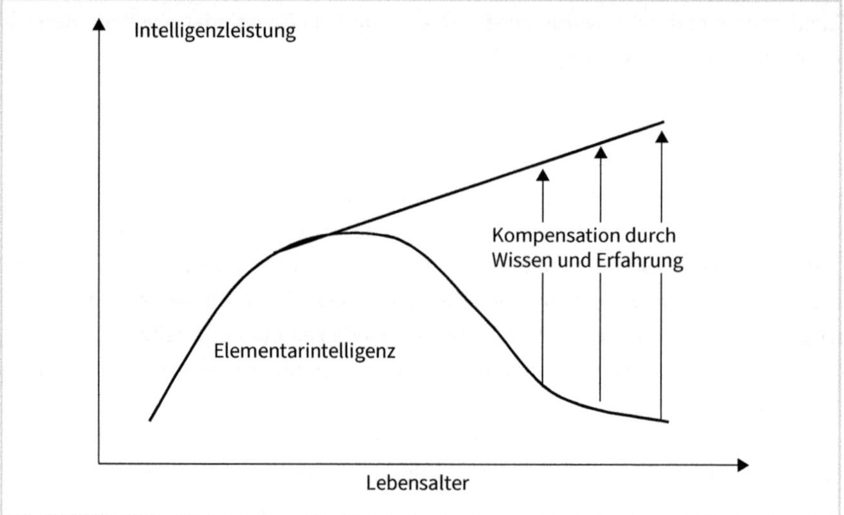

Abb. 4.2: Entwicklung von Intelligenz im Alter (Quelle: Schlick,Mütze-Niewöhner & Köllendorf, 2009, S. 15)

Bestimmte Fähigkeiten verändern sich im Altersverlauf stark, z. B. die Lerngeschwindigkeit, die Merkfähigkeit oder das Arbeitstempo nehmen deutlich ab. Erfahrungsbasierte Fähigkeiten nehmen im Altersverlauf eher zu.[155] Allerdings sind die Unterschiede zwischen einzelnen Menschen – v. a. im fortgeschrittenen Erwachsenenalter – größer als die Unterschiede zwischen den Altersgruppen. Dies bedeutet, dass Altern sehr individuell verläuft und bei den einen schon früh zu einem Abbau führt, während andere sich weiterentwickeln und die vom Abbau betroffenen Fähigkeiten mehr als kompensieren. Grundsätzlich gilt, dass sich kein allgemeiner Leistungsabbau im Alter erkennen lässt.[156] Hinzu kommt ein *Down-Aging*-Effekt: Die gegenwärtig 60-Jährigen sind

153 In Anlehnung an Cattells Faktorenmodell der Intelligenz, 1971.
154 Vgl. Friedrich, 2021
155 Vgl. Kuhl, Wittich & Schulze, 2022; Duisberg & Derissen, 2021.
156 Bruggmann, 2000.

nach Angaben von Epidemiologen und Demografen biologisch etwa fünf Jahre jünger als die 60-Jährigen der vorherigen Generation.[157]

Bei neuen kognitiven Anforderungen, bei denen keine vorhergehende Erfahrung genutzt werden kann, ist ab dem mittleren Lebensalter ein Leistungsabbau zu verzeichnen. Der Prozess des Lernens verändert sich mit dem Alter, die Lernfähigkeit steht bis ins höhere Alter außer Frage. Den Abbauerscheinungen lässt sich mit Arbeitskontexten, welche die kognitive Leistungsfähigkeit kontinuierlich herausfordern, entgegenwirken.[158]

Veränderungen kognitiver Fähigkeiten, die mit Planung, Arbeitsgedächtnis, Flexibilität des Denkens und der Impulskontrolle verbunden sind, verändern sich während der gesamten Entwicklungsspanne. Sie sind verantwortlich für komplexe Kognitionen, alltägliche Problemlösung und auch für die Regulierung von Verhalten und Emotionen. Diese exekutiven Funktionen erreichen tendenziell im frühen Erwachsenenalter ihre höchste Leistungsfähigkeit, nehmen im mittleren Erwachsenenalter langsam und im hohen Erwachsenenalter beschleunigt ab. Dabei gibt es enorme interindividuelle Unterschiede in diesen Alterungsprozessen und Geschlechterunterschiede. Frauen zeigen bessere Leistungen in Funktionen, die mit verbaler Flüssigkeit und Multitasking verbunden sind. Faktoren, die die Gesundheit beeinflussen (z.B. Rauchen, körperliche Aktivität), haben auch Auswirkungen auf die Entwicklung dieser kognitiven Fähigkeiten.[159]

Unterschiede in den kognitiven Fähigkeiten lassen sich nicht eindeutig auf Alterungsprozesse zurückführen. Historische Veränderungen (wie z.B. Verbesserung des Bildungssystems, Umbrüche in der Lebens- und Arbeitswelt) beeinflussten die Entwicklung von Intelligenz in den verschiedenen Generationen[160]. Es bestehen große individuelle Unterschiede des Intelligenzverlaufs im Erwachsenenalter, manche zeigen schon früh Abbauerscheinungen, andere erhalten ihr Leistungsvermögen bis ins hohe Alter. Diese positiven oder negativen Entwicklungen hängen vom gesundheitlichen Zustand, von der sozioökonomischen Umwelt und von der Art der Persönlichkeit im mittleren Erwachsenenalter ab. Es gilt somit: Je geistig anregender die Umwelt ist (z.B. komplexe Anforderungen im Beruf, stimulierende Familie und Umfeld) und je flexibler der Lebensstil eines Erwachsenen ist, desto leistungsfähiger wird er im Alter sein. Unsere geistige Leistungsfähigkeit entwickelt sich somit ganz nach dem Prinzip: *use it or loose it.*[161] Führungspersonen wird empfohlen, ihren Mitarbeitenden ein Berufsleben lang entwicklungsförderliche Arbeitsbedingungen zu ermöglichen und

157 Staudinger & Baumert, 2007, S. 240 ff.
158 Ebd., S. 240 – 249.
159 Ferguson, Brunsdon & Bradford 2021.
160 Vgl. Friedrich, 2021.
161 Faltermaier, Mayring, Saup & Strehmel, 2014.

durch altersgemischte Teamarbeit die ganze Bandbreite an Kompetenzschwerpunkte zu nutzen.

Die Entwicklung der Fähigkeiten wird in verschiedenen Studien umfassend dokumentiert.[162] Die folgende Tabelle gibt eine Übersicht über die Entwicklung unterschiedlicher Fähigkeiten im Alternsverlauf.

zunehmend	gleichbleibend	abnehmend
Erfahrung, d.h. Lebens- und Berufserfahrung, betriebsspezifisches Wissen, berufliche Routine und Geübtheit, Verantwortungsbewusstsein, Pflichtbewusstsein, Genauigkeit, Qualitätsbewusstsein, Zuverlässigkeit, Gelassenheit, Fähigkeit zum Perspektivenwechsel, Fähigkeit, eigene Grenzen realistisch einzuschätzen, Beurteilungsvermögen.	Fähigkeit zur Informationsverarbeitung allgemein, Sprachkompetenz, kurze Aufmerksamkeitsspannen, einfache Reaktionsanforderungen, Merkfähigkeit im Langzeitgedächtnis, Reaktionsgeschwindigkeit hinsichtlich verbaler Äußerungen auf einen Reiz (z.B. Antworten geben), Bearbeitung sprach- und wissensgebundener Aufgaben.	Muskelstärke und Muskelkraft, Schnelligkeit der Bewegungen, Seh- und Hörvermögen, Geschwindigkeit der Informationsverarbeitung, des Denkens und Lernens, Daueraufmerksamkeit und Langzeitgedächtnis, Reaktionsgeschwindigkeit, Merkfähigkeit im Kurzzeitgedächtnis, Dauerbelastbarkeit.

Tab. 4.1: Entwicklung arbeitsplatzrelevanter Fähigkeiten im Alternsverlauf[163]

Im Rahmen einer Befragung von ca. 640 Führungspersonen aus Deutschland, der Schweiz, Finnland und Italien wurden untersucht, wie diese ihre eigene Fähigkeitsentwicklung und die ihrer Mitarbeiterinnen und Mitarbeiter mit zunehmendem Alter einschätzen.[164] Die folgenden Übersichten zeigen eine Zusammenfassung der Ergebnisse aus dieser Befragung.

162 Adenauer, 2002b; Fercher et al., 2009; Winkler, 2008; Bruggmann, 2000.

163 In Anlehnung an Adenauer, 2002a, S. 29 – 30) und Bruggmann, 2000, S. 25.

164 Vgl. Eberhardt u. a. 2013.

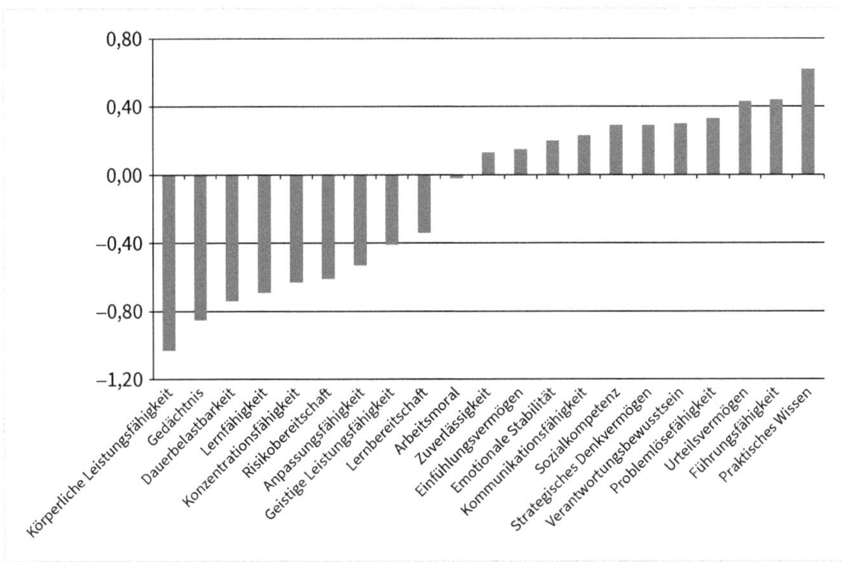

Abb. 4.3: Entwicklung der eigenen Fähigkeiten

Interessanterweise schätzen Führungspersonen die Entwicklung der Fähigkeiten sehr realistisch ein, so wie es auch Forschungsstudien belegen. Sie sind strenger mit sich selbst als mit ihren Mitarbeitenden: Während bei den Mitarbeitenden die meisten Fähigkeiten mit dem Alter im Bereich der Zunahme liegen, werden die eigenen Fähigkeiten ausgewogener beurteilt. Was bedeutet dies? Einerseits können die Führungspersonen relativ realistisch einschätzen, welche Fähigkeiten zu und welche abnehmen; das hilft bei der Selbstwahrnehmung. Andererseits sehen sie bei älteren Mitarbeitenden eher einen Zugewinn an Fähigkeiten; das hilft in der wertschätzenden Haltung gegenüber älteren Mitarbeitenden.

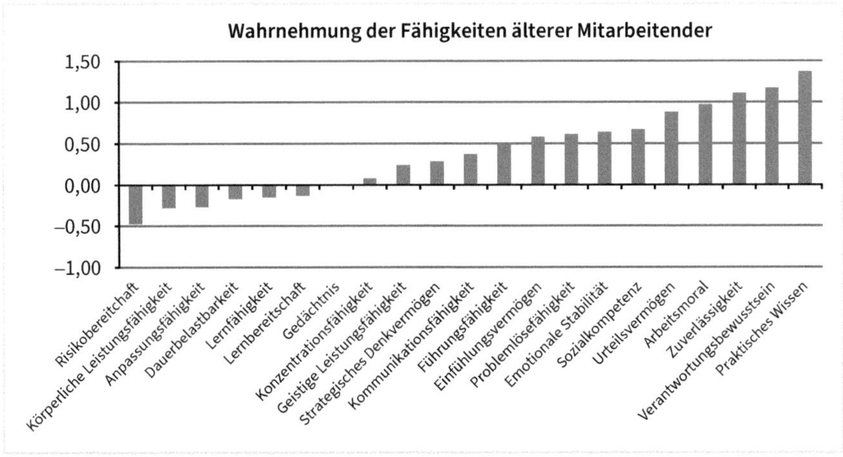

Abb. 4.4: Entwicklung der Fähigkeiten der Mitarbeitenden

Generell besteht kein Zusammenhang zwischen Alter und Arbeitsleistung. Ältere Arbeitnehmerinnen und Arbeitnehmer können zwar einige für die Arbeit positive Eigenschaften einbüßen, sie gewinnen jedoch häufig neue Eigenschaften hinzu oder kompensieren Verluste durch eine andere Leistungsdimension.[165]

Der für die Studie eingesetzte Fragebogen kann als Tool zur Selbsteinschätzung der Fähigkeitsentwicklung bei Führungspersonen und Mitarbeitenden genutzt werden. Wie realistisch sind Ihre Einschätzungen?

Arbeitshilfe 6: Übung: Selbsteinschätzung Fähigkeitsentwicklung[166]

DIGITALE EXTRAS

Diese Arbeitshilfe finden Sie zum Download unter Digitale Extras.

Älterwerden ist ein individueller Prozess, der höchst unterschiedlich erlebt werden kann. Welche Veränderungen verbinden Sie mit Ihrem eigenen Älterwerden? Bitte geben Sie für die genannten Eigenschaften an, ob diese bei Ihnen *eher abnehmen*, *gleich bleiben* oder *zunehmen*.

		eher abnehmend	**gleich bleibend**	**eher zunehmend**
1	Risikobereitschaft			
2	körperliche Leistungsfähigkeit			
3	Anpassungsfähigkeit			
4	Dauerbelastbarkeit			
5	Lernfähigkeit			
6	Lernbereitschaft			
7	Gedächtnis			
8	Konzentrationsfähigkeit			
9	geistige Leistungsfähigkeit			
10	strategisches Denkvermögen			
11	Kommunikationsfähigkeit			
12	Führungsfähigkeit			
13	Einfühlungsvermögen			
14	Problemlösefähigkeit			
15	emotionale Stabilität			

165 Semmer & Richter, 2004.

166 In Anlehnung an Eberhardt & Meyer, 2011.

		eher abnehmend	gleich bleibend	eher zunehmend
16	Sozialkompetenz			
17	Urteilsvermögen			
18	Arbeitsmoral			
19	Zuverlässigkeit			
20	Verantwortungsbewusstsein			
21	Praktisches Wissen			

Arbeitshilfe 7: Übung: Fremdeinschätzung Fähigkeitsentwicklung[167]

Diese Arbeitshilfe finden Sie zum Download unter Digitale Extras.

DIGITALE EXTRAS

Älterwerden ist ein individueller Prozess, der höchst unterschiedlich erlebt werden kann. Welche Veränderungen verbinden Sie mit dem Älterwerden Ihrer Mitarbeitenden? Bitte geben Sie für die genannten Eigenschaften an, ob diese bei Ihren Mitarbeitenden im Alterungsprozess *eher abnehmen, gleich bleiben* oder *zunehmen.*

		eher abnehmend	gleich bleibend	eher zunehmend
1	Risikobereitschaft			
2	körperliche Leistungsfähigkeit			
3	Anpassungsfähigkeit			
4	Dauerbelastbarkeit			
5	Lernfähigkeit			
6	Lernbereitschaft			
7	Gedächtnis			
8	Konzentrationsfähigkeit			
9	geistige Leistungsfähigkeit			
10	strategisches Denkvermögen			
11	Kommunikationsfähigkeit			
12	Führungsfähigkeit			
13	Einfühlungsvermögen			

167 In Anlehnung an Eberhardt & Meyer, 2011.

		eher abnehmend	gleich bleibend	eher zunehmend
14	Problemlösefähigkeit			
15	emotionale Stabilität			
16	Sozialkompetenz			
17	Urteilsvermögen			
18	Arbeitsmoral			
19	Zuverlässigkeit			
20	Verantwortungsbewusstsein			
21	Praktisches Wissen			

Für die Entwicklung von Führungspersonen über die Lebensspanne und das erfolgreiche Älterwerden von Führungspersonen sind kognitive, emotionale, motivationale und die Entwicklung der Persönlichkeit über die Lebensspanne relevant. Alternsrelevante Themen sind nützlich für die Entwicklung von Führungspersonen, um z. B. bei jüngeren Führungspersonen die Erfahrungslücke oder noch weniger ausgebaute Urteilsfähigkeit durch experimentelles Lernen zu fördern. In der Vermittlung von Know-how zu altersspezifischer Motivation wird bei jüngeren Führungspersonen auf karriererelevante Aspekte und bei älteren Führungspersonen auf den Generationenaustausch gelegt. Die Entwicklung von emotionalen Fähigkeiten, insbesondere der Kontrolle von Emotionen benötigt Entwicklungszeit. Das SOC-Modell (vgl. Kap. 4.2.5) unterstützt die Entwicklung von Führungskräftetrainings über die Lebensspanne.[168]

Interessantes aus der Forschung

Ein Ausblick in das hohe Erwachsenenalter, also die Zeit nach dem Renteneintritt, liefert eine in ihrer Art einmalige und umfangreiche Studie, die Berliner Altersstudie (BASE). BASE ist eine multidisziplinäre Untersuchung alter Menschen im Alter von 70 bis über 100 Jahren, die im ehemaligen Westteil Berlins lebten. Es wurden 516 Personen in 14 Sitzungen hinsichtlich ihrer geistigen und körperlichen Gesundheit, ihrer intellektuellen Leistungsfähigkeit und psychischen Befindlichkeit sowie ihrer sozialen und ökonomischen Situation untersucht. Die Studie wurde als Längsschnittstudie weitergeführt und überlebende Teilnehmer sieben Mal nachuntersucht. Die Studie wurde 2009 abgeschlossen, lieferte damals ein erstes Bild über die Alterswelten in Deutschland und setzte international Maßstäbe: Sie war weltweit einzigartig in ihrer Breite und hat das Bild des Alterns grundlegend revidiert. Zahlreiche Vorurteile über das hohe und höchste Alter, z. B. dass alle Fähigkeiten grundsätzlich abnehmen, konnten entkräftet werden.

168 Vgl. Rosing & Jungmann, 2019.

Schon die Auswertung von BASE I zeigte, dass nicht alle Hirnfunktionen gleichermaßen von altersbedingten Abbauprozessen beeinflusst werden. Manche sind bis ins hohe Alter sogar erstaunlich stabil. Dazu zählen z. B. Allgemeinwissen und Vokabular, während die Wahrnehmungsfähigkeit, aber auch das Merken von neuen Informationen eher abnehmen. BASE II ist eine Weiterentwicklung der ersten Erhebung. Die Untersuchungen zeigen, dass sich im Gehirn einer älteren, aber körperlich sehr aktiven Person bestimmte Strukturen weiterhin verändern können. Diese Veränderung, d. h. die Zunahme von Strukturen durch körperliche Aktivität, steht auch im Zusammenhang damit, dass kognitive Tätigkeiten stärker ausgeprägt sind. Welchen Einfluss Lebensstil-Faktoren wie Bewegung, Ernährung oder soziale Kontakte auf das kognitive Altern haben, ist bis jetzt noch nicht wissenschaftlich nachgewiesen.[169]

Im nächsten Abschnitt betrachten wir die zentralen Entwicklungsthemen im Erwachsenenalter und die verschiedenen Bedürfnisse und Entwicklungsaufgaben im Lebenslauf.

4.2.5 Erfolgreiches Altern – wie kann das gefördert werden?

Für die Produktivität sind nicht nur kognitive Faktoren zu berücksichtigen, emotionale und motivationale Aspekte sowie die Persönlichkeit sind von ebenso großer Bedeutung. Im Durchschnitt nimmt die Ausprägung der Persönlichkeitsmerkmale wie Zuverlässigkeit und Umgänglichkeit zu und Neurotizismus ab, was als zunehmende soziale Anpassungsfähigkeit oder auch soziale Reife interpretiert wird. Gleichzeitig nimmt die Offenheit für neue Erfahrungen ab. Noch ist unklar, ob sich der letztere Prozess beeinflussen lässt und welche Auswirkungen das auf den Arbeitsplatz hat.[170]

Die Unterschiede in Wahrnehmungs-, Denk- und Gedächtnisleistungen nehmen im Laufe des Erwachsenenalters kontinuierlich zu. Altern kann sowohl mit Erhalt als auch Verlust der geistigen Leistungsfähigkeit einhergehen.[171]

Erfolgreiches Altern wurde von Paul und Margret Baltes als das geglückte Zusammenspiel von Selektion, Optimierung und Kompensation (SOC-Modell) definiert (1990). Selektion (S) bedeutet, Handlungsoptionen auszuwählen. Optimierung (O) beschreibt die Investition von Ressourcen, um Gewinne zu erzielen, und Kompensation (C) bezeichnet Versuche, das Funktionsniveau bei abnehmenden Ressourcen aufrechtzuerhalten. Erfolgreiches Altern ist in der Betrachtungsperspektive von SOC

169 Lindenberger, Smith, Mayer & Baltes, 2010.
170 Staudinger & Baumert, 2007, S. 249 – 250.
171 Lindenberger, 2007, S. 220; vgl. Maßmann & Egetenmeyer 2019.

ein multidimensionales Konzept.[172] Dabei wird die Selbstregulation über die Lebensspanne betrachtet.[173] Im besten Fall wird älteren Menschen so ermöglicht, ein ausreichend hohes Leistungsniveau zu erhalten. Dies lässt sich mit technischen Hilfsmitteln unterstützen. Ein anschauliches Beispiel ist Arthur Rubinstein, der das Geheimnis seines Erfolges als Pianist im hohen Erwachsenenalter folgendermaßen erklärte: »Ich wähle weniger Klavierstücke für mein Repertoire aus (Selektion), übe diese intensiv und ausdauernd (Optimierung) und schlussendlich spiele ich die langsamen Passagen langsamer, damit das im Verhältnis zu den schnellen Passagen wieder stimmt (Kompensation).«

Das SOC-Modell kann erfolgreich genutzt werden, um bei älteren Mitarbeitenden wichtige arbeitsplatzrelevante Kompetenzen zu erhalten und wird unterstützt durch proaktive Verhaltensstrategien wie beispielsweise lebenslanges Lernen und Weiterbildung, Stressreduktion oder Ausbau von Fähigkeiten, erfolgreich im Arbeitsumfeld zu altern.[174] Über die Lebensspanne sind Verhaltensweisen wie die Nutzung eigener Stärken, Priorisierung von Aufgaben und Zeit, Optimierung der eigenen Leistung sowie weitere proaktive Verhaltensweisen zur Erhöhung der Passung von Mensch und Organisation hilfreich.[175]

Arbeitshilfe 8: Das SOC-Modell in der Führung

DIGITALE EXTRAS

Diese Arbeitshilfe finden Sie zum Download unter Digitale Extras.

Das SOC-Modell können Sie in ihrem eigenen Führungsbereich für sich und Ihre Mitarbeitenden anwenden. Dabei hilft Ihnen das folgende Tool:

Zur Erinnerung: die Komponenten des SOC-Modells
S (Selektion): Die Limitierung der Ressourcen (z. B. Zeit, Energie), die in der menschlichen Natur liegt, erfordert die Selektion von Zielen.

O (Optimierung): Um optimale Ergebnisse in den selektierten Zieldomänen zu erreichen, muss man interne und externe Ressourcen bündeln und aufbereiten (z. B. Ausdauer, Kompetenztraining).

C (Kompensation): Wenn man mit Verlust oder Abnahme konfrontiert wird, sind kompensatorische Prozesse nötig (z. B. Aktivierung ungenutzter Fähigkeiten, erhöhte Zeitbereitstellung).

172 Vgl. Annele, Satu & Timo 2019.
173 Vgl. Greve & Thomsen 2019.
174 Vgl. Abraham & Hansson, 1995; Robson & Hansson, 2007.
175 Vgl. Cleveland, Fisher & Walters, 2017; Rudolph, 2016.

Selbsteinschätzung
Denken Sie an ihre momentane Rolle und beschreiben Sie mindestens fünf Charakteristika Ihres Jobs. Notieren Sie ein paar Stichworte zu Ihrer konkreten Situation. Wie können Ihre persönliche Situation und die Zusammenarbeit mit Ihren Mitarbeitenden positiv gestaltet werden? Wie kann das SOC-Modell ein Hilfsmittel für Sie sein?

S = …

O = …

C = …

Fremdeinschätzung
Denken Sie an die Rolle einer Mitarbeiterin/eines Mitarbeiters und beschreiben Sie mindestens fünf Charakteristika ihres/seines Jobs. Notieren Sie ein paar Stichworte zur konkreten Situation der Mitarbeitenden. Wie kann die Zusammenarbeit mit ihr/ihm und wie kann die persönliche Situation positiv gestaltet werden? Wie kann das SOC-Modell ein Hilfsmittel für ältere Mitarbeitende sein?

S = …

O = …

C = …

Interessantes aus der Forschung

In einer kleineren qualitativen Studie wurde die Entwicklung der Fähigkeiten bei den Führungspersonen selbst überprüft: Die Forscher fanden heraus, dass die Stärken der älteren Führungspersonen z. B. im Umgang mit Menschen, im Überliefern der Organisationsgeschichte und -kultur, in der Vermittlung von Sicherheit und Kontinuität, der Delegation von Aufgaben und im Abschätzen von Risiken liegen. Jüngere Führungspersonen können v. a. auf aktuelles fachliches und technisches Wissen zurückgreifen, sind flexibel und veränderungsbereit und nehmen mit spielerischer Begeisterung ihre Führungsaufgabe wahr. Alter spielt auf der kognitiven Ebene eine Rolle, wird aber nicht als verhaltensrelevant eingestuft.[176]

176 Vgl. Götz & Hilse, 1999.

Interessantes aus der Forschung

Wie verändert sich Prosozialität über die Lebensspanne und im Alter? Prosozialität beinhaltet Verhalten, Motivation, Kognition, affektive und soziale Prozesse, die sich auf das Wohlergehen anderer beziehen. Die Veränderungen wurden auf drei Ebene – der Mikroebene (interpersonell), der Mesoebene (interpersonell) und der Makroebene (Gruppen- und organisatorische Ebene) – untersucht. Eine prosoziale Persönlichkeit beinhaltet Vertrauen, Empathie, eine Selbstwahrnehmung von Kompetenz und Hilfeverhalten und zeigt stabile Muster über die Lebensspanne (Mikroebene). Der Einfluss von Lern- und Sozialisationsprozessen wirkt sich tendenziell positiv über die Lebensspanne aus (Meso- und Makroebene), es wird in diversen Studien von einer Zunahme von prosozialen Verhaltensweisen und Altruismus bei Älteren berichtet.[177]

4.3 Altersstereotype und Altersbilder

Bei der Beschreibung und Bewertung von anderen orientiert sich der Mensch automatisch an den typischen Erwartungen und Mustern einer Lebensphase. Lebensereignisse und Altersabschnitte werden unweigerlich kategorisiert, was mit bestimmten Erwartungen an ein Verhalten einhergeht. Stereotypisierungen sind Überzeugungen über die typischen Merkmale, wie eine soziale Gruppe – z. B. die Babyboomer – ist. Solche Kategorisierungen nutzen wir, um die komplexen und undurchsichtigen Zusammenhänge unserer Umwelt zu vereinfachen, für uns handhabbar zu machen.

Altersbilder sind kognitive Repräsentationen von Informationen über Lebenswirklichkeit alter Menschen und von eigenen Erfahrungen im Umgang mit Menschen. Sie entwickeln sich oft zu verfestigten inneren Bewertungskategorien, die sich auf das Beurteilen von Menschen und entsprechend auch das Verhalten ihnen gegenüber auswirken können. Sie dienen als Schemata der Orientierung in komplexen sozialen Situationen des Alltags und des Berufslebens, in denen Handlungsdruck besteht und wir uns ein Bild von anderen machen müssen. Es besteht die Gefahr, nur bestimmte (negative oder positive) Seiten des Alters oder alter Menschen zu sehen, dann kommt es zur Typisierung bis hin zur Festigung von Altersstereotypen.[178] Diese Muster der Stereotypenbildung können auch einsetzen, wenn eine Kategorisierung in die Generationen vorgenommen wird. Stereotype helfen, um sich rasch zu orientieren, bergen jedoch das Risiko, dass Kategorisierungen vorgenommen werden, die dem oder der Einzelnen nicht mehr gerecht werden.

177 Vgl. Bailey, Ebner & Stine-Morrow, 2021.
178 Rothermund & Wentura, 2007.

Definition: Stereotype

Stereotypisierungen sind Überzeugungen über die typischen Merkmale einer sozialen Gruppe. Diese Kategorisierungen werden genutzt, um unsere Umwelt in ihrer Komplexität zu reduzieren.[179]

Literatur und Praxis zeigen, dass Altersstereotype in der Arbeitswelt weit verbreitet sind. Insbesondere ältere Arbeitskräfte erleben im Alltag oft Zuschreibungen und Vorurteile aufgrund ihres Alters. Oft betreffen die Stereotypisierungen die Leistungsfähigkeit sowie den allgemeinen Zustand älterer Mitarbeiter. Ein weiteres Stereotyp bezieht sich auf die Annahme, ältere Arbeitnehmer seien neuen Konzepten gegenüber unaufgeschlossen, wenig motiviert, sich weiter zu entwickeln, und wiesen eine geringe Lernbereitschaft auf. Basierend auf dieser Überzeugung bekommen ältere Mitarbeiter von ihren Führungskräften weniger entwicklungsförderndes Feedback und sie trauen ihnen anspruchsvolle Aufgaben seltener zu. Auch positive Altersstereotype werden älteren Mitarbeitenden zugeordnet, wie z. B. Erfahrung und Loyalität gegenüber dem Unternehmen, höheres Verantwortungsbewusstsein und Weisheit.[180]

Das Alter einer Person an sich ist eine weitgehend ungeeignete Kategorisierung, um ihre Arbeitsleistung vorherzusagen.[181] Ältere Mitarbeitende schätzen neue Herausforderungen und Weiterentwicklungsmöglichkeiten ebenso wie jüngere. Dennoch werden z. B. ältere amerikanische Arbeitnehmer auf dem Arbeitsmarkt systematisch gegenüber jüngeren Arbeitnehmern benachteiligt[182].Auch im deutschsprachigen Raum wird immer wieder in Presseberichten von einer Benachteiligung älterer Mitarbeiter berichtet. Negative Altersstereotype können sich auf die Gesundheit und das Wohlbefinden der betroffenen Mitarbeitenden auswirken.[183]

Praxisbeispiel: Okay, Boomer

In Neuseeland hat eine Abgeordnete mit dem Ruf »Okay, Boomer« weltweit für Aufsehen gesorgt. Durch die Pauschalaussage gegenüber Älteren wurden Kritikpunkte und Gegenargumente ausgeblendet. Ein praktisches Beispiel für Ageismus und Altersdiskriminierung, vorgelebt durch eine Parlamentarierin, Angehörige der Generation Millennials.[184]

179 Ebenda.
180 Nübold & Maier, 2012.
181 Ng & Feldman, 2008.
182 McCann & Giles, 2002.
183 Schalk et al., 2010.
184 Benini, 2019.

4.3.1 Altersdiskriminierung im Beruf als Folge der Altersstereotype

Ältere Mitarbeitende können als Folge der Altersstereotype berufliche Benachteiligungen erfahren.[185] Ältere schneiden z. B. in Auswahlinterviews oft schlechter ab als jüngere Personen, obwohl sie die gleichen Qualifikationen vorweisen können. Die negativen Auswirkungen von Altersbildern oder Stereotypen können sich direkt oder indirekt auch über selbsterfüllende Prophezeiungen zeigen. Wahrgenommene negative Altersstereotype können einen direkten Einfluss auf die Leistungsfähigkeit der älteren Mitarbeitenden bei kognitiv anspruchsvollen Tätigkeiten haben, indem die Mitarbeitenden auf die wahrgenommene Situation reagieren und das Verhalten anpassen, damit die angestrebte Leistung erreicht werden kann.[186]

Definition: Sich selbst erfüllende Prophezeiung

Die sich selbst erfüllende Prophezeiung (*selffulfilling prophecy*) ist eine zu Beginn falsche Erwartung, Besorgnis, Überzeugung oder ein Verdacht, dass die Dinge so und nicht anders verlaufen werden. Diese Erwartung ruft ein neues Verhalten hervor, das die ursprünglich falsche Sichtweise richtig werden lässt (…) Die ursprünglich falsche Angst verwandelt sich in eine völlig berechtigte Befürchtung. Die Prophezeiung des Ereignisses führt also zum Ereignis der Prophezeiung.[187]

Das bedeutet, dass z. B. Führungskräfte oder auch andere nur jenes Verhalten der älteren Mitarbeiter wahrnehmen, welches ihre implizite Annahme oder Vorurteile bestätigt.[188] Sich selbst erfüllenden Prophezeiungen können auftreten, wenn ältere Personen z. B. denken, sie hätten bestimmte Fähigkeiten nicht (oder nicht mehr) aufgrund ihres Alters (z. B. »Ich bin zu alt um diese neue Technologie zu verstehen und anzuwenden«).

4.3.2 Umgang mit Stereotypen

Anstatt sich auf die vermeintlich abnehmenden Fähigkeiten und Kompetenzen zu konzentrieren, empfiehlt es sich, bei der Beschäftigung älterer Mitarbeitender den Fokus auf die über die Jahre erlangte Erfahrung, Expertise und z. B. Menschenkenntnis zu verlagern. Um die Selbstreflexion und kompetenzorientierte Einstellung bei Führungskräften zu fördern, werden oft Sensibilisierungstrainings eingesetzt.[189] In solchen Trainings werden z. B. Altersstereotype kritisch hinterfragt, Risikosituationen identifiziert und Maßnahmen für eine tolerantere Haltung erarbeitet.

185 Roth, Wegge & Schmidt, 2007; Stegh & Ryschka 2019
186 Vgl. Hess, Growney & Lothary, 2018.
187 Merton, 1995, Watzlawick, 2000.
188 Nübold & Maier, 2012.
189 Vgl. Nübold & Maier, 2012, S. 141.

Eine weitere Möglichkeit, die negativen Konsequenzen von Vorurteilen zu minimieren, ist die Übertragung von komplexen und anspruchsvollen Aufgaben an ältere Mitarbeitende. Statt ihnen automatisch die einfacheren Aufgaben zu übertragen, sollten Führungskräfte anhand umfassender Anforderungsanalysen, die Aufgaben kompetenzorientiert verteilen. So oder so ist die Thematisierung von Altersstereotypen im Unternehmen ein erster wichtiger Schritt für den Aufbau einer altersgerechten Arbeitskultur und Führung.

Wichtig

Zur Vermeidung von Altersstereotypen werden ein toleranter Umgang und eine offene Haltung benötigt. Diese müssen von den Führungskräften in die Unternehmenskultur getragen werden. In der Personalauswahl, der Kommunikation, Leistungsbeurteilung und Förderung der Mitarbeitenden sollte man sich bewusst machen, dass oftmals eine defizitäre Sicht auf ältere Mitarbeiter vorherrscht. Eine kompetenzorientierte Sichtweise ist stattdessen zielführender.

Interessantes aus der Forschung[190]

In der Studie »Altersdiversitätspraktiken in Unternehmen der Schweiz« wird in einer quantitativen Befragung mit N = 104 vollständig ausgefüllten Fragebögen bei Führungspersonen und Diversity-Fachpersonen erhoben, wie in der Schweiz Altersdiversität gehandhabt wird und welche Maßnahmen Unternehmen ergreifen, um Altersvorurteile zu bekämpfen und eine inklusive Arbeitsumgebung zu fördern.

Altersdiversität wird noch nicht als Erfolgsfaktor gesehen wird, auch wenn eine Diversity-Strategie existiert. Dies deutet darauf hin, dass die Ziele von etablierten Altersdiversitätspraktiken möglicherweise noch nicht vollständig darauf ausgerichtet sind, die Wettbewerbsfähigkeit zu stärken. Festgestellt wurde, dass verschiedene Wahrnehmungen nach Altersgruppe und Geschlecht existieren. V.a. kleinere und mittlere Unternehmen haben Nachholbedarf bezüglich Altersdiversitätsstrategien und intergenerationalem Wissensaustausch. Die meisten Unternehmen investieren in Arbeitszeitflexibilisierungen und Vereinbarkeit von Privatem mit Beruflichen. Das Forschungsteam empfiehlt u. a. eine regelmäßige Analyse der Altersvielfaltspraktiken, aktive Altersdiversitätsinitiativen und eine Investition in Schulungsprogramme, um das Bewusstsein für Altersvielfalt zu schärfen und Altersvorurteile abzubauen.

Als Grundlage für die Selbstreflexion der eigenen Einstellungen und Stereotypisierungen wird im Folgenden ein Fragebogen vorgestellt, der Ihre impliziten Einstellungen erfasst. Diese Methode kann die Unterschiede zwischen bewussten und unbewussten

190 Frau, Costa & Krauskopf, 2023.

Einstellungen aufzeigen und wird Impliziter Assoziationstest oder kurz IAT genannt. Dieser Test wurde von Forschern aus Harvard entwickelt und wird mittlerweile in verschiedenen Versionen zum Testen von impliziten Vorurteilen, Stereotypen und Bevorzugungen von bestimmten Gruppen verwendet. Implizit bedeutet, dass der Test nicht ausdrücklich nach Einstellungen und Vorurteilen fragt, sondern Reaktionszeiten misst und von einer Assoziation dieser Zeiten mit Vorurteilen ausgeht.

Praktische Anwendung: Impliziter Assoziationstest IAT (Harvard)

Hier geht es zum Test: https://implicit.harvard.edu/implicit/germany/takeatest.html

Im Rahmen einer empirischen Befragung wurden ca. 640 Führungspersonen auch nach ihrer Einschätzung bezüglich der Wahrnehmung von Fähigkeiten älterer Mitarbeitender (Altersstereotype) befragt. Erfreulicherweise werden ältere Mitarbeitende dabei als sehr loyal und ohne reduzierte Leistungsfähigkeit wahrgenommen. Die Führungspersonen gehen davon aus, dass sie im Unternehmen verbleiben. Alles in allem also eine Personengruppe, für dich sich eine Investition in Führung, Lernen, Gesundheit usw. nicht nur menschlich, sondern auch strategisch lohnt. Testen Sie ihre Wahrnehmung von Altersstereotypen und vergleichen Sie diese mit unseren Umfrageergebnissen (siehe Abbildung 4.5).

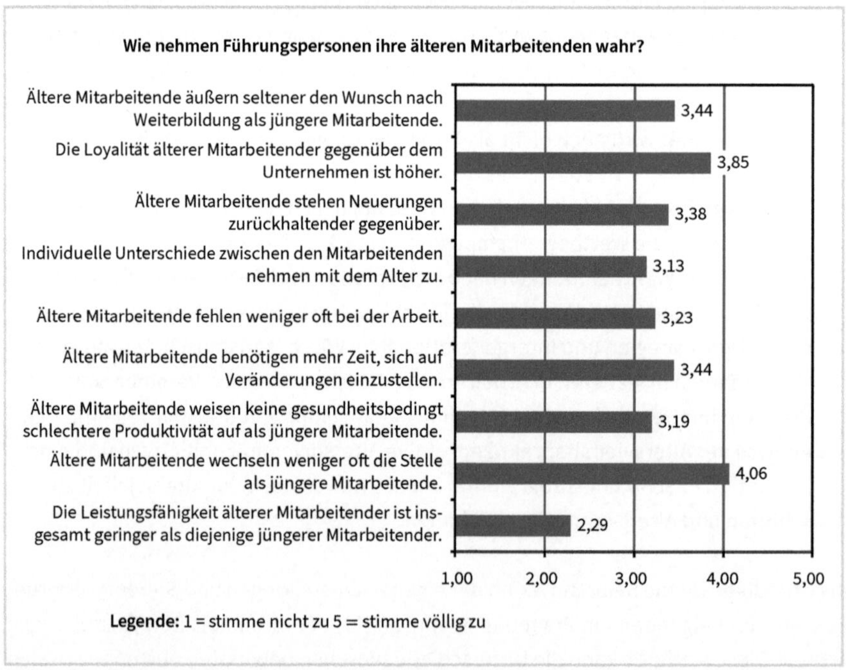

Abb. 4.5: Wahrnehmung der Fähigkeiten älterer Mitarbeitender (Stereotype)

Arbeitshilfe 9: Checkliste: Einstellungen gegenüber älteren Mitarbeitenden

DIGITALE EXTRAS

Beantworten Sie bitte die folgenden Fragen.

Achtung: Lassen Sie sich nicht allein von Ihrer Einstellung leiten!

	Trifft gar nicht zu	**Trifft eher nicht zu**	**Weder noch**	**Trifft eher zu**	**Trifft voll zu**
Die meisten Unternehmen behandeln ältere Mitarbeitende unfair.					
Ältere Mitarbeitende haben weniger Arbeitsunfälle als jüngere.					
Ältere Arbeitnehmende in unserer Abteilung arbeiten genauso hart wie alle anderen.					
Ältere Arbeitnehmende sind für gewöhnlich kontaktfreudiger bei der Arbeit als jüngere.					
Ältere Arbeitnehmende sollten höhere Positionen im Unternehmen **nicht** räumen, um die Beförderung jüngerer Arbeitnehmer zu ermöglichen.					
Ältere Arbeitnehmende wollen Aufgaben mit hoher Verantwortung.					
Ältere Mitarbeitende können neue Fähigkeiten genauso leicht erwerben wie andere Mitarbeitende.					
Wenn zwei Arbeitnehmende die gleichen Fähigkeiten haben, würde ich lieber mit der älteren Person zusammenarbeiten.					
Berufskrankheiten treten häufiger bei jungen Arbeitnehmern auf.					
Ältere Arbeitnehmer erzielen meist bessere Arbeitsergebnisse als jüngere.					

Auswertung
Diese Übung ist eher als eine Ersteinschätzung der eigenen Wahrnehmung zu sehen. Sie können die angekreuzten Felder mit einer Linie verbinden und so überprüfen, ob ihre Einstellung gegenüber älteren Menschen eher *ablehnend, neutral* oder *positiv* ist. Haben Sie viele Kreuze im Bereich *Trifft gar nicht zu/Trifft eher nicht zu*, haben Sie eine eher ungünstige Wahrnehmung älterer Mitarbeitender. Liegen Ihre Kreuze eher in der Mitte, ist Ihre Einstellung neutral. Liegen viele Kreuze im Bereich *Trifft eher zu/Trifft voll zu*, ist Ihre Einstellung gegenüber älteren Menschen sehr positiv.[191]

4.4 Körperliche und gesundheitliche Entwicklung

Die Bedeutung körperlicher Gesundheit verändert sich im höheren Alter und rückt vermehrt in den Vordergrund: Mit steigendem Lebensalter steigt auch die Wahrscheinlichkeit gesundheitlicher Probleme. Im frühen Erwachsenenalter sind schwerwiegende Krankheiten und gesundheitliche Einschränkungen selten, im späten Erwachsenenalter werden sie immer häufiger und oft zu normativen Ereignissen. Für junge Menschen ist Gesundheit meist noch nebensächlich, während es mit zunehmendem Alter zu einem zentralen Thema wird. Im Erwachsenenalter werden normative und non-normative körperliche Ereignisse unterschieden.[192] Zu den normativen gehören z. B. eine Schwangerschaft oder die Menopause und zu den non-normativen zählen z. B. Unfälle oder Operationen. Die subjektive Bedeutung von Gesundheit kann sich nicht nur in Abhängigkeit vom Lebensalter, sondern auch aufgrund einschneidender biografischer Erfahrungen (Schwangerschaft, Geburt des ersten Kindes, berufliche Herausforderungen und Überforderungen oder körperliche Veränderungen wie Alterszeichen, Krankheitssymptome, körperliche Leistungsgrenzen u. a.) verändern.

Die Jahre 2021 – 2030 wurden seitens der Vereinten Nationen als »Dekade des gesunden Alterns (decade of healthy aging)« bezeichnet. Gesundheit und Sicherheit am Arbeitsplatz werden im Kontext einer immer älter werdenden Belegschaft durch verschiedene Projekte gefördert und aktiv unterstützt.[193] Die Anzahl der älteren Mitarbeitenden ist gestiegen und wird bis zum vollständigen Renteneintritt der geburtenstarken Jahrgänge hoch bleiben.

Die folgende Abbildung 4.6 ermöglicht einen Überblick über langfristige Beanspruchungs- und Stressfolgen getrennt nach Alterskategorien.[194] Junge Mitarbeitende bis zum 24. Lebensjahr erleben Stress durch Monotonie, Leistungsvorgaben, hohe

191 Verworn, 2012.
192 Faltermaier et al., 2014.
193 EU OSHA, 2021b; EU OSHA, 2021c.
194 Vgl. Lohmann-Haislah, Genth, Leistner & Jankowiak, 2020.

erforderte Arbeitsgeschwindigkeit und Herausforderungen in der Vereinbarkeit von Lebensbereichen. Sie berichten über subjektive Entlassungsgefahr, fachliche Unterforderung und psychovegetative Beschwerden.

Erwerbstätige im mittleren Alter (25 – 54. Lebensjahr) erleben Stress v.a. durch Multitasking, Arbeitsunterbrechungen, Termin- und Leistungsdruck sowie wie vermehrte Bereitschaftsdienste/Rufbereitschaft sowie Umstrukturierungen.

Ältere Erwerbstätige (ab 55. Lebensjahr) erleben v.a. Monotonie, Arbeiten an der Leistungsgrenze und belastende Situationen. Sie haben in der Regel genügend Handlungsspielraum, berichten aber seltener von Unterstützung durch Vorgesetzte und Kolleginnen bzw. Kollegen. Sie berichten hingegen von Stresszunahme in den letzten beiden Jahren, Problemen, von der Arbeit abschalten zu können, und einer Zunahme von Beschwerden.

	2012	2018
mind. 1 Beschwerde	84	83
mind. 1 muskuloskelettale Beschwerde	70	70
mind. 1 psychovegetative Beschwerde	57	59
körperliche + emotionale Erschöpfung	17	17
subjektiv weniger guter/ schlechter Gesundheitszustand	14	15

Chi-Quadrat-Test signifikant auf 0,1%-Niveau

Abb. 4.6: Langfristige Beanspruchungs- und Stressfolgen nach Alter 2012/2018 im Vergleich (in Prozent)[195]

Interessantes aus der Forschung

Die psychischen Belastungen und Ressourcen in der Arbeitswelt wurden im Stressreport 2019 Deutschland vertieft untersucht und die Entwicklung von Schlüsselfaktoren in den Jahren 2006, 2012 und 2018 aufgezeigt.[196] Grundlage der Befragung waren Daten einer umfangreichen Erwerbstätigen- und anderen Befragungen mit insgesamt ca. 35.000 Teilnehmenden über alle drei Befragungen.

Insgesamt ist die Arbeitsintensität leicht zurückgegangen, aber weiterhin auf hohem Niveau bei gleichzeitiger Zunahme der Wahrnehmung einer Belastung durch die Arbeitsintensität und einer Abnahme von Erholungsmöglichkeiten.

195 Entnommen aus: Lohmann-Haislah et al., 2020 S. 204.
196 Vgl. BAuA, 2019.

Schicht-, Wochenends- und Bereitschaftsdienste werden als belastend eingestuft, wobei jede/r fünfte Beschäftigte über verkürzte Ruhezeiten berichtet. Variable Arbeitszeit führt zu zeitlichen Handlungsspielräumen und zeigt positive Wirkungen. Optimierungsmöglichkeiten werden im unterstützenden Führungsverhalten und in der transparenten Kommunikation von Veränderungsprozessen identifiziert. Frühzeitige Arbeitsgestaltungsmaßnahmen können bei längerfristig Erkrankten zum Erhalt der Gesundheit und Teilnahme im Arbeitsprozess führen.

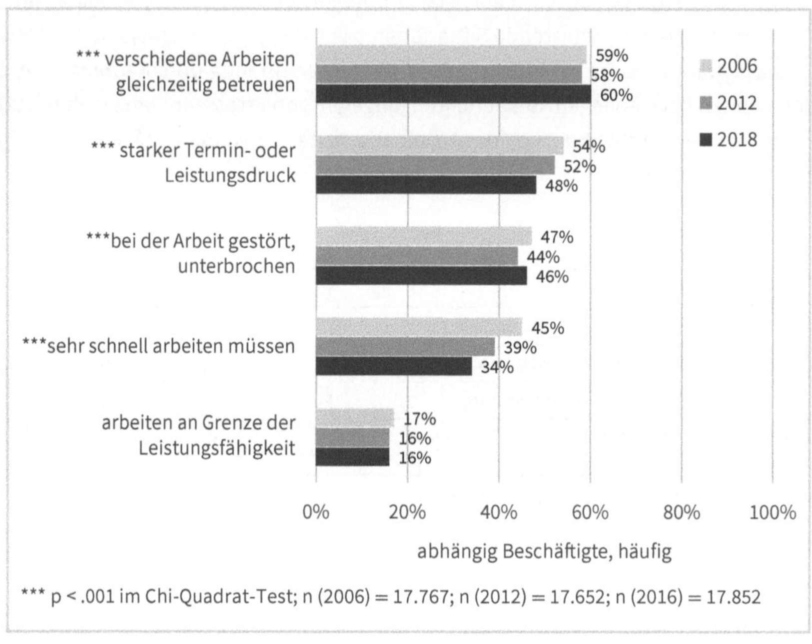

Abb. 4.7: Entwicklung der Arbeitsintensitätsmerkmale 2006/2012/2018 (entnommen aus: Lohmann-Haislah, 2020, S. 33)

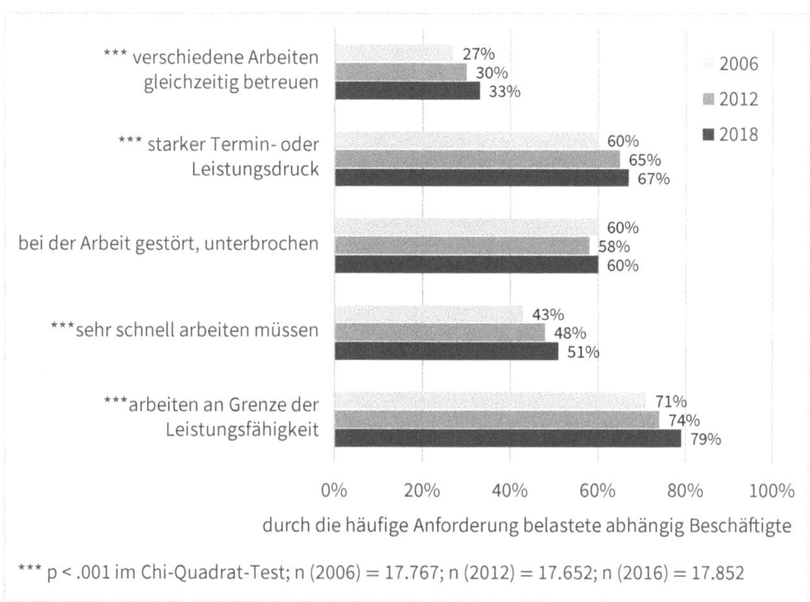

Abb. 4.8: Relatives subjektives Belastetsein aus Arbeitsintensitätsmerkmalen 2006/2012/2018 im Vergleich (entnommen aus: Lohmann-Haislah, 2020, S. 34[197])

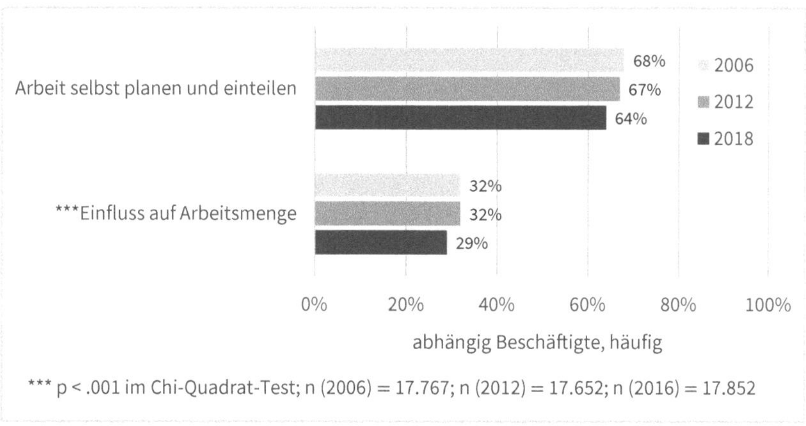

Abb. 4.9: Ressource Handlungsspielraum 2006/2012/2018 im Vergleich (entnommen aus: BAuA, Lohmann-Haislah, 2020, S. 35[198])

197 Lohmann-Haislah, 2020.

198 Ebenda.

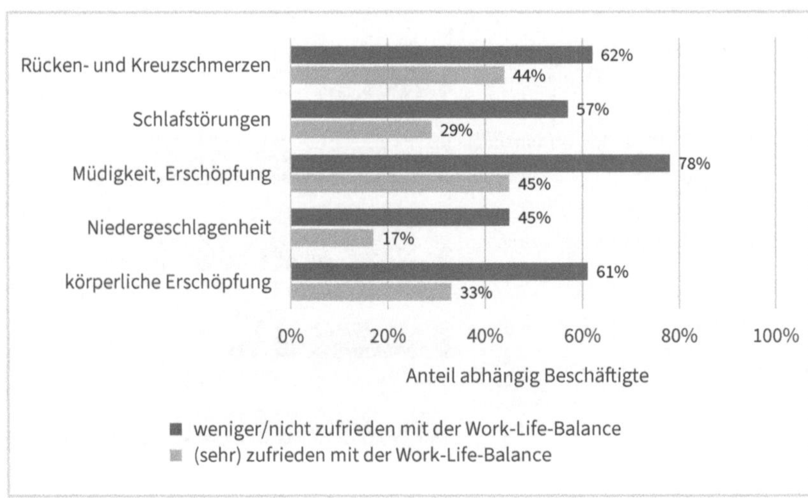

Abb. 4.10: Gesundheitliche Beschwerden nach Zufriedenheit mit der Work-Life-Balance (entnommen aus Brauner & Wöhrmann, 2020, S. 92[199]; ca N=8500)

4.5 Physische und psychische Entwicklung durch Führung fördern

4.5.1 Die Beurteilung der Arbeitsfähigkeit

Die mentale und körperliche Entwicklung ist ein wichtiger Bestandteil der Arbeitsfähigkeit und der lebenslangen Beschäftigung. Wie kann die Arbeitsfähigkeit beurteilt werden? Hierfür wurde der *Work Ability Index (WAI)* vom Finnish Institute of Occupational Health (FIOH) entwickelt. Der WAI ist ein arbeitsmedizinisches Erhebungsinstrument, ein Fragebogen, in dem die eigene Arbeitsfähigkeit im Verhältnis zu den Arbeitsanforderungen beurteilt wird. Im WAI werden die physische und psychische Beanspruchung durch Arbeit, der Gesundheitszustand und die Leistungsreserven der Befragten erhoben. Dieses Instrument wird in der betrieblichen Gesundheitsförderung auf individueller und betrieblicher Ebene eingesetzt.

Die Dimensionen des Work Ability Indexes (WAI)

Der WAI beurteilt die Arbeitsfähigkeit und beinhaltet verschiedene Fragebereiche:

- derzeitige Arbeitsfähigkeit im Vergleich zur besten, je erreichten Arbeitsfähigkeit,
- Arbeitsfähigkeit in Bezug auf Arbeitsanforderungen,

199 Brauner & Wöhrmann, 2020.

- Anzahl der aktuellen, vom Arzt diagnostizierten Krankheiten,
- geschätzte Beeinträchtigung der Arbeitsleistung durch Krankheiten[200].

Der WAI wurde in vielen wissenschaftlichen Studien eingesetzt, um herauszufinden, welche privaten oder beruflichen Faktoren die Arbeitsfähigkeit beeinflussen. Er wird auch im Rahmen von arbeitsmedizinischen oder betriebsärztlichen Betreuungen genutzt. Dabei ist zu beachten, dass er nicht zum Selbstausfüllen gedacht ist. Im WAI werden medizinische Angaben erhoben, die korrekte Anwendung bedarf medizinischen Fachpersonals/Arbeitsmedizinern. Die erhobenen Daten sind hochsensibel und unterliegen strengen Datenschutzvorschriften. Wenn der WAI für betriebliche Erhebungen (betriebsepidemiologische Untersuchungen) herangezogen wird, geschieht dies, um die Arbeitsfähigkeit einzelner Alters- oder Tätigkeitsgruppen zu analysieren oder zu vergleichen. Die praktische Arbeit mit dem WAI bleibt also Betriebsärzten oder professionellen externen Akteuren, die unter ärztlicher Aufsicht agieren, vorbehalten. Dadurch ist die ärztliche Schweigepflicht sichergestellt. Aufbauend auf derartige Untersuchungen im Unternehmen können Maßnahmen zur Gesundheitsförderung zielgerichtet für bestimmte Personengruppen etc. abgeleitet und eingeführt werden.[201]

Welche Faktoren im Unternehmen beeinflussen die Entwicklung der Arbeitsfähigkeit am nachhaltigsten? Der wirksamste Faktor zur Erhöhung der Arbeitsfähigkeit bei älteren Mitarbeitenden (zwischen dem 51. und 62. Lebensjahr) sind erwiesenermaßen v. a. altersbezogene Führungsfähigkeiten. Darunter wird die offene, nicht-stereotype Einstellung gegenüber älteren Arbeitnehmern, die Bereitschaft zur Kooperation, die Fähigkeit zur individuellen Entwicklungsplanung und die Kommunikationsfähigkeit verstanden.[202]

Wichtig

Für eine erfolgreiche lebenslange Beschäftigung braucht man in jeder Lebensphase die Fähigkeit, die Aufgaben im Arbeitsumfeld zu bewältigen. Der wirksamste Faktor zur Erhöhung und zum Erhalt der Arbeitsfähigkeit ist die altersgerechte Führung!

4.5.2 Gesundheitsorientierte Führung

Welche Rolle haben Führungspersonen mit Fokus auf die Gesundheit der Mitarbeitenden? Führungskräften kommen sowohl Aufgaben im traditionellen Arbeitsschutz (Reduzierung vermeidbarer Belastungen) als auch bei der Gesundheitsförderung im weiteren Sinne (Förderung von Ressourcen) zu. Aus Praxis und Literatur ist ersicht-

200 Vgl. Schauer, 2006, S. 71.
201 Vgl. Schauer, 2006.
202 Ilmarinen & Tempel, 2002.

lich, dass Führungskräfte häufig ihren Einfluss auf die Gesundheit ihrer Mitarbeiter – was ihre Gestaltungsmöglichkeiten der Arbeitstätigkeit und die daraus resultierende Unter- beziehungsweise Überforderung betrifft – unterschätzen. Führungspersonen können die Arbeitszufriedenheit und psychische Gesundheit positiv beeinflussen[203] und auch bei mobiler Arbeit gezielt Einfluss nehmen.[204] Die Einflussnahme erfolgt u. a. über die Schaffung eines gesunden Arbeitsumfeldes.[205] Folgende Aspekte können u. a. in der gesundheitsorientierten Führung beachtet werden:

1. Maßnahmen ergreifen, um die Arbeitssituation gesundheitsförderlich zu gestalten.
2. Wissen aneignen über belastungs- und gesundheitsrelevante Prozesse und Umsetzungsstrategien zur Gesundheitsförderung – v. a. in Bezug auf psychische Gesundheitsaspekte.
3. Im Austausch mit den eigenen Mitarbeitenden deren Leistungsvoraussetzungen und Qualifikationen adäquat einsetzen und arbeitsbezogene Ressourcen fördern.
4. Als Führungsperson soziale Unterstützung anbieten.

Es konnte nachgewiesen werden, dass zahlreiche Führungskonzepte (gute Führung) sowie die Zufriedenheit mit dem Vorgesetzten die Gesundheit der Mitarbeiter positiv beeinflussen. Einige Studien bestätigen die negative Wirkung von Führung auf die Gesundheit der Mitarbeiter, d. h. die Wirkung von Führung als Stressor: Unzureichendes Konfliktmanagement, Ungeduld des Vorgesetzten, geringe Zufriedenheit mit dem Vorgesetzten sowie Nicht-Führen wirken sich nachteilig auf die Gesundheit der Mitarbeiter aus[206].

Führung kann die Gesundheit der Mitarbeiterinnen und Mitarbeiter vielfältig beeinflussen: Der Führungsstil als solcher kann als belastender Faktor oder als Ressource wirken, wobei der transformationale oder mitarbeiterbezogene Führungsstil als besonders gesundheitsförderlich gilt (vgl. Kapitel 6.1). Weiterhin beeinflussen die Führungspersonen die Gesundheit auch durch die Gestaltung der Rahmen- bzw. Arbeitsbedingungen (vgl. Kapitel 7) wie z. B. den Zuschnitt der Tätigkeit, den möglichen Handlungsspielraum, die Arbeitsintensität. Bei einer empirischen Überprüfung von Führungsverhalten und Umgang mit Belastung und Beanspruchung schätzten Mitarbeitende soziale und aufgabenbezogene Ressourcen höher ein, wenn sie Hilfe, Unterstützung und Anerkennung durch ihre Vorgesetzten erfahren. Und im Gegenzug ging ein Einfordern von höheren Anforderungen mit weniger Ressourcen einher. Ein derartiger Führungsstil bringt zusätzlich das Gefühl des weniger Eingebundenseins im Kreis der Kolleginnen und Kollegen.[207]

203 Schroeder & Macamo, 2019; Afshar, 2019.
204 Breisig, 2020.
205 Tamm, 2022.
206 Gregersen, 2011.
207 Steinmann, Steidelmüller & Thomson, 2020.

Praxisbeispiel: Führungsunterstützung »Arbeit und Gesundheit« der Stadt Zürich

Eine wichtige Grundlage für ein erfolgreiches lebenslanges Berufsleben stellt die Gesundheit der Mitarbeiterinnen und Mitarbeiter dar. Hier wird insbesondere aufseiten der Führung großes Potenzial gesehen, um Mitarbeitende in der Stärkung der eigenen Gesundheit wirkungsvoll zu unterstützen. Wichtige Ansatzpunkte für Führungskräfte sind die konkrete Ausgestaltung der Arbeitsbedingungen wie auch das eigene Führungsverhalten. Für eine bestmögliche Unterstützung der Führung in dieser Thematik wird ein gesamtstädtischer Rahmen angeboten. Basierend auf Mitarbeitendenbefragungen mit dem Schwerpunktthema »Arbeit und Gesundheit«, die in den Jahren 2008, 2013 und 2017 durchgeführt wurden, sowie aufgrund der Resultate gesundheitsrelevanter Fragestellungen als Bestandteil der Mitarbeitendenbefragung 2022, konnten dezentral wie auch zentral Maßnahmen zur Gesundheitsförderung und Prävention abgeleitet werden. Dazu zählen etwa die Entwicklung von Schulungsmaterialien und die Durchführung von Workshops im Kontext »Arbeit und Gesundheit« mit je unterschiedlichem Fokus, z. B. Train-the-Trainer-Angebote im Hinblick auf die Gesunderhaltung bei Schichtarbeit. Zugunsten von Mitarbeitenden, die sich erhöhten psychischen Belastungen im Arbeitskontext gegenübergestellt sehen, steht ein professionelles niederschwelliges Beratungsangebot zur Verfügung (Pilotangebot 2023 – 2025). Die vertrauliche psychologische Beratung adressiert Themen wie Überlastung, Konflikte, Stress oder Mobbing und richtet sich explizit auch an Führungskräfte, die sich mit spezifisch belastenden Führungsthemen konfrontiert sehen. Sie beinhaltet maximal drei Konsultationen, die persönlich, telefonisch oder online wahrgenommen werden können und für Mitarbeitende kostenlos sind. Das Angebot unterstützt die Früherkennung gesundheitlicher Gefährdungen und versteht sich als Beitrag zur Frühintervention. Es wirkt darauf hin, Leistungsminderungen von Mitarbeitenden und in Einzelfällen Krankheitsausfälle von stark belasteten Mitarbeitenden zu vermeiden.

Für jugendliche Mitarbeitende in Ausbildung wird unabhängig von ihrem Wohnsitz der Zugang zur städtischen Jugendberatung sichergestellt. Im Sinne einer breit ausgerichteten Gesundheitsförderung profitiert schließlich das gesamte städtische Personal von aktuellen, intranetbasierten Informationen und Kontaktangaben (wie etwa Anlaufstellen für die Angehörigenbetreuung oder auch für den Umgang mit Sucht- oder Gewaltthematiken) sowie – im Hinblick auf die Erhaltung der physischen Gesundheit – von vergünstigten Trainingsangeboten bei einem namhaften Fitness-Anbieter.

Das Generationenmanagement fließt auch in die »Berufliche Reintegration« der Stadt Zürich ein. Die Bedürfnisse älterer Mitarbeitenden werden im Pilotprojekt

Case Management plus (2020 – 2025) ebenfalls berücksichtigt. Mitarbeitende über 50 Jahre sind unter den Teilnehmenden überproportional vertreten. So werden beispielsweise mit »Integrationsstellen 55+« Weiterbeschäftigungsmöglichkeiten für ältere Mitarbeitende angeboten, die ihre Stelle aus gesundheitlichen Gründen verlieren und die noch Potenzial für eine Weiterbeschäftigung bei der Stadt Zürich haben. Angesichts der schlechteren Chancen auf dem Arbeitsmarkt werden so ein möglichst langer Verbleib im Berufsleben und ein würdevoller Übertritt in den dritten Lebensabschnitt ermöglicht. Im neu konzipierten »Job Coaching HRZ« werden sowohl die persönliche Lebensplanung als auch die längerfristige Perspektive auf dem Arbeitsmarkt einbezogen. Szenarien und deren Konsequenzen für das künftige bzw. restliche Berufsleben werden transparent besprochen und sorgfältig abgewogen. Dazu gehören auch mögliche Gedanken zu einer Frühpensionierung. Im Teilprojekt »Inklusionsarbeitsplätze« werden Methoden erprobt, mit denen Stellenprofile für Menschen, deren Leistungsfähigkeit nicht mehr für reguläre Profile ausreicht, geschaffen werden können. In Anbetracht der steigenden körperlichen und psychischen Anforderungen in der Arbeitswelt sind gewisse Stellenprofile gerade für ältere Mitarbeitende nicht mehr zumutbar. Die Teilnahme in diesem während der Projektphase befristeten Angebot steht Mitarbeitenden zur Verfügung, die im städtischen Case Management betreut werden.

Arbeitshilfe 10: Praxistransfer – Alt und Älter werden – was bedeutet das?

DIGITALE EXTRAS

Diese Arbeitshilfe finden Sie zum Download unter Digitale Extras.

Was bedeutet das für die Praxis?

Machen Sie sich über die folgenden Fragestellungen Gedanken und überlegen Sie, welche Bedeutung der Umgang mit Alter und Alternsprozessen in Ihrer Organisation hat:

- Im Hinblick auf die Entwicklungsphasen Ihrer Mitarbeitenden: Welche konkreten Aspekte können Sie in der Personalführung berücksichtigen, um altersgerechte Lösungen zu finden?
- Gibt es betriebliche Maßnahmen zur Gesundheitsförderung in Ihrer Organisation? Wie können Sie den Erhalt der Gesundheit Ihrer Mitarbeitenden im Führungsalltag unterstützen?
- Viele Menschen haben implizite oder explizite Stereotype, auch gegenüber bestimmten Altersgruppen. Welche Aussagen über das Alter nehmen Sie in ihrem Führungsbereich vor (»Der gehört zum alten Eisen.«, »Der ist noch grün hinter den Ohren.«)? Wie gehen Sie und die Mitarbeitenden damit um? Könnte man einige Stereotype oder Altersbilder reduzieren oder ausräumen?

Zusammenfassung und Kernaussagen des Kapitels

Bei der Altersbezeichnung kann zwischen chronologischem Alter (Anzahl Lebensjahre), biologischem Alter (Vergleich mit Menschen desselben chronologischen Alters), funktionalem Alter (wie gut gelingt es, im sozialen Umfeld zu funktionieren) und subjektivem Alter (empfundenes Alter) unterschieden werden.

Das subjektive Alter kann die Einstellung zur Arbeit besser vorhersagen als das chronologische Alter, da es direkt vom Selbstkonzept der Person abhängt. Bei altersbezogenen Programmen ist es also sinnvoll, eine Einschätzung des subjektiven anstatt des chronologischen Alters vorzunehmen.

In der Arbeitswelt kommen mehrere altersbezogene Entwicklungsphasen vor, in denen jeweils spezifische Themen zentral sind:

- **Junges Erwachsenenalter**: Die jungen Menschen sind dabei, einen Platz in der Gesellschaft zu finden, eine Partnerschaft einzugehen und die eigene Identität weiterzuentwickeln.
- **Mittleres Erwachsenenalter**: Bisherige Lebensgestaltung und -struktur werden infrage gestellt. Manchmal fällt in diesem Zusammenhang auch der Begriff *midlife crisis*. Der Höhepunkt des mittleren Erwachsenenalters ist mit 55 – 60 Jahren erreicht.
- **Spätes Erwachsenenalter**: Die physische Leistungsfähigkeit nimmt ab, erste Alterserscheinungen machen sich bemerkbar. Dennoch bleibt die Lernfähigkeit erhalten und Menschen im späten Erwachsenenalter profitieren von ihrer kristallinen Intelligenz.

Das Beispiel der kristallinen und fluiden Intelligenz zeigt, dass sich bestimmte Fähigkeiten bis ins hohe Alter verbessern, während andere gleich bleiben oder abnehmen. Das Gehirn ist bis ins hohe Alter lernfähig. Erkenntnisse wie diese können helfen, gängige Altersstereotype und Vorurteile zu vermeiden. Dafür hilft es, wenn diese Prozesse der Wahrnehmung und Urteilsbildung erkannt werden und in der Realität die einzelne Person gesehen und auf diese Person und ihr Verhalten adäquat reagiert wird. Diese Phänomene der Stereotypenbildung und der Vorurteile können auch im Bezug auf die Generationen auftreten, die Empfehlungen im Umgang damit entsprechen denen mit Altersstereotypen und Vorurteilen.

Baltes und Baltes setzten erfolgreiches Altern mit ihrem bekannten SOC-Modell in Beziehung. Dieses beschreibt Prozesse im Umgang mit dem Altern, die als Selektion, Optimierung und Kompensation bezeichnet werden. Selektion bedeutet, Handlungsoptionen auszuwählen. Optimierung beschreibt die Investition von Ressourcen, um Gewinne zu erzielen, und Kompensation bezeichnet Versuche, das Funktionsniveau bei abnehmenden Ressourcen aufrechtzuerhalten.

Der Erhalt der Arbeitsfähigkeit ist ein zentrales Thema in allen Organisationen und Bereichen. Arbeitsfähigkeit bedeutet jedoch mehr als die Abwesenheit von Krankheit! Für wissenschaftliche Studien und arbeitsmedizinische Untersuchungen wird häufig der Arbeitsbewältigungsindex (WAI – Work Ability Index) verwendet, um Faktoren zu erfassen, die mit der Arbeitsfähigkeit in Zusammenhang stehen. Fachpersonen wie Betriebsärzte, die im Umgang mit diesem Instrument geschult sind, können daraus betriebliche Maßnahmen der Gesundheitsförderung ableiten. Führung kann direkt oder indirekt Einfluss auf die Gesundheit der Mitarbeitenden nehmen. Dies geschieht einerseits durch einen förderlichen Führungsstil, andererseits durch die Gestaltung von gesundheitsförderlichen Rahmenbedingungen und der Möglichkeit, Ressourcen zu aktivieren.

5 Lernen – ein Berufsleben lang[208]

Wir behalten von unseren Studien am Ende doch nur das, was wir praktisch anwenden.
Goethe

Kapitelübersicht

Lebenslanges Lernen bedeutet kontinuierliches und lebensbegleitendes Lernen über die gesamte Lebensspanne hinweg. Es findet in verschiedenen Kontexten statt. Das Gehirn bleibt das ganze Leben lang lernfähig, bereits ab dem Pubertätsalter verändern sich jedoch bestimmte Lernmechanismen. Ein hohes Maß an Lernfähigkeit findet sich v. a. in Bereichen, in welchen viel Vorwissen vorhanden ist.

Bildungsinteressen, Motivation und bevorzugte Lernformen verändern sich über die Lebensspanne hinweg; die Kompetenzen der Mitarbeitenden sind entsprechend verschieden gelagert. Dies sollte in betrieblichen Weiterbildungsmaßnahmen berücksichtigt werden. Das Konzept des intergenerativen Lernens bietet gute Voraussetzungen, diese Unterschiede gewinnbringend zu nutzen und als Organisation zu lernen. Es geht darum, dass verschiedene Generationen voneinander, miteinander und übereinander Lernen. Dieser Ansatz sollte in den Ansatz des lebenslangen Lernens integriert werden, um dem Wissensverlust entgegenzuwirken, den das Ausscheiden der Babyboomer aus Organisationen (ohne ihren Erfahrungsschatz an die nachfolgende Generation weitergegeben zu haben) mit sich bringt.

Wissen kann in explizites und implizites Wissen unterschieden werden. Je nach Inhalten ist es darum nicht ausreichend, einen rein verbalisierten Wissenstransfer zu gestalten.

Mentoring bzw. Reverse Mentoring erfüllt diverse Funktionen neben dem naheliegenden Wissensaustausch. Dazu gehören auch soziale und innovationsfördernde Funktionen.

208 Dieses Kapitel ist in der Erstausgabe in Co-Autorenschaft mit Jan Rauch entstanden.

5.1 Warum brauchen wir lebenslanges Lernen?

Definition: Lebenslanges Lernen

Lebenslanges Lernen bedeutet kontinuierliches Lernen über die gesamte Lebensspanne.[209]

Das Konzept des lebenslangen Lernens entstand aus bildungspolitischen Diskussionen der 1960er-/1970er-Jahre als Reaktion auf den beschleunigten gesellschaftlichen (sozialen) Wandel.[210] Hohe Arbeitslosenraten (wie z. B. in den 1990er-Jahren), von der die Niedrigqualifizierten in der Regel am stärksten betroffen waren, haben dafür gesorgt, dass lebenslanges Lernen wieder auf die politische Tagesordnung gesetzt wurde im Bestreben, die Beschäftigungs- und Anpassungsfähigkeit der Bürgerinnen und Bürger zu verbessern.

209 In Anlehnung an Lang, 2007, S. 5.
210 Vgl. Herzberg, 2008.

Die demografische Entwicklung und die raschen Entwicklungen im Bereich der Digitalisierung und KI hat unter anderem zur Folge, dass alle Generationen in der Arbeitswelt benötigt werden. Wissen, Wissenserwerb, Kompetenzen in der Anwendung und auch im Umgang mit künstlicher Intelligenz ändern sich rasch und die Fähigkeiten im Umgang mit diesen neueren Technologien auch. Die Digital Natives der Millennials, Generation Z und Alpha sind innerhalb der digitalen Lern- und Arbeitswelt sozialisiert worden, während alle anderen Generationen, die aktiv im Arbeitsleben sind (d.h. Generation Y und Babyboomer), rasch aufgeholt haben und noch aufholen und sich ebenfalls aktiv in der digitalen Lern- und Arbeitswelt bewegen. Die kontinuierliche Anpassung und Erweiterung des Wissens ist daher unerlässlich, um mit den sich schnell verändernden Anforderungen Schritt zu halten.

Durch den technologischen Fortschritt und die Globalisierung der Märkte veraltet das während der schulischen und beruflichen Ausbildung erworbene Wissen schneller. Zukünftige Lernerfordernisse sind kaum noch vorhersehbar, sodass Schlüsselqualifikationen unterschiedlichster Art an Bedeutung gewinnen und fachliche oder bereichsspezifische Qualifikationen in den Hintergrund drängen.[211] »Das Lebenslange Lernen ist in einer Gesellschaft rapiden Wandels zu einer Existenznotwendigkeit geworden«.[212] Mit dem Ausbruch der Corona-Pandemie hat die Flexibilisierung der Arbeitswelt quasi über Nacht dazu geführt, dass alle Generationen – wenn immer es die Aufgaben erlaubt haben – ihre Tätigkeiten ins Homeoffice verlagert haben und den Austausch über digitale Medien und Plattformen auf- und ausgebaut haben. Ein enormes Lernen hat stattgefunden und ein erheblicher weitergehender Qualifizierungsbedarf wurde spürbar.

Neben der gesellschaftlichen gibt es auch eine individuelle Sicht auf die Notwendigkeit des lebenslangen Lernens. Ein zentrales Element der Arbeitsfähigkeit besteht darin, die benötigten Kompetenzen im Berufsleben durch Lernen zu erweitern oder zu erhalten. So kann es notwendig sein, laufend Kompetenzen im Umgang mit Neuen Medien oder digitalen Prozessen zu erweitern, damit dieselbe Tätigkeit längerfristig weiter ausgeübt werden kann, da die Abstimmung mit Kunden und Kollegen heute auch über diese Medien stattfindet. Bei dieser Perspektive geht es auch um den Erhalt der Kommunikationsfähigkeit. Lebenslanges Lernen ist auch erforderlich, um etwaige Verluste im Lebenslauf durch den Aufbau neuer Kompetenzen auszugleichen. Nimmt z.B. die körperliche Leistungsfähigkeit ab und wird damit die Ausübung einer entsprechenden Berufstätigkeit mit zunehmendem Alter erschwert, kann der frühzeitige Erwerb anderer Fähigkeiten (z.B. Planung und Organisation) helfen, den Tätigkeitsschwerpunkt zu verlagern. Dieses lebenslange Lernen ist oftmals Grundlage für die Entwicklung der eigenen Karriere (wenn sich z.B. technische Expertinnen und Exper-

211 Prenzel, 2000, S. 177.
212 Kolland, 2008, S. 161.

ten über Weiterbildungen Grundlagen der Führung aneignen). Neu hinzugekommen ist der Anspruch an Lernen im Umgang mit dem Einsatz von generativer künstlicher Intelligenz. Damit können immer komplexere Daten in kürzester Zeit identifiziert und aufbereitet werden. Generative KI soll also helfen, in kürzester Zeit mit großen Datenmengen und Komplexität umzugehen. Generative KI wie z. B. ChatGPT sind schnell, haben eine hohe Rechenleistung, ermöglichen paralleles Arbeiten und vieles mehr. Damit werden auch bei nicht routinemäßigen kognitiven Fähigkeiten Automatisierungen ermöglicht.[213]

Wichtig: Zentrale Annahmen des lebenslangen Lernens

»... das Konzept des Lebenslangen Lernens [geht] von der zentralen Annahme aus, dass nicht alle lebensrelevanten Kompetenzen einzig in der Grundbildung erworben werden können, und zwar, weil

- Kompetenzen sich im Laufe des Lebens weiterentwickeln und ändern und damit die Möglichkeit besteht, mit der Zeit Kompetenzen zu erwerben oder zu verlieren.
- die Anforderungen an die Menschen sich während ihres Erwachsenenlebens aufgrund des technologischen und strukturellen Wandels verändern.
- die Entwicklungspsychologie nachgewiesen hat, dass die Kompetenzentwicklung nicht mit dem Erwachsenenalter aufhört, sondern während des Erwachsenenlebens andauert.

Insbesondere Reflexivität, die Fähigkeit, reflexiv zu denken und zu handeln, setzt eine gewisse Reife und Erfahrung voraus.«[214].

Im Zusammenhang mit lebenslangem Lernen hat sich die Unterscheidung von drei Lernformen eingebürgert:[215]

- **Die formale Bildung** umfasst alle Bildungsgänge der obligatorischen Schule, der Sekundarstufe II (berufliche Grundbildung oder allgemeinbildende Schulen) und der Tertiärstufe (höhere Berufsbildung, Hochschulabschlüsse oder Doktorate).
- **Die nicht-formale Bildung** umfasst die Lernaktivitäten im Rahmen einer Schüler-Lehrer-Beziehung außerhalb des formalen Bildungssystems. Dazu gehören z. B. Kurse, Konferenzen, Seminare oder Privatunterricht.
- **Das informelle Lernen** umfasst Aktivitäten, die explizit einem Lernziel dienen, aber außerhalb einer Lernbeziehung stattfinden. Dabei handelt es sich z. B. um das Lesen von Fachliteratur oder das Lernen von anderen Personen am Arbeitsplatz.[216] Informelles Lernen erfolgt auch über kurze Lerneinheiten, die als Nachweis oder Microcredentials zertifiziert werden.

213 Bericht des Bundesrates, 2022, S. 18 ff.
214 OECD, 2005, S. 19.
215 Gemäß Schweizer Bundesamt für Statistik, UNESCO, OECD und Eurostat.
216 Bundesamt für Statistik, 2013.

Praxisbeispiel: Umfassende Berufsbildung, Praktika und Berufseinstieg bei der Stadt Zürich

In der Stadtverwaltung Zürich wurden im Jahr 2023 ca. 1400 Lernende in rund 50 Lehrberufen und 70 Lehrbetrieben ausgebildet. In den letzten zehn Jahren ist das Angebot an Ausbildungsplätzen weiter ausgebaut worden und die Lehrstellenanbieterin Stadt Zürich ist zum größten Lehrbetrieb im Kanton Zürich herangewachsen. Die Stadt hat einheitliche Rahmenbedingungen und Angebote wie z. B. gleicher Lohn für alle Lehrberufe, Schnupperlehren im Berufswahlprozess sowie ein zeitgemäßes und vielseitiges internes Bildungsangebot für die Lernenden sowie für die Berufsbildenden.

An Großanlässen wie Begrüßung, Lehrabschlussfeier, Berufsbildungskonferenz, aber auch kleineren abteilungsübergreifenden Events wird die Vielseitigkeit und Vielschichtigkeit der Berufsbildung in der Stadt Zürich sehr gut sichtbar.

Die Anstellung und die Ausbildung der Lernenden obliegen den individuellen Lehrbetrieben innerhalb der Stadtverwaltung und werden dezentral vor Ort verantwortet. Mit internen Ausbildungsverbünden, bei denen halb- oder ganzjährige Rotationen der Einsatzplätze stattfinden, werden angehende Kaufleute, Informatiker/innen oder Mediamatiker/innen auf ihr zukünftiges und dynamisches Berufsumfeld vorbereitet.

Nach Abschluss der beruflichen Grundbildung entscheiden sich rund 40 % der jährlichen Absolventinnen und Absolventen für den direkten Berufseinstieg und werden bei der Stadt Zürich selbst angestellt oder wechseln in eine Stelle außerhalb der Stadtverwaltung. Andere Lehrabgängerinnen und Lehrabgänger wählen eine Weiterbildung, einen Sprach- oder Auslandaufenthalt oder gehen in das Militär. Für Personen ohne Anschlusslösung stellt die Stadt Zürich 30 Plätze für ein internes Berufserfahrungsjahr zur Verfügung. Dieses Element ist ein wichtiger Baustein für einen nahtlosen Übergang ins Berufsleben und bietet den Teilnehmenden eine ideale Chance, um Berufserfahrungen zu sammeln und ein eigenständiges Leben aufzubauen. Der Erfolg für eine weiterführende Anschlusslösung während oder am Ende dieses Berufserfahrungsjahrs liegt bei ca. 80 %.

Neben der umfassenden Berufsbildung bietet die Stadt Zürich insbesondere auch für Hochschulabsolvent/innen sowie für Berufseinsteiger/innen interessante und vielfältige Praktikumsstellen und somit einen idealen Einstieg in das Berufsleben. Den Hochschulpraktikanten und -praktikantinnen bietet die Stadt Zürich unter dem Namen »Young Professionals« zudem ein Rahmenprogramm, das aus verschiedenen zielgruppengerechten Weiterbildungs- und Vernetzungsanlässen besteht.

5.2 Kompetenzen und lebenslanges Lernen

Im Zusammenhang mit lebenslangem Lernen wird häufig von *Kompetenzen* gesprochen. Die Betrachtung von Kompetenzen, die im Berufsleben benötigt, erworben und erweitert werden, geht über die Facetten der allgemeinen Intelligenz hinaus. Während es bei der Betrachtung von Intelligenz um generalisierbare und vom Kontext unabhängige Facetten von Leistung geht, werden Kompetenzen breiter gefasst. Häufig werden Kompetenzen als Voraussetzung zur Bewältigung komplexer Aufgaben und selbstorganisiertem Handeln beschrieben[217] und umfassen damit Intelligenz, Fertigkeiten, Wissen sowie weitere Qualifikationen. Sie sind erlernbar und beziehen sich meist auf einen Kontext oder eine Situation. Lebenslanges Lernen ermöglicht den Auf- und Ausbau von Kompetenzen, die in der sich permanent wandelnden Arbeitswelt benötigt werden. Durch die Entwicklung von Kompetenzmodellen und deren Einsatz in Instrumenten der Mitarbeiterauswahl, -entwicklung und -beurteilung werden Führungspersonen darin unterstützt, die für das Unternehmen als besonders erfolgskritisch definierten Kompetenzen zu entwickeln.

Stadt Zürich: Jährliche Entwicklungsgespräche für alle Mitarbeitenden

Die individuellen Entwicklungsmaßnahmen der Mitarbeitenden werden im jährlich stattfindenden Mitarbeitendengespräch, das bei der Stadtverwaltung »Zielvereinbarungs- und Beurteilungsgespräch« (ZBG) heißt, besprochen. Das ZBG umfasst neben dem Entwicklungs- auch das Zielvereinbarungs- und Beurteilungsgespräch. Der Teil »Entwicklungsgespräch« kann bedarfsweise auch zu einem gesonderten Zeitpunkt durchgeführt werden. Im Entwicklungsgespräch werden Entwicklungsbedarf, Erwartungen und Möglichkeiten beider Gesprächsparteien erörtert. Auch geht es darum, die aktuellen und künftigen betrieblichen Anforderungen zu beleuchten und den künftigen Bedarf an benötigten Kompetenzen zu analysieren. Dieses Vorgehen legt die Basis, dass die individuelle Entwicklung in Bezug auf sich allfällig verändernde berufliche Anforderungen reflektiert wird. Für die Vorbereitung des Entwicklungsgesprächs steht den Führungspersonen und Mitarbeitenden ein Gesprächsleitfaden zur Verfügung, der im SAP SuccessFactors »Performance & Goals« hinterlegt ist und im Jahresverlauf als Workflow zur Verfügung steht und bearbeitbar ist. Führungspersonen und Mitarbeitende werden in der Vorbereitung und Durchführung mittels Leitfragen unterstützt, diese beinhalten einen Fokus auf »Stärken« und »Verbesserungspotenzial«. Im Entwicklungsplan werden Entwicklungsziele und -maßnahmen dokumentiert.

Darüber hinaus haben Mitarbeitende und Führungspersonen Zugang zu Hilfsmitteln wie Praxistipps zur Mitarbeitendenentwicklung, Leitfäden sowie dem städtischen Kompetenzmodell.

Lernaktivitäten sind für den Erhalt der kognitiven Fähigkeiten im Alter wesentlich und im Sinne des lebenslangen Lernens in jedem Alter möglich. Durch Lernen wird die individuelle geistige Aktivität gefördert, das Wissen aktualisiert, die Reflexivität des

217 Z. B. Erpenbeck & Rosenstiel, 2007; Schaper, 2009.

Handelns gesteigert und die Kommunikation in sozialen Kontakten verbessert.[218] Das menschliche Gehirn verfügt über eine gewisse Plastizität und passt sich permanent veränderten Gegebenheiten an und verarbeitet neue Informationen. Dieser Anpassungs- und Aufnahmeprozess erfolgt im Gehirn immer dann, wenn etwas Neues gelernt wird, diese Fähigkeit bleibt auch bis ins hohe Alter erhalten.[219] Erwähnenswert ist die Tatsache, dass schon bereits nach der Pubertät die Einarbeitung in neue Wissensgebiete und die Neuorganisation bestehender kognitiver Strukturen mit wachsender Anstrengung verbunden sind.[220] Ergebnisse der Neurowissenschaften weisen auf einen veränderten Lernprozess bei Älteren hin, der auf Veränderungen im Prozess des Aufbaus synaptischer Verbindungen im Gehirn und einer Verhärtung neuronaler Strukturen beruht und den Aufbau von Expertise in einem Gebiet begünstigt.[221] Die sich daraus ergebende höhere Stabilität bestehender Wissensstrukturen und die hohe Lernfähigkeit in Bereichen, in welchen bereits ein umfassendes Vorwissen besteht, scheint typisch für das Lernen älterer Mitarbeiterinnen und Mitarbeiter zu sein.[222] Grundsätzlich nimmt die Lerngeschwindigkeit mit dem Alter ab, was u.a. auf die abnehmende Plastizität des Gehirns zurückzuführen ist. Die Abnahme fluider (logisches Denken und Problemlösung) und die Zunahme kristalliner (Fähigkeiten, welche von Wissen und Erfahrung abhängen) Intelligenz sowie das über die Jahre gesammelte Wissen führen dazu, dass ältere Menschen zwar mehr Wiederholungen benötigen, um einen Sachverhalt zu erlernen, sie finden jedoch leichter Anknüpfungspunkte an vorhandenes Wissen, an denen sie neue Lerninhalte anlehnen und diese entsprechend leichter merken und abrufen können. Sie wissen außerdem aus Erfahrung, welche Lernstrukturen und -methoden sie bevorzugt nutzen und auf welche Weise sie am effizientesten lernen. Entgegen der landläufigen Meinung bestehen für ältere Menschen also je nach Lerninhalt Vorteile beim Lernen neuen Wissens. Eine gewisse Erfahrung im Beruf und der Transfer von (theoretischen) Lerninhalten in eine praxisnahe Umgebung sollten dazu führen, dass Erlerntes schneller umgesetzt werden kann.

Neue Herausforderungen für die Entwicklung und Nutzung menschlicher Kompetenzen ergeben sich aus dem Einsatz von generativer KI. Diese Art von KI bildet Fähigkeiten nach, die mit menschlicher Intelligenz und Kognition in Verbindung gebracht werden. Sie erleichtert Aufgaben enorm, die via kognitive Leistungen wie Recherchetätigkeiten, Übersetzungen oder Datenaufbereitungen erbracht wurden. Parallel dazu bleiben die kognitiven Fähigkeiten der Menschen beschränkt (zur Veränderung in der Altersspanne vgl. Kapitel 4). Die Herausforderung im lebenslangen Lernen besteht im Umgang mit dieser Technologie. Die Einschränkungen der generativen KI sind »tückisch« und werden bei der Anwendung nicht immer erkannt. Es geht darum, diese

218 Vgl. Falkenstein & Sommer, 2006.
219 Blakemore & Frith, 2006, S. 176.
220 Vgl. Schmidt & Tippelt, 2005.
221 Vgl. Spitzer, 2003.
222 Vgl. Parasuraman, Tippelt & Hellwig, 2007.

Chancen zu erkennen und zu nutzen und gleichzeitig kritisch-reflektiv damit umzugehen. Diese Entwicklungen werden die Anforderungen an das lebenslange Lernen in den kommenden Jahren massiv beeinflussen: Anfragen in den Programmen der generativen KI erzeugen in der Regel immer Antworten, auch wenn diese in der vorhandenen Datenmenge nicht enthalten sind oder wegen der Art der Abfrage nicht zugegriffen werden kann. Es können Biases in den Antworten entstehen und die Interpretation von Fragen erfolgt immer auf der Basis der verfügbaren und publizierten Daten.

Um erfolgreich mit generativer KI umzugehen, braucht es Fähigkeiten in Datenanalyse, -modellierung und -interpretation, im Risikomanagement, Interpretation, Urteilsbildung, Kontextwissen u.v.a.[223] Der Erwerb KI-bezogener Kompetenzen beinhaltet auch den Umgang mit ethischen und sozialen Aspekten, um eine effektive Zusammenarbeit zwischen Menschen und KI zu gewährleisten.[224]

Wichtig: Lernvoraussetzungen im Alter[225]

Ältere
- können sich Kompetenz und Leistungsfähigkeit bis ins hohe Alter erhalten,
- kompensieren nachlassende fluide Intelligenz mit kristalliner Intelligenz,
- haben eigene Bildungsziele und umfangreiches Vorwissen,
- suchen in Bildungsveranstaltungen auch sozialen Kontakt.

5.3 Motivation im Altersverlauf

Durch Motivation erhält Verhalten eine Richtung auf ein Ziel und ist somit die Grundlage jeglichen Handelns.

Definition: Motivation

»Motivation ist eine momentane Gerichtetheit auf ein Handlungsziel, eine Motivationstendenz, zu deren Erklärung man die Faktoren weder nur auf Seiten der Situation oder der Person, sondern auf beiden Seiten heranziehen muss.«[226]

Die Motivation, etwas Bestimmtes zu lernen, verändert sich im Laufe des Lebens und ist eine zentrale Voraussetzung für das Lernen als solches. Grundsätzlich gilt, dass sich die Sichtweise auf das Altern über die Lebensspanne verändert und das sie Lernen

223 Vgl Yandrapalli, 2023; Dwivedi, Kshetri, Hughes, Slade et al., 2023; Chui, Hazan, Roberts, Singla, & Smaje, 2023.
224 Vgl. Bienefeld & Grote, 2023.
225 Vgl. Lehr, 1994; Tietgens, 1992.
226 Heckhausen, 1989, S. 3.

und die Motivation in der zweiten Lebenshälfte positiv beeinflussen kann.[227] Jüngere Menschen sind häufig primär motiviert, Leistung und Ressourcen zu maximieren, und es steht ein angestrebtes (End-)Ziel im Vordergrund (Ziel- oder Ergebnisfokussierung). Im Laufe des Erwachsenenalters nimmt das Potenzial für Entwicklungs- und Leistungsgewinne ab, die Gewinnorientierung verliert an Bedeutung und die Aufrechterhaltung vorhandener Ressourcen wird wichtiger.[228] Im höheren Erwachsenenalter treten dann Verluste stärker zutage (z. B. Gesundheit, Leistungsfähigkeit, Selbstständigkeit usw.), weshalb die Motivation zunimmt, diese Verluste zu kompensieren, während die Motivation, möglichst hohe Leistung zu erbringen, noch weiter an Bedeutung verliert (siehe Tabelle 5.1).

Im Arbeitsalltag kann dies z. B. bedeuten, dass jüngere Menschen einen Sprachkurs belegen, um ein Zertifikat zu erlangen und/oder in einem englischsprachigen Umfeld arbeiten zu können. Diese Sprachfähigkeit bei der Arbeit und der damit verbundene Zugewinn an beruflichen Möglichkeiten motivieren für die Teilnahme an einem Kurs (Ergebnisfokus). Mit zunehmendem Alter verändert sich diese Motivation: Weniger der berufliche Aufstieg, Prestige oder das Erlangen eines Zertifikats sind Gründe für das Lernen, sondern das Eigeninteresse und ganz allgemein die Freude am Lernen treten in den Vordergrund (Prozessfokus). Dies kann damit zu tun haben, dass ältere Personen im Beruf eine gewisse Stellung erreicht haben, die es ihnen ermöglicht, z. B. eine Weiterbildung mehr nach ihren Interessen zu planen und sie weniger darauf angewiesen sind, mit der Weiterbildung eine bestimmte Kompetenzlücke oder einen allgemeinen Standard nach bestimmten Abschlüssen oder Zertifikaten zu füllen, um beruflich weiterzukommen.

Menschen erfahren mit zunehmendem Alter auch erste Verluste (z. B. an Gesundheit, Leistungsfähigkeit usw.). Damit entsteht ein neuer Schwerpunkt bei der Motivation: die Kompensation und der Ausgleich dieser Verluste und die Entwicklung von Freude am Tun, unabhängig von einer Zielerreichung. Im obigen Beispiel hieße dies, einen Sprachkurs zu belegen, um zu erleben, wie man sich mit anderen Menschen in einer solchen Sprache unterhalten kann, neue Menschen kennenzulernen usw.[229]

227 Kornadt, Kessler, Wurm, Bowen et al., 2020.
228 Freund, 2014.
229 Vgl. Freund, 2014.

	Millennials, Generation Z & bald ältere Mitglieder Generation Alpha	Generation X	Babyboomer
Entwicklungs-aufgaben	Entwicklungs-aufgaben beziehen sich auf Gewinn (Familiengründung, Berufseinstieg).	Erfahrung erster Verluste (Gesundheit, kognitive/geistige Leistungsfähigkeit); Entwicklungs-aufgaben beziehen sich auf das Konsolidieren (beruflich und familiär).	Entwicklungsaufgaben beziehen sich auf Aufrechterhaltung vorhandener Ressourcen und die Kompensation von Verlusten (Gesundheit, Selbstständigkeit im Alltag, soziale Kontakte).
Gewinn- und Verlust-orientierung	Primär motiviert, etwas zu erreichen: Gewinnorientierung.	Gewinnorientierung verliert an Bedeutung, Aufrechterhaltung wird wichtiger.	Weniger motiviert, maximale Leistung zu erreichen; hoch motiviert, Verluste auszugleichen.
Prozess- und Ergebnisfokussierung	Primär motiviert, etwas zu erreichen; Anstrengung erfolgt als Mittel zum Zweck; Ergebnisfokus.	Erreichen neuer Ziele wird mit zunehmendem Alter unwahrscheinlicher, das Tun selber wird zum Ziel und motiviert; Verlagerung vom Ergebnis- zum Prozessfokus.	Primär motiviert, etwas zu tun, um dabei Spaß zu haben, Menschen zu treffen, Neues zu erfahren etc.; Prozessfokus.

Tab. 5.1: Veränderung der Lernmotivation im Lebenslauf[230]

Es ist bekannt, dass das Lernumfeld entscheidenden Einfluss auf den Lernerfolg hat. Kann man sich dieses Umfeld aussuchen, steigt die Chance auf erfolgreiches Lernen und die spätere praktische Umsetzung. Je selbstgesteuerter die Auswahl z.B. einer Weiterbildung ist, desto höher müsste der Nutzen sein. Während es im frühen und mittleren Erwachsenenalter um den Auf- und Ausbau einer sicheren gesellschaftlichen Stellung geht, handelt es sich ab dem ca. 50. Lebensjahr bis zum Renteneintritt um den Erhalt der beruflichen Position und der ökonomischen Leistungsfähigkeit. Bildungsbiografische Zukunftsvorstellungen beginnen im mittleren Lebensabschnitt sich langsam zu verschieben und so kann vonseiten der Unternehmen z.B. die Frage aufkommen, ob sich eine Bildungsanstrengung und -finanzierung in Anbetracht der eingeschränkten »ökonomischen Verwertbarkeit«

230 Eigene Darstellung, Inhalte entnommen aus Freund, 2014.

überhaupt noch lohnt.[231] Auch im Kontext kleinerer und mittlerer Unternehmen scheint man sich diese Frage zu stellen, da die Jahrgänge 45plus als »Risikogruppe« bei der Weiterbildungsbeteiligung angesehen werden.[232] In einigen Branchen und Berufsfeldern schreitet die Digitalisierung weiter fort und es wird zunehmend KI eingesetzt, um Entscheidungsfindungen zu unterstützen oder Prozesse zu optimieren. Um im Beruf erfolgreich zu bleiben, ist es auch für ältere Mitarbeitende auf jeden Fall sinnvoll, mit diesen Entwicklungen Stand zu halten. Profitieren werden diese Generationen von diesem Lernen auch im Alltag, da immer mehr Anwendungen im Bereich Gesundheit und anderen Lebensbereichen diese Technologien nutzen. Die Beschäftigung mit KI schärft die kognitiven Fähigkeiten und Agilität und ermöglich perspektivisch gesellschaftliche Teilhabe, wenn sich auch im Alltag diese Technologie verbreitet.[233]

Interessantes aus der Forschung[234]

In einem Forschungsprojekt wurde bei über 1500 Mitarbeitenden die Frage untersucht, ob es Unterschiede zwischen den Angehörigen der Babyboomer oder Generation X bezüglich des Zusammenhangs zwischen Zufriedenheit mit der Entwicklung ihrer beruflichen Karriere, ihrem Commitment dem Unternehmen gegenüber (positiver Zusammenhang) und einer Vernachlässigung der Arbeit (negativer Zusammenhang) gibt. Die Generation X zeigt einen stärkeren Zusammenhang zwischen einer positiven verlaufenen Karriereentwicklung, dem organisationalen Commitment und (weniger) Vernachlässigung der Arbeit als die Babyboomer.

Praxisbeispiel: Lebensphasenorientierte Personalentwicklung in einer öffentlichen Organisation

Das **Eidgenössische Departement für Verteidigung, Bevölkerungsschutz und Sport (VBS)** ist mit rund 12.000 Mitarbeitenden der größte Arbeitgeber der Bundesverwaltung der Schweiz und durch eine hohe Vielfalt an Tätigkeitsbereichen charakterisiert. Das Departement ist – wie zahlreiche andere Unternehmen – mit einem hohen Durchschnittsalter der Belegschaft, mit Renteneintrittswellen und mit einem Mangel an qualifizierten Fachkräften konfrontiert. Um diesen Auswirkungen der demografischen Entwicklung zu begegnen, wurden eine langfristige Strategie erarbeitet und Maßnahmen auf mehreren Ebenen umgesetzt. Dazu gehören die Einführung eines Kompetenzmanagements, die Professionalisierung

231 Schäffer, 2012.
232 Bellmann & Leber, 2008, S. 43.
233 Miskan, Hussin & Muhamad et al., 2021; Jimeno, 2019; Hughes & Seneca, 2019.
234 Vgl. Benson, Brown, Glennie, O'Donnell & O'Keffe, 2018.

des Personalmarketings und Maßnahmen für die Mitarbeitenden der Generation 55plus. Im Zentrum der Aktivitäten stand das Ziel, die Potenziale der Mitarbeitenden zu erkennen, zu fördern und letztlich für die Organisation optimal zu nutzen. Hier setzte das VBS Akzente in der Personalentwicklung und im Personalmarketing. Beispiele dafür sind:

- die Erhöhung der Qualität bei den Personalentwicklungsgesprächen mit Selbst- und Fremdeinschätzung anhand eines maßgeschneiderten Kompetenzmodells,
- ein moderner Auftritt für die Gewinnung von Mitarbeitenden mit spezifischen Karriere-Websites und sukzessiver Ausweitung auf Social Media, sowie
- diverse Instrumente, welche die Führungskräfte bei der Arbeit in diesen Personalprozessen unterstützen.

Eine besondere Herausforderung stellen für das VBS die älteren und die ganz jungen Mitarbeitenden dar. Bei den Mitarbeitenden in der letzten Phase ihres Erwerbslebens lautet die Kernfrage: Wie können auch älteren Mitarbeitenden Perspektiven aufgezeigt werden, damit sie ihre Fähigkeiten optimal in die Organisation einbringen können? Dazu hat das VBS einen bisher ungewohnten Weg beschritten und die Betroffenen selbst zu Wort kommen lassen: Durch eine breit angelegte Befragung zu den Einstellungen und Bedürfnissen der Zielgruppe ab dem Alter von 45 Jahren wurden wichtige Erkenntnisse für die Entwicklung von Maßnahmen gewonnen. Das Fazit war: Ältere Mitarbeitende dürfen von Führungskräften nicht vernachlässigt werden. Die Bereitschaft zur Leistung und die Disponibilität sind bei der älteren Generation vielerorts hoch. Mit geeigneten Maßnahmen können ältere Mitarbeitende gewinnbringend für die Organisation eingesetzt werden.

Bei den jüngeren Mitarbeitenden der Generation Z lauten die Fragen: Wie gehen wir mit den Bedürfnissen und Werthaltungen der neuen Mitarbeitendengenerationen um? Wie können wir ihre Ideen abholen, damit sie ihr Leistungspotenzial in der Organisation entfalten können?

Besonders gefordert sind dabei aus Sicht des VBS die Führungskräfte, welche sich der Vielfalt an Profilen, Biografien und Erwartungen stellen müssen. Das Departement setzt deshalb bei seinen Maßnahmen insbesondere bei den Führungskräften als *Enabler* an:

- Breite Sensibilisierung der Linienvorgesetzten für die Thematik,
- Standortbestimmung für ältere Mitarbeitende mit kompetenter Beratung,
- Investition in die Aus- und Weiterbildung über das 55. Lebensjahr hinaus,
- Empfehlung von Aus- und Weiterbildungsthemen spezifisch für die jüngere Generation,

- Workshops mit Vertreterinnen und Vertretern aus allen Generationen und Führungsstufen zur Förderung des gegenseitigen Verständnisses,
- Förderung von geeigneten Arbeitsmodellen sowie
- Wissenstransfer.[235]

5.4 Lebensalter und Lernen

Die Literatur liefert verschiedene Erklärungsmodelle darüber, *wie* Menschen verschiedenen Alters lernen.[236] Grundsätzlich kann Lernen als Prozess betrachtet werden, der Erarbeitung neuen Wissens auf der Basis bisheriger Erfahrungen und Wissens ermöglicht.[237] Ausgehend von dieser Definition liegt der Schluss nahe, dass sich Lernprozesse von Älteren und Jüngeren schon alleine deshalb unterscheiden, weil jüngere Menschen bislang weniger Lebenszeit hatten, um Erfahrungen jedweder Art zu sammeln. Neben den variierenden Motivationslagen von Generationen, den abweichenden Entwicklungen der Intelligenzstruktur und der unterschiedlichen Menge an Erfahrungen kann es nicht erstaunen, dass Menschen verschiedenen Alters sich bezüglich Lernkultur, -gewohnheiten, -interessen u. a. lernrelevanten Faktoren unterscheiden.

5.4.1 Verschiedene Lernformen für die Generationen?

Interessantes aus der Forschung

In der Generation Z ist mit 15,4 Stunden Nutzung pro Woche das Smartphone das meistgenutzte Gerät.[238] Durchschnittlich 150-mal pro Tag entsperren Mitglieder der Generation Z das Smartphone und verbringen fünf Stunden in sozialen Netzwerken.[239]

Bei den Lerngewohnheiten und -präferenzen gibt es unterschiedliche Tendenzen zwischen den Generationen, die stark davon beeinflusst werden, in welcher Lebensphase die Menschen mit den aktuellen technologischen Entwicklungen konfrontiert wurden.

Auf die Generation Alpha wird an dieser Stelle nicht näher eingegangen, da für den in diesem Buch relevanten beruflichen Kontext nur Aussagen über die ältesten Vertreterinnen und Vertreter getroffen werden können und eine Abgrenzung zur Generation Z

---

235 Vgl. Kühni & Lüthi, 2015/2024.
236 Z. B. Merriam, Caffarella & Baumgartner, 2007.
237 Vygotsky, 1997.
238 Kleinschmitt, 2015.
239 Maas, 2019.

hier keinen Mehrwert bieten würde. Für die Generation Z lassen sich die folgenden Präferenzen und Tendenzen beobachten:[240]

- Der Nutzen hinter den gelernten Inhalten oder dem Besuch des Kurses soll ersichtlich sein.
- Der Einsatz diverser digitaler Tools wird als selbstverständlich wahrgenommen.
- In der Freizeit wird konstant Wissen über Plattformen wie YouTube angeeignet.
- Kompakte Informationen ergänzt durch Bilder, Grafiken, Videos und Memes werden gegenüber langen Texten bevorzugt.
- Die Aufmerksamkeitsspanne ist gering und Multitasking verbreitet.
- Die Generation Z ist bereit, sich ständig neue Kompetenzen anzueignen, um auf einem sich wandelnden Arbeitsmarkt gute Chancen zu haben.
- Aktuelle Unterrichtsmodelle werden oft als veraltet wahrgenommen.
- Personalisierte Lernerfahrungen sind gefragt.
- Neben dem (passiven) digitalen Konsum von Informationen wird das kollaborative Arbeiten vor Ort geschätzt.
- Google und KI werden aktiv zum Lernen genutzt. Die Ansicht, dass Technologie ohnehin den Arbeitsalltag dominiert und dass aktiv mit ihr und nicht ohne sie gelernt werden sollte, ist weit verbreitet.
- Auswendiglernen wird ohne spezifisch genannten Grund als wenig zielführend erachtet.
- Wie überall ist schnelles Feedback gewünscht.

Folgende Trends und Lernpräferenzen sind charakteristisch für die Millennials:[241]

- Handeln und Ergebnisse werden wichtiger erachtet als Wissen.
- Geschwindigkeit, d.h. sofortige Information, ist wichtiger als Genauigkeit.
- Versuch und Irrtum ist ein präferierter Lösungsweg, d.h. es gibt ein höheres Interesse an problembasiertem Lernen.
- Kürzere Lernsequenzen werden bevorzugt.
- Millennials sind es gewohnt, mehrere Aktivitäten gleichzeitig laufen zu lassen: »*A generation that likes to parallel process and multitask as a way of life.*«[242]
- Visuelles Lernen und »*short bites of information*«,[243] sind beliebter als das Lesen längerer Texte.
- Gemeinsames Lernen – Interaktion, Diskussion und Networking sind für die Generation präferierte Wege.
- Millennials sehen Wissen als einen aktiven Entstehungsprozess, wobei Wissen in der Community weitergegeben bzw. konsumiert wird (konstruktivistischer Ansatz).[244]

240 Vgl. Lindner, 2023.
241 Schofield & Honorè, 2009.
242 Forrester, 2006, S. 5.
243 Ebenda.
244 Aus: Kleiminger, 2011, S. 138.

Ältere Generationen lernen noch immer bevorzugt induktiv und fallbezogen.[245] Während den Dozierenden eine stärker moderierende als belehrende Rolle zukommt, ist die Berücksichtigung von Erfahrungswissen und bestehendem Fachwissen eine wesentliche didaktische Forderung an die Weiterbildung Älterer. Ideale Lernformen für Ältere fördern das sogenannte selbstgesteuerte Lernen, welches an der Autonomie der Teilnehmer anknüpft oder es werden bevorzugt kooperative und interaktive Lernformen eingesetzt.[246] Der Wunsch, eigenes Wissen einbringen zu können, wird im Rahmen der biografischen Arbeit erfolgreich in der Erwachsenenbildung eingesetzt, auch wenn sich dieses didaktische Modell besser für die Arbeit mit altershomogenen Lerngruppen eignet. Ein weiterer früh dokumentierter Wunsch Älterer an Bildungsangebote ist der Austausch mit anderen Lernenden in der Gruppe.[247] Welche Anforderungen an die Zusammensetzung der Gruppen gestellt werden, etwa hinsichtlich der Altersstruktur, bleibt offen. Es ist davon auszugehen, dass die Unterschiedlichkeit im Bezug auf die Bildungsinteressen und -barrieren eher zunehmen sowie insgesamt die Heterogenität innerhalb höherer Altersgruppen größer ausfallen wird als bei Jüngeren.[248]

Praxisbeispiel: Competence Center for Young Professionals speziell für Digital Natives

Das Postfinance Competence Center for Young Professionals (CCYP) wurde im Jahr 2018 mit dem Award »a great place to start« ausgezeichnet. Sie bilden jährlich ca 20 – 25 Lernende in Berufsfeldern aus, die sich selber enorm rasch weiterentwickeln: Technikerinnen und Techniker in IT, Mediamatik, interaktivem Media Design und digitalem Business Developement. Das Ausbildungskonzept basiert auf dem traditionellen Ausbildungsplan und bereitet auf die entsprechenden Abschlussprüfungen vor. Die Lernphilosophie und die Möglichkeiten, sich zukunftsgerichtet auszubilden, gehen jedoch weiter über diese traditionelle Form der Ausbildung hinaus: Die Lernenden arbeiten unabhängig in Projekten mit, setzen bei ihren eigenen Bedürfnissen und Aufgaben an und können direkt auf TikTok, auf der Website Postfinance oder durch eigene App-Entwicklung praktische Erfahrungen sammeln. Begleitet wird der Lernprozess durch CCYP Coaches, die über ihre traditionelle Rolle als Berufsbildner hinaus sich selber in die Projekte einbringen und als Lernbegleiterinnen und Lernbegleiter Reflexions- und Lernprozesse unterstützen. Teilnehmende aus diesen Ausbildungsgängen erleben diese Art des Lernens als motivierend und den angebotenen Ausbildungsrahmen als inspirierend und nützlich. Dieses Programm wurde strategisch entwickelt, um

245 Wenke, 2001.
246 Bubolz-Lutz, 2000; Christ & Röhrig, 2001.
247 Tietgens, 1992.
248 Schmidt, 2006.

den Bedürfnissen der jüngeren Generationen gerecht zu werden und dem Fachkräftemangel entgegen zu wirken.[249]

Swiss Textiles und Textilverband Schweiz: Generationen im Unternehmen – gemeinsam erfolgreich sein

Swiss Textiles, der Textilverband Schweiz, und der Verband Textilpflege Schweiz haben 2023 an einer Fachkräftetagung für Berufsbildende, Ausbildungs- und HR-Verantwortliche sowie Führungspersonen die Generationenvielfalt thematisiert. Ziel der Tagung war es, Verständnis und Empathie zwischen den Generationen zu fördern und gemeinsam konkrete sowie individuelle Handlungsansätze für den Arbeitsalltag zu identifizieren.

In der Textil- und Bekleidungsbranche sind rund 16.500 Mitarbeitende beschäftigt. In der Textilpflegebranche arbeiten ungefähr 4400 Mitarbeitende in Wäschereien und zusätzlich 2000 Mitarbeitende in Textilreinigungen. Der demografische Wandel sowie der Fachkräftemangel fordern die Mitgliedsunternehmen darin, sich als attraktive Arbeitgeber für Personen jeden Alters zu positionieren. Die Zusammenarbeit in altersgemischten Teams ist anspruchsvoll, da jede Generation ihre eigenen Bedürfnisse, Motivationen und Arbeitsweisen mitbringt. Doch gerade in dieser Vielfalt liegt das Potenzial für Innovation, Effizienz und Kreativität, das ein Unternehmen maßgeblich von seinen Mitbewerbern abheben kann. Für viele Unternehmen ist es eine große Herausforderung, alle diese Generationen zufriedenzustellen. Die Frage lautet also: Wie können wir die erfolgreiche Zusammenarbeit dieser Generationen fördern und gestalten?

Um die komplexe Thematik umfassend zu behandeln und gemeinsam Ansätze für ein aktives Generationenmanagement zu identifizieren, wurde während der Tagung eine Vielzahl nützlicher Informationen und Fakten zum Thema aktives Generationenmanagement im Unternehmen präsentiert. Zudem wurden Einschätzungen zum Arbeitsmarkt vorgestellt und Möglichkeiten diskutiert, aktive betriebliche Maßnahmen zu ergreifen.

In interaktiven Workshops setzten sich Mitglieder beider Verbände mit ihren Erfahrungen bezüglich der Erwartungen und Besonderheiten der (potenziellen) Mitarbeitenden auseinander:

- Was kennzeichnet die Zusammenarbeit mit den jüngeren bzw. älteren Generationen?
- Welche Herausforderungen haben die Altersgruppen jeweils zu meistern?

249 Postfinance, 2023.

- Welche Stärken können die verschiedenen Generationen einbringen?
- Und wie können wir ganz konkret die Zusammenarbeit zwischen den Generationen fördern?

Darauf folgend wurden konkrete Vorgehensweisen im eigenen Arbeitsumfeld und speziell in Bezug auf bestimmte Altersgruppen (bis 30/50/65 Jahre) diskutiert.

- Welche eigenen Best Practices kann ich einbringen? (Tipps und Tricks)
- Welche Ideen können wir ausprobieren? (als Unternehmen, ich als Person, der Verband)

Die Möglichkeit, sich mit verschiedenen Aspekten der Thematik vertieft auseinanderzusetzen, sowie sich innerhalb der Branche zu vernetzen und Erfahrungen sowie Best Practices zu teilen, wurde sehr geschätzt. Der Fachkräftemangel und die Herausforderung des demografischen Wandels werden die Teilnehmenden weiterhin beschäftigen. Aus der Tagung nahmen sie jedoch Energie und viele wertvolle Impulse mit, wie das Thema Generationenmanagement sowohl branchenübergreifend als auch im eigenen Unternehmen weiterbearbeitet werden kann.[250]

5.4.2 Lebenslanges Lernen nach Art der Bildungs- oder Lernaktivitäten

Motivation zur Teilnahme an (Weiter-)Bildungen ist abhängig von individuellen, aber auch generationalen Unterschieden. Während Jüngere häufiger ergebnisorientiert sind (also z. B. einen Kurs zu einem guten Teil aufgrund des formalen Abschlusses besuchen), steht bei älteren Weiterbildungsteilnehmenden vermehrt der Prozess an sich im Fokus (also z. B. die Freude, etwas Neues zu lernen usw.). Die Welt des Lernens hat sich jedoch auch auf anderer Ebene verändert. Noch vor nicht allzu langer Zeit war »Bildung, Betreuung und Erziehung [...] v. a. die Weitergabe der eigenen Lebensweise, des eigenen kulturellen Erbes, der eigenen Lebensvorstellungen innerhalb der Familie an die eigenen Kinder und Kindeskinder, von ›Generation zu Generation‹« (Rauschenbach, 2011). Dies beinhaltete unter anderem auch, dass Kinder dieselbe Schule besuchten und oft auch denselben Beruf zu erlernen hatten wie die ältere Generation. Neben der schulischen (formellen) nahm also v. a. die informelle Bildung einen großen Stellenwert ein. Diese Verteilung hat sich im Laufe der letzten Jahre stark verändert; dies spiegelt sich unter anderem in unterschiedlichen Präferenzen genutzter Lernformen im Altersverlauf wider (siehe Abbildung 5.1).

250 Vgl. Berger & Saner, 2024.

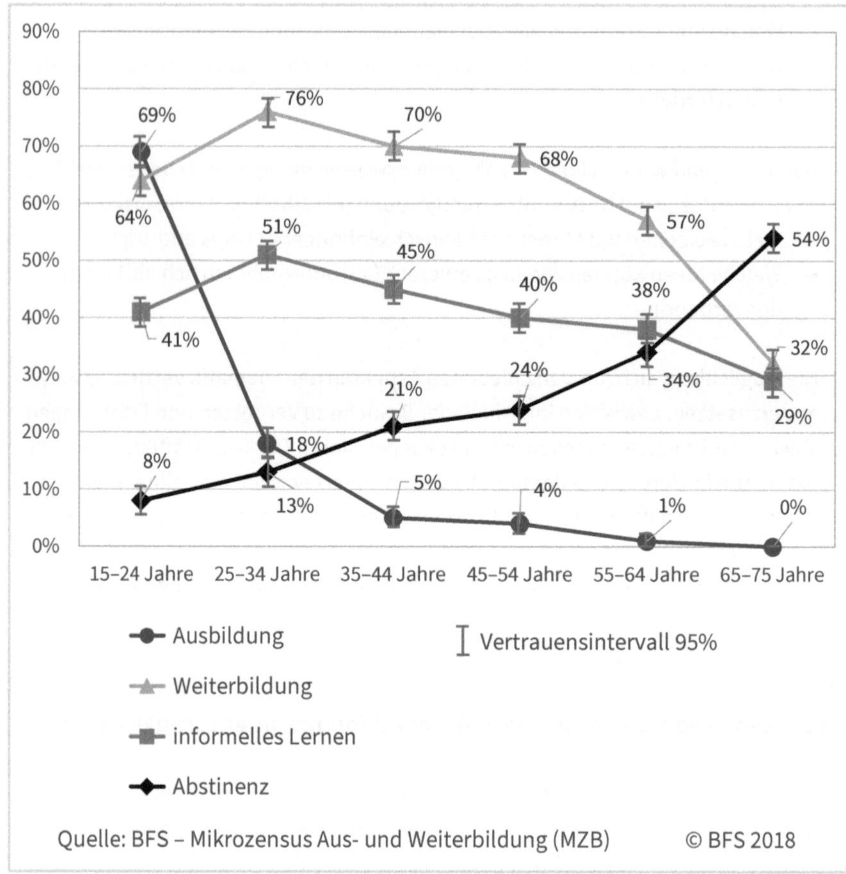

Abb. 5.1: Bildungsbeteiligung und Abstinenz der Bevölkerung im Alter von 15 bis 75 Jahren nach Altersgruppe und Art der Bildungsaktivität, 2016; Bundesamt für Statistik, 2018b

Beispiel: Stadt Zürich – Lebenslanges Lernen für alle

Die Stadt Zürich setzt auf engagierte und kompetente Mitarbeitende. Viele Mitarbeiterinnen und Mitarbeiter arbeiten während vieler Jahre oder ein Berufsleben lang bei der Stadt Zürich. Für den Erhalt der Arbeitsmarktfähigkeit, die Anpassung der Kompetenzen an neue technologische und fachliche Anforderungen sowie für die Weiterentwicklung der Talente und Persönlichkeiten ist ein lebenslanges Lernen sinnvoll und erwünscht.

In den Ausführungsbestimmungen zum Personalrecht wurde verankert, dass die Mitarbeitendenentwicklung strategie-, kompetenz-, lebensphasen- und transferorientiert erfolgt und alle Mitarbeitenden unabhängig von ihrem Alter und ihrem Beschäftigungsgrad systematisch gefördert werden. Die Mitarbeitendenentwicklung wird systematisch am städtischen Kompetenzmodell mit den Kompetenzfeldern Fach-, Selbst-, Sozial- und Führungskompetenz ausgerichtet, wobei auch die Erweiterung »Kompetenzen für die digitalisierte Arbeitswelt« berücksichtigt wird.

Lebensphasen-Orientierung bedeutet, dass während der gesamten Dauer der Anstellung die privaten und beruflichen Lebensentwürfe der Mitarbeitenden möglichst berücksichtigt werden (Familiensituation, individuelle Lebensentwürfe, alternative Karrierewege, Entwicklungsrichtungen usw.). Es geht darum, die Potenziale und Erfahrungen von jüngeren und älteren Mitarbeitenden gezielt zu nutzen und ein Lernen passend zum eigenen Lernverhalten zu ermöglichen. Entwicklungsmaßnahmen erfolgen abgestimmt auf die Phase der beruflichen Lebenszyklen der Mitarbeitenden vom Einstieg ins Berufsleben bis zur Pensionierung.

Instrumente der Mitarbeitendenentwicklung beschreiben die Vorgehensweisen und bilden den Rahmen, damit Entwicklungsmaßnahmen abgestimmt auf den Bedarf der Organisation und die Bedürfnisse der Mitarbeitenden erfolgen können. Dem Dialog in Form von Entwicklungsgesprächen kommt dabei eine zentrale Bedeutung zu.

Individuelle Entwicklungsmaßnahmen dienen der Einarbeitung, dem Qualifikationsausbau oder können auch den Ausstieg vorbereiten. Die Stadt Zürich setzt dabei auf vielfältige Formen und Formate: Entwicklung kann innerhalb oder außerhalb des Arbeitskontexts selbst erfolgen.

Eine Übersicht über die Instrumente »along the Job« gibt die folgende Abbildung. Konkretisiert werden die Entwicklungsmaßnahmen entsprechend des individuellen und organisatorischen Entwicklungsbedarfs im jährlich stattfindenden Mitarbeitergespräch.

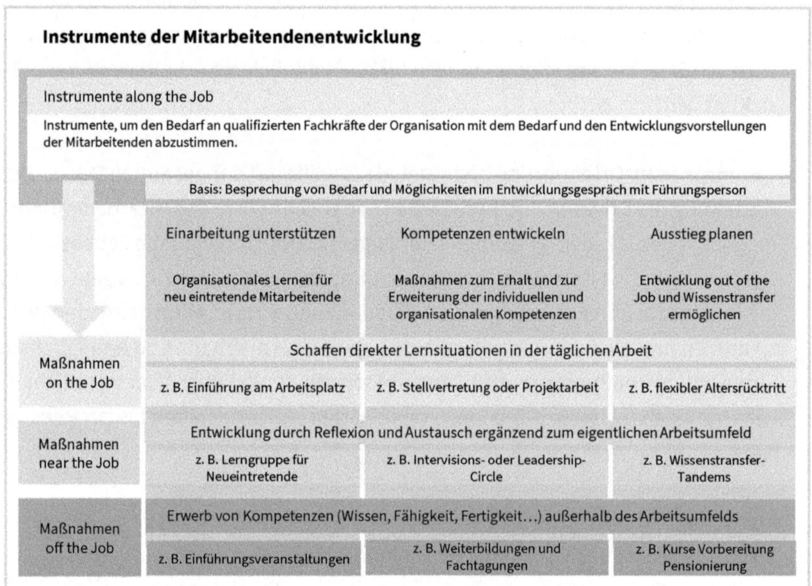

Abb. 5.2: Instrumente der Mitarbeitendenentwicklung

Die Stadt Zürich verfügt über ein eigenes städtisches Bildungsangebot zur Weiterentwicklung von Fach-, Sozial-, Selbst- und Führungskompetenzen, das grundsätzlich allen Mitarbeitenden zugänglich ist. Hinzu kommt eine Vielzahl von frei zugänglichen Selbstlerneinheiten aus allen Kompetenzfeldern. Der Rahmen für die finanzielle und zeitliche Beteiligung an internen und externen Weiterbildungen ist verbindlich in einem Bildungsreglement geregelt. Dieser einheitliche Rahmen gilt für alle Altersgruppen vom Start ins Berufsleben bis zum Austritt oder zur Pensionierung. On-the-Job-Lernerfahrungen, Blended Learning, digitalisierte Lernumgebungen, kollaborative Arbeitsformen sowie diverse Formen des selbstgesteuerten Lernens ermöglichen, zusammen mit den Off-the-job-Weiterbildungen, ein kontinuierliches Lernen, ein Berufsleben lang.

Die folgende Tabelle zeigt einen Überblick über gesamtstädtische Instrumente zur Steuerung der Weiterbildung, Förderung der Mitarbeitendenentwicklung und der städtischen Führungskultur. Die Angebote und Inhalte richten sich an alle Mitarbeitenden der Stadt Zürich.

Grundlagen und Instrumente auf einen Blick	Kurzbeschreibung
Ausführungsbestimmungen zum Personalrecht	Grundsätze der Mitarbeitendenentwicklung
Bildungsreglement	Stadtweit einheitlicher Rahmen für Bildungsmaßnahmen und die Beteiligung von Mitarbeitenden und Stadt
Kompetenzmodell der Stadt Zürich	Detailbeschreibungen zu Fach-, Selbst-, Sozial- und Führungskompetenz
Erweiterung digitalisierte Arbeitswelt	Kompetenzen für die Digitalisierung gezielt weiterentwickeln
Leitfäden, Kurzanleitungen und E-Learnings zum ZBG	Anwendungshilfen zur prozessualen und technischen Anwendung des ZBG via SAP SF
Führungsgrundsätze der Stadt Zürich	Wertvorstellungen guter Führung in der Stadtverwaltung
Bildungsangebote der Stadt Zürich	Weiterbildungsmöglichkeiten für Mitarbeitende und Führungspersonen
Selbstlernangebote der Lernplattform	Onlineangbote zu allen Kompetenzfeldern inklusive Kompetenzen für die digitalisierte Arbeitswelt

Ausblick

Aufgrund der Altersstruktur innerhalb der Belegschaft der Stadt Zürich stehen in den nächsten Jahren eine Vielzahl an Pensionierungen (vgl. Stadt Zürich: Altersstrukturanalyse) an. Ein Pilotprojekt befasst sich mit dem Thema der systematischen Nachfolgeplanung und des Talentmanagements. Außerdem werden Verfahren zum systematischen Wissenstransfer geprüft, die vor allem implizites Wissen von Personen sichtbar und für die Nachfolge zugänglich machen sollen.

Im städtischen Beratungsangebot für Dienstabteilungen der Stadt Zürich wird neu ein Verfahren zur Initialisierung systematischer Personalentwicklung angeboten. Es zielt darauf ab, Schwerpunkte für die Entwicklung der Mitarbeitenden festzulegen und strategische Schlüsselkompetenzen zu evaluieren. Dies gibt den Führungspersonen Orientierung und führt dazu, dass Mitarbeitende aus den eigenen Reihen für aktuelle und zukünftige berufliche Anforderungen rechtzeitig gezielt gefördert werden können. Das Verfahren zeigt zudem auf, wie die Kultur und die strategischen Ziele der Dienstabteilung sinnvoll mit der individuellen Mitarbeitendenentwicklung verknüpft werden können.

Arbeitshilfe 11: Instrument Mitarbeitendenentwicklung für Führungskräfte

DIGITALE EXTRAS

Die Arbeitshilfe für Führungskräfte finden Sie zum Download unter Digitale Extras. Sie kann als Vorbereitungshilfsmittel für Entwicklungsgespräche genutzt werden.

Die Einschätzung der Entwicklung erfolgt anhand der Dimensionen der jetzigen *Leistung* (Zielerreichung/Aufgabenerfüllung und Kompetenzen/Verhalten) und der *Passung Person-Funktion, jetzt und in Zukunft*. Daraus werden mögliche Entwicklungsrichtungen und Entwicklungsmaßnahmen abgeleitet.

Leistung	**Mitarbeitergespräch – Zielerreichung/Aufgabenerfüllung und Kompetenzen/ Verhalten**		
	☐ Stufe L1	tief	Erwartungen mehrheitlich erfüllt/Erwartungen teilweise erfüllt
	☐ Stufe L2	mittel	Erwartungen vollumfänglich erfüllt
	☐ Stufe L3	hoch	Erwartungen mehrheitlich übertroffen/Erwartungen deutlich übertroffen
	Leitfrage	Was ist meine wichtigste Beobachtung? Wie komme ich zu diesem Bild?	
	Antwort	______________________________	

Schritt 1: Beurteilung der Leistung und der Passung – Positionierung in Matrix

Passung	**Passung Person und Funktion – siehe auch Beschreibung Seite 3**	
	☐ Stufe P1	Mitarbeiter/in passt nicht/nur teilweise auf die heutige Funktion (Mitarbeiter/in kann künftige Entwicklungen/Veränderungen in heutiger Funktion nicht wahrnehmen)
	☐ Stufe P2	Mitarbeiter/in passt optimal auf die heutige Funktion (Voraussetzungen sind vorhanden, um künftige Entwicklungen/ Veränderungen in heutiger oder vergleichbarer Funktion wahrzunehmen)
	☐ Stufe P3	Mitarbeiter/in ist über die aktuelle Funktion hinaus gewachsen (Voraussetzungen sind vorhanden, um künftige Entwicklungen/ Veränderungen auch in einer anspruchsvolleren Funktion wahrzunehmen)
	Leitfrage	Was ist meine wichtigste Beobachtung? Was sind die genauen Gründe für diese Einschätzung?
	Antwort	______________________________

<table>
<tr><td>Positionierung in Matrix</td><td>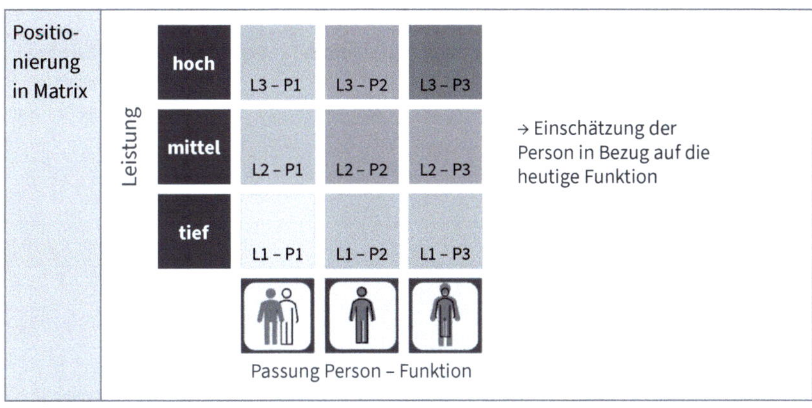
</td><td>→ Einschätzung der Person in Bezug auf die heutige Funktion</td></tr>
</table>

<table>
<tr><td rowspan="3">Entwicklungsrichtungen</td><td> 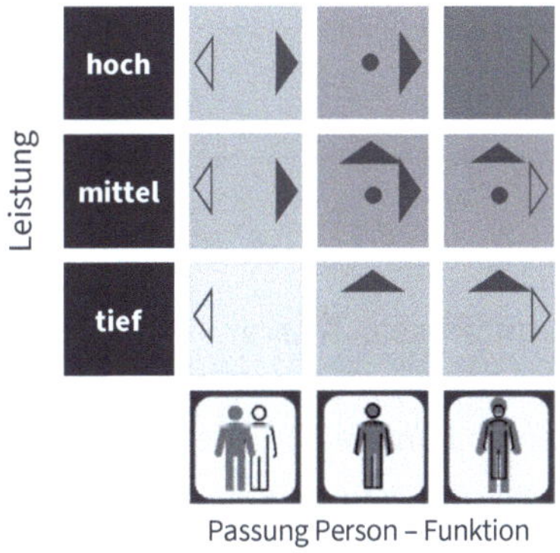hoch
mittel
tief
Leistung
Passung Person – Funktion</td><td>Auf welche Stufenkombination (siehe Matrix) soll die/der Mitarbeitende entwickelt werden:</td></tr>
<tr><td></td><td>• Entwicklung in gleicher Funktion
☐ Entwicklung in gleicher Funktion, innerhalb der »Rahmenbedingungen« dieser Funktion (z. B. weniger Verantwortung, mehr Leistung
▷ Entwicklung in neue Funktion
Tragen Sie die Entwicklungsrichtung ein.</td></tr>
<tr><td>Leitfrage
Antwort</td><td>Welche Position/Entwicklung ist für die Beteiligten sinnvoll und nützlich?
______________________________</td></tr>
</table>

Schritt 2: Feststellen möglicher Entwicklungsrichtungen

Entwicklungs-maßnahmen	Ziel	Maßnahme	Zeitperiode	Verantwortlich	Erledigt/ Statt-gefunden
	Leitfrage	Welche Maßnahme sorgt für einen wirksamen Entwicklungsschritt?			
	Antwort	____________________________________			

Schritt 3: Formulieren der Entwicklungsmaßnahmen

5.4.3 Bildungsverhalten und -interessen Älterer

In Bezug auf das Bildungsverhalten und -interessen Älterer[251] können folgende Aussagen bezüglich lebenslangen Lernens gemacht werden:

- Direkt nach dem Berufsausstieg steigen die privat motivierten Bildungsaktivitäten sogar leicht an und gehen dann bis zum 80. Lebensjahr auf konstant niedriges Niveau zurück.
- Ältere Erwachsene zeigen ein steigendes Interesse an Technologien, v. a. passend zu ihren Bedürfnissen wie z. B. spezifische E-Learning-Plattformen.
- Die Teilnahmequoten an formaler und nicht-formaler Bildung verschiedener Altersgruppen nimm mit dem Renteneintrittsalter ab 65 Jahren ab.
- Eine Entscheidung für eine Weiterbildung erfolgt bei den Mitarbeitenden 50+ häufiger auf eigene Initiative, insbesondere bei den Frauen.
- Akademikerinnen und Akademiker nehmen nahezu doppelt so häufig an Weiterbildungsmaßnahmen teil als andere. Das frühere Bildungsniveau und der Job haben signifikante Auswirkungen auf die Fähigkeit, neue technologiebasierte Lernformate zu nutzen.
- Es besteht ein deutliches Interesse an Themen, die die täglichen Fähigkeiten und das eigene Wohlbefinden und die eigene Gesundheit verbessern.

251 Schmidt & Tippelt, 2009; Schweizerisches Bundesamt für Statistik; Mikrozensus Aus- und Weiterbildung, 2011, 2013; Schmidt, 2005/2006; Pappas, Demertzi, Papagerasimou et al., 2019.

Beispiel: Übergangsmanagement in der Bundesverwaltung – Gestaltung der beruflichen Phase vor dem Ruhestand

Der Schweizerische Bundesrat stützt sich auf das Wissen und das Engagement seiner rund 38.000 Mitarbeitenden, um seine Ziele zu erreichen. Die optimale Erfüllung der Aufgaben im Service Public ist letztlich von kompetenten, motivierten und gut geführten Mitarbeitenden abhängig.

Im Rahmen der Personalpolitik und -strategie setzt sich die Bundesverwaltung dafür ein, eine attraktive Arbeitgeberin zu sein, die den Bedürfnissen der Mitarbeitenden in den unterschiedlichen Lebensphasen gerecht wird. Dabei gilt es auch, das Potenzial älterer Mitarbeitender zu nutzen. Bis zum ordentlichen Renteneintrittsalter sollen sie motiviert und leistungsfähig im Arbeitsprozess bleiben. Das Eidgenössische Personalamt (EPA) hat dafür ein Konzept zum Thema Übergangsmanagement erarbeitet.

Das Konzept bietet für die Vorgesetzten und die Mitarbeitenden Hilfestellungen, um die letzte berufliche Phase vor der Pensionierung bzw. dem Ruhestand gemeinsam zu planen. In diesem Zusammenhang wurden die beiden Instrumente Zukunftsgespräch und Bogenkarriere entwickelt.

Beim Zukunftsgespräch geht es vor allem darum, die beruflichen Perspektiven und Wünsche der Mitarbeitenden zu ermitteln und die letzte berufliche Phase gemeinsam zu planen. Inhalte des Gesprächs sind Arbeits- und Entwicklungsperspektiven für die letzten fünf bis sieben Berufsjahre. Das Zukunftsgespräch ist ein Dialog auf gleicher Ebene, von dem beide Seiten profitieren. Wichtig ist, dass Sinn und Zweck des Gesprächs den Mitarbeitenden klar kommuniziert werden. Darüber hinaus ermöglicht es der Bundesverwaltung die rechtzeitige Planung der Nachfolgeregelung und das Sicherstellen des Wissenstransfers.

Bei der Bogenkarriere können Mitarbeitende im fortgeschrittenen Berufsalter freiwillig entscheiden, einen Gang zurückzuschalten und Verantwortung abzugeben. Dies ermöglicht ihnen, ihre Kompetenzen in anderen Funktionen einzusetzen, z. B. dort, wo reiche Erfahrung und hohe Urteilsfähigkeit wichtig sind.

Das erfolgreiche Übergangsmanagement steht und fällt mit den Führungsverantwortlichen. Diverse Forschungsarbeiten zeigen, dass gute Führung der zentrale Schlüssel zur Unterstützung der Arbeitsfähigkeit und Motivation der Mitarbeitenden ist. Die Bundesverwaltung hat deshalb das Thema Übergangsmanagement in die obligatorischen Führungsausbildungen aufgenommen.[252]

252 Boesch, 2018; Eidgenössisches Personalamt 2020.

Interessantes aus der Forschung[253]

Wie sich Karrieren ab der Lebensmitte entwickeln können, ist Gegenstand von zwei Projekten – ein generelles zum einen und ein spezifisches mit Blick auf Frauen zum anderen.

In einem Forschungsprojekt zu »Late Careers – späte Karrieren fördern« wurden sowohl 1079 Mitarbeitende über 50 Jahren als auch 458 Mitarbeitende unter 50 Jahren in großen Versicherungsunternehmen befragt. Bemerkenswert ist, dass sich sowohl Ältere als auch Jüngere aufgrund ihres Alters in ihrem beruflichen Umfeld diskriminiert fühlen. Es scheint fast so, als würden Mitarbeitende nur während ihrer mittleren Karrierephase (zw. 30 – 45 Jahren) zu den Vorstellungen der Unternehmen passen. Dies gilt ganz besonders für Männer.

Ebenfalls in diesem Forschungsprojekt konnten Daten zu 314 Pflegenden in Kantonsspitälern erfasst werden. Während bei den Befragten aus den Versicherungen die Karrieregestaltung hinsichtlich Funktion im Vordergrund steht, ist für die Pflegenden die Arbeitszeitgestaltung ein wesentliches Element der Laufbahngestaltung.[254]

Im Projekt »weibliche Karrieren 45+« wurden sowohl quantitative als auch qualitative Studien durchgeführt.[255] Die Ergebnisse zeigen, dass die Erwartungen an einen weiteren Aufstieg nach dem Erreichen der Lebensmitte als eher gering beurteilt werden. Viele Frauen haben in ihrer bisherigen Vita Nachteile aufgrund ihres Geschlechts erlebt – aber viele berichten auch von Vorteilen. Anders stellt es sich generell für Mutterschaft und in der Privatwirtschaft für Frauen mit zunehmendem Alter dar, die mehr über negative Erfahrungen berichten, als über positive. So sind es oft Frauen, die ihre Karriere »in die eigene Hand nehmen«, was nach Einschätzung von zwei Drittel der Frauen wiederum eine Besonderheit weiblicher Karrieren in Vergleich zu Männern ist. Unternehmen sollten sich – wenn sie Frauen fördern wollen – daher auch für »Karriere-Vielfalt« einsetzen.[256]

Aus beiden Projekten geht hervor, wie sich Personen hinsichtlich ihrer eigenen Employability einschätzen: Ältere (45+) sehen ihre Karrierechancen am externen Arbeitsmarkt besser als am internen. Mit zunehmendem Alter nimmt die positive Einschätzung bezüglich Karriereentwicklung deutlich ab. Und dies, obwohl sich die Befragten dank ihrer äußerst nützlichen Erfahrungen und ihrer technischen Fähigkeiten gut für die Digitalisierung gerüstet sehen. Erfahrung begünstigt aber

253 Olbert-Bock & Bischof, 2021.
254 Olbert-Bock, Graf, Berganovic, Dornemann, Zölch, Giermindl & Diezi, 2021.
255 Bischof & Olbert-Bock, 2020.
256 Olbert-Bock, Cloots & Graf, 2020.

interne und externe Stellenwechsel nur wenig: So beurteilen 87 % der Befragten ihr Wissen und ihre Erfahrung als nützlich, aber nur 40 % halten es für leicht, eine neue Stelle zu finden. Die Daten beinhalten zudem Hinweise auf bestehende Stereotype gegenüber Älteren, die insbesondere von jüngeren, Führungskräften und Männern geteilt werden.[257]

Da auch andere Studien auf eine gut ausgeprägte Technikkompetenz Älterer hinweisen, könnten Aussagen zu fehlender Technikkompetenz ins »Land der Mythen« gehören und dürften im Unternehmenskontext oft »hausgemacht« sein.

5.4.4 Intergenerationales Lernen

Intergenerative Lernangebote schaffen den Rahmen und die Möglichkeit, dass jüngere von älteren Mitarbeitenden lernen und umgekehrt. Damit wird ein Grundstein für einen Wissenstransfer und den Aufbau einer lernenden Organisation gelegt. Bildungsprozesse werden idealerweise gemeinsam mit den jüngeren und älteren Generationen aktiv gestalten.

Intergeneratives Lernen findet in formellen, informellen, privaten, schulischen sowie beruflichen Settings statt (z. B. betriebliche Mentoring-Programme, Großelterndienste und Leihomas, Mehrgenerationenhäuser, Seniorenstudium, Reisen, Betreuung von Familienangehörigen etc.). Historisch betrachtet war diese Lernform im Bereich der familiären Bildung verortet.[258]

Definition: Intergeneratives bzw. intergenerationales Lernen

Die Ausdrücke intergeneratives bzw. intergenerationales Lernen werden häufig synonym verwendet und bedeuten ganz einfach *generationenübergreifend* in dem Sinne, dass Leute verschiedenen Alters gemeinsam lernen und im Optimalfall von ihren jeweils unterschiedlichen fachlichen, lerntechnischen, erfahrungsbasierten und anderen Facetten des Lernens gegenseitig profitieren.

»Intergeneratives Lernen ist in das Konzept des lebenslangen Lernens integriert, wenn man darunter das Aufnehmen, Erschließen und Einordnen von Erfahrungen und Wissen in das je subjektive Handlungsrepertoire über die gesamte Lebensspanne versteht.«[259]

---

257 Olbert-Bock et al., 2021; Olbert-Bock, Giermindl, Beganovic, Graf, Zölch & Dornemann, 2020.
258 Franz, 2006.
259 Schmidt & Tippelt, 2009, S. 85.

Drei didaktische Zugänge intergenerativen Lernens können unterschieden werden:[260]

- **Voneinander lernen:** Weitergabe von Wissen von einer Generation – der ein gewisser Expertenstatus zugesprochen wird – an eine andere. In der Regel ist die ältere Generation als Lehrende und die jüngere als Lernende an diesem Prozess beteiligt. Im Bereich der Erwachsenenbildung ist auch eine umgekehrte Konstellation anzutreffen (z. B. Computerkurse für Senioren).
- **Miteinander lernen:** Bei dieser Lernform wird die intergenerative Wissenskonstruktion betont. Mehrere Generationen treten als Lernende auf und die Expertise des Lerngegenstands liegt außerhalb der beteiligten Lernende (z. B. junge Studierende besuchen mit Studierenden des Seniorenstudiums zusammen ein Seminar).
- **Übereinander lernen:** Hier wird kein externes Expertenwissen benötigt, sondern die gemeinsame Reflexion und der Austausch über generationsspezifische Erfahrungen und Perspektiven stehen im Mittelpunkt (z. B. Austausch in der Erwachsenenbildung, familiäre Interaktionen und im Kontext bürgerschaftlichen Engagements).

Für den Wissensaustausch zwischen Generationen eignen sich intergenerative Formen des gemeinsamen Lernens.

5.4.5 Wissen und Wissensaustausch – Bausteine einer lernenden Organisation

»Richtiges Wissen zum richtigen Zeitpunkt am richtigen Ort einsetzen«.[261] Jauslin et al. Verstehen unter Wissen eine Mischung aus Erfahrung, Werte, Haltungen, Expertisen, Kontextinformationen. Das alles wird situationsspezifisch eingesetzt und ist in einer Organisation implizit und explizit vorhanden. Wenn das Wissen benötigt wird, wird es abgerufen. Um dem Wissensverlust vorzubeugen, gibt es unterschiedliche Vorgehensweisen und Erfahrungen. Explizites Wissen wird dabei häufig formalisiert und damit abrufbar, implizites Wissen verbreitet sich durch Austausch, Nachahmung und andere Strategien in der zwischenmenschlichen Interaktion.

Wissen umfasst ganz unterschiedliche Elemente und bezieht sich auf fachliches Know-how, Erfahrungs- und Handlungswissen. Es wird in explizites (theoretisches Wissen) und implizites Wissen (praktisches Können) unterteilt.[262] Explizites Wissen (»know what«) ist klar kommunizierbares Wissen, das aufgrund der formellen Form der Benennung (z. B. Fachwortschatz) gespeichert, verarbeitet und übertragen werden kann. Implizites Wissen (»know how«) bezieht sich auf Kenntnisse und Fähigkei-

260 Vgl. Siebert & Seidel, 1990; Newman & Hatton-Yeo, 2008.
261 Jauslin, Hernandez & Schulte, 2021, S. 46.
262 Vgl. Nonaka, 1994.

ten, die nicht explizit formuliert sind und oftmals nicht gut erklärt werden können. Es geht um das Wissen, wie man etwas macht. Als Beispiel kann hier das Schleifen eines Teiles im Handwerk oder in der industriellen Fertigung genannt werden. Das können erfahrene Mechaniker gut zeigen, das Wissen lässt sich deutlich schlechter exakt beschreiben über Druckstärke mit Feile, Winkel des Werkstücks und der Schleifmaschine zueinander.

Es können verschiedene Transformationskreisläufe zwischen den verschiedenen Formen von Wissen unterschieden werden:[263]

- Handlungsbezug: Informationen werden zu handlungsrelevantem Wissen; Handlungen werden zu konkreten Beispielen und diese auf andere Kontexte übertragen.
- Repräsentation: Implizites Wissen wird zu explizitem Wissen, indem Handlungen sprachlich festgehalten werden und Wissen als Handlung routiniert.
- Einbettung: Individuelle Tätigkeiten werden in die Gemeinschaft integriert und die informelle Weitergabe von Wissen geschieht über Kooperation.

Diese Transformationsprozesse bilden die Grundlage für ein systematisches Wissensmanagement und setzen auf verschiedenen Handlungsebenen an. Zunächst wird bzgl. Wissenstransfer sensibilisiert und der Prozess initialisiert. Eine Wissensstrategie als Teil der Unternehmensstrategie legt fest, welches Wissen organisational wie verankert werden sollte. Die Wissensbewertung beinhaltet die Beurteilung der Wirtschaftlichkeit der Wissensbeschaffung, der Nutzbarmachung durch Schulungen etc. Bei der Wissensidentifikation wird Wissen innerhalb der Organisation sichtbar gemacht. Wissensgenerierung und -beschaffung befasst sich mit der Entstehung und Weitergabe von Wissen, Wissenskooperation mit der Qualität des Austausches von Wissen untereinander und im Generationenmanagement spezifisch zwischen Angehörigen verschiedener Generationen. Die Mediennutzung definiert Werkzeuge, um Wissen strukturiert und digital weiterzugeben und zu sichern.[264]

Unterschiedlichen Generationen werden in der Praxis und in der Wissenschaft unterschiedliche Wissensschwerpunkte zugeordnet. Ältere Mitarbeitende bauen im Laufe ihres Berufslebens vielfältiges implizites Wissen auf, während jüngere Mitarbeitende aufgrund ihrer Nähe zur Schulausbildung, Lehre oder Studium auf umfangreiches explizites Wissen zurückgreifen können. Gemeinsames Lernen, gemeinsame Weiterbildungen und systematischer Wissenstransfer sollen diese beiden Stärken der Generationen zusammenbringen. Da es nur in wenigen Organisationen ein verankertes System zum Wissenstransfer gibt, empfiehlt sich in der täglichen Führungsarbeit, die Wissenssicherung und -weitergabe zu organisieren und zu sichern. Hierbei hilft die Implementierung von entsprechenden Prozessen, Transparenz darüber, wer über

263 Lüthy, 2002 in: Jauslin, Hernandez & Schulte, 2021.
264 Classes & Wehner in Jauslin, Hernandez & Schulte, 2021, S. 47.

welches Wissen verfügt, und die Förderung der Bereitschaft Wissen, Kenntnisse und Erfahrungen zu teilen.[265]

Wissenstransfer zwischen den Generationen kann entscheidend sein für die Nachhaltigkeit des Unternehmenserfolgs. Um die Übergänge im Generationswechsel zu unterstützen, gilt es, Wissensressourcen strategisch zu nutzen.[266] Mit einem Teilen von Wissen bidirektional über die ältere und jüngere Generation hinweg kann die Innovationsleistung einer Organisation verbessert werden.[267]

Einsatz/Anwendung	Methoden	Werkzeuge
Berufseintritt/Integration neuer Mitarbeitenden	Mentoring, Coaching & Lernpartnerschaften Vernetzungsanlässe (z. B. Young Graduates Lunches)	Lerntagebuch, Netzwerkanalyse, Beziehungslandkarte Social Media, Blogs
Übergang zum Ruhestand/Berufsaustritt	Expert Debriefing Wissensmeetings Lessons Learned	Dokumentation (Datenbank) Kompetenzkarten; (Audio-)Aufzeichungen; Mind Map/Job Map
Stellenwechsel innerhalb der Unternehmung (z. B. Beförderung) und Führungs-/Expertenwechsel	Wissensmeeting & Strukturierte Interviews Expert Debriefing Lessons Learned Mentoring & Coaching	Job Map; Kompetenzkarten Beziehungslandkarte Job Map (Audio-)Aufzeichungen; Mind Map/Job Map Lerntagebuch, Netzwerkanalyse/Beziehungslandkarte
Wiedereinstieg nach längerer Unterbrechung (z. B. Mutterschutz, Sabbatical)	Wissensmeeting	Job Map, Kompetenzkarten
Zukauf von Wissen beim und nach Verlassen der Unternehmung	Senior Experten Beraterpool	Beratungsverständnis und -prozesse Datenbank

Tab. 5.2: Einsatz, Methoden und Werkzeuge für Wissensmanagement (abgeleitet aus Tavolato, 2016)

Das Wissen, das in einem Unternehmen vorhanden ist, ist schwer in einer Unternehmensbilanz erfassbar. Es stellt jedoch das intellektuelle Betriebsvermögen dar, deshalb ist es wichtig, sicherzustellen, dass erfolgsrelevantes Wissen nicht verloren geht, wenn z. B. ein Mitarbeiter altersbedingt ausscheidet.[268] Unterschiedliche Generatio-

265 Vgl. Tavolato, 2016.
266 Tinh, Trai, Trang et al., 2023.
267 Woodfield & Husted, 2022.
268 Vgl. Ellwart, Mock und Rack, 2010.

nen haben unterschiedliche Wissensschwerpunkte und ein Transfer hilft, das vorhandene Wissen innerhalb der Organisation zu verbreiten und gut zu verankern. Das kann durch formelles Wissensmanagement und informellen Austausch oder einem Teilen von Know-how unter Kollegen erfolgen. Die Handlungsmöglichkeiten für die Führung liegen einerseits in der Schaffung von festen Formen der Zusammenarbeit und des Austauschs und in der Entwicklung und Förderung einer alterssensitiven Kultur, die diesen Austausch positiv fördert.

Damit der Wissenstransfer – auch bei einer für Austausch förderlichen Unternehmenskultur – nicht rein zufällig erfolgt, sind eine systematische Wissensweitergabe sowie ein gezielter Wissensaustausch notwendig. Hierzu eignen sich z. B. regelmäßige Seminare und Workshops, bei denen Wissen verschiedener Generationen aktiv eingebracht, reflektiert und ausgetauscht wird, altersgemischte Teamarbeit oder Mentoring mit Angehörigen verschiedener Generationen.

Definition: Wissensaustausch

Um was geht es beim Wissensaustausch? Beim Wissensaustausch geht es um die Weitergabe von Informationen, die Verarbeitung und die Anwendung von Wissen. Dazu gehören die Reflexion von Erfahrungen mit allen Vor- und Nachteilen, möglichen Verbesserungen und Alternativen und die Verankerung von neu erworbenem Wissen. Hierfür werden die aktive Auseinandersetzung mit neuen Informationen und auch das Imitieren von Verhaltensweisen anderer Personen (Modelllernen) benötigt.[269]

Interessantes aus der Forschung

Wissensaustausch zwischen Generationen im Unternehmen[270]

In einem Unternehmen wurde der Wissensaustausch zwischen den Generationen durch eine strukturierte Initiative eingeführt. Hierfür wurden Meetings und Informations- und Kommunikationstechnologien eingesetzt (z. B. Arbeitsplattformen) und Mentoring-Programme, bei denen ältere Mitarbeitende ihr Wissen an jüngere Mitarbeitende weitergeben, sowie Workshops durchgeführt, um das Bewusstsein für die Fähigkeiten und das Wissen jeder Generation zu schärfen. Ein zentrales Ergebnis der Studie war, dass die verschiedenen Generationen unterschiedliche Präferenzen bzgl. Art und Weise haben, wie Wissen geteilt wird. Diese Präferenzen reichen von traditionellen Methoden bis zu modernen, digitalen Ansätzen. Der Wis-

269 Vgl. Ellwart, Mock & Rack, 2010.
270 Bidian, 2018.

sensaustausch zwischen den Generationen wurde als erfolgskritisches Vorgehen für das Verständnis und die Nutzung der Stärken jeder Generation identifiziert.

Interessantes aus der Forschung

Im Rahmen eines intergenerativen Ausbildungsprogramms eines großen Automobilherstellers wurde eine Studie zum Wissensaustausch in altersgemischten Lerngruppen durchgeführt. In mehreren Interviews mit jüngeren (16 – 19 Jahre) und älteren (41 – 47 Jahre) Teilnehmenden, Ausbildern und Berufsschullehrern wurde über weniger Fehlzeiten, verbesserte Prüfungsleistungen und prosoziales Verhalten in altersgemischten Teams berichtet. Außerdem zeigte sich, dass beide Gruppen sowohl Empfänger wie auch Vermittler verschiedener Wissensformen (implizit und explizit) sein können. Durch den Austausch in altersgemischten Teams in der täglichen Zusammenarbeit und das gemeinsame Lösen von Aufgaben wird explizites Wissen mittels impliziter Lernprozesse in beide Richtungen vermittelt. Schwer verbalisierbares, implizites Wissen wird von Älteren an Jüngere und umgekehrt vermittelt. Identifiziert wurden auch die drei beschriebenen Oberkategorien (voneinander, miteinander und übereinander Lernen). Jüngeren wird großes Schulwissen sowie Technik- und Medienkompetenz, den Älteren umgekehrt hohes praktisches Fachwissen sowie Wissen über betriebsspezifische Abläufe und Normen zugeschrieben.

Bezüglich des Miteinander-Lernens lassen sich in den Interviews positive Effekte auf die Motivation der altersgemischten Teams feststellen.

Das Übereinander-Lernen dient unter anderem dem Abbau von Vorurteilen und Altersstereotypen und scheint ein entscheidender Faktor im Bezug auf die Wirkung der anderen beiden Oberkategorien zu sein.

Sowohl das Voneinander-Lernen als auch das Miteinander-Lernen dürften durch den Abbau von Vorurteilen enorm profitieren, darauf sollte ein Trainer sein spezielles Augenmerk legen.

Vor dem Hintergrund unterschiedlicher Lerngewohnheiten und -arten überrascht nicht, dass altersgemischten Teams ein hoher Lernerfolg und damit einhergehend eine hohe Zufriedenheit bescheinigt wird – sofern sich diese Unterschiede dahin gehend steuern lassen, dass sie sich gewinnbringend ergänzen. Eine entscheidende Bedeutung kommt dabei der Rolle des Trainers zu. »Entscheidend für den Erfolg altersgemischter Weiterbildung ist der Trainer als Gestalter einer integrativen Lernkultur sowie, falls nötig, Vermittler zwischen den Generationen. Neben der Steuerung des unterschiedlichen Lerntempos der Jüngeren und Älteren ist insbesondere die

Wahl der Lernmethodik eine Herausforderung. Trotzdem ist es Aufgabe des Trainers oder Coaches, die individuellen Lernbiografien soweit möglich in die Trainingsplanung einzubeziehen.«[271]

Es konnte zwar verschiedentlich nachgewiesen werden, dass Lernen im Erwachsenenalter besonders auf der Lernmotivation und den Lernerfolgen in der grundlegenden Bildung beruht, wesentlich ist es jedoch, Möglichkeiten des intergenerativen Lernens als Aspekt des lebenslangen Lernens zu fördern. In der beruflichen wie in der privat motivierten Weiterbildung bieten sich hierfür vielfältige Begegnungsmöglichkeiten der Generationen. Durch die geringe Partizipation der Älteren an der formal organisierten Erwachsenen- und Weiterbildung ist jedoch ein »fruchtbares miteinander und übereinander Lernen« noch keine Realität, obwohl 80% der befragten Personen in der EdAge-Studie[272] den Austausch mit Jüngeren als *sehr wichtig* bis *wichtig* einschätzen. Vergleicht man die Untergruppen, ist das Interesse am Austausch mit jüngeren Personen bei den noch erwerbstätigen 45- bis 64-Jährigen deutlich höher als bei Nicht(-mehr)-Erwerbstätigen. Je höher die Bildung der Befragten, umso stärker ist auch die artikulierte Nähe zu den nachwachsenden Generationen. Ältere Personen, die gelegentlich ihre Enkel und Urenkel betreuen und so einen Kontakt zu jüngeren Generationen pflegen, haben auch eine positivere Haltung zu intergenerativem Lernen. Die Forscher vermuten, dass beruflich oder privat bedingte Erfahrungen mit jüngeren Generationen den Wunsch nach Intergenerationalem Austausch auch innerhalb von Bildungskontexten verstärken.[273]

Wichtig: Gestaltung von Lernprozessen in altersgemischten Lerngruppen

A. Teilnehmende aus verschiedenen Generationen

- Mix an Fähigkeiten, Kompetenzen, Erfahrungen.
- Lernmotivation und Bereitschaft zur intergenerationalen Zusammenarbeit.

B. Trainerrolle

- Gestalter einer intergenerativen Lernkultur.
- Ggf. Vermittler zwischen Generationen.
- Kann verschiedene Medien einsetzen und die Nutzung bei allen Altersgruppen begleiten.
- Altersgemischtes Trainerteam von Vorteil.
- Kann prozessorientiert vorgehen und verschiedene Lerntempos begleiten.

C. Nachbetreuung und Lerntransfer

- Transfergespräch mit Vorgesetzten zur Umsetzungsbegleitung.
- Tätigkeitserweiterungen, Aufgabenanpassungen etc.
- Vernetzung mit Peers aus gemeinsamer Lerngruppe, evtl. Einsatz von Reverse Mentoring.
- Peer Coaching als Transfersicherung.

271 Gerpatt & Voelpel, 2014, S. 4.
272 Schmidt & Tippelt, 2009.
273 Ebenda, S. 83.

5.4.6 Erfolgsfaktoren für den Wissensaustausch zwischen den Generationen

Durch Wissensaustausch wird Wissen vermehrt und verbreitert und eine Wissensbasis im Unternehmen aufgebaut: Die Organisation lernt. Dies geschieht über die Zeit und bildet das für das Unternehmen so wichtige Gedächtnis der Organisation, das *institutional memory*. Es wird davon ausgegangen, dass für einen effizienten Ablauf in einem Unternehmen ca. 30% explizites Wissen und ca. 70% implizites Wissen oder praktisches Know-how benötigt wird. Mentoring-Programme helfen, ein solches praktisches Wissen weiterzugeben. Sie erfordern Mentorinnen und Mentoren, die offen und flexibel und gut etabliert sind und die eigene Organisation und Kultur gut verstehen. Ein ganz zentrales Erfolgskriterium ist das Interesse der Mentoren am Programm und am Wissensaustausch. Ein solches Interesse entsteht in Organisationen mit einer alterssensitiven und lernförderlichen Organisationskultur, die auch vermittelt, dass Menschen kurz vor dem Ruhestand noch viel zu sagen und weiterzugeben haben.[274]

Eine wichtige Barriere im Weitergeben von Informationen und implizitem Wissen durch ältere Mitarbeitende ist die Angst. Lernen, Entwicklung, Innovation und Wissenstransfer werden gehemmt, wenn:

- das Arbeitsklima schlecht ist,
- Arbeitsplatzangst herrscht,
- das Vorgesetztenverhalten mangelhaft ist oder
- ein hoher Zeitdruck besteht (hohes Arbeitsvolumen).

Ältere Mitarbeitende erleben häufiger weniger Wertschätzung, haben Angst vor Entlassung und trauen sich dementsprechend nicht, Ideen oder Kritik anzubringen. Abwehrreaktionen bei Veränderungen oder Neuerungen sind daher häufiger anzutreffen. Die Gewöhnung an bestimmte Abläufe und Prozeduren macht eine Umstellung anstrengend und erzeugt Unsicherheit. Lernen, Wissenstransfer und innovatives Verhalten braucht eine Ausrichtung aller Prozesse (z. B. Leistungsbeurteilung).

Wichtig: Gestaltung von Lernprozessen in altersgemischten Lerngruppen

- Entwicklung und Anwendung spezifischer didaktischer Methoden, die das Lernen in altersgemischten Gruppen unterstützt;
- Analyse der sozialen Interaktion innerhalb altersgemischter Lerngruppen und deren Einfluss auf den Lernprozess;
- Förderung einer positiven Gruppenatmosphäre, die gegenseitiges Lernen und Unterstützung ermöglich.[275]

274 Vgl. St-Hilaire &Toure, 2010.
275 Uhl, 2024

Arbeitshilfe 12: Praxistransfer – Durch Wissenstransfers implizites Wissen sichtbar machen

Diese Arbeitshilfe finden Sie zum Download unter Digitale Extras.

DIGITALE EXTRAS

Der aktive Wissenstransfer kann als Instrument zum erfolgreichen Generationenmanagement und zur Abfederung des Mangels an qualifizierten Arbeitskräften dienen. Optimalerweise initiieren Sie den Wissenstransfer ein bis zwei Jahre, bevor Ihre Mitarbeitende das Pensionierungsalter erreichen. Im besten Fall haben Sie bereits eine Nachfolge definiert, die einen aktiven Part im Prozess des Wissenstransfers spielt und sich exakt die Inhalte aneignet, die für die Ausführung der neuen Aufgaben benötigt werden. Sollte die Nachfolge nicht bekannt sein, kann das Erfahrungswissen an eine Stellvertretung übergeben werden. Darüber hinaus ist eine dritte Person involviert, die den Prozess moderiert. Die Begleitung sorgt dafür, dass sich die anderen Gesprächsteilnehmenden auf die Inhalte der Tätigkeit sowie das Wesentliche des Wissenstransfers konzentrieren können. Nach dem Arbeitsaufwand von etwa einem Arbeitstag erhält das Duo eine Wissenslandkarte, die das implizite Wissen im Arbeitskontext visualisiert. Hierbei ist es wichtig, das Arbeitsumfeld realistisch abzubilden, damit die Nachfolge an der gegenwärtigen Arbeitsrealität ansetzen kann. Die verbleibende Zeit bis zum Austritt sollte genutzt werden, um das Wissen anzuwenden, zu festigen und weiterzuentwickeln. Darüber hinaus lohnt es sich, darüber nachzudenken, eine oder mehrere Personen in Ihrer Organisation zu definieren, die mehrere Wissenstransfers in Ihrer Organisation begleitet, um Lernprozesse zu ermöglichen und Synergien zu nutzen.

Rollen

- Experte/Expertin: Erzählt alles, was ihr/ihm zu den eigenen Hauptaufgaben essenziell erscheint und nicht verloren gehen sollte.
- Nachfolge: Wählt aus, welches Wissen sie/er zur Ausübung der Aufgaben benötigt, stellt Rückfragen und macht Notizen zu dem, was ihr/ihm für die Ausübung der neuen Themen wichtig erscheint.
- Moderation: Strukturiert, achtet auf das Zeitmanagement, stellt Verständnisfragen, visualisiert den Verantwortlichkeitsbereich der Expertin/des Experten in Form einer Wissenslandkarte.

Erstellen einer Wissenslandkarte

1. Festlegen der Themenstruktur: Auflisten der wichtigsten Tätigkeiten der Wissensträgerin/des Wissensträgers.
2. Systematische Dokumentation der Tätigkeiten in einem Flow-Chart: Womit startet die Aufgabe? Mit wem wird zusammengearbeitet? Welche Stakeholder

sind einzubeziehen? Welche Dokumente und Tools werden genutzt? Worauf gilt es besondere Aufmerksamkeit zu lenken? Was ist das Ergebnis der Tätigkeit?

3. Finalisierung: Gemeinsames Einarbeiten von Korrekturen und Übergabe der Wissenslandkarte

Alternative Darstellung:

Abb. 5.3: Erstellen einer Wissenslandkarte

Hinweise für die Moderation

- Fokussieren Sie sich auf eine Handvoll von Hauptaufgaben.
- Visualisieren Sie die Hauptaufgaben von A bis Z und bleiben Sie hartnäckig beim Füllen von Lücken: Was kommt als Erstes? Was passiert danach? Woher nehmen Sie das?
- Setzen Sie gezielte W-Fragen ein, damit die Person, die Wissen aufbaut, von Anfang an den Kontext versteht: Wer arbeitet wie mit wem?
- Erstellen Sie die Wissenslandkarte auf einer eher hohen Flugebene mit den wichtigsten Informationen.

Weisen Sie die Nachfolge darauf hin, dass die Wissenslandkarte als Anker dient, ihre Notizen jedoch für das weitere Ausüben der Tätigkeiten entscheidend sind. Hierfür gibt die folgende Tabelle wertvolle Hinweise zu Erfolgsfaktoren und dazu, welche Einflussfaktoren förderlich oder hinderlich sind.

Merkmals-klasse	Erfolgsfaktor	Förderlicher Einfluss (Beispiel)	Hinderlicher Einfluss (Beispiel)
Personen-merkmal	Einstellung zur Alters-diversität	positive Einstellung zur Altersvielfalt und Wissen über Vorteile von Alters-vielfalt	negative Vorurteile gegenüber anderen Generationen
Personen-merkmal	Persönliche Motive und Ziele	Anerkennung durch Vorgesetzte für aktive Wissensvermittlung	durch Wissens-vermittlung entstehen persönliche Nachteile (z. B. älterer Mitarbeiter wird überflüssig und entlassen)
Personen-merkmal	eigene Kompetenz-zuschreibung	werden eigenes Wissen und eigene Kompetenz positiv beurteilt, steigt die Bereitschaft Wissen zu teilen	fehlendes Zutrauen in die eigenen Kompetenzen neues Wissen aufzubauen
Gruppen-merkmal	Wissen um Expertise anderer	je besser die Expertise der anderen bekannt ist, desto schneller und effizienter erfolgt Wissensaustausch	Gruppenprozesse verhindern Zugriff oder Nutzung von Experten-wissen
Gruppen-merkmal	Zielklarheit des Wissens-austauschs	klare Ziele für Wissens-austausch vorgeben	ohne konkretes Ziel gibt es keine konkreten Handlungen
Gruppen-merkmal	Teamklima	altersgemischte Teams mit positivem Klima	Negatives Teamklima und Abwertung von Einzelpersonen
Aufgaben-merkmale	Zeit und Raum für Wissensaustausch	feste Formen des Austauschs, im direkten Austausch und auch in neuen Arbeitswelten schaffen (z. B. Kollaborations-plattformen)	mangelnde Zeit, Wissensaustausch wird der Selbstorganisation überlassen
Aufgaben-merkmale	Aufgabenkomplexität und Grad der gegen-seitigen Abhängigkeit	altersdiverse Teams haben Vorteile bei komplexen Aufgaben, da verschiedene Expertisen eingebracht werden können	hinderliche Gruppen-prozesse, bei denen Wissensvorteile ausgespielt werden

Tab. 5.3: Zentrale Erfolgsfaktoren für den Wissensaustausch[276]

276 Eigene Darstellung, Inhalte in Anlehnung an Ellwart, Mock & Rack, 2010.

5.4.7 Mentoring und Reverse Mentoring

Mentoring ist die Form der Personalentwicklung, die für die Vermittlung von informellem Wissen der *älteren Arbeitnehmenden an die jüngeren Generationen* als besonders erfolgreich eingestuft wird.[277] Mentoring als Möglichkeit des Wissenstransfers wird klassisch so eingesetzt, dass Babyboomer oder Angehörige der Generation X die Mentorenrollen wahrnehmen und Mentees die Generation Z, Millennials oder jüngere Angehörige der Generation X sind.

Definition: Mentoring

Mentorinnen und Mentoren sind Personen mit fortgeschrittener Erfahrung und Wissensbasis, die sich bereit erklärt haben, ihren Mentees Aufstiegsmöglichkeiten und Unterstützung bei der Karriere bereitzustellen.[278]

Mentoring kann informell oder formell stattfinden und wird üblicherweise dafür eingesetzt, um Leitlinien, Rat und Möglichkeiten für die professionelle und persönliche Entwicklung vom Mentor/von der Mentorin an den oder die Mentee zur Verfügung zu stellen. Formale Mentoring-Programme werden oftmals durch Trainings- und Coachingangebote für die Teilnehmenden ergänzt. Sie haben den Vorteil, dass gezielte Zielklärungen bei den Teilnehmenden vorgenommen werden oder auch eine Sichtbarkeit für das Interesse an persönlicher Entwicklung und Vernetzung in der Organisation dokumentiert wird.

Beispiel: Stadt Zürich – Mentoring-Programm

Der Wechsel von der operativen in die strategische Führung bringt neue Anforderungen mit sich und involviert häufig Angehörige zweier Generationen. Hier setzt das städtische Mentoring-Programm für strategische Führung an.

Das Programm stärkt die strategische Führung der Stadt Zürich. Es trägt dazu bei, die städtischen Führungsgrundsätze umzusetzen und die Führungskultur weiterzuentwickeln. Herausforderungen werden gemeinsam gemeistert, Erfahrungen ausgetauscht und die Vernetzung zwischen Departementen und Dienstabteilungen wird gefördert.

Die Mentees sind Bereichs- oder Geschäftsleitungsmitglieder, die neu oder seit Kurzem von der operativen auf die strategische Führungsebene gewechselt haben. In der strategischen Führung erfahrene Dienstchef/innen, Departements-

277 In Anlehnung an Laiho & Brandt, 2012.
278 In Anlehnung an Kram, in Laiho & Brandt; 2012.

sekretär/innen oder Geschäftsleitungsmitglieder übernehmen die Rolle der Mentor/innen. Sie begleiten die Mentees beim Wechsel von der operativen in die strategische Führungsrolle. Oftmals sind diese Tandems aufgrund dieser beiden Rollen generationsübergreifend.

Das Programm dauert ein Jahr und beinhaltet fünf Rahmenveranstaltungen sowie individuelle Tandem-Treffen der Mentees und Mentor/innen, an denen sie die Ziele des Mentorings festlegen und bearbeiten. Die Rückmeldungen zum Programm sind durchwegs positiv. Es wird davon berichtet, dass das Programm nicht nur den Mentees wertvolle Einblicke in die strategische Führung der Mentorinnen und Mentoren ermöglicht, sondern der Perspektivenwechsel auch den Mentor/innen die Möglichkeit bietet, die eigene Führungstätigkeit durch die Fragen der Mentees zu reflektieren, und die eigenen Führungsoptionen erweitert. Beim gemeinsamen Abschluss werden die Erfolge gefeiert.

Durch intergenerationales Mentoring können verschiedene Kompetenzen erworben und die Zugehörigkeit zu einer Organisation und der Arbeitswelt verbessert werden: Verbesserung des aktiven Zuhörens, des Selbstwertgefühls, soziale Inklusion, positive Einstellung zum aktiven Altern, Steigerung der unternehmerischen Fähigkeiten, bessere Fähigkeit zur Orientierung im beruflichen Kontext.[279]

Praxisbeispiel: Ältere Mitarbeitende bilden ein Beratungsunternehmen

Die Beratungsfirma Consenec AG wurde zusammen mit den Partnern ALSTOM und Bombardier im Jahr 1993 gegründet und gilt damit als Pioneer des Senior-Consultings. Zwischenzeitlich rekrutieren sich die Senior Managers von Consenec aus ehemaligen Führungskräften der Firma ABB, Ansaldo Energia und Hitachy Energy. Die Führungskräfte des obersten Kaders dieser Firmen werden mit 60 Jahren in die Consenec berufen, bilden den Pool an Senior-Beraterinnen und -Berater mit unterschiedlichen Kompetenzschwerpunkten und stellen ihren reichhaltigen Erfahrungsschatz Kunden in Form von Interim-Management, Projektmanagement oder und Consulting-Dienstleistungen in den unterschiedlichsten Unternehmensbereichen zur Verfügung. Sie verlassen ihren bisherigen Aufgabenbereich in der Firma und arbeiten in der Beraterfirma in einem frei wählbaren Pensum. Die Consenec AG erhält so das Wissen der Mitarbeiter. Auch externe Firmen können eine Beratung durch die Consenec AG buchen und von dem enormen Erfahrungsschatz profitieren. Dieser Expertenpool genießt in der Wirtschaft viel Anerkennung und wurde mittlerweile in ähnlicher Form in der SBB und der Swisscom eingeführt.[280]

279 Vgl. Santini, Baschiera & Socci, 2020.
280 Vgl. Consenec, 2024.

Die positiven Wirkungen von Mentoring liegen für Mentees häufig in der Karriereentwicklung, dem psychosozialen Support und der Wirkung von Rollenvorbildern. Zwischenzeitlich sind vielfältige positive Wirkungen für die Mentorinnen und Mentoren dokumentiert, z. B. die Auffrischung des eigenen Tuns durch kreative, frische Energie, die im Austausch mit den Mentees freigesetzt wird, oder die Optimierung der eigenen Aufgaben durch den vertrauensvollen Austausch und die Unterstützung im Umgang mit Technik durch die Mentees. Diese Entwicklung dient den Teilnehmenden im Mentoring-Programm und der Organisation selbst. Diese positive Wirkung von Mentoring und Mentorin-Programmen gelingt jedoch nicht immer. Sie wird verfehlt, wenn etwa die Beziehungsebene zwischen Mentor und Mentee nicht gut etabliert werden kann oder die Erwartungen der Beteiligten nicht zueinanderpassen. Wichtig für den Aufbau von Mentoring-Programmen ist deshalb eine gute Einbettung und Organisation des Programms, das Finden und die Auswahl von Mentorinnen und Mentoren, die sich als Rollenvorbilder eignen und eine geeignete Zusammenstellung der Paare (Matching).[281]

Wichtig

Warum brauchen wir für die Führung verschiedener Generationen ein Mentoring-Programm?[282]

- stärkt Wissen und Kompetenzen und fördert Lernen;
- Transfer von implizitem Wissen und praktischem Know-how zwischen Generationen;
- ermöglicht erfahrungsbasiertes Lernen;
- baut ein soziales Netzwerk innerhalb der Organisation auf;
- erhöht Innovation und Qualität.

Welche Herausforderungen und Gefahren gibt es?

- Passende Mentoren und Paare finden,
- Organisation: Einführung und Erhalt,
- Ressourcenknappheit und Terminfindung.

Eine innovative Form des generationenübergreifenden Mentorings ist das Reverse Mentoring, erstmals von Jack Walsh im Jahr 1999 lanciert. Es orientiert sich an einer integrativen Ausrichtung des Führens verschiedener Generationen und fokussiert nicht mehr auf den eher einseitigen Wissenstransfer von den Älteren zu den Jüngeren.

Definition: Reverse Mentoring

»Beim Reverse-Mentoring unterstützen die jungen Mitarbeitenden die älteren Kolleginnen und Kollegen. Sie besitzen ganz bestimmte technische Kenntnisse, die den Älteren fehlen.«[283]

281 Vgl. Laiho & Brandt, 2012.
282 Vgl. ebenda, S. 443.
283 Jauslin, Hernandez und Schulte, 2021, S. 27.

Ziel des Reverse Mentoring ist der Austausch von Wissen und Erfahrung von jüngeren Mitarbeitenden mit älteren Mitarbeitenden und umgekehrt. Dabei soll jede Generation ihren Wissensvorsprung in die Beziehung einbringen (z. B. technologische Fähigkeiten, Erfahrungswissen und Netzwerk) und sich gegenseitig unterstützen. Kompetenzentwicklung auf gleicher Augenhöhe (horizontale Kompetenzentwicklung), Verbesserung von Kompetenzen im Bereich der Informations- und Kommunikationstechnologien, intergenerationales Lernen als gemeinsamer Prozess, Vermeidung sozialer Isolation und Aufbau künftiger Führungspersonen sowie das Teilen und der organisatorische Aufbau sind – je nach Ansatz und Programme – Zielsetzungen von Reverse-Mentoring-Programmen.[284] Reverse Mentoring wird als ein generationenübergreifendes Mittel zur Führungsentwicklung eingestuft. Reverse Mentoring ist speziell, weil die aktuell jüngsten Generationen in der Arbeitswelt (Generation Z und Millennials) die Mentorinnen und Mentoren darstellen und damit strategisch bedeutsam positioniert werden. Das Unternehmen erhält eine neue Perspektive in der Führung und Zusammenarbeit und demonstriert Offenheit für neue Ideen, Innovation und eine globalere Perspektive. Die Mentees, in der Regel erfahrene Führungspersonen und Mitarbeitende, können v.a. digitales Know-how (soziale Netzwerke, soziale Medien) erwerben und mehr über Trends und die Anliegen der jüngeren Generationen (neue Arbeitsweisen, Problemlösungsverfahren etc.) erfahren. Alle Beteiligten teilen den Wunsch, zu lernen, und profitieren gegenseitig.[285]

Erfolgsfaktoren für das Reverse Mentoring sind eine gute Zusammenstellung der Paare, Mentorin/Mentor und Mentee müssen ihre Unterschiede und unterschiedlichen Fähigkeiten erkennen und schätzen; es braucht eine Klarheit über den Bedarf und die Zielsetzung des Reverse Mentorings, wobei v.a. der/die Mentee realistische Vorstellungen haben sollte, was möglich ist. Reverse Mentoring kann einige traditionelle Sichtweisen und Erfahrungen auf den Kopf stellen, daher sind Offenheit, Kommunikation, Feedback und das Einhalten professioneller Standards in den Mentoring-Sitzungen wichtige Aspekte für ein gutes Gelingen. Im Mentoring sollten alle Führungsebenen integriert werden, eine strategische Positionierung des Reverse Mentorings ist förderlich.[286]

Reverse Mentoring kann als Philosophie und Methode betrachtet werden, die an verschiedenen Punkten der Personalentwicklung ansetzt. Durch Einbezug von Mitarbeitenden aller Hierarchiestufen wird eine Kultur der Partizipation gefördert und Motivation freigesetzt. Explizites wie auch implizites Wissen wird transportiert, es ist damit ein wichtiges Element des Wissensmanagements. Reverse Mentoring stärkt die individuelle, teamorientierte und organisationale Widerstandsfähigkeit und trägt zur

284 Vgl. Diverse RM Modelle bei Singh, Thomas & Numbudiri, 2021, S. 5 – 6.
285 Vgl. Brinzea, 2018.
286 Vgl. Ballian Allen, 2019.

Stärkung der Resilienz bei. Das Verständnis zwischen den Generationen steigt, neues Karrieredenken wird möglich, der Umgang mit dem demografischen Wandel aktiv gefördert und ein positiver Beitrag zum Aufbau einer inklusiven und alterssensitiven Unternehmenskultur gefördert. Reverse Mentoring fördert die Persönlichkeitsentwicklung und erweitert das Mindset für agiles Arbeiten.[287]

Reverse Mentoring erfüllt in Ergänzung zum klassischen Mentoring die folgenden Funktionen:[288]

- **Wissen teilen:**
  Technische oder inhaltliche Erfahrung wird geteilt und allgemeine Trends werden besser verstanden.
- **Kompetenzentwicklung:**
  Bietet Lenkung und Feedback für die Beherrschung neuer Kompetenzen und neuen Wissens.
- **Herausfordernde Ideen:**
  Neue Problemlöseansätze und Vorschläge für Lösungsumsetzung.
- **Vernetzung:**
  Lehrt soziale Vernetzung und führt Mitarbeitende zu mehr sozialer Integration.
- **Unterstützung und Feedback:**
  Unterstützt Lernen und Feedback für neues Wissen und Kompetenzerwerb.
- **Bestätigung und Ermutigung:**
  Ermutigt zum Experimentieren mit neuem Verhalten.
- **Neue Perspektiven:**
  Bietet frische Perspektiven für die Organisation und deren Geschäft; beweist Offenheit für neue Ideen.

Praxisbeispiel: Diverse Perspectives – ein globales Reverse-Mentoring-Programm bei Freshfield, Bruckhaus und Deringer[289]

Das Programm »Diverse Perspectives« von Freshfields Bruckhaus Deringer ist ein globales Reverse-Mentoring-Programm, das darauf abzielt, Vielfalt und Inklusion innerhalb des Unternehmens zu fördern. In diesem Programm werden jüngere und mittlere Mitarbeiter, die sich als zu unterrepräsentierten Gruppen zugehörig identifizieren, mit höheren Führungskräften in eine Reverse-Mentoring-Beziehung gebracht. Die jüngeren Mentoren erhalten die Gelegenheit, ihre individuellen Perspektiven einzubringen und direkte Beziehungen zu den Führungskräften

287 Vgl. hierzu Jauslin, Hernandez und Schulte, 2021, S. 20 ff.
288 Vgl. Allen & Finkelstein, 2003; Murphy, 2012.
289 Entnommen aus Freshfields, Bruckhaus & Deringer, 2021.

aufzubauen. Teilnehmen können Mitarbeitende in allen Niederlassungen, 2021 nahmen 21 Paare aus 16 verschiedenen Büros an diesem globalen Programm teil.

Der Ansatz fördert die Diversität des Denkens und unterstützt die Innovation sowie die Entwicklung neuer Ansätze zur Lösung komplexer Probleme. Das Programm zielt auch darauf ab, einen Rahmen zu schaffen, in dem offene, ehrliche und direkte Gespräche über Herausforderungen und Möglichkeiten innerhalb der Firma geführt werden können, um die Unterstützung für vielfältige Mitarbeiter zu verbessern. Weitere Zielsetzungen sind die Förderung von Offenheit und Vielfalt, einige Junior Mentorinnen und Mentoren waren zusätzlich Mitglieder weiterer Communities bei Freshfield wie das Black Affinity Network, HALO, Women's Networks, Mental Health Affinity Network, Freshfields Enabled, und das Social Mobility Network.

Es handelt sich um ein umfassendes, globales Programm, das Teilnehmer aus verschiedenen Büros weltweit umfasst und mit dem gute Erfahrungen gemacht werden.

Arbeitshilfe 13: Intergenerationales Lernen[290]

Diese Arbeitshilfe finden Sie zum Download unter Digitale Extras.

DIGITALE EXTRAS

Wissenstransfer und intergenerationales Lernen sind anspruchsvoll. Für ein erfolgreiches intergenerationales Lernen wurde ein Vier-Phasen-Modell entwickelt, das die Beteiligung verschiedener Generationen in einem durch die Führungskraft begleiteten Vorgehen vorsieht.

Im gesamten Prozess nimmt die Führungsperson eine aktive Rolle ein (in Abkehr zum Mentoring und Reverse Mentoring) und stellt eine aktive Beziehungsgestaltung zwischen zwei Generationen sicher. Beide Teilnehmende im Mentoring (Angehörige verschiedener Generationen) wechseln im Prozess ihre Rollen zwischen Mentorin/Mentor und Mentee. Zusammen mit der Führungsperson wird in einer Triade gearbeitet bzw. gelernt.

Sie gehen im intergenerationalen Lernen als Führungsperson in vier Phasen vor:

1. »Assoziation«: Stellen Sie die Mentoring-Beziehung zwischen zwei Angehörigen verschiedener Generationen her.
2. »Akquisition«: Unterstützen Sie verschiedene Formen des Wissensaustauschs wie z. B. informelle Meetings, On-the-Job-Trainings oder Live Sessions. Tau-

290 Arbeitshilfe abgeleitet aus »intergenerational learning approach« von Singh et al., 2021.

schen Sie anschließend die Rollen von Mentee und Mentor/in laufend und stellen Sie sicher, dass beide Teilnehmende vom Wissenstransfer profitieren.

3. »Anwendung«: Stellen Sie den Transfer von Erfahrungen und Lernen ins eigene professionelle Setting der Mentees sicher, Sie arbeiten jetzt als Consultant oder Transferhelfer.
4. »Advancing«: Jetzt findet der Programmabschluss statt. Sie stellen sicher, dass weitergehende fortgeschrittene Themen geklärt werden und eine Reflexion des Vorgehens vorgenommen wird.

5.5 Lebensphasenorientierte Personalentwicklung

Eine der zentralen Führungsaufgaben ist es, Mitarbeitende zu entwickeln und für die heutigen und künftigen Anforderungen im Beruf arbeitsfähig zu halten. Lebenslanges Lernen ist alles Lernen während des gesamten Lebens, das der Verbesserung von Wissen, Qualifikation und Kompetenzen dient.[291] Für das lebenslange Lernen ist es empfehlenswert, Bildungsformate anzubieten, die das gemeinsame generationenübergreifende Lernen in altersgemischten Lerngruppen stärkt und fördert. Die Vorteile liegen auf der Hand: Es kommt zu gegenseitigem Verständnis, dem Abbau von Altersstereotypen und -vorurteilen, einem breiten Aufbau von Wissen. Gleichzeitig wird eine alterssensitive und generationengerechte Kultur gefördert.

Generationsspezifische Angebote sind für bestimmte Themen oder die Akzeptanz der Teilnehmenden hilfreich, sind aber nicht immer zweckmäßig (siehe Abschnitt intergeneratives Lernen). Gleichwohl existieren Unterschiede zwischen den Generationen bei den Lernpräferenzen und der Art und Weise der Mediennutzung. Die Mitarbeitenden haben unterschiedliche Interessen und Bedürfnisse in Abhängigkeit von der jeweiligen Lebensphase, in der sie sich befinden. Methodik und Didaktik variieren und die Motivation für die Weiterbildung (siehe Kapitel 5.3) ist zwischen den Generationen unterschiedlich gelagert. Um das lebenslange Lernen zu fördern und zu unterstützen sind daher in Abhängigkeit von der Zielgruppe und der jeweiligen Situation ggf. Formate zu entwickeln, die aufgrund von Methodik und Didaktik unterschiedlichen Generationen im besonderen Maße entsprechen. Da die Einteilung in die Generationen und ihre Präferenzen nur eine Orientierungshilfe ist, die dem Einzelfall nicht gerecht werden kann, empfiehlt es sich, allen Generationen die Teilnahme an den Weiterbildungen zu ermöglichen.

Eine lebensphasenorientierte Personalentwicklung ergänzt das gemeinsame generationenübergreifende Lernen und orientiert sich an den typischen Fragestellungen und Herausforderungen der jeweiligen Lebensphase (und dem spezifischen Bedarf an Kompetenzaufbau).

291 Definition des Europarates nach Böcher et al., 2006.

Die Generation Z und in Kürze die Generation Alpha haben als zentrale Herausforderung den Berufseinstieg und die erste Etablierung im Berufsleben zu bewältigen. Millennials und Generation X haben als zentrale Entwicklungsaufgabe die konstante Erweiterung von Wissen und der Aufbau eines funktionierenden beruflichen Netzwerkes bei gleichzeitig erhöhtem Anspruch an die Vereinbarkeit von Beruf und Familie mit oftmals jüngeren Kindern. Die Babyboomer sind meistens etabliert im Berufsleben und benötigten Qualifikationen in neuen Themen oder Medien, beschäftigen sich mit Fragen der Motivation und Ausrichtung der letzten Berufsphase sowie Themen der Work-Life-Balance sowie der Gestaltung des Übergangs von Berufsleben zum Renteneintritt, den Wissenstransfer, den Umgang mit Veränderungen und gleichwohl das Interesse an Neuem und der Verantwortungsübernahme.

Hieraus entstehen altersspezifische Angebote, z. B. eignen sich Schulungen im Bereich der IT-Anwendungen für eine altersspezifische Angebotsgestaltung, da sie verschiedenen technischen Grundkompetenzen und Geschwindigkeiten beim Wissenserwerb gerecht werden sollten. Die Digital Natives haben hier vermutlich älteren Mitarbeitenden gegenüber einen Vorteil. Andere altersspezifische Bildungsangebote können z. B. Weiterbildungen zur Vorbereitung auf die Pensionierung umfassen.

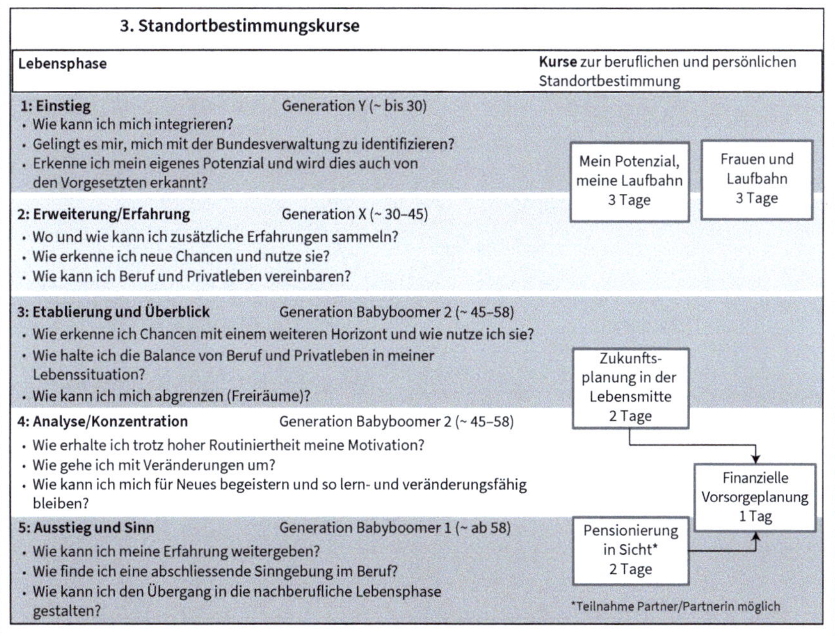

Abb. 5.4: Beispiel Standortbestimmungskurse der Bundesverwaltung Schweiz als Teil der lebensphasenorientierten Personalentwicklung

Für das Thema lebensphasenorientierte Personalentwicklung ist zu beachten, dass die klassischen Berufsbiografien durch neue Modelle ersetzt werden und Karrieren entstanden sind, die sich durch Unterbrechungen und unterschiedliche, sich verändernden Schwerpunktsetzungen ergeben (Multigrafie). Die klassischen Karrierevorstellungen befinden sich im Wandel und werden durch vielfältige Karrieren erweitert[292]. Insbesondere Frauen sind und bleiben – auch während der Phase der Familiengründung – stärker im Berufsleben integriert als in Vorgängergenerationen (vgl. Kapitel 3).

Je nach individuellem Karriereverlauf und der persönlichen Arbeitsbewältigungsfähigkeit entstehen unterschiedliche Berufswege. Ein neueres Modell zur Gestaltung von Laufbahnen schlägt vor, Varianten der Laufbahnplanung zu ermöglichen. Variante eins zeigt die klassische Aufstiegsvariante mit bereichernden Tätigkeiten und Weiterbildungsmöglichkeiten über das gesamte Berufsleben hinweg. Variante zwei fokussiert auf eine verbesserte Work-Life-Balance, eigene Interessen können im Sinne der Persönlichkeitsentwicklung verfolgt werden und es kommt zu Unterbrechungen, wie z. B. Sabbaticals. Variante drei fokussiert auf eine neue Form der Berufsentwicklung, es wird bewusst entschieden, kürzerzutreten, der Mitarbeiter wechselt auf weniger anspruchsvolle und stressige Aufgaben oder verzichtet bewusst auf eine Führungsverantwortung. Diese Laufbahnentwicklung in Modellvarianten kann im besonderen Maß den unterschiedlichen Entwicklungen hier v. a. älterer Mitarbeitender gerecht werden.[293]

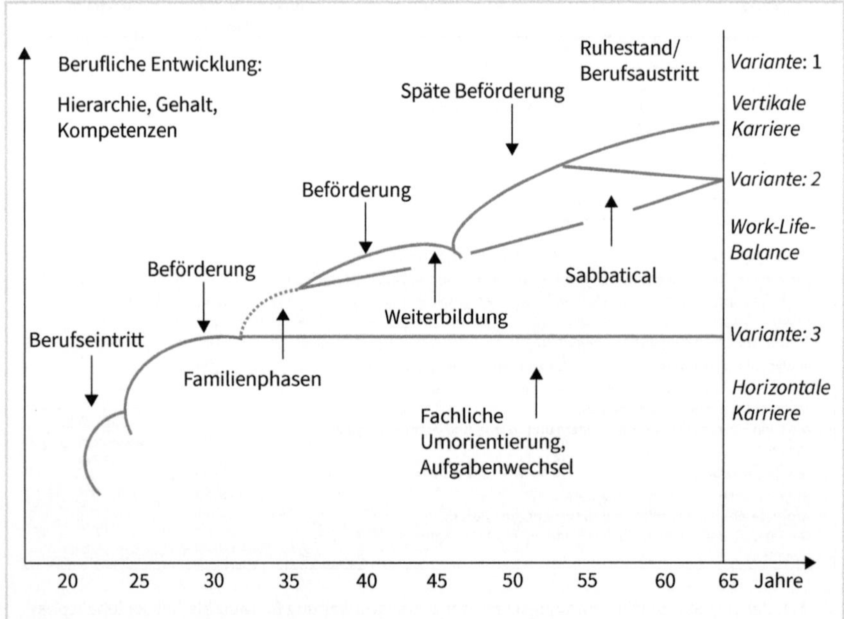

Abb. 5.5: Karriere-Modelle im Berufsleben

292 Vgl. Kim Herbstritt, Schwartl & Walt, 2019.

293 Vgl. Regnet, 2004.

Die Angebote und Nachfrage für Weiterbildung und Karrieremanagement konzentriert sich traditionell in der Praxis vornehmlich auf jüngere Mitarbeitende.[294] Führungspersonen wird empfohlen, sich in der direkten Mitarbeiterführung mit der Frage nach Weiterbildung und Entwicklung aktiv an Angehörige aller Generationen zu wenden.

Arbeitshilfe 14: Praxistransfer – Lebenslanges Lernen

Diese Arbeitshilfe finden Sie zum Download unter Digitale Extras.

DIGITALE EXTRAS

Was bedeutet das für die Praxis?
Machen Sie sich zu den folgenden Fragestellungen Gedanken und überlegen Sie, welche Bedeutung der Umgang mit Generationen-Lernen in Ihrer Organisation hat:

- Für wie relevant halten Sie lebenslanges Lernen in Ihrem Bereich? Bietet Ihre Organisation bereits Möglichkeiten und fördert lebenslanges Lernen? Welche Möglichkeiten sehen Sie als Führungsperson, um Ihre Mitarbeitenden in allen Altersgruppen für das lebenslange Lernen zu motivieren?
- Welche Veränderungen könnten sich in Ihrem Betrieb hinsichtlich des Lernens in Zukunft ergeben? Denken Sie besonders an die Ansprüche der Generationen, an die Verfügbarkeit von Informationsquellen, an die Aktualität von Wissen und an die Neuen Medien.
- Auf einer Skala von *gar nicht* bis *sehr stark*, wie sehr wird Ihr Betrieb in den nächsten 5 – 10 Jahren von einem Wissensverlust betroffen sein? Wie könnte man den Verlust reduzieren? Welche Maßnahmen zum Wissenstransfer eignen sich?
- Wie könnten Maßnahmen für intergeneratives Lernen in Ihrem Unternehmen langfristig eingesetzt werden? Welche Herausforderungen wären damit verbunden?
- Was können Sie als Führungsperson tun, um den Wissensaustausch zwischen den Generationen zu fördern und zu unterstützen?

Zusammenfassung und Kernaussagen des Kapitels

Lebenslanges Lernen bedeutet kontinuierliches Lernen über die gesamte Lebensspanne und in verschiedenen Kontexten (formell und informell). Lebenslanges Lernen ist möglich und notwendig. Unser Gehirn bleibt das ganze Leben lang lernfähig und unser Umfeld und unsere Arbeitswelt ändern sich stetig und rasch. Bereits ab der Pubertät verändern sich jedoch bestimmte Lernmechanismen. Ein hohes Maß an Lernfähigkeit findet sich v. a. in Bereichen, in welchen schon viel Vorwissen vorhanden ist.

294 Vgl. Veldhoven & Dorenbosch, 2008.

Da sich Bildungsinteressen, Motivation und bevorzugte Lernformen über die Lebensspanne hinweg verändern, sollten in betrieblichen Weiterbildungsmaßnahmen verschiedene Lernarten, -formen und -möglichkeiten angeboten werden.

Das Konzept des intergenerationalen Lernens bietet gute Voraussetzungen, diese Unterschiede gewinnbringend zu nutzen. Dabei lernen verschiedene Generationen voneinander, miteinander und übereinander. Dieser Ansatz sollte in den Ansatz des lebenslangen Lernens integriert werden, um dem Wissensverlust, den v.a. das Ausscheiden der zahlenmäßig stärksten Generation in der Arbeitswelt, der Babyboomer, aus Organisationen (ohne Weitergabe ihres Erfahrungsschatzes an die nachfolgende Generation) mit sich bringt, entgegenzuwirken.

Beim Wissen unterscheidet man explizites (verbalisierbares) und implizites (nicht oder nur schwer verbalisierbares) Wissen. Ein Wissenstransfer erfolgt nicht nur in Form von Schriftstücken und Erklärungen, sondern erfordert aktives Erleben und Handeln, wie Vorführungen, Demonstrationen und Ausprobieren.

Wichtige Faktoren für einen erfolgreichen Wissenstransfer sind: gutes Arbeitsklima und Vorgesetztenverhalten, flexible Arbeitszeiten ohne zu hohen Zeitdruck sowie die Möglichkeit für Transfergespräche mit den Vorgesetzten. Der Wissenstransfer und das gemeinsame Lernen zwischen Generationen stellen wichtiger Bausteine eines ganzheitlichen Generationenmanagements dar, und eine Möglichkeit, »Generationen zusammen zu führen«. Wissen wird geteilt, weitergegeben und in der Organisation verankert, und der demografische Wandel erfolgreich unterstützt.

Mentoring wird traditionell Generationen als erfolgreiche Möglichkeit für die Vermittlung informellen Wissens der älteren Generationen (Babyboomer) an die jüngeren Generationen eingestuft. Eine weitere Form des Mentorings zwischen den Generationen ist das Reverse Mentoring. Dabei übernimmt die jüngere Generation – vor allem die begehrte Generation Z – die Mentorenrolle und teilt ihr Wissen, insbesondere im Bezug auf den Umgang mit digitalen Anwendungen. Dabei findet ein Austausch des Wissens in beide Richtungen statt. Ziel ist ein integrativer Ansatz mit gegenseitiger Unterstützung.

Mentoring und Reverse Mentoring erfüllen diverse Funktionen: Neben dem offensichtlichen Wissensaustausch werden auch die Entwicklung von Kompetenzen, die Vernetzung und neue Perspektiven gefördert. Durch den Austausch bekommen die Teilnehmenden nicht nur neue Sichtweisen und Ideen, sondern auch Unterstützung, Feedback, Bestätigung und Ermutigung.

Lebensphasenorientierte Personalentwicklung, welche das generationenübergreifende, intergenerative Lernen ergänzt, orientiert sich an den typischen Fragestellungen und Herausforderungen der jeweiligen Lebensphase. Dies erfolgt stets mit dem Ziel, die Kompetenzen der Mitarbeitenden zu stärken und über die gesamte Lebensspanne zu erweitern. Unter Kompetenz werden dabei nicht nur Intelligenz und Wissen, sondern alle Facetten, die zur Bewältigung komplexer beruflicher Aufgaben erforderlich sind, verstanden (wie z. B. Intelligenz, Fertigkeiten, Wissen, Qualifikationen, Selbstorganisationsfähigkeit usw.). Die lebensphasenorientierte Personalentwicklung wird Besonderheiten der Personalentwicklung über die Lebensspanne gerecht und respektiert gleichzeitig, dass die klassischen Karrieremodelle ihrerseits sich im Umbruch befinden und durch eine Vielzahl individueller unterschiedlicher Karriereverläufe abgelöst wird.

6 Personalführung im Generationenmix

Verantwortlich ist man nicht nur für das, was man tut, sondern auch für das, was man nicht tut.
Laotse (chinesischer Philosoph)

Kapitelübersicht

In diesem Kapitel wird der Fokus auf die Thematik Personalführung gelegt. Hierfür werden aus verschiedenen Modellvorstellungen von Führungsstilen Empfehlungen für eine generationengerechte Führung abgeleitet.

Die Attributionstheorie der Führung besagt, dass das Verhalten von Führungskräften auch von deren Wahrnehmung und Interpretation des Verhaltens der Geführten abhängt. In der Führung ist der Einfluss von Altersstereotypen etc. zu beachten. Für Führungsszenarien in Veränderungsprozessen – z. B. im Zusammenhang mit der demografischen Entwicklung – und für die Führung von altersgemischten Teams wird die transformationale Führung empfohlen.

Individualisierte altersgerechte Führung setzt bei der Gestaltung von Führungssystemen für bestimmte Altersgruppen an und ermöglicht die Beachtung individualisierter, altersspezifischer Besonderheiten in der direkten Mitarbeiterführung. Angehörige der Generation Alpha, der Generation Z, Millennials, Angehörige der Generation X und Babyboomer haben unterschiedliche Präferenzen und Stärken – als (künftige) Mitarbeitende und als Führungskräfte. Diese gilt es, bei der individualisierten altersgerechten Führung wie auch in der generationsübergreifenden Führung zu berücksichtigen.

»Generationen zusammen führen« kombiniert die individualisierte altersgerechte Führung mit einem generationenübergreifenden Ansatz, der in besonderem Maß die Integration und Inklusion aller Generationen fokussiert.

6.1 Klassische Modellvorstellungen von Führung

6.1.1 Attributionstheorie der Führung

Bei der verhaltensorientierten Attributionstheorie geht es darum, das Führungsverhalten in Abhängigkeit von Wahrnehmungsprozessen zu erklären und zu gestalten. Führungspersonen (und Mitarbeitende) beobachten Verhalten und versuchen, daraus Schlussfolgerungen über Ursachen und Gründe zu ziehen. Daraus können ganz eigene, d. h. subjektive Führungstheorien entstehen, die individuelle Alterserwartungen beinhalten können. Alterserwartungen sind Vorstellungen der Führungspersonen, was sie von Mitarbeitenden eines bestimmten Alters erwarten können, oder welche Rolle Alter in der Führung spielt.[295]

Bei der Attributionstheorie der Führung ist der Ausgangspunkt die Beobachtung von Mitarbeitendenverhalten, z. B. häufige Nutzung von Internet oder regelmäßiges spätes oder sehr frühes Anfangen am Arbeitsplatz. Diese Beobachtung wird an den eigenen persönlichen Grundsätzen und auch Faktoren aus dem Umfeld, wie der Organisation, gemessen. Setzen wir das Beispiel fort: Die Person, die häufig das Internet nutzt,

295 Vgl. Mücke, 2009.

macht das öfters als die meisten anderen Mitarbeitenden in der Organisation. Die beobachtende Führungsperson schlussfolgert daraus, dass die Ursache des Verhaltens in der Person zu suchen ist. Bei genauerer Beobachtung stellt sie aber fest, dass alle anderen Millennial-Mitarbeiterinnen und -Mitarbeiter das auch so handhaben, und kommt zu der Schlussfolgerung, dass es ein generationsspezifisches Verhalten ist. Das Verhalten wird immer auch mit Blick auf die persönlichen Grundsätze gewertet. Wenn das häufige Surfen im Internet nicht meinen persönlichen Vorstellungen von gutem Arbeiten entspricht (persönlicher Grundsatz), dann wird die eigene Interpretation dieses Verhaltens eher negativ ausfallen und das Vorgesetztenverhalten wird ein entsprechend kritisches Feedback sein.

In dieser Modellvorstellung von Führung wird die Frage aufgeworfen, welche Attributionen oder Zuschreibungen Führungspersonen für das Verhalten ihrer Mitarbeitenden haben. Die Führungsperson beobachtet ein Verhalten und diagnostiziert, warum die Mitarbeiterin oder der Mitarbeiter sich so verhält. Dabei schreiben sie das Verhalten internalen Faktoren (Motivation der Mitarbeiterin/des Mitarbeiters oder Kompetenz) oder externalen Faktoren (interessante Aufgabe, gute Rahmenbedingungen) zu. Dieser Zuschreibungsprozess wird durch verschiedene Faktoren beeinflusst, z. B. Wahrnehmungsphänomene, Rahmenbedingungen im Unternehmen oder auch vorhandene Informationen.

Wichtig

Alter ist ein soziales Merkmal wie Geschlecht oder Nationalität. Es wird davon ausgegangen, dass Altersstereotype sowohl die Attribution (Ursachenzuschreibung) als auch das Führungsverhalten beeinflussen. Dabei schenken Führungspersonen dem Alter der Mitarbeitenden vermutlich mehr Beachtung als dem eigenen Alter. Die Attributionstheorie hilft beim generationengerechten oder individualisierten altersgerechten Führen, da schnelle und altersstereotype Zuschreibungen erkannt werden. Führungsverhalten wird dadurch generationengerechter.[296]

Der Einfluss von Alter wird unterschiedlich attribuiert. Darin liegen auch Gefahren für die generationengerechte Führung. Zumeist wird schlechte Leistung bei älteren Mitarbeitenden mangelnden Fähigkeiten, bei Jüngeren mangelnder Anstrengung zugeschrieben. Bei schlechter Leistung wird bei älteren Mitarbeitenden häufig die Aufgabe vereinfacht, bei jüngeren Mitarbeitenden hingegen in Weiterbildungen investiert.[297]

296 Vgl. ebenda, S. 92.
297 Vgl. ebenda; zur Zusammenfassung unterschiedlicher einschlägiger Forschungsstudien.

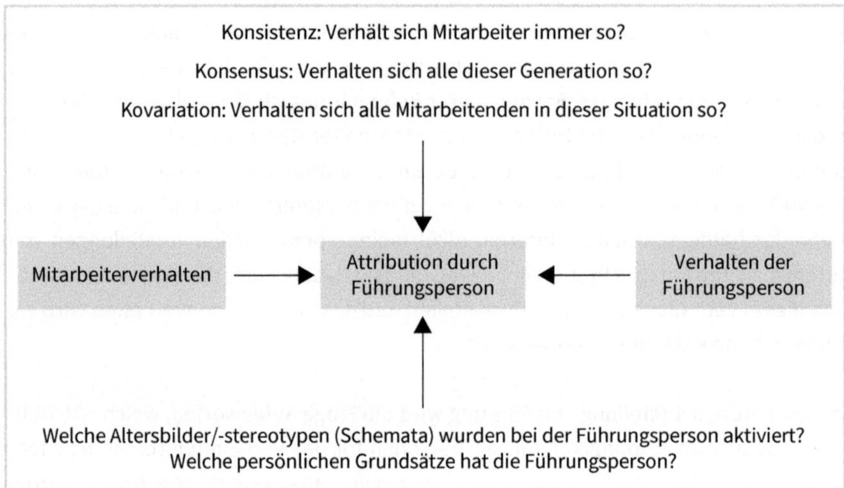

Abb. 6.1: Attributionsmodell des Führungsverhaltens

6.1.2 Transformationale Führung

Das Konzept der transformationalen Führung[298] gilt als wertorientierte und sinnstiftende Führung, die sich besonders auch in Zeiten von Unsicherheit und Komplexität eignet, um das Verhalten und Bewusstsein von Mitarbeitenden auf etwas Neues oder Anderes auszurichten, ohne dass die genauen Inhalte bekannt sind. Transformationale Führung gilt deshalb als der Führungsstil der Wahl bei der Gestaltung von Veränderungsprozessen. Führen im Generationenmix beinhaltet die altersgerechte Führung von Mitarbeitenden und die Zusammenarbeit verschiedener Generationen. Für die spezifischen Besonderheiten in der Führung altersgemischter Teams wird häufig die transformationale Führung empfohlen.[299]

Bei der transformationalen Führung wird Führung auf die Veränderung von Werten und Zielen der Mitarbeitenden ausgerichtet. Damit das gelingen kann, braucht man eine attraktive Vision für das Team oder den eigenen Führungsbereich, mit der es gelingen kann, Begeisterung zu erzeugen für das, was geschaffen werden soll.

Es können vier verschiedene Einflussbereiche in der transformationalen Führung unterschieden werden:

- idealisierter Einfluss,
- inspirierende Motivation,
- geistige Anregung,
- individuelle Beachtung.

298 Vgl. Burns, 1978; Bass & Avolio, 1994.
299 Vgl. hierzu Kunze, 2015; Kearney & Gebert, 2009.

Der idealisierte Einfluss bezieht sich auf die persönliche Ausstrahlung und das Vorbildhandeln der Führungsperson sowie die Identifikationsmöglichkeit, die Mitarbeitende damit verbinden. Dieser idealisierte Einfluss basiert auf persönlichem Charisma der Führungsperson, integrem Handeln und hohen moralischen Vorstellungen. Die Führungspersonen sind selbstsicher und entscheidungsfreudig. Bei der Führung altersgemischter Teams müssen sie als glaubwürdiges Beispiel vorangehen und unterschiedliche Teammitglieder zusammenbringen.

Inspirierende Motivation beinhaltet die Entwicklung und Kommunikation einer attraktiven Zukunftsvision für die Mitarbeitenden im Führungsbereich oder das Team. Die Mitarbeitenden werden von der Führungsperson nicht nur mit rationalen Argumenten, sondern auch emotional angesprochen, es gelingt, zu motivieren und zu begeistern. Die Führungsperson verbreitet Optimismus. Bei altersgemischten Teams kann sich die Führungsperson auf den Beitrag verschiedener Teammitglieder mit ihren unterschiedlichen Kompetenzen und Stärken (aus verschiedenen Generationen) fokussieren und damit das gemeinsame Commitment zur Zielerreichung verstärken. Die Vision muss begeisternd für alle Altersgruppen sein.

Führen mit geistiger Anregung bedeutet, Mitarbeitende mit logischen und analytischen Aufgaben zu betrauen und zu kreativen und neuen Denkweisen anzuleiten. Dadurch werden alte Denkmuster überwunden und Probleme auf neue Art und Weise bearbeitet. Bei der altersgemischten Teamführung ist geistige Anregung zentral, da etablierte Auffassungen, Einstellungen und Verhaltensweisen aktiv hinterfragt werden. Diese Einstellungen können je nach Generationszugehörigkeit variieren oder etablierte Vorgehensweisen, die früher erfolgreich waren und nun nicht mehr funktionieren, zur Sprache gebracht und neu geordnet werden.

Bei der persönlichen Ansprache werden besonders die spezifischen Bedürfnisse und Fähigkeiten durch die Führungskraft berücksichtigt. Es geht um die individuellen Stärken und Entwicklungspotenziale der Mitarbeitenden. Diese individuelle Beachtung durch die Führungskräfte wird von den Mitarbeitenden als Wertschätzung erlebt, was oftmals durch einen erhöhten Einsatz des Mitarbeiters/der Mitarbeiterin für die gemeinsamen Ziele zurückgegeben wird.

Beim Einsatz transformationaler Führung zeigen sich Unterschiede zwischen den Generationen. Innovative, intrinsisch motivierte Mitarbeiterinnen und Mitarbeiter benötigen nur wenig direkte Unterstützung von den Vorgesetzten, sie wünschen sich v. a. individualisierte Beachtung. Die weniger innovativen Millennials wünschen sich hingegen v. a. inspirierende Motivation. Mit zunehmendem Alter und Erfahrung und höherem Innovationspotenzial des Mitarbeitenden nimmt der Wunsch nach (transformationale) Führung ab. Die Führungsperson sollte sich eher passiv verhalten und nur dann Support anbieten, wenn er benötigt wird.[300] Führungskräfte können durch charismatische und transformationale Führung die Gruppenleistung und eine generational gemischte Belegschaft positiv beeinflussen.[301] Durch transformationale Führung kann bei älteren Mitarbeitenden die Arbeitsmarktfähigkeit (innerhalb des Unternehmens) verbessert und erhöht werden. Dieser Effekt zeigt sich weniger bezüglich externer Employability.[302] Nicht nachgewiesen werden konnten Unterschiede zwischen den Führungspersonen unterschiedlicher Generationen in der Anwendung von transformationaler Führung. Hingegen sind kulturelle Unterschiede im Einsatz dieses Führungsstils beobachtbar, z. B. wird in China weniger als in den USA Leistungsverhalten durch transformationale Führung erzeugt.[303]

Wichtig

Durch transformationale Führung gelingt es, Individuen gerecht zu werden und die Ziele der Einzelnen mit den Zielen und Visionen einer Gruppe zu verbinden. Wenn dabei die alters- und generationsspezifischen Besonderheiten beachtet und respektiert werden, eignet sich die transformationale Führung gut für eine generationenübergreifende Führung. Dies konnte auch in einer Studie in Universitätskliniken belegt werden. Der Einsatz von transformationaler Führung bei ärztlichen Mitarbeitenden verschiedener Generationen verbesserte die individuelle wie auch organisationale Effektivität. Es wurde festgestellt, dass transformationale Führung besonders wirksam ist, um Mitarbeitende verschiedener Generationen zu motivieren und die Zusammenarbeit zu fördern.[304]

Beispiel: Stadt Zürich – Weiterentwicklung der städtischen Führungskultur

In einem umfangreichen partizipativen Prozess und unter Mitwirkung von 200 Führungspersonen aller Führungsebenen, inklusive der Stadträtinnen und Stadträte, wurden die Führungsgrundsätze »Wir führen für Zürich« erarbeitet und im Frühjahr 2016 vom Stadtrat verabschiedet.[305] Die departementsübergreifend zusammengesetzte Projektgruppe »Führungskultur« hat im Rahmen des strategischen HR-Projektes in diesem partizipativen Prozess unter anderem zwei Großgruppenanlässe durchgeführt und bereits durch das Vorgehen einen wertvollen Beitrag zu einer förderlichen Führungskultur geleistet. Entstanden in der Auseinandersetzung mit vielfältigen Führungspersonen sollen die Führungsgrundsätze eine positive und auf Zusammenarbeit ausgerichtete Führungskultur

300 Vgl. Kultalahti, Edinger & Brandt, 2013.
301 Vgl. Seong & Hong, 2018.
302 Vgl. Böttcher, Albrecht, Venz & Felfe, 2018.
303 Vgl. Kwan Lau & Subedi, 2019.
304 Vgl. Lakasz, 2019.
305 Schmitz & Eberhardt, 2017.

unterstützen. Dies gilt auch für die Zusammenarbeit über verschiedene Generationen hinweg. Im Mittelpunkt des Führungsverständnisses stehen die Leitsätze »Gestalten«, »Entwickeln« und »Wirkung erzielen«.

Die Umsetzung in die Praxis erfolgt vielschichtig. So wurden die Führungsgrundsätze in das städtische Weiterbildungsangebot für Führungskräfte integriert. Neue und erfahrene Führungskräfte sowie Mitarbeitende mit Potenzial für die Übernahme einer Führungsfunktion setzen sich dabei auf unterschiedliche Weise mit den städtischen Führungsgrundsätzen auseinander. Ebenso stehen Begleitmaterial und Workshop-Formate für den Dialog zum Thema Führung zur Verfügung, die vielfältig eingesetzt werden können. Besonders hohe Akzeptanz hat in der Praxis ein als Begleitmaterial zur Verfügung gestelltes Kartenset erhalten (vgl. Arbeitshilfe: Führungskultur leben). Die erste Edition enthält 30 individuelle Reflexionsfragen wie z. B. »Wie gut gelingt es mir, unterschiedliche Interessen zusammenzuführen?« oder »Gebe ich mein Wissen und meine Erfahrungen so weiter, dass andere etwas davon haben?« Die Reflexionskarten eignen sich für den flexiblen Einsatz in persönlichen Feedbackgesprächen, strukturierten Workshops oder zur Selbstreflexion. In einer Dienstabteilung wurde der Einsatz dieser Karten im Vorgesetzten-Feedback erfolgreich pilotiert, in diversen Abteilungen waren und sind sie Bestandteil von Workshops und regelmäßigen Gesprächen zwischen Führungspersonen und Mitarbeitenden. Beispielsweise wissen wir von Führungspersonen, die sich über ein Jahr hinweg in ihren wöchentlichen Besprechungen je eine Karte ausgewählt und in der Folgewoche dazu Feedback gegeben haben. Dieser Austausch hat in unterschiedlichen Varianten stattgefunden.

Aufgrund der äußerst positiven Resonanz auf die Fragenkarten wurde 2020 eine zweite Edition mit neuen Reflexionsfragen zu den städtischen Führungsgrundsätzen lanciert. Zwei Fragen – »Was lerne ich von anderen Generationen?« und »Woran merken meine Mitarbeitenden, dass ich Vielfalt im Team schätze?« – zielen dabei auf die Generationenthematik und fördern so die aktive Auseinandersetzung der Führungskräfte der Stadtverwaltung mit dem Thema.

Darüber hinaus wurde die Thematik einer alters- und generationengerechten Führung auch in die 2022 durchgeführte städtische Mitarbeitendenbefragung integriert. Mit der Neuausrichtung dieses Führungsinstruments wird das Generationenmanagement innerhalb der Stadtverwaltung integrativ positioniert und durch eine kontinuierliche Weiterentwicklung und Förderung der städtischen Führungskultur auf der Grundlage der partizipativ erarbeiteten Führungsgrundsätze zunehmend etabliert.

Arbeitshilfe 15: Führungskultur leben: Mit Fragen gestalten. Entwickeln. Wirkung erzielen.

DIGITALE EXTRAS

Diese Arbeitshilfe finden Sie zum Download unter Digitale Extras. Die Leitfragen sind Teil eines umfangreichen Fragensets (vgl. Stadt Zürich, Weiterentwicklung der städtischen Führungskultur), das Führungspersonen bei der Stadt Zürich für den Führungsdialog wie für die Selbstreflexion zur Verfügung gestellt wird. Die vollständigen Fragen finden sich auch unter https://www.stadt-zuerich.ch/portal/de/index/jobs/arbeitgeberin-stadt-zuerich/fuehrungsgrundsaetze.html.

Stellen Sie diese und weitere Karten als Gedankenstütze auf, oder führen Sie ein Tagebuch. Schalten Sie regelmäßig Fragepausen für sich oder Fragerunden im Team ein. Probieren Sie einfach mehrere Möglichkeiten aus.

Selbstreflexion: »Wie schätze ich mich selbst ein? Wo sehe ich Entwicklungsbedarf?«

Ordnen Sie die Karten Ihren Stärken und Schwächen zu und überlegen Sie sich, wie Sie damit umgehen wollen. Wählen Sie dafür entsprechende Karten aus und setzen Sie sich über einen längeren Zeitraum damit auseinander.

Feedback: »Wozu möchte ich Rückmeldungen von Mitarbeitenden einholen?«

Fragen Sie, wie Ihre Mitarbeitenden Ihr Führungsverhalten zu bestimmten Fragen wahrnehmen und erleben, oder bitten Sie die Mitarbeitenden um Fragen, die Sie weiterbringen.

Dialog: »Wie nehmen mich andere Führungskräfte wahr?«

Nutzen Sie das Kartenset im Gespräch mit Ihrer oder Ihrem Vorgesetzten. Verwenden Sie die Fragen im Austausch mit anderen Führungskräften.

Viel Freude beim Fragen!

6.2 Individualisierte altersgerechte Führung

Der Einfluss altersgerechter Führung auf den Erhalt der Arbeitsfähigkeit und damit auf eine erfolgreiche Beschäftigung bis zum Eintritt in den Ruhestand wurde erstmals in Finnland erforscht und belegt.[306] Diese Überlegungen wurden anschließend in Deutschland aufgegriffen,[307] wo der Fragebogen zur Erhebung der individualisierten altersgerechten Führung weiterentwickelt wurde. Dieser wurde zur Erhebung von Einstellung, Verhalten und Alterswahrnehmung vergleichend für die Schweiz und Deutschland,[308] später auch für Finnland und Italien[309] eingesetzt. So konnte beispielsweise Roth einen detaillierten Einblick in die Anpassung von Führungsstilen an ältere Beschäftigte in der öffentlichen Verwaltung aufzeigen. Ziel war es, die Arbeitsbedingungen so anzupassen, dass sie den physischen und psychischen Anforderungen älterer Mitarbeitender gerecht werden.[310]

Dieser ursprünglich auf ältere Arbeitnehmende ausgerichtete Fokus der altersgerechten Führung kann und sollte auf eine individualisierte und altersgerechte Perspektive für die Führung aller Generationen übertragen werden, wenngleich sich die vorliegenden Forschungsstudien vornehmlich auf den Erhalt der Arbeitsfähigkeit fokussieren.

Definition: Individualisierte altersgerechte Führung

Die individualisierte altersgerechte Führung beachtet altersbezogene Aspekte in der Entwicklung von Führungssystemen und -kultur. Sie integriert alters- und generationsspezifische Aspekte in das eigene interaktive Führungsverhalten.

Individualisierung von Führung bedeutet, sich an der Persönlichkeit und der Situation der einzelnen Mitarbeitenden auszurichten. Die Führungsperson schätzt diese individuelle Situation ein und passt das eigene Führungsverhalten flexibel daran an. Diese situative Differenzierung der Führung nach Alter oder Geschlecht gilt als individualisierte Führung.[311]

306 Vgl. Ilmarinen & Tempel, 2002.
307 Vgl. Braedel-Kühner, 2005.
308 Vgl. Eberhardt & Meyer, 2011.
309 Vgl. Eberhardt et al., 2013b.
310 Vgl. Roth, 2018.
311 Vgl. Drumm, 2008.

Für die Führung ist es immer ein heikles Thema, alle gleich zu behandeln oder auf die einzelne Person spezifisch einzugehen. Einerseits soll der Grundsatz der Gleichbehandlung umgesetzt werden, andererseits muss man dem einzelnen Menschen in seiner spezifischen Situation gerecht werden. Führung und HRM können auf einem Kontinuum von Gleichbehandlung und Individualisierung gestaltet werden. Wenn Führung über Strukturen, Prozesse und die Verwendung einheitlicher Hilfsmittel geschieht, handelt es sich um strukturelle Führung. Diese Möglichkeiten werden oftmals in HR-Prozessen, HR-Programmen und HR-Hilfsmitteln abgebildet und in Kapitel 7 näher beleuchtet. Wenn strukturelle Führung für bestimmte Personengruppen individualisiert wird, bezeichnen wir dies als Differenzierung. In der Praxis sind das z.B. Programme, die gezielt nur für bestimmte Altersgruppen angeboten werden, z.B. interne Laufbahnberatung 45plus oder ein lebensphasenorientiertes Personalentwicklungsprogramm für Angehörige der Generation Z, der Generation X, Millennials bzw. Babyboomer[312] (vgl. auch Kapitel 5).

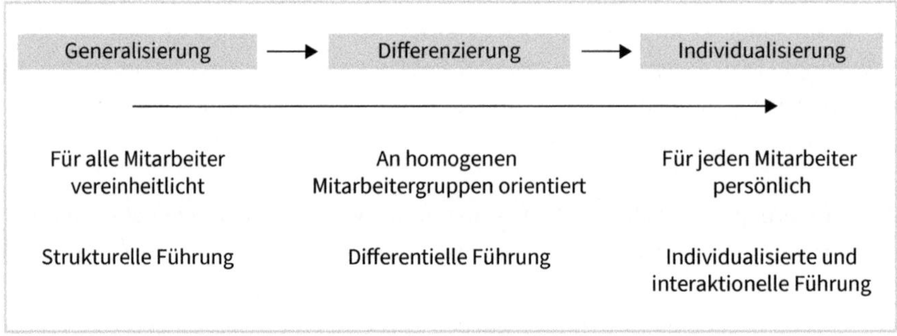

Abb. 6.2: Führung als Kontinuum von Generalisierung, Differenzierung und Individualisierung

Arbeitshilfe 16: Führungsstil und Generationen[313]

DIGITALE EXTRAS

Diese Arbeitshilfe finden Sie zum Download unter Digitale Extras.

Führungskräfte sind gut beraten, ihren Führungsstil, ihr Wissen über die verschiedenen Generationen und persönliche Einstellungen einzuschätzen und zu reflektieren. Die folgenden Fragen können als Grundlage für eine Beurteilung der persönlichen Perspektiven und Ansätze dienen:

- Was zeichnet jede Generation aus?
- Für welche Generationen sind Sie als Führungskraft verantwortlich?
- Wie beeinflussen intergenerationale Unterschiede Ihre Wahrnehmung und Ihren Führungsstil?

312 In Anlehnung an Eberhardt & Meyer, 2011.
313 Entnommen aus: Gesell, 2010.

- Wie äußern sich diese Unterschiede in Ihrer Organisation?
- Wie können Sie intragenerationale und intergenerationale Gruppen führen?
- Was können Sie als Führungskraft tun, um den Dialog und das Problemlösen zwischen den Generationen zu fördern?
- Welche Generation hat den stärksten Einfluss auf ihre Organisation?
- Gleichen sich die Aspekte Ihrer Unternehmenskultur eher einer bestimmten Generation an, als einer anderen (= Generationen-Bias)?
- Wie beeinflusst dieser Generationen-Bias die Inklusion, Personalbeschaffung, Arbeitsbewältigung und Personalentwicklung?

Praxisbeispiel: Führung von Pflegepersonal im Kinderspital[314]

Aufgrund des Pflegenotstands in Krankenhäusern haben nicht nur Pflegeabteilungen für ältere Menschen Personalprobleme; auch andere Spitäler bekommen den Pflegefachkräftemangel zu spüren. Das Kinderspital Zürich ist das größte Universitätskinderspital in der Schweiz mit rund 2000 Mitarbeitenden und jährlich annähernd 100.000 Patientinnen und Patienten vom 1. bis zum 18. Lebensjahr.

Angesichts der demografischen Entwicklung wird die Anzahl an Pflegefachkräften nicht steigen. Es ist wichtig, die Berufsverweildauer (die momentan bei 15 Jahren liegt) zu verlängern.

Etwa 20% der Pflegefachkräfte des Kinderspitals Zürich waren zum Zeitpunkt der Studie über 45 Jahre alt und gelten damit nach den Definitionen der WHO bereits als ältere Mitarbeitende.

Als erste Maßnahmen erfragten die Verantwortlichen Anforderungen und Erwartungen der älteren Mitarbeitenden mittels einer Umfrage. 62 Personen beteiligten sich daran. Sie äußerten, dass sie nicht grundsätzlich abgeneigt sind, im Schichtdienst zu arbeiten. Sie wünschten nach dem Nachtdienst allerdings einen längeren Block freier Tage, längere oder häufigere Pausen während des Dienstes wurden nicht eingefordert. Weiterhin wurde der Wunsch nach der Möglichkeit für unbezahlten Urlaub, mehr Ferientage und adäquater Entlohnung eingebracht. Die älteren Mitarbeitenden sehen ihre Stärken v. a. im Umgang mit komplexen Familien- und Patientensituationen sowie in Rollen, in welchen sie ihre Erfahrung weitergeben können.

Zusammenfassend ist für das Kinderspital wichtig, die Rekrutierung jungen Fachpersonals zu fördern und gleichzeitig Anforderungen und Erwartungen des älte-

314 Naji, 2015.

ren Personals zu berücksichtigen. Als zentrale Maßnahme sah das Kinderspital Mitarbeitergespräche mit Fokus auf die Anforderungen und Erwartungen älterer Mitarbeitenden. Diese sollten frühzeitig, persönlich und in regelmäßigen Abständen stattfinden.

Ein wichtiger Baustein für die individualisierte altersgerechte Führung sind die Einstellung und das Verhalten der Führungskräfte. Berücksichtigen diese das Thema Alter in der Führung? Welche Rolle spielen individualisierte Vorgehensweisen in der Führung?

Bei der individualisierten altersgerechten Führung liegt der Schwerpunkt im eigenen Führungsstil, im eigenen Führungsverhalten. Wie berücksichtige ich als Führungsperson das Alter meiner Mitarbeitenden in der Führung?

Wichtig

Eine Selbsteinschätzung mithilfe eines Kurzfragebogens ermöglicht einen Vergleich von eigener Einstellung und Verhalten mit denen anderer Führungskräfte und lässt erste Gestaltungsideen zur altersgerechten Führung ableiten.

Arbeitshilfe 17: Checkliste: Individualisiertes Führungsverhalten – mein Chef/meine Chefin[315]

DIGITALE EXTRAS

Diese Arbeitshilfe finden Sie zum Download unter Digitale Extras.

Im folgenden Teil geht es darum, wie Sie die Führungsunterstützung in den unten genannten Themenfeldern wahrnehmen. Bitte geben Sie jeweils an, inwieweit die folgenden Aussagen für Ihre persönliche Situation passen.

315 In Anlehnung an Eberhardt & Meyer, 2011.

Individualisiertes Führungsverhalten Mein Chef/meine Chefin …		**Trifft gar nicht zu**	**Trifft wenig zu**	**Trifft teilweise zu**	**Trifft ziemlich zu**	**Trifft völlig zu**
1	… fördert aktiv die Zusammenarbeit zwischen den Generationen und den Know-how-Transfer.					
2	… fordert mich auf, meine individuellen Fähigkeiten gezielt einzubringen.					
3	… unterstützt aktiv meine gesunde Lebensweise (gesunde Ernährung/ausreichend Bewegung).					
4	… achtet auf eine ausgewogene Belastung, Beanspruchung und entsprechenden Belastungsausgleich am Arbeitsplatz.					
5	… achtet auf eine ergonomische Arbeitsplatzgestaltung.					
6	… unterstützt mich, dass ich Neues am Arbeitsplatz lerne und die Lernmöglichkeiten nutze.					
7	… fördert meine regelmäßige Teilnahme an internen und externen Schulungen.					
8	… unterstützt mich, mich an neue Situationen und Technologien anzupassen.					
9	… will, dass ich meine Erfahrungen am Arbeitsplatz einbringe.					
10	… klärt mit mir meine Erwartungen bezüglich Altersteilzeit, Frührente oder Verbleib im Erwerbsleben bis zum offiziellen Rentenalter.					
11	… unterstützt meine Neugierde auf neue Dinge und Freude an Veränderungen und Entwicklungen.					

Arbeitshilfe 18: Checkliste: Individualisiertes Führungsverhalten – Selbsteinschätzung als Führungsperson[316]

DIGITALE EXTRAS

Diese Arbeitshilfe finden Sie zum Download unter Digitale Extras.

Im Folgenden geht es darum, wie Sie als Vorgesetzter/Vorgesetzte Führung in den unten genannten Themenfeldern gestalten. Bitte geben Sie jeweils an, inwieweit die folgenden Aussagen für Ihre persönliche Situation passen.

Individualisiertes Führungsverhalten Ich ...		Trifft gar nicht zu	Trifft wenig zu	Trifft teilweise zu	Trifft ziemlich zu	Trifft völlig zu
1	... fördere aktiv die Zusammenarbeit zwischen den Generationen und den Know-how-Austausch.					
2	... fordere die Mitarbeitenden auf, ihre individuellen Fähigkeiten gezielt einzubringen.					
3	... unterstütze aktiv die gesunde Lebensweise meiner Mitarbeiter/innen (gesunde Ernährung/ausreichend Bewegung).					
4	... achte auf eine ausgewogene Belastung, Beanspruchung und entsprechenden Belastungsausgleich am Arbeitsplatz.					
5	... achte auf eine ergonomische Arbeitsplatzgestaltung.					
6	... unterstütze das Lernen am Arbeitsplatz und sorge für Lernmöglichkeiten *on the Job.*					
7	... fördere die regelmäßige Teilnahme an internen und externen Schulungen.					
8	... unterstütze Mitarbeitende, sich an neue Situationen und Technologien anzupassen.					
9	... will, dass Mitarbeitende ihre Erfahrungen am Arbeitsplatz einbringen.					

316 In Anlehnung an Eberhardt & Meyer, 2011.

Individualisiertes Führungsverhalten Ich …		Trifft gar nicht zu	Trifft wenig zu	Trifft teil-weise zu	Trifft ziemlich zu	Trifft völlig zu
10	… kläre mit meinen älteren Mitarbeitenden ihre Erwartungen bezüglich Altersteilzeit, Frührente oder Verbleib im Erwerbsleben bis zum offiziellen Rentenalter.					
11	… unterstütze die Neugierde auf neue Dinge und Freude an Veränderungen und Entwicklungen.					

Interessantes aus der Forschung

Kritische Personalführungssituationen und die Relevanz des Alters
In einer umfangreichen Studie wurden 348 Führungssituationen in Tagebüchern notiert und eine Relevanzeinschätzung des Faktors Alter vorgenommen. Jede Führungsperson hat dabei durchschnittlich zwölf Situationen erfasst. Diese Situationen wurden entsprechend der europäischen Leitlinien »Altern in der Arbeitswelt« kategorisiert. Ausgewertet wurde die Frage, ob die Führungsperson im Verhältnis zur Mitarbeiterin oder zum Mitarbeiter jünger, älter oder gleich alt ist und ob das Alter in der Personalführungssituation eine Rolle spielt. Im Ergebnis lässt sich feststellen, dass dem Alter im Führungsalltag wenig Aufmerksamkeit geschenkt wird. Wenn das Alter beachtet wird, dann wird das Alter der Mitarbeitenden beachtet und nicht das eigene.[317]

Bei Führungspersonen, die Führungssituationen mit Blick auf das Thema Alter in der Arbeitswelt beschreiben, zeigt sich, dass über ein Drittel der kritischen Personalsituationen Personalführungsthemen sind.[318] Dabei geht es um Konfliktmanagement, Unterstützung bei privaten Problemen und um Informationspolitik, besonders häufig geht es um die fachliche Unterstützung und das Coaching. Weitere kritische Personalsituationen beziehen sich auf die Personalbeurteilung und den Personaleinsatz, weniger relevant sind Themen wie Personalentwicklung, Honorierung, Rekrutierung und Freistellung oder betriebliches Gesundheitsmanagement.

317 Vgl. Mücke, 2009.
318 Vgl. Mücke, 2009; alle folgenden Ausführungen zu diesem Thema sind ihrer Publikation entnommen.

In etwa der Hälfte der Fälle spielt das Alter der Mitarbeitenden eine relevante Rolle, ca. 37 % der Befragten gehen davon aus, dass das Alter der Mitarbeitenden (eher) irrelevant ist.

Interessant ist der Vergleich zur Einschätzung der Relevanz des eigenen Alters. Fast 70 % gehen davon aus, dass das Alter in Führungssituationen (eher) irrelevant ist und nur knapp 22 % gehen davon aus, dass das Alter eine (eher) relevante Rolle spielt. Wenn das Alter als (eher) relevant in der Personalführung eingeschätzt wurde, dann bei den Mitarbeitenden eher als nachteilig und bei der Selbstbeurteilung der Führungspersonen eher als Vorteil.

Bei der individualisierten altersgerechten Führung stellt sich die Frage, wie relevant es ist, ob eine Führungsperson jünger, älter oder gleich alt ist wie die Mitarbeitenden.

Das Alter der Mitarbeitenden ist vorwiegend dann relevant, wenn die Führungsperson deutlich jünger ist und am wenigsten relevant, wenn die Führungsperson deutlich älter ist. Besonders alterskritisch wurden Situationen eingestuft, die sich dem Themenfeld Personalentwicklung, betriebliche Gesundheitsförderung und Personalfreistellung und Beurteilung zuordnen lassen. Vermutlich liegt dieser Einschätzung eine Annahme der Führungspersonen zugrunde, dass mit zunehmendem Alter der Gesundheitszustand schlechter wird und das Weiterbildungsinteresse abnimmt. Da im Alter aber die Unterschiede zwischen den Menschen stark zunehmen, empfiehlt es sich, genau und vorurteilsfrei auf das Alter zu schauen und die Führungssituation einzuschätzen.

Sofern auch bei der Führungsperson das Altersbild positiv besetzt ist, können bei Mitarbeitenden positive Veränderungen bewirkt werden.[319] Jüngere Führungspersonen tendieren eher zu negativen Altersstereotypen und sind besonders gefährdet, falsche Schlussfolgerungen für die Personalführung zu ziehen. Wenn Begründungen für Leistungen oder Entscheidungen im Alltag gesucht werden, dann schreiben Führungspersonen dem eigenen Alter eher gute Eigenschaften (positive Attribute) zu, als es bei den Mitarbeitenden der Fall ist. Je größer der Altersunterschied zwischen jüngerer Führungskraft und älterer/älterem Mitarbeiter/in, desto eher wird dem Faktor Alter eine (negative) Relevanz beigemessen. Dies kann zu fatalen Führungsentscheidungen führen, wie z. B. der frühzeitigen Entlassung älterer Mitarbeitenden.[320]

Insgesamt ist in der alterssensitiven Personalführung ein reflektiertes und bewusstes Vorgehen hilfreich, insbesondere wenn die Führungsperson und die Mitarbeitenden unterschiedlichen Generationen zuzuordnen sind. Altersstereotype

319 Vgl. Ilmarinen & Tempel, 2002.
320 Vgl. Mücke, 2009.

müssen identifiziert und die eigenen Erwartungen bezüglich des Verhaltens bestimmter Altersgruppen hinterfragt werden. Das regelmäßige Einholen von Feedback oder Peer-Coaching-Ansätze für Führungskräfte helfen bei der Reflexion von Führungssituationen. Wir empfehlen, eigene Führungsfragestellungen im Umgang mit Alters- oder Generationsfragen zu thematisieren, strukturiert nach Lösungsansätzen zu suchen und das eigene Vorgehen regelmäßig zu reflektieren.

6.3 Generationen zusammen führen

Generationen zusammen führen erweitert die Überlegungen zur individuellen altersgerechten Führung um wesentliche Punkte:

a) die Beachtung der **Dynamik innerhalb und zwischen Generationen,**
b) die **Anpassung des eigenen Führungsverhaltens** auf die Besonderheiten des Alters oder der Generation und
c) die **aktive Nutzung von Chancen** in der Zusammenarbeit verschiedener Generationen.

Definition: Generationen zusammen führen

Generationen zusammen führen fokussiert die generationengerechte Führung. Dabei werden

- **altersbezogene Aspekte** erkannt und in der Entwicklung von Führungssystemen und -kultur berücksichtigt (Perspektive 1: altersgruppen- oder generationsspezifisches Vorgehen),
- **der eigene Führungsstil** individualisiert und altersgerecht ausgerichtet (Perspektive 2: individuumzentriertes Vorgehen),
- **die Zusammenarbeit verschiedener Generationen** im Unternehmen gefördert und unterstützt (Perspektive 3: generationenübergreifendes Vorgehen).

Arbeitsfähigkeit bildet die zentrale Voraussetzung für ein langes und erfolgreiches Arbeitsleben. Das Haus der Arbeitsfähigkeit (vgl. Kapitel 1, Abbildung 1.1) liefert Gestaltungsperspektiven für eine generationengerechte Führung. Die Basis bildet die körperlich-seelische Vitalität. Mit zunehmendem Alter steigen die Gesundheitsrisiken. Lebenslanges Lernen und Kompetenzerwerb setzen in jedem Lebensalter an unterschiedlichen Stärken und Entwicklungsfeldern an. Einerseits verändert sich die Leistungsfähigkeit im Alterungsprozess und bestimmte Kompetenzen nehmen zu, während andere abbauen. Andererseits haben v. a. die Generation Z sowie die Millennials beim Thema Digitalisierung oftmals einen Vorsprung vor den anderen Generationen.

6.3.1 Perspektive 1: generations- und altersspezifisches Vorgehen

Altersspezifische Vorgehensweisen werden den einzelnen Generationen im Unternehmen gerecht und verhindern, dass z. B. die eher als ungeduldig eingestuften jüngeren Generationen wie Generation Z und Millennials in Schulungen zu neuen Technologien zusammen mit den Digital Immigrants, den Babyboomern lernen. Die Babyboomer können in altersgetrennten Angeboten ihr Einstiegsniveau und ihre Fragen zum Thema eher einbringen. Diese strukturell ausgerichteten Angebote können differenziert aufgebaut werden oder sie richten sich an alle als generelles Angebot, z. B. im Bereich der Präventionsmaßnahmen der betrieblichen Gesundheitsförderung. Letztere können ebenfalls als Möglichkeiten der altersgerechten Führung eingestuft werden, unterstützen sie doch den körperlich-seelischen Bereich zur Förderung der Arbeitsfähigkeit. Eine lebenslange Lernbereitschaft kann durch die Entwicklung von Weiterbildungs- und Karrierechancen für Mitarbeitende aller Altersstufen sichergestellt werden.

6.3.2 Perspektive 2: individuumzentriertes Vorgehen

Eine individualisierte und generationengerechte Führung berücksichtigt Informations- und Feedbackverhalten und -ansprüche verschiedener Generationen und beachtet den Faktor Alter und Generation. Diese Perspektive betrifft die direkte Gestaltung der Führungsbeziehung zwischen Mitarbeiter oder Mitarbeiterin und Führungskraft. Dabei kommen verschiedene Facetten zum Tragen. Es geht um die Beachtung von eigenen und anderen Werthaltungen, Kompetenzschwerpunkten und Ansprüchen in der Führung. Führung benötigt die Fähigkeit zum Perspektivenwechsel, um die Welt mit den Augen der anderen zu sehen. Die Wahrnehmung und Interpretation einer Situation ist eingebettet in den eigenen Erfahrungsschatz und Background der Führungsperson. Eine bewusste Beachtung von alters- oder generationsbezogenen Aspekten in der akuten Fragestellung oder Situation kann helfen, besser zu verstehen und auch Lösungen zu finden, die maßgeschneidert der jeweiligen Person in ihrer augenblicklichen Lebensphase gerecht werden. In den folgenden Abschnitten finden sich verschiedene Ansatzpunkte zur Förderung dieser Perspektive in der Mitarbeiterführung.

6.3.3 Perspektive 3: generationenübergreifendes Vorgehen

Wir reden vom Generationen-Gap, wenn wir die unterschiedlichen Werthaltungen, Interessen, Kompetenzen, Wünsche und Vorstellungen betrachten, die verschiedene Generationen ins Arbeitsleben einbringen. Unternehmen und Führungskräfte können diese unterschiedlichen Perspektiven zusammenbringen, wenn es gelingt, die Führung so zu gestalten, dass eine Organisationskultur entsteht, die von gegenseitigem Verständnis und Wertschätzung geprägt ist. Ein wichtiger Aspekt ist dabei ein Fokus der Führung auf intergenerationales Lernen und der Wissensaustausch zwischen Angehörigen verschiedener Generationen, damit organisationales Lernen und Innovation ermöglicht werden (vgl. Kapitel 5.4). Die Vielfalt der Generationen zusammenzubringen, setzt nicht nur an der Fairness oder am Gedanken der Generationengerechtigkeit an. Es geht um Ethik und um den unmittelbaren Nutzen von Vielfalt. Die verschiedenen Perspektiven und Kompetenzen der Generationen sind für unterschiedliche Aufgaben oder verschiedene Kundensegmente unterschiedlich relevant. Gelingt es in der Führung, auf diese Ressourcen zuzugreifen und diese Vielfalt nutzbar zu machen, erweitert sich das Potenzial einer Organisation oder eines Teams immens. Intergenerationale Qualifizierung und Zusammenarbeit werden gefördert und vernetzt. Dies geschieht durch gemeinsame Qualifizierungsmaßnahmen in Themenfeldern, die sich für gemeinsames Lernen eignen und mit didaktischen Elementen, die einen Wissenstransfer auch beim Thema Medien oder Sozialkontakte fördern. Cross-Mentoring- oder Beratungsprogramme bilden etwa die Grundlage für eine wechselseitige Unterstützung der Generationen. Dafür wird oftmals ein Rollenwechsel vorgenommen und ehemalige Expertinnen und Experten oder Führungspersonen werden neu als Berater und Beraterinnen auf Zeit eingesetzt (vgl. Kapitel 5.4.7).

Praxisbeispiel: Generationenvielfalt und Gesundheit[321]

Der Automobilkonzern **Daimler** setzt ebenfalls auf Generationenvielfalt. Unter dem Projekt »Space Cowboys – Daimler Senior Experts« können seit 2013 ehemalige Mitarbeiterinnen und Mitarbeiter ihr Wissen an jüngere Kollegen weitergeben. Im Jahr 2017 waren rund 550 Senior Experts in dem Expertenpool registriert. Der Einsatz ist pro Person auf maximal sechs Monate angelegt und kann einmalig verlängert werden.

In Simulationen hat der Konzern das Alter der Belegschaft für die nächsten zehn Jahre ermittelt: Es wird auf einem Durchschnittsalter von 47 Jahren angelangt sein. Fast die Hälfte der Mitarbeiterinnen und Mitarbeiter wird über 50 Jahre alt sein. Das Unternehmen betrachtet dies als Chance und stellt sich den damit verbundenen Herausforderungen. Maßnahmen zur Ausbildungspolitik, Personalentwicklung, Flexibilisierung und Leistungssteigerung sollen gestartet werden.

Auch das lebenslange Lernen wird vom Unternehmen gefördert. Im Projekt »Daimler Academic Programs« können Beschäftigte aller Altersstufen ein Vollzeitstudium oder ein berufsbegleitendes Studium absolvieren, um danach ins Unternehmen zurückzukehren. Die Hälfte der Studienkosten trägt das Unternehmen. Beim Thema Gesundheitsmanagement fördert das Unternehmen die langfristige

321 Vgl. Dollinger, 2014; Mürdter & Maucher, 2011; Köhler, 2017.

Gesundheit mit Angeboten wie einem werksärztlichen Dienst, einer Sozialberatung und einer freiwilligen Vorsorgeuntersuchung. Die Gesundheitsförderung bezieht sich auf alle drei Bereiche: Zur **Prävention** werden Sensibilisierungsmaßnahmen durchgeführt, in der **Therapie** gibt es gezielte Angebote zur Behandlung und für die **Nachsorge** gibt es Rehabilitationsangebote. Auch der Betriebsrat wird bei der Entwicklung der Aktivitäten einbezogen und unterstützt diese.

Ein generationenübergreifendes Vorgehen entwickelt das Wissen der Jüngeren und Älteren weiter, vernetzt es und macht es organisationsübergreifend nutzbar. Es wird ein Verständnis für die Anliegen verschiedener Altersgruppen oder Organisationen geschaffen. »Es geht darum, aus dem Nebeneinander der Generationen ein Miteinander zu machen und mit jung und alt gemeinsam die Zukunft zu gestalten.«[322]

6.4 Generationsspezifische Führungsstile

Mitarbeitende präferieren individuell ganz unterschiedliche Führungsstile, es lassen sich jedoch auch für ganze Generationen Präferenzen für den Führungsstil identifizieren. Welcher Führungsstil führt zu größerer Zufriedenheit am Arbeitsplatz und auf diese Weise zu mehr Produktivität und Arbeitgeberattraktivität?

6.4.1 Führung von Babyboomern

Die Babyboomer haben in ihrem Berufsleben große Veränderungen in der Arbeitswelt mitgemacht. Sie sind die erste Generation, bei der Frauen aktiv in die Arbeitswelt integriert wurden und die meisten von ihnen haben größere Umstrukturierungen erlebt. Sie gelten als resilient und widerstandsfähig. Sie können sich an Veränderungen anpassen, auch wenn sie es nicht gerne tun. Babyboomer sind oft bereit, viel zu arbeiten.

In Führung und Beratung gelten die älteren Babyboomer als statisch und angepasst. Sie setzen auf Bewährtes und gelten gegenüber Veränderungen als weniger offen.

Bruch et al. (2010) beobachteten bei den Babyboomern die stärksten postmateriellen und idealistischen Werte bei gleichzeitig weniger Respekt vor Hierarchie oder Vorgesetzten. Aus diesen Beobachtungen wird auf eine Präferenz im eher **partizipativen Führungsstil** geschlossen. Wichtige Anreize für diese Generation ist die Sinnhaftigkeit der Tätigkeiten, die Ziele sollten im Gesamtzusammenhang stets erkennbar sein, damit die hohe intrinsische Motivation dieser Generation erhalten bleibt. Hohe Bedeutung hat die direkte Kommunikation, auch mit Blick darauf, dass diese Genera-

322 Eberhardt, 2015, S. 40.

tion Digital Immigrants sind, d.h. der Umgang mit digitalen Medien, Computer und Internet wurde erst im Verlauf des Arbeitslebens parallel zur technischen Entwicklung und ihrer Umsetzung erworben. Der Umgang damit hat sich aber – wie bei allen Generationen – in Zeiten der Corona-Pandemie massiv verändert, digitales Arbeiten wurde zu einem neuen Standard. Work-Life-Balance ist weiterhin wichtig, jetzt betrifft es vornehmlich die Pflege und Sorge um die eigenen, älter gewordenen Eltern. Diese Themen können somit für die Führung bedeutsam sein.[323]

Für die Führung von Babyboomern gilt als empfehlenswert:[324]

- Bieten Sie Babyboomern einen kollegialen und konsensorientierten Führungsstil, ihre Autorität wird respektiert werden.
- Entwickeln Sie als Führungskraft eine Vision von der Zukunft und kommunizieren Sie diese.
- Zeigen Sie die Ausrichtung klar auf.
- Fokussieren Sie auf das »Große und Ganze« und überlassen Sie die Details den Mitarbeitenden.
- Seien Sie demokratisch und authentisch.
- Maximieren Sie Opportunitäten.
- Integrieren Sie die Mitarbeitenden so oft als möglich in Entscheidungsteams.
- Bieten Sie herausfordernde Ziele an.
- Geben Sie dosiert Feedback (nicht zu viel).
- Bieten Sie möglichst oft Wahlmöglichkeiten an.
- Belohnen Sie für Ergebnisse oder außergewöhnliche Leistungen.
- Geben Sie Anerkennung und Status.

Von anderen Generationen werden ihnen unterschiedliche Dinge zugeschrieben. So empfindet die Nachkriegsgeneration die Babyboomer als »überheblich, maßlos und risikosuchend«, mit wenig Respekt vor der Lebensleistung der älteren Generation. Die Generation X hingegen fühlt sich von der großen Anzahl an Babyboomern »erschlagen«.[325]

Bruch et al. (2010) beobachteten bei den Babyboomern, dass sie an Konkurrenzsituationen gewöhnt sind und Durchsetzungsvermögen haben. Für die Führung von Babyboomern empfehlen sich die Würdigung der Leistungsbereitschaft und die Schaffung von Möglichkeiten zur beruflichen Entwicklung. Babyboomer haben hohe kommunikative und soziale Fähigkeiten, sie können für die Mediation oder Konfliktvermittlung oder auch als *Bridging Generation* für die Zusammenarbeit von verschiedenen Generationen als Vermittler eingesetzt werden.

323 Vgl. Oertel, 2022; Wittkopf, 2023.
324 Vgl. Warner & Sandberg, 2010; DeClerk, 2007; Arsenault, 2003.
325 Joester, 2014, S. 21.

Diese Generation zieht häufig Bilanz über das Erreichte und noch Kommende. Die positive Begleitung der eigenen Standortbestimmung und eine offene Gestaltung der individuellen Führungsbeziehung kann in der Phase des Übergangs neue Motivation freisetzen oder – wenn das nicht gelingt – auch Enttäuschungen hervorrufen. Die Babyboomer sind die erste Generation, die die Verlängerung der Lebensarbeitszeit vollziehen wird. Diese erfolgt durch den Verlust attraktiver Möglichkeiten zum frühzeitigen Renteneintritt und eine Erhöhung des Renteneintrittsalters. In der Führung von Babyboomern gehören Maßnahmen zum Erhalt der Arbeitsfähigkeit im gesundheitlichen Bereich wie auch im Bereich der benötigten Kompetenzen zu den zentralen Führungsaufgaben.

Von der Führungsstil-Forschung ist bekannt, dass Babyboomer ihre Vorgesetzten dann als effizient einstufen, wenn sie transaktional führen. Das bedeutet, dass sie auf Austauschprozesse setzen, wie z. B. Anstrengung und Leistung gegen Belohnung. Babyboomer schätzen eine offene und transparente Kommunikation, klare Erwartungen und transparente Entscheidungswege. Sie legen großen Wert auf die Anerkennung ihrer Leistungen und Beiträge und wollen, dass ihre Erfahrungen und ihr Wissen geschätzt werden. Grundsätzlich suchen sie noch Sicherheit und Stabilität am Arbeitsplatz und bevorzugen eine Führung, die klare Richtlinien und eine stabile Arbeitsumgebung bietet.[326]

6.4.2 Babyboomer als Führungskräfte

Sie präferieren einen Führungsstil, der sich an Konsens und Ethik orientiert. Babyboomer favorisieren einen partizipativen Führungsstil, haben aber oft Schwierigkeiten, diesen am Arbeitsplatz einzuführen. Partizipative Führung erfordert Verständnis, die Fähigkeit zuzuhören und zu kommunizieren, zu motivieren und zu delegieren.[327] Top-Führungskräfte auf Vorstandsebene aus der Generation der Babyboomer interessieren sich für den Umgang mit Komplexität, ohne unter Komplexität zu leiden. Sie sind sich bewusst, dass Führung eine anspruchsvolle Aufgabe ist, Führungsweiterbildungen sind für sie eine Selbstverständlichkeit.[328] Intuitive Entscheidungen machen bei Babyboomer-Führungskräften knapp die Hälfte aller Entscheidungen aus, wobei sie selbst die Erfahrung als Vorteil für diese Art von Entscheidungsfindung einschätzen und Taktiken entwickelt haben, um Zeit für diese Art der Entscheidung zu gewinnen.[329]

326 Vgl. Wittkopf, 2023.
327 Vgl. Salahuddin, 2010.
328 Vgl. Seeber, 2010.
329 McNaught, 2012.

Wichtig

Der Führungsstil der Babyboomer ist durch Konsensorientierung, Werte und Ethik gekennzeichnet. Ihre Führungsstärken sind verstehen, zuhören, kommunizieren, motivieren, delegieren, Synergien zwischen den Mitarbeitenden schaffen. Ihre Kernwerte beinhalten Optimismus, harte Arbeit und persönliche Anerkennung.[330]

6.4.3 Führung der Generation X

Führung von Angehörigen der Generation X – hier sind Führungspersonen mit Glaubwürdigkeit gefragt. Die Generation X kennt eine Arbeitswelt mit Einschränkungen, *no easy answers* und die Tatsache, dass sie auf verschiedene Standpunkte hören und reagieren muss, um Probleme an unterschiedlichen Fronten zu lösen.

Führungspräferenzen der Generation X weisen große Unterschiede zu den vorhergehenden Generationen auf.[331] Die Generation X sieht ihre Selbsterfüllung nicht mehr in der Arbeit. Die Einstellung zur Arbeit ist pragmatischer und folgt eher extrinsischen Motiven. Materielle Leistungsanreize und Statussymbole – wie etwa Büroausstattung und Dienstwagen – haben für die Generation X deutlich höhere Bedeutung als für die Babyboomer, wenngleich sich auch diese Themen in der aktuellen Diskussion um New Work aufgeweicht und dem Empfinden anderer Generationen angenähert hat. Die Generation X gilt als weniger konsensorientiert. Auch sie lehnt eine starke hierarchische Ausrichtung ab, schätzt allerdings umso mehr eine klare und transparente Kommunikation. Für diese Generation werden die klare Kommunikation von Erwartungen und Zielen und die Delegation von Aufgaben empfohlen. Dies umfasst klare Karriereziele und Aussagen zum beruflichen Fortkommen, das als Form von sozialer Anerkennung hohen Stellenwert genießt. Kommunikation kann für die Generation X bereits weitgehend über Neue Medien erfolgen.

Im Hinblick auf den Personaleinsatz empfehlen sich konzeptionelle und innovative Aufgaben und alle Tätigkeiten, die eine hohe Informationsverarbeitungskapazität erfordern, die der Generation X besonders zugeschrieben wird.[332] Da die lebenslange Beschäftigung für diese Generation kein erstrebenswertes Modell darstellt, muss die Führungskraft Leistungsträger über andere Mechanismen binden. Dazu gehören die richtigen Leistungsanreize und Karriereperspektiven. Die Vereinbarkeit von Beruf und Familie durch entsprechende Flexibilität in Planung von Arbeitszeit und Arbeitsort steigert die Attraktivität als Arbeitgeber auch für die Generation X.

330 Vgl. Andert, 2011.
331 Vgl. Bruch et al., 2010.
332 Vgl. ebenda 2010.

Angehörige der Generation X schätzen es, wenn ihre Unabhängigkeit respektiert wird. Für die Führung von Generation X gilt als empfehlenswert:[333]

- Führen Sie fair, kompetent und gerade aus.
- Gestalten Sie Führung im hohen Maße situativ.
- Minimieren Sie das Verfolgen von Partikularinteressen.
- Gestalten Sie Führung relativ offen und informell.
- Stecken Sie lose Richtlinien und Rahmenvorgaben, damit Unternehmertum entstehen kann.
- Führen Sie ausbalanciert und fair.
- Geben Sie Freiraum, um den Status quo zu hinterfragen.
- Geben Sie in regelmäßigen Abständen Feedback.
- Räumen Sie Mitarbeitenden die Freiheit ein, ihre Rolle individuell auszugestalten.
- Bieten Sie Belohnungen für unabhängiges Denken und Handeln an.
- Bieten Sie neue Herausforderungen an.
- Geben Sie Feedback und anerkennen Sie Anstrengungen.
- Schaffen Sie eine Umgebung, in der Beziehungen aufgebaut werden können.
- Sorgen Sie für eine gute Work-Life-Balance.

Angehörige der Generation X schätzen es wert, für eine Organisation zu arbeiten, in der sie erfolgreich sein können. Sie bevorzugen einen entwicklungsorientierten Führungsstil, der es ihnen ermöglich, sich zu entfalten und beruflich erfolgreich zu sein.[334]

Die folgenden vier Tipps sind zentral, um als Führungskraft Angehörige der Generation X zu verstehen und zu unterstützen:

1. **Mentoring:**
   Die Generation X schätzt Mentoring bereits vor Übernahme einer Führungsrolle. Es geht um die Grundlagen, wie ein Unternehmen funktioniert und um das Thema der Führung verschiedener Generationen.
2. **Offener Dialog:**
   Die Generation X möchte rasche Ergebnisse. Um die zahlreichen Aufgaben rasch abzuschließen, sind sie abhängig von bestimmten Technologien und der Fähigkeit im Multitasking-Modus zu arbeiten. Dabei erledigen sie viele Aufgaben manuell oder nutzen die Technik wenig effizient. Die Generation X versucht, zu verstehen, anstatt verstanden werden zu wollen.
3. **Werte wertschätzen**:
   Die Generation X gilt als familienorientiert mit einer hohen Wertausprägung in Work-Life-Balance-Themen.
4. **Mitarbeiterbindung (Retention) fokussieren**:
   Es braucht Retention-Programme für die verschiedenen Generationen, diese An-

333 Warner & Sandberg, 2010; DeClerk, 2007; Arsenault, 2003.

334 Dahm & Esters, 2023.

sprüche gilt es, für die Generation X herauszufinden und einen praktikablen Umgang zu entwickeln.[335]

Wichtig

Die Generation X wird oftmals als Fortführung der Babyboomer eingeschätzt, da sie einige Werte mit jüngeren Babyboomern teilt. Der Fokus des Generation-X-Führungsstils ist Fairness und Kompetenz als Teil einer neuen Arbeitsumgebung. Angehörige der Generation X sind unabhängig, stellen Autorität infrage, sind offen für Neues, sind tendenziell technisch versiert und haben ein hohes Commitment gegenüber dem Team und dem eigenen Vorgesetzten. Sie glauben stärker an Produktivität als an lange Arbeitszeiten.[336]

6.4.4 Generation X als Führungskräfte

Die Generation X ist – im Karrierefall – in führenden Positionen angekommen. Sie führen nicht nur die Angehörigen ihrer eigenen Generation und die Millennials und Generation Z, sondern auch Babyboomer. Damit sind sie den starken Werte-Diskrepanzen zwischen ihren Mitarbeitenden ausgesetzt. Ihre Herausforderung besteht darin, zu erkennen, wie sich die Wirtschaftswelt und Gesellschaft verändert, und einen Führungsstil zu wählen, der sich von dem der Babyboomer unterscheidet.

Angehörige der Generation X gelten als gut vorbereitet und wirken pragmatisch. Sie haben einige Realitäten erlebt und verarbeitet und denken vorausschauender als vorherige Generationen. Sie sind auch in der digitalen und globalen Welt zu Hause, können relativ gut mit den neuen Technologien umgehen und diese im Führungsalltag einsetzen. Als Führungskräfte sind sie multikulturell geprägt und akzeptieren Vielfalt. Sie definieren Aufgaben und Herausforderungen auch mal neu und können verschiedene innovative Wege einschlagen, um vorwärtszukommen.[337] Sie legen Wert auf prozessorientiertes Arbeiten und Flexibilität, um schnell auf Veränderungen reagieren und innovative Lösungen entwickeln zu können. Führungspersonen der Generation X vertrauen auf die Selbstständigkeit ihrer Teammitglieder und unterstützen sie dabei, ihre Arbeit selbst zu organisieren.[338]

Führungskräfte der Generation X präferieren Fairness, Kompetenz und zielgerichtetes Verhalten (*straightforwardness*). Dabei kann dieses zielgerichtete Verhalten auch einen Einfluss auf die Bindung von Mitarbeiterinnen und Mitarbeiter haben.[339]

335 Vgl. Houlihan, 2008.
336 Vgl. Andert, 2011.
337 Vgl. Erickson, 2010.
338 Vgl. Henniges, 2021.
339 Vgl. Salahuddin, 2010.

6.4.5 Führung von Millennials und Generation Z

Millennials sind zu einem Zeitpunkt ins Berufsleben getreten, als der breite Zugang zum Internet in vielen Organisationen und Berufen bereits Standard war. Die Arbeitswelt ist global. Für Millennials sind als Führungskräfte *people experts* gefordert: Bürokratische Orientierungen und funktionale Experten haben es schwer bei der Führung von Millennials. Es geht mehr als je zuvor um den Erhalt und die Steigerung von Motivation und Leistung durch die Förderung von Mitarbeitenden und die Vorbildfunktion des eigenen Führungsverhaltens.[340]

Viele Millennials haben eine Periode wirtschaftlichen Wachstums – v. a. im Social-Media-Bereich – erlebt und damit auch ein wenig die Haltung *no limits:* Alles kann erreicht werden. Sie werden von den anderen Generationen häufig als sehr von sich überzeugt und auf der stetigen Suche nach Entwicklung und klarer Kommunikation wahrgenommen. Andere Generationen halten die Millennials mitunter für weniger zuverlässig, auch weil sie sich am stärksten an Trends in den sozialen Medien, wie z. B. Instagram oder TikTok orientieren. Führungskräfte sind gefordert, die hohen Erwartungen der Millennials zu managen und sie mit der Realität in der Organisation in Einklang zu bringen. Es geht darum, Aufgaben zu finden und zuzuteilen, die ihren Fähigkeiten gerecht werden und persönliche Entwicklung fördern. Millennials schätzen aufrichtige Führungspersonen und eine gesunde Work-Life-Balance.[341]

Die Ansprüche der Generation Z hinsichtlich »guter« Führung sind im Großen und Ganzen vergleichbar mit den Ansprüchen ihrer Vorgängergeneration, den Millennials. In einer multinationalen Studie[342]hat sich gezeigt, dass Ehrlichkeit die wichtigste Führungseigenschaft für mehr als die Hälfte der Befragten sowohl der Generation Z als auch Millennials ist. Eine klare Vision schätzt gut ein Drittel der Befragten beider Generationen als wichtige Führungseigenschaft, dicht gefolgt von guten Kommunikationsfähigkeiten. Auch bei den Hauptmotivatoren zeigen die Angehörigen beider Generationen weitgehende Übereinstimmung: Entwicklungsmöglichkeiten, monetäre Anreize sowie die Sinnhaftigkeit der Arbeit werden hier als die relevantesten genannt.[343] Sowohl Millennials als auch Vertreter der Generation Z bevorzugen mehrheitlich die persönliche Kommunikation mit der Führungskraft und legen Wert auf eine gute Kommunikation und Beziehung innerhalb des Teams.[344]

---

340 Vgl. Graen & Schiemann, 2013.
341 Vgl. DeClerk, 2007. S. 38 – 39.
342 Vgl. Schawbel, 2014.
343 Vgl. Zalcman et al., 2023.
344 Vgl. ebenda sowie Chillakuri, 2020.

Authentizität und ein agiler Führungsstil, welcher von Respekt geprägt ist, gehören für Führungskräfte der Millennials und der Generation Z zum Erfolgsrezept und helfen dabei, die verschiedenen Generationen unter einen Hut zu bringen.[345]

Insbesondere bei der Führung der Generation Z ist zu berücksichtigen, dass diese Generation relativ viel Abwechslung wünscht und häufiger den Arbeitgeber wechselt. Fast jeder Zweite plant in den nächsten zwei Jahren einen Jobwechsel, während bei den Millennials zumindest jeder Dritte in den nächsten fünf Jahren beim gleichen Arbeitgeber bleiben will.[346]

Interessantes aus der Forschung[347]

Wie zufrieden sind Millennials am Arbeitsplatz und mit ihren Vorgesetzten?
In einer finnischen Studie wurden in dieser Frage die Generationsunterschiede untersucht. Die Millennials sind am wenigsten zufrieden mit ihrer Tätigkeit und am meisten zufrieden mit ihren direkten Vorgesetzten. Obwohl sie unter den jüngsten Gruppen im Arbeitsleben sind, tauchen bei den Millennials bereits viele gesundheitliche Probleme auf.

Die Forscher geben folgende Erklärung und Empfehlung: Millennials haben sehr hohe Erwartungen an einen steilen Karriereverlauf und wünschen sich Herausforderungen und Verantwortung. Fehlt das, werden sie unzufrieden mit ihrem Job. Es wird empfohlen, ihnen verantwortlich herausfordernde Aufgaben zu übertragen, damit die Zufriedenheit und das Commitment am Arbeitsplatz steigen. Mit Blick auf die vielen Berufsjahre, die sie noch gesund und motiviert zu erbringen haben, empfiehlt es sich, als Haupterfolgsfaktor bei der Führung von Millennials die Work-Life-Balance zu fokussieren oder zu ermöglichen.

Die jüngeren Generationen gelten als multitaskingfähig. Führungskräfte sollten ihnen anspruchsvolle und herausfordernde Tätigkeiten übertragen. Um der hohen Lernbereitschaft dieser Generation gerecht zu werden, sollte die Führungskraft entsprechende Angebote bereitstellen und die Bereitschaft zum Lernen aktiv unterstützen. Arbeitsanweisungen und die tägliche Abstimmung von Aufgaben können sehr gut auf digitalem Weg stattfinden, Slack, Teams und WhatsApp sind für Millennials und Generation Z normale Kommunikationswege. Diese Generationen schätzten ein dynamisches Arbeitsumfeld und innovative Kommunikationsmittel und Arbeitsformen. Die vielfältigen Möglichkeiten der digitalen Vernetzung erfordern zugleich eine klare Orientierung, deshalb sollte für persönliche Entwicklungsgespräche und Zielverein-

345 Vgl. Lippold, 2017.
346 Vgl. Zalcman et al., 2023.
347 Vgl. Kultalahti & Edinger, 2012.

barungen das direkte Gespräch gesucht werden. Da jüngere Generationen schneller bereit sind, den Arbeitgeber zu wechseln, braucht Führung neue Ansätze zur Bindung von Leistungsträgern dieser Generation.[348]

Millennials und Generation Z brauchen Freiraum und Autonomie. Daraus leiten sich für die Führungspersonen verschiedene praktische Hinweise ab.[349]

Für die Führung der jüngeren Generationen gilt als empfehlenswert:

- Führen Sie höflich, ausgestattet mit natürlicher Autorität.
- Lassen Sie persönliche Freiheiten und Unabhängigkeit zu.
- Fokussieren Sie breite und herausfordernde Ziele und Meilensteine.
- Halten Sie Hierarchien und Reporting-Strukturen flach und schlank.
- Führen Sie kreativ und integrierend.
- Bieten Sie intellektuelle Herausforderungen und Projekte.
- Stellen Sie neue Technologien und innovative Systeme zur Verfügung.
- Lassen Sie Millennials Probleme und Fragestellungen selbstständig bearbeiten.
- Fördern Sie Neugierde.
- Sprechen Sie Belohnungen und Anerkennung aus, wenn persönliche Kompetenz aufgebaut wird.
- Kommunizieren Sie offen und häufig.
- Bauen Sie gute Beziehung auf.
- Arbeiten Sie in Teams.
- Stellen Sie Unterstützung und Support durch die Organisation sicher.

Sie schätzen weniger eine Führung mit Kommando und Kontrolle, sondern vielmehr individuelle Beachtung und Förderung. Elemente des coachenden Führungsstils eignen sich sehr gut, um eine vertrauensvolle Beziehung aufzubauen, Selbstvertrauen zu stärken und die jüngeren Generationen in ihrer Selbstständigkeit zu unterstützen. Coaching kann ihnen dabei helfen, herauszufinden, was für sie wichtig ist, und lässt sie die Erwartungen am Arbeitsplatz reflektieren. Zentrale Themen im Coaching sind z.B. der Anspruch an den Umgang mit zeitlichen Anforderungen, Leistungskriterien und das Setzen realistischer Ziele.[350]

Das GROW-Modell[351]

Mit den Millennials betritt eine neue Denkweise die Arbeitswelt. Millennials reagieren in der Regel sehr positiv auf eine/n Coach oder Mentor/in.

348 Vgl. Bruch et al., 2010.
349 Warner & Sandberg, 2010; Chou, 2012; Arsenault, 2003.
350 Vgl. Buik, 2008.
351 Entnommen aus Buik, 2008.

Mit dem Fokus, die Selbstwahrnehmung zu stärken und einen Sinn für Verantwortung zu bilden, baut Coaching Vertrauen und Selbstwertgefühl auf. Als direktes und effektives Modell für ein Arbeitsplatzcoaching von Millennials steht das GROW-Modell zur Verfügung:[352]

G = **Ziele** (Goals):	Was möchten Sie erreichen?
R = **Realität** (Reality):	Was passiert momentan?
O = **Optionen** (Options):	Was könnten Sie tun?
W = **Zukunft** (Way forward):	Was werden Sie tun?

Bei diesem Modell wird eine effektive Fragestruktur verwendet, um mit dem/der Coachee zu identifizieren, was er oder sie erreichen möchte und welche messbaren, spezifischen **Ziele** zu erreichen sind.

Die Frage nach der **Realität** dient dazu, die Situation zu erkunden, und den/die Coachee darin zu unterstützen, die Situation so objektiv wie möglich zu betrachten.

Die dritte Frage hat zum Zweck, eine Liste möglichst vieler **Optionen** und Handlungsalternativen zu erstellen.

Abschließend wird in der Frage nach der **Zukunft** die Diskussion zu einer Entscheidung umgeformt, wobei der Teilnehmende entscheidet, was er/sie wann machen möchte, um das Ziel zu erreichen.

Dieses Modell kann für ein Coaching jeder Generation und in vielen verschiedenen Arbeitsumgebungen verwendet werden. Für die Millennials gilt es als besonders effektiv.

6.4.6 Millennials und Generation Z als Führungskräfte

Millennials haben stärkere soziale Bedürfnisse und eine höhere Teamorientierung als die vorherigen Generationen. Sie gelten als hart arbeitend, verantwortlich und teamorientiert.

Als eher typisch für sie als Führungskräfte gelten folgende Schwerpunkte:[353]

- Sie fokussieren den sozialen Aspekt der Arbeit.
- Sie schaffen eine interessante Arbeitsumgebung.
- Sie achten auf freundlichen Umgang.

352 Whitmore, 2002.
353 Vgl. Chou, 2012.

- Sie präferieren teamorientiertes Arbeiten.
- Sie geben sofortiges Feedback.
- Sie pflegen einen »integrierenden« Managementstil.
- Sie sammeln Informationen und leiten diese rasch (und via Neuen Medien) weiter.
- Sie pflegen eine »Zwei-Weg-Kommunikation« und reziproke Beziehung zu den Mitarbeitenden.
- Der partizipative Führungsstil gilt als ausgeprägt.

Die Führungskräfte der jüngeren Generationen sind flexibel und anpassungsfähig, sie reagieren schnell auf Veränderungen und fördern eine dynamische Arbeitsumgebung. Sie legen großen Wert auf eine ausgewogene Work-Life-Balance und vermitteln diese auch in ihren Teams. Flexible Arbeitsbedingungen bezüglich Arbeitszeiten und mobilem Arbeiten schätzen sie als wichtig ein. Führungskräfte der Generation Z setzen sich stark für Diversität und Inklusion am Arbeitsplatz ein. Sie legen Wert auf eine offene und respektvolle Arbeitsumgebung. Zusammenhalt, teamorientierte Führungsweise, Zusammenarbeit und gemeinsame Entscheidungsfindung sind zentrale Führungswerte. Diese jüngeren Führungspersonen messen ethischem Verhalten und sozialer Verantwortung einen großen Stellenwert bei und bevorzugen auch Unternehmen, die dies verkörpern. Authentische und transparente Kommunikation werden erwartet und eingebracht.

Die Generation Z ist in den Führungsetagen noch eher schwach vertreten. Es ist jedoch davon auszugehen, dass ihr Führungsverhalten dem der Generation Y ähnelt.

Wichtig

Bei Millennials und den Vertretern der Generation Z gilt es, den generationsspezifischen Führungsstil noch zu entdecken. Millennials gelten als optimistisch, zuversichtlich, ergebnisfokussiert, fühlen sich schlau und haben ein ausgeprägtes Bewusstsein für Diversität.[354]

6.4.7 Die Führung der Generationen im Vergleich

In der Führung von Mitarbeitenden gibt es Spezifika, die besonders für Angehörige einer Generation gelten. Diese sind häufiger bei Angehörigen dieser Generation anzutreffen, was aber nicht bedeutet, dass jede/r Einzelne so ist.

Die folgende Tabelle gibt praktische Empfehlungen für den Einsatz verschiedener Führungstechniken im Vergleich der unterschiedlichen Generationen. Für die Generation Alpha können noch keine sinnvollen Aussagen getroffen werden.

354 Vgl. Andert, 2011.

Technik	Babyboomer	Generation X	Millennials	Generation Z
Kommunikation	Verwenden Sie eine optimistische, positive Sprache.	Verwenden Sie kurze Zeithorizonte und begründen Sie Ihre Aussagen. Erklären Sie die Gründe.	Setzen Sie den Fokus auf momentane Aktivitäten mit aufregenden, dynamischen Botschaften.	Kommunizieren Sie schnell, regelmäßig und informell.
Zielsetzung	Setzen Sie positive Ziele.	Setzen Sie unmittelbare Ziele.	Setzen Sie weitreichende, direkte Ziele.	Setzen Sie konkrete Ziele und definieren Sie bei längeren Prozessen Meilensteine.
Motivation	Belohnen Sie Erfolg.	Belohnen Sie Wissensressourcen.	Belohnen Sie Multitasking.	Belohnen Sie Engagement und Eigeninitiative mit häufigem positivem Feedback.[355]
Teamarbeit	Fokussieren Sie auf Einzelbeiträge für das Team.	Fokussieren Sie auf die Passung im Team.	Kanalisieren Sie den Enthusiasmus und die Multitaskingfähigkeiten in der Teamarbeit.	Schaffen Sie Möglichkeiten für den kreativen Austausch (z. B. eine Workstation für Remote-Teams). Etablieren Sie Möglichkeiten für einen schnellen und unverbindlichen Austausch.
Trainingsmethoden	Benutzen Sie traditionelle Lektüre in Kombination mit wenig Technik.	Verwenden Sie Multimedia-Techniken.	Verwenden Sie Multimedia-Techniken.	Kombinieren Sie passiv und zeitunabhängig konsumierbare Inhalte auf verschiedenen digitalen Kanälen (Text, Video, Audio etc.) mit kollaborativer Zusammenarbeit vor Ort.[356]

355 Vgl. Maas, 2019.
356 Vgl. Maas, 2019.

Technik	Babyboomer	Generation X	Millennials	Generation Z
Schlechte Management-technik	Tadeln; etwas für selbstverständlich hinnehmen.	Zeitmanagement; Mikro-management; missbrauchender Stil.	Vereinbarkeit von Beruf und Familie erschweren; keine klaren Entwicklungs-perspektiven bieten.	Zu wenig Über-tragung von Verantwortung; zu wenig Feedback; keine klaren Entwicklungs-perspektiven bieten; Wider-stand gegen neue Ausdrucks- und Kommunikations-formen.
Führung	Beachten Sie die Arbeit, betonen Sie Wettbewerb.	Pflegen Sie die unter-nehmerischen Anlagen.	Lenken Sie den Enthusiasmus, bauen Sie auf Diversität.	Zeigen Sie sich offen gegenüber neuen Heran-gehensweisen.

Tab. 6.1: Vergleich von Managementtechniken für Babyboomer, Generation X, Y und Z[357]

Interessantes aus der Forschung[358]

In einer schwedischen Studie wurde eine Führungskräftebefragung (N = 7743 Teilnehmende) durchgeführt. Die Führungspersonen wurden den Gruppen »jüngere« (29 Jahre und jünger; N = 539), »mittleres Alter« (30 – 50, N = 5208) und »ältere« (51 und älter, N = 1996) eingeteilt. Zusätzlich wurden das Geschlecht und die Zugehörigkeit zu verschiedenen Branchen bei den Auswertungen beachtet.

Im Ergebnis schätzten die Befragten ihr eigenes Führungsverhalten bezogen auf ein dem transformationalen Führungsstil zugeordnetes Führungsverhalten ein. Jüngere Führungspersonen schätzten sich negativer in ihrem Führungsverhalten ein als andere Generationen, wobei diejenigen in der Privatwirtschaft gut abschnitten. Jüngere männliche Führungspersonen haben eine stärkere Ausprägung bei destruktiven Verhaltensweisen und in der transaktionalen Führung. Einen positiven Einfluss auf das Führungsverhalten jüngerer Führungskräfte haben soziale Kompetenz und entwicklungsorientierte Führung (z. B. authentisches Vorbild, individuelle Beachtung, Inspiration und Motivation). Einen negativen Einfluss hat hingegen selbst erlebte negative oder destruktive Führung (z. B. Kommando und Kontrolle).

357 Entnommen für Babyboomer, Generation X und Y aus: Knouse, 2011; In Anlehnung an: Chillakuri, 2020; ergänzt für Generation Z.

358 Vgl. Larsson & Björklung, 2021.

6.4.8 Jung führt alt – alt führt jung, was nun?

Die unterschiedlichen Generationen in Organisationen haben vieles gemeinsam und doch gibt es einige Unterschiede in der Präferenz, wie sie z. B. geführt werden möchten und was ihnen wichtig ist. Welche Auswirkungen hat der Altersunterschied, wenn die führende und die geführte Person einer anderen Generation oder Altersgruppe angehören?

Definition: Altersinteraktion

Altersinteraktion befasst sich mit der Frage, ob die Führungskraft jünger, älter oder gleich alt wie die Mitarbeiterin/der Mitarbeiter ist.[359]

Es gibt vielfältige Überlegungen dazu, wie sich der Altersunterschied von Führungskraft und Mitarbeitenden auswirken kann, jedoch bislang wenig erwiesene Befunde. Zwei Drittel aller Führungspersonen schätzen die Altersinteraktion als nicht relevant ein. Dennoch ist von einer generationsdiversen Einstellung bei den Angehörigen verschiedener Generationen auszugehen, insbesondere da Unterschiede in Werten und Normen zwischen jüngeren und älteren Generationen oft präsent sind. Traditionell führen Young Professionals der Generation Y, die in die Führung oder innerhalb der Führungshierarchie nachrücken, Angehörige der Generation Z und der eigenen Generation Y, die Generation X befindet sich im A-Level-Management und die Babyboomer gehen nach und nach in Rente. Aufgrund der demografischen Entwicklung und des Mangels an qualifizierten Fach- und Führungskräften wird die veränderte Generationenstruktur jedoch dazu führen, dass die Konstellation »Jung führt alt« vermehrt eintritt und eine generationendiverse Einstellung ein wesentliches Element eines integrativen und effektiven Führungsstils wird.[360]

Das vorherrschende Bild in Unternehmen ist noch immer die ältere, erfahrene Führungskraft, die häufig älter ist als die Mitarbeiterinnen und Mitarbeiter oder zumindest der älteren Generation im Unternehmen angehört. Die Situation verändert sich durch Entwicklungen wie Reorganisationen und Fusionen, den technologischen Fortschritt. Damit einher gehen eine Veränderung in den benötigten Kompetenzen und ein parallel zur demografischen Entwicklung verlaufender Wertewandel. Es gibt zunehmend mehr Führungspersonen, die deutlich jünger sind als ihre Mitarbeitenden.[361]

Welche Auswirkungen haben Altersunterschiede in der Führung? Dazu gibt es verschiedene Modellvorstellungen:[362]

359 Vgl. Mücke, 2009.
360 Vgl. Kaiser, 2023.
361 Vgl. Shore, Cleveland & Goldberg, 2003.
362 Vgl. Zusammenfassung verschiedener theoretischer Modelle in Mücke, 2009.

1. **Statuskongruenz:**
   In traditionellen Karriereverläufen hat die höchste Führungsposition die Person mit der meisten Erfahrung und Expertise, das ist meistens eine der ältesten Personen. Wird dieses Muster durchbrochen und ist der oder die Vorgesetzte jünger, verletzt das typische Karrierevorstellungen. Es wird davon ausgegangen, dass jüngere Vorgesetzte es schwieriger haben, ihre Mitarbeitenden zu führen.
2. **Similarity Attraction:**
   Diese Modellvorstellung geht davon aus, dass Mitarbeitende und Vorgesetzte am besten miteinander klarkommen, wenn sie sich in Alter oder Generationszugehörigkeit ähnlich sind. Es existieren somit kaum unterschiedliche Wertvorstellungen, Sympathie stellt sich einfacher ein und erhöht die Effektivität der Zusammenarbeit.
3. **Sozialer Vergleich:**
   Menschen vergleichen sich gerne mit anderen Personen ähnlichen Alters. Gibt es in Organisationen typische Karrierezeitpläne (in bestimmten Altersgruppen werden bestimmte Karrierestufen erreicht), überprüfen Mitarbeitende innerlich, ob sie in diesem Zeitplan liegen. Wenn sie passend oder schneller Karriere machen, sind andere Konsequenzen zu erwarten, als wenn sie hinter ihrer Zeit zurückliegen. Sie befürchten dann negative Auswirkungen auf den Karriereverlauf und dies kann die Beziehung zu den Vorgesetzten belasten.

Wichtig bei der generationengerechten Führung ist somit, nicht nur das Alter der Mitarbeitenden und der Führungsperson zu beachten, sondern auch zu berücksichtigen, wie sich der Altersunterschied zwischen ihnen darstellt. Der Zusammenhang von Führung und Alter ist komplex. Ältere Führungspersonen engagieren sich tendenziell stärker in der beziehungsorientierten Führung und v. a. durch ältere Führungspersonen kann ein positives Verhalten der Mitarbeitenden ausgelöst werden, wenn sie neben einer Dominanz für die Aufgabe auf Freundlichkeit im Umgang setzen.[363] Jüngere Führungspersonen hingegen haben es schwer, weil ca zwei Drittel der Arbeitnehmenden sich eine ältere vorgesetzte Person wünschen und selbst bei vorhandenen Kompetenzen lehnen immer noch 20 % jüngere Vorgesetzte ab, was in der Folge zu Motivationseinbußen und Leistungsdefiziten führen kann.[364] Jüngere Führungskräfte sind im besonderen Maße gefordert, eine Lebensphasen- und Generationenperspektive einzunehmen, um besonders auf die unterschiedlichen Bedürfnisse und die Führung v. a. der älteren Mitarbeitenden zu achten.[365]

Insgesamt lassen sich hierzu keine generellen Empfehlungen ableiten. Jeder Führungsperson wird empfohlen, sich bewusst zu machen, was seine oder ihre spezi-

363 Vgl. Trasher, Biermeier-Hanson & Dickson, 2020.
364 Randstad Deutschland, 2018.
365 Amerland, 2018.

fischen Wertvorstellungen, Kompetenzen etc. sind und wie das – auch mit Blick auf Alter und Generation – sich von den Mitarbeitenden unterscheidet.

- In welcher Konstellation fühle ich mich wohl?
- Was löst das bei meinen Mitarbeitenden aus, wenn ich jünger oder älter bin?

Hierbei hilft die Auseinandersetzung mit den Spezifika jeder Generation. Wichtig und zentral bleibt aber die Auseinandersetzung mit sich selbst:

- Für was stehe ich?
- Was ist mir wichtig?
- Welche Kompetenzen und Stärken kann ich in die Führungsbeziehung einbringen?
- Wo wünsche ich mir Bereicherung durch andere?

Es empfiehlt sich, zu betrachten, wie die Organisationskultur im eigenen Unternehmen funktioniert und mit welchen Ansprüchen die Mitarbeitenden konfrontiert werden. Thematisieren Sie diese und finden Sie einen menschlich kompetenten und situationsadäquaten Umgang damit, egal wie alt Sie selbst oder wie alt die Mitarbeitenden sind.

6.5 Generationsübergreifende Führung

Die generationsübergreifende Führung oder das Führen im Generationenmix ist anspruchsvoll und integriert die Wahrnehmung von generationsspezifischen Bedürfnissen und Präferenzen in eine Gesamtperspektive der Führung.[366] Dabei werden die Stärken der Generationen genutzt und die Inklusion und Vielfalt gefördert. Es gilt, Vorurteile und Stereotype bezogen auf die verschiedenen Generationen zu erkennen und aktiv in der Führung aufzugreifen. Es geht darum, eine Arbeitskultur zu fördern, die die einzigartigen Perspektiven, Fähigkeiten und Werte der jeweiligen Generation anerkennt, für die Gemeinschaft nutzt und integriert.

Unterschiedliche Generationen bevorzugen unterschiedliche Kommunikationsstile, während die älteren Generationen klare, direkte und auch formale Kommunikation schätzen, tendieren jüngere Generationen zu digitaler und auch informellerer Kommunikation. Die Fähigkeit, Generationen zusammen zu führen, integriert diese Kommunikationsstile und -präferenzen und setzt beispielsweise verschiedene Kommunikationsformen und -kanäle ein, um schlussendlich alle zu erreichen. Generationsübergreifende Führung erfordert ein hohes Maß an Flexibilität bei den Führungskräften, um mit den sich ändernden Bedürfnissen und Erwartungen der verschiedenen Generationen umzugehen und ihren Führungsstil an die Bedürfnisse der verschiedenen integrierten Generationen anzupassen. Hierfür braucht es die

366 Vgl hierzu Kaiser, 2023; Achatz, 2020; Kemter & Winkler, 2019.

Fähigkeit zum Perspektivenwechsel, eine gute Selbstkenntnis und auch kontinuierliche Weiterbildungen, um die eigenen Führungsstrategien, das Führungsverhalten und sich selbst als Führungsperson weiterzuentwickeln. Führung im Generationenmix profitiert von einer Wertschätzung gegenüber allen Generationen, einer offenen und transparenten Kommunikation und regelmäßigen Feedback-Schleifen. Und auch in einer generationenübergreifenden Führung geht es darum, den oder die Einzelne zu sehen, zu respektieren und den Beitrag zum Erfolg zu honorieren.

Generationsübergreifende Teams profitieren von einer Kultur, die auf die Stärken der verschiedenen Mitglieder setzt und allen ermöglicht, diese einzubringen. Förderlicher hierfür sind teambildende Maßnahmen, gemeinsame Projekte und Erfolgserlebnisse. Der Wissenstransfer zwischen den Generationen ist dabei ein wesentlicher Erfolgsfaktor. Mentoring ist eine Möglichkeit der Personalentwicklung, die traditionell ältere Mitarbeitende als Mentoren einsetzt, um jüngeren Mitarbeitenden ihr Wissen und ihre Erfahrung weiterzugeben, beim Reverse Mentoring sind die jüngeren Mitarbeitenden in der Mentorenrolle und vermitteln innovative Ideen, neue Technologien und ihre Sicht auf die Arbeitswelt an ältere Mitarbeitende (vgl. Kapitel 5.4.7).

In der generationenübergreifenden Führung helfen klare Visionen und Zielsetzungen, die transparent kommuniziert werden und für alle Generationen gelten. Der Einsatz von Managementtechniken und -prinzipien, die von allen Generationen akzeptiert und nachvollzogen werden können, unterstützen die interaktionelle Führung.

Generationenübergreifende Führung findet in einer sich rasch wandelnden Arbeitswelt statt. Die unterschiedlichen Generationen bringen immer noch unterschiedliche Fähigkeiten und Kompetenzen im technologischen Verständnis, der Nutzung digitaler Tools und Umgang mit Social Media mit. Diese technologische Kluft ist in der Führung zu beachten und durch verschiedene Formen der (Zusammen-)Arbeit durch geschickte Führung zu überwinden. Hilfreich sind hierfür Schulungen für den Umgang mit diesen Technologien wie auch eine Integration und effektive Nutzung dieser Technologien in den Arbeitsalltag.

Die Arbeitswelt verändert sich rasch und auch die Anforderungen an die Gestaltung von Rahmenbedingungen der Führung (vgl. Kapitel 3 Trend New Work und Kapitel 7 Generationenmanagement). Erfolgsfaktoren der generationenübergreifenden Führung werden eine Beachtung dieser zunehmend individualisierten Bedürfnisse und eine gerecht empfundene Anwendung dieser Rahmenbedingungen im Generationenmix sein. Flexible Arbeitszeiten, vielfältige Arbeitszeitmodelle, Homeoffice, mobiles Arbeiten, Workation, Vier-Tage-Woche u. a. sind Themen, die auf die Führung als Herausforderung zukommen.

Arbeitshilfe 19: LMX-Team-360°-Umfrage

Diese Arbeitshilfe finden Sie zum Download unter Digitale Extras.

DIGITALE EXTRAS

Die LMX-Umfrage basiert auf der Leader-Member-Exchange-Theorie. Dieser liegt die Überlegung zugrunde, dass effektive Führung durch eine dyadische Austauschbeziehung zwischen Führungskraft und Mitarbeiterin bzw. Mitarbeiter entsteht. Der Austauschgedanke beinhaltet z. B. Information, Unterstützung, Aufmerksamkeit (seitens der Führungskraft) sowie Loyalität und Arbeitseinsatz (seitens des/der Mitarbeitenden).

Verwenden Sie den folgenden Kurzfragebogen mit den LMX-Items, um in Ihrer Organisation einen Überblick über das Führungsnetzwerk und seine Wirksamkeit zu erhalten. Er gibt Ihnen Orientierung darüber, wo Training und Mentoring im Führungsbereich nötig sind. Zudem kann ein Fortschritt von Teambildungsmaßnahmen statistisch erfasst werden. Werten Sie für die generationengerechte und -übergreifende Führung das Ergebnis der LMX-Team-Umfrage auch im Bezug auf generationale Einflüsse und Spezifika, Altersstereotype etc. aus und nutzen Sie dies für die weitere Arbeit im Führungsteam.

Kurzform (Sechs Items)	**Gar nicht**	**Eher nicht**	**Weder noch**	**Eher schon**	**Schon**
Wie zufrieden ist Ihr Kollege/Vorgesetzter/Mitarbeiter mit Ihrer Arbeit?					
Mein Kollege/Vorgesetzter/Mitarbeiter würde mir bei einem Arbeitsproblem helfen.					
Mein Kollege/Vorgesetzter/Mitarbeiter hat Vertrauen in meine Ideen.					
Mein Kollege/Vorgesetzter/Mitarbeiter vertraut darauf, dass ich mein Arbeitspensum bewältige.					
Mein Kollege/Vorgesetzter/Mitarbeiter hat Respekt für meine Fähigkeiten.					
Ich habe ein ausgezeichnetes Arbeitsverhältnis zu meinem Kollegen/Vorgesetzten/Mitarbeiter.					

Tab. 6.2: Kurzeinschätzung: Leiter-Mitarbeiter-Austausch[367]

367 In Anlehnung an Graen & Schiemann, 2013.

Die folgende Checkliste (im Original *Checklist of Admired Leaders*) erfasst diejenigen Eigenschaften, die ein Teilnehmer an einer Führungsperson besonders bewundert. Die zehn Eigenschaften basieren auf der Forschung von Kouzes und Posner (2002). Diese befragten über 2500 Personen, was diese an ihren Managern und Führungskräften besonders bewunderten. Die Untersuchungen wurden nicht nur in den USA, sondern auch in neun weiteren Ländern über 20 Jahre bestätigt. Die zehn Eigenschaften sind: **ehrgeizig, fürsorglich, kompetent, entschlossen, zukunftsorientiert, ehrlich, erfindungsreich, inspirierend, loyal und beherrscht**. Hier finden Sie diese Eigenschaften für den Einsatz zur Selbstreflexion und Klärung von Erwartungen.

Arbeitshilfe 20: Checkliste: Für welche Eigenschaften werden Sie als Führungsperson am meisten geschätzt?[368]

DIGITALE EXTRAS

Diese Arbeitshilfe finden Sie zum Download unter Digitale Extras.

Generation:	
Interviewer/in:	

Anleitung: Bitte geben Sie der Person, von der Sie Feedback einholen möchten, diesen Fragebogen. Bitten Sie sie darum, die Items in eine Rangfolge von 1 bis 10 zu bringen: Für welche Eigenschaften werden Sie am meisten bewundert? (1 für die wichtigste Eigenschaft). Dieses Hilfsmittel eignet sich für Coaching, Mentoring und Führungsentwicklung und nicht für die Beurteilung von Führungspersonen.

Eigenschaft	Rangfolge
ehrgeizig	
fürsorglich	
kompetent	
zukunftsorientiert	
ehrlich	
erfindungsreich	
inspirierend	
loyal	
beherrscht	

368 Übersetzt und entnommen aus Arsenault, 2003; Kouzes & Posner, 2002.

Arbeitshilfe 21: Praxistransfer – Führen im Generationenmix

Diese Arbeitshilfe finden Sie zum Download unter Digitale Extras.

DIGITALE EXTRAS

Was bedeutet das für die Praxis?
Machen Sie sich über die folgenden Fragestellungen Gedanken und überlegen Sie, welche Bedeutung generationsspezifische und generationsübergreifende Führung in Ihrer Organisation hat:

- Mit welchen generationsspezifischen Führungsfragen werden Sie im Alltag konfrontiert und wie gehen Sie bislang damit um?
- Welche Möglichkeiten sehen Sie, um bei Ihren Mitarbeiterinnen und Mitarbeiter das Alter und die Zugehörigkeit zu einer Generation zu beachten und in ihr Führungsverhalten zu integrieren?
- Mit welchen Kommunikationsmitteln und Zusammenarbeitsformen erreichen Sie welche Generation am besten? Wie schaffen Sie es, durch einen Mix an Vorgehensweisen alle Generationen abzuholen?
- Gibt es Hinweise in Ihrem Führungsalltag, dass Führungsthemen sich aus der Zugehörigkeit zu verschiedenen Generationen ergeben? (Missverständnisse, besondere Erwartungen oder Arbeitshaltungen etc.)
- Welcher Generation gehören Sie an, welcher Ihre Mitarbeitenden? Gibt es Besonderheiten, auf die Sie achten können, wenn Sie dies bedenken?
- Sammeln Sie Anregungen aus den verschiedenen Führungsstilen und probieren Sie den Transfer auf Ihre eigene Führungssituation. Sie werden neue Impulse zur Betrachtung Ihrer Führungsperspektive erhalten!
- Wie können Sie die Balance zwischen generationsspezifischer und generationsübergreifender Führung in Ihrem Führungsalltag erzielen?

Arbeitshilfe 22: Kollegiales Teamcoaching – KTC[369]

Diese Arbeitshilfe finden Sie zum Download unter Digitale Extras.

DIGITALE EXTRAS

Eine Führungsperson bringt ihr Anliegen, ihren Fall, ein und die anderen Führungspersonen nehmen die Rolle von Coachs ein. Einzelne Personen können noch weitere Rollen haben, z. B.

- Schreiber (macht Notizen auf Flipchart),
- Zeitmanager (achtet auf die vorgegebene Zeitstruktur),
- Transferhelfer (steht nach der Teamsitzung dem Fallgeber für Gespräche zur Verfügung) oder
- Moderator (achtet auf Vorgehen und Rolleneinhaltung, ist im Fallbeispiel der Mentor bzw. die Mentorin).

369 Entnommen aus: Eberhardt, 2013b, S. 84.

Folgender Ablauf der Gruppensitzungen wurde von den Moderatorinnen und Moderatoren eingeführt und in den Teamsitzungen angewendet:

1. Schilderung von Anliegen und Zielvorstellungen durch die Fall gebende Führungsperson (15 Minuten);
2. Fallkonferenz der Coachs; der Fallgeber sitzt außerhalb des Stuhlkreises, hört zu, kann sich nicht einmischen; Verständnisfragen durch die Coachs sind erlaubt (15 Minuten);
3. Identifikation des Schlüsselthemas durch die Coachs: Um was ging es dem Fallgeber wirklich? (ohne Fallgeber); Visualisierung auf Flipchart (10 Minuten);
4. Brainstorming der Coachs zur Schlüsselfrage; Entwicklung einer Vielzahl von Ideen und Möglichkeiten; Visualisierung auf Flipchart (15 Minuten);
5. Prozessreflexion der Coachs (15 Minuten);
6. Feedback der Führungskraft an die Gruppe. Außerhalb der Gruppensitzung: Transfervereinbarungen.

Zusammenfassung und Kernaussagen des Kapitels

Das vorliegende Kapitel fokussiert verschiedene Facetten der Personalführung. Es werden unterschiedliche Führungsstile erläutert und in die Thematik »Generationen zusammen führen« eingebettet.

Ein klassisches Führungsstilmodell ist die Attributionstheorie. Ihr Ausgangspunkt ist die Beobachtung von Mitarbeiterverhalten. Die (Führungs-)Person beobachtet ein Verhalten und vergleicht es mit persönlichen Grundsätzen und mit Faktoren aus dem Umfeld. Daraus leitet sie die Gründe für das Verhalten ab. Das Führungsverhalten wird durch Wahrnehmungsfehler und Stereotype beeinflusst. So können auch Altersstereotype auf das Führungsverhalten wirken.

Transformationale Führung gilt als geeigneter Führungsstil bei Veränderungsprozessen sowie bei der Führung altersgemischter Teams. In der transformationalen Führung werden vier verschiedene Einflussbereiche unterschieden:

- idealisierter Einfluss,
- inspirierende Motivation,
- geistige Anregung,
- individuelle Beachtung.

Bei der altersspezifischen Führung gibt es mehrere Ansätze: generations- und altersspezifische Führung, individuumzentriertes Vorgehen und generationenübergreifendes Vorgehen.

Für das generationsspezifische Führen können, ausgehend von den Bedürfnissen jeder Generation, Führungsstile und -verhaltensweisen erschlossen werden:

- Die Führung von **Babyboomern** sollte partizipativ und transaktional geschehen.
- Für die Führung von Angehörigen der **Generation X** steht eine klare Kommunikation von Erwartungen und Zielen und die Delegation von Aufgaben im Vordergrund.
- Die Führung von **Millennials** sollte den Mitarbeitenden Lernen ermöglichen. Arbeitsanweisungen und die tägliche Abstimmung von Aufgaben können sehr gut auf digitalem Weg stattfinden. Millennials brauchen Freiraum und Autonomie. Vergleichbares gilt für die **Generation Z**.

»Generationen zusammen führen« erfordert eine generationengerechte Führung. Hierfür ist eine Kombination aus generationsspezifischem und generationenübergreifendem Vorgehen notwendig. Dabei werden die Stärken der Generationen genutzt und die Inklusion und Vielfalt gefördert. Dies geschieht unter anderem über Perspektivenwechsel, Wissenstransfer, Unterstützung von generationsübergreifenden Lernprozessen, Überwindung von technologischem Delta, flexibleren Arbeitsformen u. v. a.

7 Generationenmanagement

Management ist die schöpferischste aller Künste: die Kunst, Talente richtig einzusetzen.
Robert Strange McNamara (amerikanischer Manager und Politiker)

Zusammenfassung

Ausgehend von den strategischen Zielsetzungen eines Unternehmens wird das Generationenmanagement konkretisiert und anschließend durch entsprechende HR-Praktiken umgesetzt. Es werden Vorgehensweisen skizziert, wie eine HR-Strategie generationsspezifisch und generationsübergreifend entwickelt sowie HR-Praktiken ausgewählt und konkretisiert werden können.

In der heutigen Praxis ist eine Art Reifeprozess des Generationenmanagements zu beobachten. Die ersten praktischen Ansätze fokussierten auf den Umgang mit älteren Mitarbeitenden und waren eher defizitorientiert. Im Fokus stand oftmals die Kompensation von Abbau oder die Ermöglichung eines Übergangs zur Phase des Ruhestands (z. B. Altersteilzeit). Neuere Generationenmanagement-Ansätze fokussieren auf alle Generationen und eine ganzheitliche Integration über die Lebensspanne: Alle Generationen zählen, leisten ihren Beitrag und können zusammen die Möglichkeiten eines Unternehmens erhöhen. Themen sind z. B. Weiterbildungsförderung und lebenslanges Lernen, Gesundheitsmanagement und eine auf die Lebensphase ausgerichtete Work-Life-Balance.

Ein umfassendes Generationenmanagement berücksichtigt die Spezifika der Generationen und beachtet gleichwohl die verschiedenen Aspekte der Leistungsentwicklung, veränderte Kompetenzen und die Motivation aller Generationen. Für das Generationenmanagement steht eine Vielzahl an Handlungsfeldern zur Verfügung, z. B. Personalpolitik und Altersstrukturanalysen, Mitarbeitergewinnung und -bindung, Arbeitsbedingungen, Flexibilisierung von Arbeitsort und Arbeitszeit sowie Performance-Management.

7.1 Strategische Ausrichtung des Generationen-managements

7.1.1 Generationenmanagement als Element der Unternehmensführung

Wie kann Generationenmanagement so ausgerichtet werden, dass die Personalführung verschiedener Generationen bestmöglich unterstützt wird? Wie gelingt es, förderliche Rahmenbedingungen im Unternehmen zu schaffen, um diversen internen und externen Entwicklungen im Unternehmen, wie z.B. Umgang mit den Auswirkungen der demografischen Entwicklung, gerecht zu werden?

In der Unternehmensführung geht es um die strategische Positionierung des Unternehmens und die Konkretisierung der Anforderungen und Rahmenbedingungen für Führung und Zusammenarbeit, die sich hieraus ergeben. Durch **strategische Führung** wird die strategische Positionierung eines Unternehmens definiert, die Strukturen und Prozesse einer Organisation werden so gestaltet, dass sie optimal zur Strategieumsetzung passen. Eine zur strategischen Positionierung passende Unternehmenskultur (vgl. Kapitel 8) mit ihren grundlegenden Werten und Normen und der Art der Zusammenarbeit ist förderlich für eine erfolgreiche Umsetzung der

Strategie.[370] Zur strategischen Führung gehört auch, die externen Entwicklungen zu beobachten (z. B. demografische Entwicklung, Fachkräftemangel, Veränderung Berufsfelder durch Digitalisierung und KI) und interne Entwicklungen proaktiv weiterzuentwickeln (z. B. Aufbau HR-Demografie, Wissenstransfer und lebenslanges Lernen, Veränderung von Prozessen, Strukturen, Abläufen, Automatisierungen und Digitalisierung). Die Nutzung von Age Diversity oder Altersvielfalt kann ein strategisches Ziel in der Führung sein, da davon auszugehen ist, dass grundsätzlich eine altersgemischte Belegschaft einen positiven Einfluss auf den Unternehmenserfolg hat (vgl. Kapitel 2.2.1). Weitere strategische Ziele des Generationenmanagements könnten der Aufbau und die Förderung von Young Professionals, die Etablierung als lernende Organisation (z. B. mit Fokus Wissenstransfer über die Generationen) oder die Positionierung als innovativer/flexibler Arbeitgeber (z. B. flexible Modelle bzgl. Arbeitszeit und Arbeitsort) sein. Die Konkretisierung dieser Ziele des Generationenmanagements wird in der HR-Strategie als Teil der Unternehmensstrategie festgelegt. Die Umsetzung der HR-Strategie erfolgt durch diverse HR-Praktiken. In einigen Unternehmen werden HR-strategische Zielsetzungen direkt in HR-Praktiken umgesetzt, ohne explizite Formulierung einer HR-Strategie oder HR-strategischer Aussagen.[371] Im Generationenmanagement werden generationsspezifische und generationenübergreifende Maßnahmen in HR-Praktiken zusammengefasst, aufeinander abgestimmt und ganzheitlich eingesetzt.

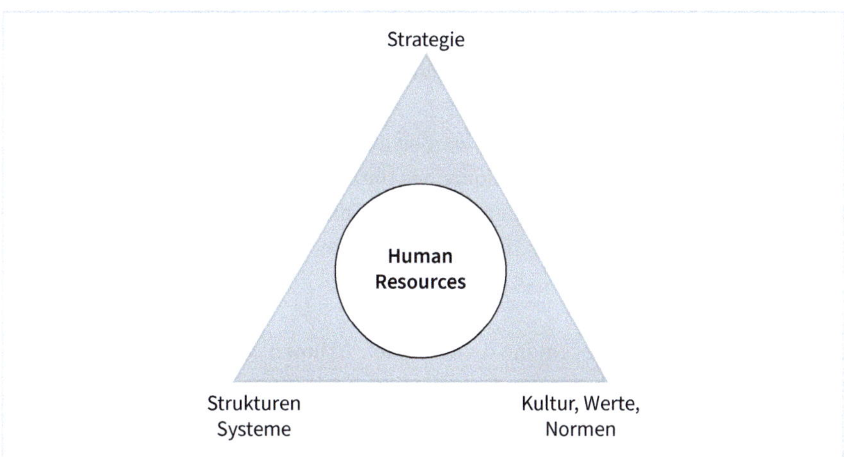

Abb. 7.1: HRM als Teil der Unternehmensführung

Bei der **strukturellen Führung** geht es um die Schaffung von Rahmenbedingungen, Prozessen, Abläufen oder Führungshilfsmitteln, die in einer Organisation für alle Mitarbeitenden eingesetzt werden (z. B. Personalbeurteilungsprozesse und die für alle

370 Vgl. Armstrong, 2006; Lombriser & Abplanalp, 2005.
371 Vgl. Eberhardt, 2010.

verbindlich eingesetzten Personalbeurteilungsbögen). Die Mitarbeiterführung wird durch solche Rahmenbedingungen vorstrukturiert, entlastet und teilweise auch ersetzt. Ansatzpunkte zur Gestaltung der strukturellen Führung finden sich in der Organisationslehre und im HR-Management.

In der **Organisationslehre** finden sich Modellvorstellungen und Gestaltungsoptionen, z. B. über den Organisationsaufbau, Entscheidungsprozesse in Organisationen oder auch über strategische Führung und deren Umsetzung. Diese haben indirekten Einfluss auf Führung im Generationenmix. Sind die organisatorischen Kernprozesse etwa darauf ausgerichtet, Aufgaben sehr global zu verteilen und via moderne Technologien zu koordinieren, folgen daraus Wechselwirkungen mit den unterschiedlichen Kompetenz- und Motivationsschwerpunkten der Generationen in der Organisation. Ist die Unternehmensstrategie z. B. darauf fokussiert, vielfältige Kundensegmente zu bearbeiten, die unterschiedliche Altersgruppen ansprechen, wird eine altersgemischte Belegschaft zum Erfolgsfaktor und damit zum Inhalt und Ziel der strategischen Führung. Es geht darum, zu klären, welche Qualifikationen und ggf. auch welche Generationen benötigt werden, um die anstehenden Aufgaben bestmöglich zu bewältigen.

7.1.2 HR-Strategie als Grundlage des Generationenmanagements

> **Definition: Strategisches HR-Management**
>
> Im strategischen HR-Management werden alle einschlägigen mitarbeiterbezogenen Praktiken einer Organisation/eines Unternehmens in einem aufeinander abgestimmten Generationenmanagement auf die Unternehmensstrategie ausgerichtet und die Umsetzung mithilfe von Prozessen, Verfahren, Instrumenten und Beratung unterstützt.[372]

Das strategische HR-Management definiert den Rahmen für die strategische Ausrichtung aller HR-Praktiken einer Organisation. Es leistet seinen Beitrag zum Geschäftserfolg, indem es alle HR-Praktiken so ausrichtet, dass ein ökonomischer Erfolg erreicht bzw. die Ziele der Organisation verwirklicht werden.

Strategisches HR-Management und seine Konkretisierung im Generationenmanagement bieten sowohl in Großkonzernen und der öffentlichen Verwaltung als auch in KMU einen guten Rahmen für Reflexion von internen und externen Entwicklungen und die Ableitung von Maßnahmen. Falls keine ausformulierte Unternehmens- oder HR-Strategie existiert, hilft es, genau hinzuschauen, welche Strategie praktisch vollzogen

372 Eberhardt, 2010, S. 60.

wird (»gelebte Strategie«), um passend dazu schrittweise ein systematisches Vorgehen bei der (Weiter-)Entwicklung von generations- und altersbezogenen HR-Praktiken zu etablieren. Je nach Vorgehen im Unternehmen in der strategischen Führung empfiehlt sich ein darauf abgestimmtes Vorgehen im Aufbau eines Generationenmanagements (siehe Tabelle 7.1).

	Strategisches Management	**Fähigkeitsorientierte Strategie**	**Gelebte Strategie**
Grundüberlegung strategisches Management	Die HR-Strategie wird auf die Unternehmensstrategie ausgerichtet.	Die Strategie des Unternehmens wird basierend auf den Fähigkeiten der Mitarbeitenden entwickelt.	Jedes Unternehmen hat eine Strategie, nicht immer eine formulierte aber eine gelebte.
Typische Vertreter der Wissenschaft	Chandler (1962) Ansoff & McDonnell (1990)	Porter (1991) Pümpin (1992)	Mintzberg (1999) Hamel und Prahalad (1994)
Vorstellungen strategisches HRM	Alle Praktiken im HRM dienen der Umsetzung der Unternehmensstrategie.	Die spezifischen Fähigkeiten der Mitarbeitenden werden identifiziert und bei der Definition der strategischen Positionierung des Unternehmens gezielt eingesetzt.	Gelebte Praktiken im Unternehmen werden identifiziert und als gelebte (im Unterschied zur formulierten) Strategie identifiziert.
Konkretisierung Generationenmanagement	Die HR-Strategie konkretisiert Möglichkeiten zur Nutzung der Vielfalt verschiedener Generationen, um die strategische Positionierung des Unternehmens zu stärken.	Alters- und generationsspezifische Besonderheiten des Unternehmens werden erkannt und für die strategische Positionierung genutzt und beachtet.	Der Umgang mit altersspezifischen Themen wird identifiziert und sichtbar gemacht. Etwaiger Handlungsbedarf wird erkannt und diskutiert.

	Strategisches Management	Fähigkeitsorientierte Strategie	Gelebte Strategie
Beispiele	Aufgrund der Altersstruktur im Unternehmen und des bestehenden Fachkräftemangels in der Branche soll der Wissenstransfer verstärkt werden (spätere Konkretisierung z. B. Reverse Mentoring, Onboarding).	Ein Unternehmen beschäftigt eine hohe Anzahl an erfahrenen Babyboomern und forciert gezielt die Marktbearbeitung in den Märkten der Generation 50plus, um das Potenzial seiner Mitarbeitenden zu nutzen.	Das Unternehmen achtet nicht auf Altersspezifika und handeln *ad hoc*, z. B. wenn etwa Nachwuchsmangel besteht mit der Schaffung von Lehrstellen. HRM kann solche Muster aufdecken und in ein systematischeres Vorgehen überführen.

Tab. 7.1: Strategische Führung und Generationenmanagement

In der HR-Strategie können die Anliegen des Generationenmanagements konkretisiert und in generationsspezifische und generationsübergreifende HR-Praktiken integriert werden. Idealerweise wird das Generationenmanagement durch strategische Führung initiiert und durch eine generationengerechte Personalpolitik gestützt. Durch entsprechende Rahmenbedingungen, Programme, Bildungsangebote etc. werden Mitarbeitende aus allen Generationen befähigt und motiviert, sich für die Arbeitsaufgaben und Organisation erfolgreich einzubringen.

Praxisbeispiel Stadt Zürich: HR-Strategie 2023 – 2026

Mit der Verabschiedung der HR-Strategie 2023 – 2026 hat der Stadtrat der Stadt Zürich (Stadtregierung) die stadtweiten Leitplanken für die strategische Ausrichtung der zentralen und dezentralen HR-Arbeit in der Stadt Zürich festgelegt. Bei der Definition der HR-Strategie 2023 – 2026 wurden aktuelle Trends und Entwicklungen sowie praktischer Bedarf analysiert und die Ergebnisse der strategischen HR-Schwerpunkte 2019 – 2022 sowie übergeordnete Strategien (z. B. »Zürich 2035«, »Digitale Stadt«) berücksichtigt.

Die HR-Strategie 2023 – 2026 beinhaltet drei Schwerpunkte mit verschiedenen Stoßrichtungen:

1. Führung
   a) Stabilisierung der Anwendungssicherheit/Nutzung weiterentwickelter Führungsinstrumente
   b) Stärkung der Führung im Bestreiten aktueller Entwicklungen und Herausforderungen

2. Generationenmanagement
   a) Begleitung des demografischen Wandels mit generationenspezifischen Maßnahmen
   b) Begleitung des Mangels an qualifizierten Arbeitskräften mit Maßnahmen der Personalgewinnung und -bindung
3. Digitalisierung
   a) Optimierung und Standardisierung der stadtweiten Führungs- und HR-Prozesse entlang der HR-IT-Roadmap
   b) Stärkung der Kompetenzen für die digitalisierte Arbeitswelt

Die Schwerpunkte sollen die Attraktivität der Arbeitgeberin Stadt Zürich weiter stärken und dem Fachkräftemangel sowie dem Mangel an qualifizierten Arbeitskräften aktiv entgegenwirken.

Im Schwerpunkt Generationenmanagement sind zur Abfederung des demografischen Wandels verschiedene zentrale altersgruppenspezifische Maßnahmen vorgesehen. Beispielsweise wurden bereits 2024 Angebote zu mehr Flexibilität in der letzten Berufsphase sowie stadtweite Vernetzungs- und Weiterbildungsangebote für Hochschulpraktikantinnen und Hochschulpraktikanten eingeführt. Weitere Maßnahmen für junge Berufseinsteigende und zum Wissenstransfer sind in der Entwicklungsphase.

Zudem werden im gleichen Schwerpunkt zur Abfederung des Mangels an qualifizierten Arbeitskräften zentrale Maßnahmen zur Stärkung der Arbeitgeberattraktivität und zur Förderung der Personalgewinnung und -bindung entwickelt und umgesetzt. Dies beinhaltet beispielsweise Maßnahmen zum chancengleichen Bewerbungsmanagement und zur kontinuierlichen Verbesserung des Personalgewinnungsprozesses sowie zur Förderung des lebenslangen Lernens, damit die Stadt auch in Zukunft eine attraktive Arbeitgeberin bleibt.

Die zentralen Maßnahmen in den Schwerpunkten der HR-Strategie 2023 – 2026 werden durch dezentrale Maßnahmen der Dienstabteilungen und Organisationseinheiten der Stadt Zürich ergänzt.

Definition: Generationenmanagement

»Ein aktives Generationenmanagement schafft Rahmenbedingungen im Sinne von Führungs- und Organisationsumfeldern, die die Beschäftigten aller Altersgruppen befähigen und motivieren, vollen Einsatz zu leisten und dabei mit sich und ihrem Umfeld zufrieden zu sein.«[373]

Arbeitshilfe 23: Checkliste: Kurzeinschätzung der strategischen Verankerung von Generationenmanagement im Unternehmen

DIGITALE EXTRAS

Diese Arbeitshilfe finden Sie zum Download unter Digitale Extras.

Wie ist das Thema Generationenmanagement in Ihrem Unternehmen strategisch verankert und ausgerichtet? Prüfen Sie dies mithilfe des folgenden Fragebogens.

	Vorhanden	**Teilweise vorhanden**	**Nicht vorhanden**
Unternehmensstrategie oder Bereichsstrategie			
HR-Strategie oder HR-Schlussfolgerungen in Unternehmensstrategie			
HR-Strategie mit Aussagen zum Generationenmanagement			
HR-Strategie mit Teilstrategien/Aussagen zu HR-Praktiken im Generationenmanagement: • Selektion (z. B. potenzialorientierte Selektion) • Retention • Arbeitsgestaltung (Flexibilisierung von Zeit und Ort) • Gesundheit und Eingliederung • Personalentwicklung und Wissenstransfer • Entlohnung • Veränderung Berufsfelder aufgrund Digitalisierung • Trennung • Anstellungsbedingungen (z. B. Regelungen zu Vereinbarkeitsthemen) • Übertritt in den Ruhestand (inkl. flexible Übergangsregelungen)			

Basis für den Aufbau und die Weiterentwicklung des Generationenmanagements ist eine HR-Strategie, die auf Nachhaltigkeit und Generationenvielfalt ausgerichtet ist. Bei der (Weiter-)Entwicklung einer HR-Strategie ist bei der Situationsanalyse der ex-

373 Tavolato, 2016, S. 4.

ternen Unternehmenseinflüsse auch die demografische Entwicklung am Arbeitsmarkt zu beachten (vgl. Szenarien Kap. 3). Die Entwicklung einer nachhaltigen HR-Strategie mit Perspektive Auf- oder Ausbau eines Generationenmanagements erfordert eine Betrachtung multipler Stakeholder-Ansprüche. Bei der Analyse interner und externer Ansprüche und Realitäten werden demografische Entwicklungen und Besonderheiten hinreichend berücksichtigt. Bei Dienstleistungsbetrieben stellt sich insbesondere die Frage, Mitarbeitende welcher Generation die z. B. älter werdenden Kunden am besten betreuen können. Bei der Analyse der internen Situation sind die Altersstruktur innerhalb der Organisation (vgl. Kap. 7.3.1.2), die besonderen Ansprüche und Erwartungen der verschiedenen Generationen (vgl. Kap. 2) wie auch die Ressourcen, Vorteile und Herausforderungen einer altersgemischten Zusammenarbeit zu berücksichtigen (Kap. 8.4). Oftmals lassen sich bei genauer Beachtung dieser demografischen Aspekte klare Priorisierungen für die HR-Strategie ableiten, etwa im Bereich der Qualifizierung für neue Technologien, des Wissenstransfers oder Auswirkungen für die HR-Prozesse Rekrutierung, Onboarding oder (flexibler) Übertritt in den Ruhestand. Für die Entwicklung der eigenen unternehmensspezifischen Maßnahmen hilft die Orientierung an guten Erfahrungen und Beispielen aus der Praxis. Damit Führungskräfte sich bei der Umsetzung einer demografiegerechten HR-Strategie und den Umsetzungsmaßnahmen, -programmen und -ansprüchen im Führungsalltag engagieren und zielgerichtet einbringen können, sind entsprechende Informationen und Befähigung der Führungskräfte erforderlich.[374] Erfolgsentscheidend ist zudem eine Abschätzung und spätere Kontrolle der erwünschten Wirkungen, im sozialen, ökologischen und ökonomischen Bereich.[375] Dies impliziert u. a. eine konkrete Einschätzung, ob mit den gewählten Maßnahmen der demografische Wandel und die Zusammenarbeit von Jung und Alt optimal unterstützt und begleitet werden können.

Praxisbeispiel: Demografiebewusstes Personalmanagement bei Mars Deutschland[376]

Die Auszeichnung »Deutschlands Beste Arbeitgeber« ist ein Modell, das ursprünglich aus den USA stammt (*Great Place to Work*) und besonders mitarbeiterorientierte Unternehmen auszeichnet. Das **Great-Place-to-Work-Institut Deutschland** vergibt jährlich auch Sonderpreise, wie den Preis für »Demografiebewusstes Personalmanagement«.

Die Untersuchungen des Instituts basieren auf anonymisierten Mitarbeiterbefragungen und sogenannten Kultur-Audits, bei denen Konzepte und Maßnahmen der Unternehmen analysiert werden. Die Unternehmen nehmen freiwillig an der

374 Vgl. auch Zölch & Mücke, 2018.
375 Vgl. Eberhardt, 2010; vgl. Eberhardt, Kohler & Oertig, 2011.
376 Great Place to Work Institute, 2020.

Untersuchung teil und erhalten Rückmeldung zu ihren Ergebnissen. Die Untersuchungen werden durch die teilnehmenden Unternehmen finanziert.

Mars Deutschland erhielt 2020 diesen Sonderpreis für seinen umfassenden und systematischen Ansatz, dem demografischen Wandel aktiv durch Maßnahmen und Instrumente im Bereich der individuellen Gesundheitsförderung, durch flexible Arbeitszeitmodelle sowie finanzielle und soziale Maßnahmen gerecht zu werden. Im Projekt Life-Stage-Management wurden in Workshops Sozialleistungen analysiert und verbessert. Um Trainees einen guten Start zu ermöglichen, werden ihnen erfahrene Mentorinnen und Mentoren an die Seite gestellt und für alle, die bei Mars neu einsteigen, gibt es individuelle Einarbeitungspläne. Frischgebackene Väter erhalten zusätzliche Urlaubstage. Nach der Elternzeit führt Mars Wiedereingliederungsgespräche und hilft bei der Suche nach einer Kinderbetreuung durch den pme-Familienservice. Zudem kommt Mars Deutschland mit flexiblen Arbeitsmodellen, Invalidenrente, Gesundheitsvorsorge und Homeoffice-Regelungen individuellen Bedürfnissen der Mitarbeitenden in unterschiedlichen Lebenssituationen entgegen. Auf die späte Lebensphase sind insbesondere eine betriebliche Altersvorsorge, eine Hinterbliebenenrente sowie eine proaktive Nachfolgeregelung ab zwei Jahren vor dem Ruhestand ausgerichtet.

7.1.3 HR-Praktiken als Bausteine des Generationsmanagements

Beim Thema »Generationen zusammen führen« geht es um mehr, als um Fairness den verschiedenen Generationen gegenüber.[377] Es geht auch darum, die Führung verschiedener Generationen durch eine aufeinander abgestimmte und sich ergänzende Ausrichtung der HR-Praktiken im Generationenmanagement zu unterstützen und damit entscheidend zum Unternehmenserfolg beizutragen. Einerseits müssen hierzu bestehende HR-Praktiken überprüft und angepasst werden, z. B. ob Vielfalt gefördert und Altersdiskriminierung vermieden wird und ob die HR-Praktiken einem generationenübergreifenden Ansatz gerecht werden. In der Forschung konnte beispielsweise nachgewiesen werden, dass Mitarbeitende – unabhängig vom persönlichen Stellenwert von Arbeit – eine stärke Bindung zum Arbeitgeber entwickeln und die Bereitschaft beim Unternehmen zu bleiben steigt, wenn die HR-Praktiken die Generationenvielfalt berücksichtigen.[378] Zusätzlich wirken HR-Praktiken, die die Generationenvielfalt berücksichtigen, als gute Vorhersage für Arbeitsfähigkeit, im Speziellen bei älteren Mitarbeitenden.[379] Andererseits müssten auch gezielt HR-Praktiken zur Stärkung und Förderung einzelner und spezifischer Generationen etabliert werden.

377 Vgl. Eberhardt & Streuli, 2015.
378 Vgl. Sousa, Ramos & Carvalho, 2020.
379 Vgl. Sousa & Ramos, 2019.

Dies berücksichtigt auch Überlegungen, wie man sich z. B. gezielt die Stärken der jeweiligen Generation zunutze macht oder für diese jeweilige Generation attraktiv ist, bleibt oder wird.

Im HR-Management steht eine Vielzahl von HR-Praktiken zur Unterstützung der Mitarbeiterführung zur Verfügung. Die Bündelung dieser HR-Praktiken konkretisiert die Umsetzung des strategischen HR-Managements im Generationenmanagement. Dabei ist es in strategischer Hinsicht wichtig, die ausgewählten Teilstrategien, die in HR-Praktiken für das Generationenmanagement umgesetzt werden, in ihrer Handlungssteuerung so aufeinander abzustimmen, dass die gesamte Ausrichtung konsistent ist.[380] Eine übergeordnete HR-Strategie etwa mit Fokus »Generationen zusammen führen« achtet bei der Umsetzung darauf, bei Selektion, Beurteilung, Entlohnung etc. keine altersspezifischen Diskriminierungen zu enthalten, gezielt die Stärken und Kompetenzen einzelner Generationen zu nutzen und die Rahmenbedingungen für eine generationenübergreifende Zusammenarbeit zu schaffen. Empirisch lässt sich ein positiver Zusammenhang zwischen dem Arbeitsengagement und der wahrgenommenen Verfügbarkeit von förderlichen HR-Praktiken wie z. B. Lernen und Entwicklung oder Übernahme neuer Aufgaben nachweisen. Dabei konnte kein Unterschied zwischen den verschiedenen Altersgruppen festgestellt werden.[381]

Im Generationenmanagement werden die HR-Praktiken unterschiedlich gestaltet:

- Abkehr von gängigen Vorgehensweisen (z. B. Reverse Mentoring anstelle klassischer altersfokussierter Zuteilung der Mentorenrolle),
- Aufbau (generationen-)spezifischer Angebote (z. B. Angebote zu mehr Flexibilität in der letzten Berufsphase durch Bogenkarriere oder Beschäftigung über das Renteneintrittsalter hinaus),
- Spezifizierung von Angeboten (z. B. altersgemischte Teamarbeit, lebensphasenorientierte Personalentwicklung, Laufbahnberatung 50plus) etc.

Welche betriebliche Personalpolitik und welche HR-Praktiken werden von Unternehmen im Hinblick auf das Thema Generationenmanagement und Führen von Generationen eingesetzt? Häufig steht bei Unternehmen und ihren HR-Strategien der Umgang mit dem demografischen Wandel und dem Fachkräftemangel im Fokus der Betrachtung. In Befragungen von Unternehmen, welche Praktiken sie anwenden, um einem demografisch bedingten Arbeitskräftemangel vorzubeugen, werden häufig die Weiterbildungsförderung, das Gesundheitsmanagement und die Work-Life-Balance von Mitarbeitenden genannt. Wenig Interesse zeigen Unternehmen hingegen an der

380 In Anlehnung an Armstrong, 2006.
381 Vgl. Veth, Korzilius, Van der Heijden, Emans & De Lange, 2019.

Neueinstellung älterer Mitarbeiterinnen und Mitarbeiter. Dies liegt teilweise an den Vorurteilen bezüglich Anpassungsbereitschaft oder auch an den höheren Kosten.[382]

Praxisbeispiel: Stadt Zürich – Personalpolitische Maßnahmen für die Bedürfnisse spezifischer Generationen – Teil 1 Vereinbarkeit von Beruf, Familie und Freizeit

Im Personalrecht der Stadt Zürich sind Grundlagen verankert, die konkrete Maßnahmen zur Vereinbarkeit von Beruf, Familie und Freizeit fördern. Dazu gehören beispielsweise Arbeits(zeit)modelle, welche die unterschiedlichen Bedürfnisse der Dienstabteilungen und Betriebe (Schichtbetriebe vs. flexible Arbeitszeiten) berücksichtigen. Die Basis der Arbeits(zeit)modelle bildet die Jahresarbeitszeit. Das bedeutet, dass der Arbeitszeitsaldo unter dem Jahr beliebig schwanken kann und erst am Jahresende die vorgegebenen Grenzwerte erreicht werden müssen.

Zudem verfügt die Stadt Zürich mit dem »Reglement über mobiles Arbeiten« über personalrechtliche Grundlagen, die Flexibilisierungen hinsichtlich Arbeitszeit und Arbeitsort ermöglichen. Wenn sich die Tätigkeit, die Person und der Arbeitsort dafür eignen, können Mitarbeitende einen Teil ihrer Aufgaben außerhalb des regulären Arbeitsplatzes ausüben. Diese Regelungen ermöglichen eine flexiblere Arbeitsgestaltung, was maßgeblich zur besseren Vereinbarkeit von Beruf, Familie und Freizeit beiträgt.

Eine weitere Maßnahme ist die Schaffung von qualifizierten Teilzeitstellen einschließlich in Kaderfunktionen. In diesem Zusammenhang wird im städtischen Personalrecht festgehalten, dass Teilzeitarbeit, soweit betrieblich möglich, in allen Funktionen ermöglicht werden soll. Das städtische Personalrecht enthält eine Reihe weiterer Bestimmungen, die zum Ziel haben, Mitarbeitenden mit Kindern oder anderen Betreuungspflichten, die Vereinbarung von Beruf und Familie zu erleichtern. Dazu gehören verschiedene Ansprüche, die bspw. im Zusammenhang mit Adoption, Schwangerschaft, Stillzeit, Mutter- und Vaterschaft oder der langfristigen Betreuung von pflegebedürftigen Angehörigen geltend gemacht werden können.

Des Weiteren bietet die Fachstelle für Gleichstellung der Stadt Zürich Wiedereinstiegspraktika nach der Familienphase an, sie hat Väter-Lunches zum Thema Vereinbarkeit von Beruf und Familie lanciert und unterstützt mit der Umsetzung des Gleichstellungsplans u. a. die vielfältige Thematik der Vereinbarkeit von Lebensbereichen.

382 Vgl. Swissstaffing, 2009; Ernest & Young, 2023.

Interessantes aus der Forschung

Die Forschung zum strategischen HR-Management zeigt Zusammenhänge zwischen Personalpraktiken und Unternehmenserfolg auf, speziell konnte für die HR-Praktiken »Age Diversity«/Altersvielfalt und lebenslange Beschäftigung ein positiver Zusammenhang mit organisatorischer Ergebniserreichung belegt werden.[383] Es gibt erste theoretische Arbeiten, die vorschlagen, diese Forschungen aus dem strategischen HR-Management mit der Psychologie der Lebensspanne zu verknüpfen, die altersbedingte Veränderungen von geistigen Fähigkeiten, Persönlichkeiten und Emotionen mit ihrem Einfluss auf HR-Praktiken beachtet. Es wird weiterhin empfohlen, die Arbeitszufriedenheit, das organisationale Commitment und die Arbeitsmotivation als Einflussgröße (Mediator) auf die Wirksamkeit von HR-Praktiken zu beachten.[384]

Praxisbeispiel: Demografiemanagement im traditionellen Betrieb[385]

Das **Stahlwerk Georgsmarienhütte GmbH** (D) ist ein Unternehmen aus dem klassischen Produktionsgewerbe (*old economy*). Bislang gab es bei Mitarbeitenden und Führungskräften wenig Bereitschaft zur Weiterbildung. Die Produktionsprozesse waren stabil und haben sich kaum verändert. Ebenso wenig gab es eine lebenszyklusorientierte Personalentwicklung. Zumeist erreichte ein Mitarbeitender die höchste Qualifikationsstufe im Alter von 30 – 40 Jahren.

Die HR-Demografie stellte das Unternehmen vor neue Herausforderungen. Eine neue Arbeits- und Lernkultur, sowie eine neue Kommunikations- und Kritikkultur wurde benötigt. Ziel war die Schaffung einer selbstlernenden Organisation. Erster Schritt war der Aufbau von Veränderungsbereitschaft bei allen Mitarbeitenden: Die wahrgenommenen Befürchtungen und Bedrohungen wurden detailliert betrachtet, um Reaktanzen zu überwinden. Eine Sensibilisierung auf allen Ebenen sollte Vorbehalte abbauen.

Im zweiten Schritt erhielten die Mitarbeitenden überfachliche Qualifikationen: Der Wandel hin zum lebenslangen Lernen fand statt. Die Mehrfachqualifikationen führten zu erhöhter Flexibilität der Mitarbeitenden und zu einer abwechslungsreichen Arbeitsgestaltung. Die Belastung für ältere Arbeitnehmende wurde reduziert, um deren Arbeitsfähigkeit bis zum Renteneintritt zu erhalten. Außerdem

383 Vgl. Ali & French, 2017.
384 Vgl. Korff, Biemann, Voelpel, Kearney & Rossnagel, 2009.
385 Aus: Widuckel et al., 2015.

wurde die Kommunikation verbessert, die infolge offener, schneller und kreativer ablief.

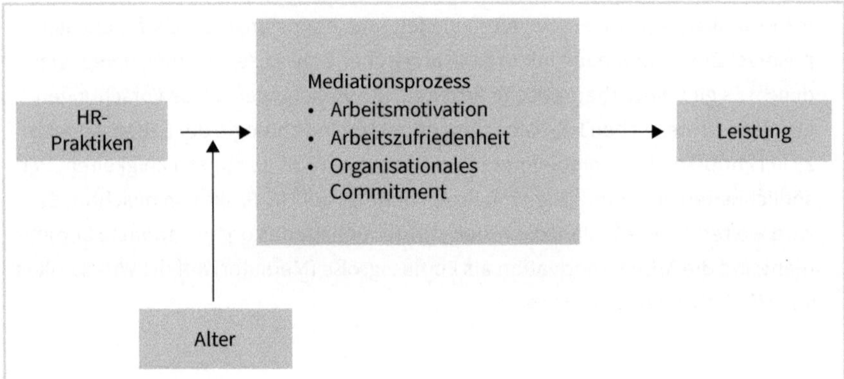

Abb. 7.2: Strategisches HR-Management unter Beachtung des Lebensspannen-Ansatzes

Welche HR-Praktiken können bei der Kombination des Lebensspannen-Ansatzes der Psychologie mit HR-Praktiken identifiziert und ins Generationenmanagement integriert werden? Häufig stehen bei solchen Fragestellungen die älteren Mitarbeitenden, also die Babyboomer, im Fokus der Betrachtung. Empfehlenswert ist eine umfassende Personalpolitik mit einem aktiven Generationenmanagement für alle Generationen.

Zur Einordnung von HR-Praktiken hat ein finnisches Forscherteam eine Systematisierung entwickelt, die u.a. aufzeigt, wie sich das Thema Altersbewusstsein in Organisationen verändert hat, und wie die HR-Praktiken systematisiert werden können.[386] Die Organisationen durchlaufen beim Generationenmanagement eine Art Reifeprozess:

- Es gibt Unternehmen, in denen überhaupt **kein Altersbewusstsein** vorliegt oder in den HR-Praktiken nachweisbar ist.
- Auf der zweiten Stufe geht es reaktiv darum, dem Thema **Alter als Herausforderung** gerecht zu werden. Beispiel hierfür ist die Kompensation von Aufgaben, die nicht mehr ausgeführt werden können, durch andere Tätigkeiten.
- **Alter als Chance** nutzt die Stärken der unterschiedlichen Generationen und bringt diese bestmöglich zum Einsatz.
- HR-Praktiken, die auf **Chancengleichheit** und **individuellen Anpassungen** aufbauen, sind noch seltener. Sie nutzen und kombinieren gleichberechtigt verschiedene Altersgruppen und Generationen. Ein praktisches Beispiel ist die altersgemischte Teamarbeit oder das Reverse Mentoring.

386 Vgl. Wallin & Hussi, 2011.

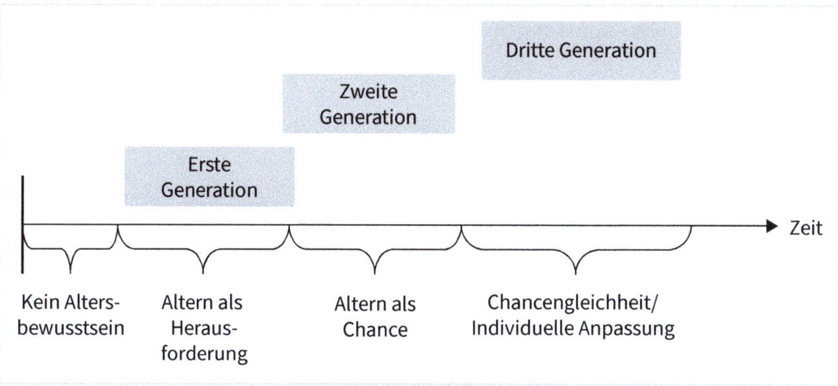

Abb. 7.3: Der evolutionäre Prozess des Altersbewusstseins in Organisationen

Das Altersbewusstsein von Organisationen lässt sich in einer Typologie der Praxis des Generationenmanagements darstellen. Diese ermöglicht eine Einschätzung, auf welcher Entwicklungsstufe die HR-Praktiken einer Organisation einzustufen sind.[387] Im Folgenden finden sich jeweils kurze Beispiele zur Erläuterung angefügt.[388]

1. Problembezogenes Flickwerk/Probleme mit knappen Ressourcen:
   Beispiel: Eine Supermarktkette hat Probleme bei der Rekrutierung jüngerer Mitarbeitender und fokussiert neu den Selektionsprozess auf Alter 45+.
2. Abnehmende Arbeitsanforderungen:
   Beispiel: Ein Industrieunternehmen der Automobilbranche führt Arbeitsplätze für ältere Arbeitnehmende ein, die reduzierte Arbeitsanforderungen haben.
3. Förderung individueller Ressourcen
   Beispiel: Ein Stahlwerk führt betriebliches Gesundheitsmanagement ein, verbessert die ergonomischen Arbeitsbedingungen und Schichtpläne. Alterungsprozesse wurden als individuell und änderbar eingestuft, Rehabilitationsprogramme aufgebaut.
4. Intergenerationales Lernen
   Beispiel: Ein Busunternehmen investiert in intergenerationales Lernen, lebenslanges Lernen wird unterstützt, der Erhalt der Arbeitsfähigkeit wird für ältere und jüngere Busfahrerinnen und Busfahrer verbessert. Ältere Mitarbeitende erhalten die Möglichkeit für flexible Arbeitszeitgestaltung.
5. Lebensspannen-Ansatz
   Beispiel: Eine große öffentliche Organisation lanciert den Lebensspannen-Ansatz. Es wird eine Balance zwischen allen Altersgruppen und Erfahrungsebenen gehalten. Eingebettet in eine umfassende Diversity-Kultur gelten Gleichberechtigung in der Flexibilität von Arbeitsbedingungen, im lebenslangen Lernen, der Gesundheitsvorsorge und bei diversen Benefits sowie eine Messung der erreichten Ergeb-

387 Ebenda.
388 Entnommen aus: Wallin, 2015.

nisse. Individuelle Anpassungen der Arbeitsbedingungen finden bei individuellem Bedarf statt.

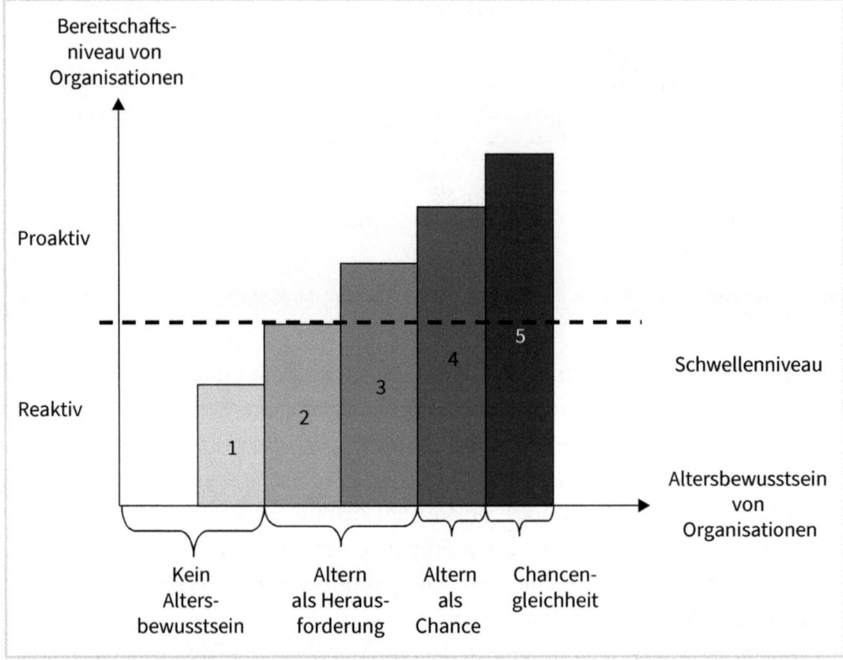

Abb. 7.4: Typologie der Praxis des Generationenmanagements

Diese Typologie dient für eine erste Einschätzung der Aktivitäten Ihrer eigenen Organisation beim Thema Generationenmanagement.

Fallstudie: Helsinki – eine Arbeitsstelle für jedes Alter

Die Stadt Helsinki hat sich das ehrgeizige Ziel gesetzt, Modellstadt bezüglich des Managements der Generationen zu werden, und hat dieses Thema über mehrere Jahre als Schwerpunkt verfolgt. Dazu hat die Stadtverwaltung vier Ziele definiert:

- Die jungen Arbeitnehmer/innen sollen in der Stadt bleiben.
- Alle Arbeitnehmer/innen sollen in der Kontinuität der Arbeit unterstützt werden.
- Ältere Menschen sollen sich bei der Arbeit wohler fühlen, um ihr Arbeitsleben zu verlängern.
- Es soll eine altersbewusste Kultur geschaffen werden, die mehr Rücksicht auf verschiedene Lebenssituationen und Bedürfnisse legt.

Um dies zu erreichen, wurden Projekte in etlichen öffentlichen Einrichtungen der Stadt implementiert. In diversen Projekten ging es darum, effektive Managementtechniken für Personen verschiedenen Alters zu finden. So wurde z. B. im Sozialamt der Stadt das Management unterschiedlicher Altersgruppen an einer Vielzahl von Arbeitsplätzen verbessert. Im Rettungsdienst wurde in einem Projekt ein Handlungsplan für das älter werdende Personal entwickelt. Das Sport-Zentrum hat ein Mobilitäts- und Mobilisierungsprojekt gestartet und am Personalzentrum der Stadt wurde ein personalisiertes Bonussystem eingeführt. Die Stadt beabsichtigte, von der Belohnung langjähriger Erfahrung zur Honorierung erfolgreicher Aufgabenbewältigung überzugehen. Das bedeutet für die jüngeren Arbeitnehmer/innen ein höheres Einstiegsgehalt. Helsinki führte Flexibilisierungen in der Arbeitszeit, dem mobilen Arbeiten, der Schichtplanung und bei Familienzeiten ein. Für ältere Arbeitnehmer/innen wurden Gymnastikkurse, Flexi-Zeit-Modelle, Umschulungen und Ruhestandsberatungen angeboten. Helsinki erreichte bereits im Jahr 2012 den ersten Platz in der Auszeichnung »Arbeitsstelle für jedes Alter« (*workplaces for all ages award*) der Europäischen Kommission. Für die nächste Strategieperiode, 2013 – 2016, baute die Stadt die Maßnahmen weiter aus.[389] Im Jahr 2020 konnte das Renteneintrittsalter in der Stadtverwaltung Helsinki von 62,6 im Jahr 2016 auf 63,3 Jahre erhöht werden und es liegen positive Erfahrungen mit dem strukturierten Vorgehen bezüglich flexibler Karrieregestaltung vor. Mit dem Strategieprogramm 2018 – 2021 wurde das Ziel verfolgt, die Stadt Helsinki zu einer Modellstadt für Diversity werden zu lassen. Altersvielfalt war Teil dieser Zielsetzung und es wurde eine Kultur gefördert, in welcher Altersvielfalt und -unterschiedlichkeit besser als Ressource im Arbeitsumfeld genutzt wird. In der Strategieperiode 2018 – 2021 lag der Fokus auf dem Management von Diversity, der Unterstützung der Karriereanfänge, wobei Gleichheit und Diskriminierungsfreiheit wichtige Handlungsfelder sind. Die »City Guidelines« für Age Management fokussieren auf:

- strategische Planung und Wissensmanagement,
- Zukunft der Arbeit und flexible Arbeitswelt (Aufgaben, Zeit und Ort),
- Rekrutierung und Management der Arbeitskapazität (z. B. aktives Abwesenheitsmanagement),
- Diversity-Management (inkl. Führungskräftebefähigung).

Verschiedene Jugendprogramme (spezielle Assessments, Gesundheit und Karriere-Programme) wurden bereits lanciert, das Unterstützungsprogramm »Youth« wurde in die Strategieperiode 2022 – 2025 übernommen.[390]

389 Aus: Blackham, 2014.
390 Entnommen aus: Heikkilä 2021.

7.2 Generationsspezifische Perspektiven im Generationenmanagement

Für die praktische Gestaltung des Generationenmanagements existiert eine Vielzahl wissenschaftlich überprüfter oder rein praktischer Ansätze aus dem HRM. Der Lebensspannen-Ansatz in der Entwicklung und Bewertung von HR-Praktiken erfordert die differenzierte Berücksichtigung von Generation und Lebensalter in allen HR-Praktiken. Wenn es um die Beachtung ganz konkreter Perspektiven der jeweiligen Altersgruppe geht, sind ergänzend generationsspezifische Betrachtungen von Vorteil.

7.2.1 Generationenmanagement für Babyboomer und Generation X

In den Anfängen des Generationenmanagements wurden HR-Praktiken für ältere Mitarbeiterinnen und Mitarbeiter (Babyboomer und ältere Generation X) verstärkt für die Kompensation von Defiziten oder für abnehmende körperliche Belastbarkeit entwickelt. Dazu gehörten etwa maßgeschneiderte Lösungen für die Arbeitsplatzgestaltung, um praktischen Tätigkeiten zu erleichtern, oder die Einführung von Altersteilzeit, um die Belastung insgesamt zu reduzieren. Bei dieser Defizitorientierung geht es häufig um den Ausgleich von Kompetenzdefiziten im Bereich Digitalisierung, Social Media oder Nutzung neuer Technologien oder um das Lohnniveau der älteren Mitarbeitenden.

Ältere Mitarbeitende haben eine Vielzahl an Stärken: Sie sind berufs- und lebenserfahren, mit vielfältigen Kompetenzen ausgestattet, loyal gegenüber dem Arbeitgeber, einsatzbereit und erfreuen sich oftmals guter Gesundheit. Sie verfügen zumeist über einen enormen Erfahrungshorizont und sind nach der Abnahme der alltäglichen Doppelbelastung von Familie und Beruf häufig in der Lage und willens, sich wieder frei zu entfalten.

Wie können diese Stärken durch eine geschickte Auswahl und Bündelung von HR-Praktiken zum Wohle des Unternehmens und der älteren Mitarbeiterinnen und Mitarbeiter genutzt werden? Der Umgang mit älteren Mitarbeitenden wird von verschiedenen Faktoren beeinflusst. Dazu gehören z. B. die Gesetzgebungen (Möglichkeiten bzw. Einschränkung des Frührenteneintritts, regelmäßiges Renteneintrittsalter), der Arbeitsmarkt und kulturelle Faktoren (Werte und Einstellungen gegenüber Alter und Generationen in Gesellschaft und Organisation). Aber auch die Arbeitsumgebung (z. B. Ausstattung von Arbeitsplatz, Medieneinsatz) und die unternehmenseigene HR-Politik und -Praktiken beeinflussen die Arbeitsmotivation und die Leistung der Mitarbeitenden.[391]

Ein gutes Generationenmanagement beachtet generationsspezifisch für ältere Mitarbeitende die unterschiedlichen Aspekte der Leistungsentwicklung, der Ver-

391 Vgl. Claes & Heymans, 2008.

änderungen und Aktualisierung der Kompetenzen und die Motivation für die letzte Berufsphase. Die individuellen Unterschiede der Fähigkeiten und des gesundheitlichen Status der Mitarbeitenden nehmen mit dem Alter zu. Um über das ganze Berufsleben hinweg gesund, kompetent und erfolgreich zu sein, bedarf es konstanter Anstrengungen zum Erhalt der Arbeitsfähigkeit.

Wichtig

Folgende HR-Praktiken eigenen sich für Babyboomer:[392]

- **Leistungsanspruch und Rahmenbedingungen anpassen**
  Kompensation von auftretenden Einschränkungen, wenn die Arbeit körperlich oder psychisch nicht mehr im bisherigen Ausmaß möglich ist oder sich an Veränderungen des privaten Umfeldes anpassen soll (z. B. Zusatzurlaub, flexiblere Arbeitszeitmodelle; Bogenkarrieren, Anpassung der Stellenbeschreibung; Reduktion von Überstunden, Schichtarbeit, Schichtmodelle mit umfangreichen Erholungszeiten, flexibler Übergang oder frühzeitiger Renteneintritt).
- **Erfahrungen nutzen und schätzen**
  Diese HR-Praktiken nutzen die Erfahrungen der älteren Mitarbeitenden, kombinieren diese mit Stärken anderer Generationen und zeigen Wertschätzung (z. B. Mentoring & Reverse Mentoring, Coaching für Young Professionals, Wissenstransfer und Generationenmanagement; Dienstaltersgeschenke, lebenslange Weiterbildungen). Hierzu gehören auch (Teilzeit-)Weiterbeschäftigungen über das offizielle Rentenalter hinaus.
- **Kompetenzen und Gesundheit erhalten**
  Diese HR-Praktiken unterstützen die Mitarbeitenden, neuen Herausforderungen souverän zu begegnen und ihr aktuelles Arbeitsniveau beizubehalten (z. B. Weiterbildung und Gesundheitsmanagement, Umgang mit neuen Technologien, digitalisierten Prozessen und Hilfsmittel, Social Media, Robotics, generativer KI etc.).
- **Mitarbeitende lebenslang entwickeln und fördern**
  Diese HR-Praktiken beinhalten Maßnahmen, die Mitarbeitende darin unterstützen, sich persönlich und beruflich kontinuierlich weiterzuentwickeln und zu verbessern (z. B. Schulungen, Lernen am Arbeitsplatz, Aufstiegsweiterbildungen, Bogenkarrieren, digitale Lernwelten, Einbindung in organisationalen Wissenstransfer).

In Deutschland besteht die Möglichkeit zur Altersteilzeit. Die Altersteilzeit ermöglicht es älteren Arbeitnehmern, ihre Arbeitszeit in den letzten Berufsjahren zu reduzieren, bevor sie in den Ruhestand gehen. Im Blockmodell wird die Arbeitszeit in zwei Phasen aufgeteilt, eine aktive Arbeitsphase, in der die Mitarbeitenden voll arbeiten, und eine Freistellungsphase, in der nicht mehr gearbeitet, aber weiterhin Gehalt bezogen wird (z. B. drei Jahre Vollzeit-Tätigkeit, danach drei Jahre Freistellung mit (Teil-)Gehalt, danach Rente. Im Teilzeitmodell reduzieren Mitarbeitende die Arbeitszeit kontinuierlich über den gesamten Zeitraum der Altersteilzeit, z. B. von 40 auf 20 Wochenstunden über sechs Jahre, danach erfolgt der Renteneintritt. Dabei werden die Beiträge zur Rentenversicherung

392 Vgl. Auch Kooij et al., 2014; eigene Ergänungen und Aktualisierungen 2024.

mindestens zu 80% auf der Basis des bisherigen versicherten Lohnes weitergezahlt, um umfangreichere Einbußen bei der Rentenversicherung zu vermeiden. Die Arbeitgeber stocken betrieblich das reduzierte Gehalt auf, sodass ca. 70% des Nettogehalts erzielt werden. Dabei gibt es Unterschiede in den Arbeitgeberleistungen.[393]

Für die Gestaltung der eigenen Praxis empfiehlt es sich, die im eigenen Unternehmen vorhandenen und/oder durch Führung nutzbaren HR-Praktiken zu reflektieren und zu überlegen, welche Praktiken mehr oder aktiver genutzt und eingesetzt werden können. Mit der folgenden Arbeitshilfe 24 können Sie eine Standortbestimmung für Ihr eigenes Unternehmen vornehmen.

Arbeitshilfe 24: Checkliste: Eingesetzte HR-Praktiken für ältere Mitarbeitende[394]

DIGITALE EXTRAS

Diese Arbeitshilfe finden Sie zum Download unter Digitale Extras.

	Welche Möglichkeiten haben oder brauchen wir im Unternehmen?	**Welche Möglichkeiten nutze ich/ nutzen wir aktiv?**	**Wo habe ich in meinem Führungsbereich Handlungsbedarf?**
Leistungsanspruch und Rahmenbedingungen anpassen.			
Erfahrungen nutzen und schätzen.			
Kompetenzen und Gesundheit erhalten.			
Mitarbeitende lebenslang entwickeln und fördern.			
Altersteilzeit unterstützen. (Blockmodell oder Teilzeit)			
Beispielhafte Anwendung: 1. Entlastung im Schichtbetrieb. 2. Einführung in neue Technologien und digitale Anwendungen. 3. Förderungen Weiterbildungen bis Renteneintritt.			

Tab. 7.2: Kurzeinschätzung möglicher und eingesetzter HR-Praktiken für ältere Mitarbeitende

393 Bundesministerium für Arbeit und Soziales; 2023.
394 Eberhardt, 2015.

Praxisbeispiel: Gezielte Rekrutierung älterer Mitarbeitender[395]

Auf die **Schweizerische Bundesbahnen (SBB)** kommt bis 2030 eine große Renteneintrittswelle zu. In den nächsten Jahren wird sich die Zahl der SBB-Mitarbeitenden über 58 Jahren verdoppeln. Infolge wird das Personal knapp und spezifisches Bahnfachwissen geht verloren. Gleichzeitig verändern sich die Vorstellungen bezüglich der Gestaltung des Berufs- und Privatlebens. Der Wunsch, die Arbeitszeit flexibler und individueller einteilen zu können, ist bei vielen Mitarbeitenden groß – Stichwort Teilzeitarbeit. Mitarbeitende sollen zudem mitentscheiden können, wann und wie sie in Rente gehen. Ob vorzeitig, schrittweise, regulär oder sogar später – Hauptsache gesund. Dies ist vor allem für jene Berufe elementar, die starken körperlichen Belastungen ausgesetzt sind. Ein Lebensarbeitszeitmodell und drei Renteneintrittsmodelle tragen seither bei der SBB zur Flexibilisierung der Lebensarbeitszeit und des Altersrücktritts bei.

- Das **Lebensarbeitszeitmodell Flexa** steht grundsätzlich allen Mitarbeitenden offen. Es bietet die Möglichkeit, Zeit- und Geldelemente auf einem individuellen Zeitkonto anzusparen und später in Form eines Langzeiturlaubs oder einer Beschäftigungsgradreduktion wieder zu beziehen.
- Mit dem **Renteneintrittsmodell Activa** wird die Rentenaltersgrenze von 65 Jahren aufgeweicht und zugleich die Vorteile des gleitenden Übergangs in den Ruhestand genutzt. Mitarbeitende können ab dem 60. Lebensjahr Teilzeit und zum Ausgleich bis drei Jahre länger als das reguläre Renteneintrittsalter arbeiten. Das Rentenniveau variiert dabei abhängig von der individuellen Ausgestaltung des Modells.
- Für besonders belastete Berufsgruppen ermöglicht die SBB mit zwei Modellen – **Valida** und **Priora** – einen finanziell abgefederten, vorzeitigen Renteneintritt. Der leitende Gedanke dabei ist, dass anstelle von kostspieligen, individuellen, erkrankungsbedingten Invalidisierungen und Fehltagen, der vorzeitige gesunde Übergang in die Rente gefördert wird.

Valida steht Mitarbeitenden offen, die in besonders belasteten Berufsgruppen **und** auf niedrigem Lohnniveau arbeiten. Dies betrifft rund 4300 Mitarbeitende, die ab 60 Jahren vorzeitig ganz oder teilweise in den Vorruhestand treten. Es wird durch Beiträge der SBB (2,5% des Lohns) und der Mitarbeitenden der definierten Berufsgruppen (1% des Lohns) finanziert. Die Mitarbeitenden erhalten eine Lohnersatzleistung in Höhe von bis zu 65% des entgangenen Bruttolohnes. Zusätzlich werden weiterhin die Pensionskassenbeiträge übernommen. Ein voller Vorruhestand mit 65% Valida-Lohnersatz kann maximal zwei volle Jahre bezogen werden. Die Maximalleistung kann jedoch durch teilweisen Vorruhestand auf länger als zwei Jahre verteilt werden. Die Höhe der Altersrente bleibt dabei gleich

395 Vgl. Mahler, 2018/2021.

hoch, als wenn bis zum angestrebten Renteneintrittszeitpunkt weitergearbeitet worden wäre.

Das Modell **Priora** ermöglicht rund 11 500 Mitarbeitenden in Berufskategorien mit hohen Belastungen **oder** tiefem Lohnniveau vorzeitig ganz oder teilweise in die Rente zu gehen. Der Unterschied zu einer regulären vorzeitigen Verrentung liegt in der Höhe der Finanzierung der Überbrückungsrente durch die SBB. Diese wird bei Priora ab drei Jahre vor dem ordentlichen Renteneintrittsalter zu 80 % von der SBB übernommen.

So verschieden die 150 Berufsbilder bei der SBB sind, so unterschiedlich sind auch die jeweiligen Bedürfnisse und Anforderungen der Mitarbeitenden. Mit den vier Zukunftsmodellen, welche im Jahr 2015 eingeführt wurden, kommt die SBB diesen verschiedenen Anliegen entgegen und übernimmt damit eine Vorreiterrolle.

Die Mitarbeitenden schätzen die Möglichkeit der Zukunftsmodelle Valida und Priora. Zwischen 2016 und 2020 befanden sich zwischen 41 und 46 % aller berechtigten Mitarbeitenden im Alter von 60 – 65 Jahren in einem vollen oder teilweisen Vorruhestand mit Valida. Auch Priora wird rege genutzt. Mitarbeitende dieser Berufsgruppen wählten seit dem Jahr 2016 in 80 bis 84 % aller Neurenten eine vorzeitige Rente mit Priora.

Zu Activa gibt es nebst einer Handvoll effektiver Bezügerinnen und Bezüger regelmäßige Beratungsanfragen. Die SBB ist aktuell bestrebt, die individuellen Motive zur Nutzung von Activa umfassender zu verstehen, um das Modell in Zukunft attraktiver zu gestalten.

7.2.2 Generationenmanagement für Millennials und Generation Z

Generationenmanagement-Ansätze für die jüngeren Generationen werden oft aus der Perspektive des *war for talents* diskutiert. Sie bringen v. a. im Bereich neuer Technologien häufig mehr Kompetenzen mit als ältere Generationen. Spezifisch für sie ist aber auch eine hohe Wertorientierung gegenüber Kollegen und dem Team bei gleichzeitig geringerer Bindung an das Unternehmen.

Das Denken der jüngeren Generationen am Arbeitsplatz ist durch die kürzere Taktung der Social-Media-Kommunikation geprägt. Feedback und Entwicklung unterliegen kürzeren Zyklen, Kommunikation und Erfolge müssen unmittelbarer und regelmäßig möglich sein. Zur Gestaltung des HR-Managements wird empfohlen, das digital unterstützte HRM (eHRM) auszubauen, v. a. im Recruiting und Talentmanagement.[396]

Welche Erwartungen haben Millennials an den Arbeitgeber und welche Generationsmanagement-Ansätze eignen sich, um diesen Erwartungen gerecht zu werden?

Bei einer weltweiten Studie wurden knapp 23.000 Young Professionals weltweit befragt. Je knapp 15.000 Vertreter der Generation Z und 8400 Millennials gaben Einblicke in verschiedene Bereiche. V. a. die folgenden Themen sind relevant für das Generationenmanagement dieser beiden Generationen:[397]:

Arbeit und Karriere:

- Etwa ein Drittel fühlt sich finanziell unsicher, Finanzen sind die größten Sorgen.
- 56 % aus den Reihen der Generation Z und 55 % der Millennials leben von Lohnauszahlung zu Lohnauszahlung; 54 % der Vertreter der Generation Z und 40 % der Millennials erwarten, dass sich die finanzielle Situation im nächsten Jahr verbessert.
- Fast 90 % geben an, dass der Zweck der Arbeit für die Zufriedenheit und das Wohlbefinden entscheidend ist. 50 % der Befragten aus der Generation Z und 43 % der Millennials haben bereits Arbeitsaufgaben abgelehnt, die nicht mit ihren ethischen Überzeugungen übereinstimmten.

Erwartungen an die Arbeitgeber:

- Work-Life-Balance bleibt die höchste Priorität bei der Wahl eines Arbeitgebers. 31 % der Mitarbeitenden der Generation Z und 30 % der Millennials in Deutschland sind mit ihrer Work-Life-Balance sehr zufrieden. Rund ein Drittel derjenigen, die sich regelmäßig gestresst fühlen, geben an, dass ihre Arbeit und Work-Life-Balance wesentlich zu ihrem Stress beitragen.
- 62 % der Vertreter der Generation Z und 59 % der Millennials berichten, dass sie sich wegen des Klimawandels Sorgen machen, und erwarten von ihren Arbeitgebern aktive Maßnahmen. 54 % aus den Reihen der Generation Z und 48 % aus denen der Millennials setzen sich aktiv in ihren Unternehmen für Klimaschutzmaßnahmen ein.
- Viele junge Erwachsene schätzen flexible Arbeitszeiten und die Möglichkeit, von zu Hause aus zu arbeiten.

Technologische Anpassung:

- 59 % der Befragten aus der Generation Z und 52 % der Millennials glauben, dass die zunehmende Verbreitung von generativer KI sie dazu bringen wird, nach Jobs

396 Vgl. Laumer, Eckhardt & Weitzel, 2010.
397 Deloitte, 2024.

zu suchen, die weniger anfällig für Automatisierung sind. Sie haben eine Jobunsicherheit wegen Automatisierungen.

- Mitarbeitende der Generation Z und Millennials, die regelmäßig mit generativer KI arbeiten, haben tendenziell mehr Vertrauen und anerkennen positive Aspekte wie Zeitersparnis und Verbesserungen ihrer Arbeit. Jedoch bestehen auch Bedenken, dass generative KI Jobs eliminieren und den Berufseinstieg erschweren könnte.
- Nur etwa die Hälfte der Befragten gibt an, dass ihre Arbeitgeber ausreichend Schulungen zu generativer KI anbieten und über ihre Fähigkeiten und Vorteile informieren.

Millennials werden – zusammen mit der Generation Z – als (potenzielle) Mitarbeiter umworben. Sie selbst sehen die Arbeit als eine Abfolge von Projekten, Aufgaben, Präsentationen etc. für eine Organisation. Sie erwarten vom Arbeitgeber eine hohe Mitarbeiterorientierung im Sinne einer professionellen Betreuung. Schwächen im Onboarding-Prozess legen bereits den Grundstock für eine mangelnde Bindung ans Unternehmen. Es empfiehlt sich, geeignete HR-Praktiken zu bündeln, zu kombinieren und zu spezifizieren.

Wichtig

Folgende Konkretisierungen von HR-Praktiken eignen sich für Millennials:[398]

Employer Branding und Rekrutierung

- Arbeitgeberpositionierung mit attraktiven Anstellungsbedingungen, flexibler Arbeitsgestaltung und klaren Aussagen zu Vielfalt und Vorteile für Young Professionals.
- Employer Branding mit ansprechenden Botschaften, Bildkonzept, in attraktiven Social-Media-Kanälen, mit interaktiven Medien.
- Aktive Nutzung von Social Media und innovativen digitalen Rekrutierungstools.

Performance-Management

- Realistische Absprachen und für Millennials geeignete Ansprachen bei der Rekrutierung.
- Regelmäßige Diskussionen über aktuelle Leistung, ideale Leistung, Stärken und Handlungsfelder, kurzfristige Feedback-Loops.
- Die Schaffung einer Kultur, die hohe Leistung fördert und belohnt und gegen schwache bis mittelmäßige Leistung Maßnahmen ergreift, erhöht die Bindung.
- Schaffung finanzieller Sicherheit bei entsprechender Leistung.

Talentmanagement und Mitarbeiterentwicklung

- Systematisierung von Talentidentifikation und Nachfolgeplanung.
- Intensive Förderung interner Karrieren.
- Aufbau mehrerer Personen pro Schlüsselposition und für die Nachfolgeplanungen (mind. 3 – 4).
- Weiterbildungen zu aktuellen technologischen Entwicklungen wie der generativen KI.

398 Vgl. Ursprünglich Thoma, 2011; eigene Erweiterung und Aktualisierung, 2024.

- Digitale Weiterbildungsangebote, aktive Nutzung von Social Media und innovativen digitalen Rekrutierungstools.

Führung und Arbeitsumfeld

- Führungspersonen verstehen und definieren die Bedeutung von Performance-Management und Talentmanagement.
- Beitrag der Mitarbeitenden zum Unternehmenserfolg aufzeigen.
- Unternehmensbeitrag zum Klimawandel sicherstellen und kommunizieren
- Fairer Umgang und Empowerment der Mitarbeitenden. Inklusive Kultur fördern und leben.
- Moderne digitale Technologie und Infrastruktur zur Verfügung stellen.
- Gute Work-Life-Balance ermöglichen.
- Flexibilität in Arbeitsort (z. B. Homeoffice, mobiles Arbeiten, Workation) und Arbeitszeit (vielfältige Arbeitszeitmodelle, evtl. innovative Modelle wie 4-Tage-Woche etc.) anbieten.

Organisation, Unternehmenskultur und Teamwork

- Teamarbeit und gutes Klima ermöglichen.
- Aufbau von Hochleistungsteams.
- Freiwilliges soziales Engagement (als Teil der unternehmerischen Tätigkeit) fördern.
- Gesellschaftlichen Anspruch an Vielfalt und Inklusion aktiv in Unternehmen fördern.

In den vergangenen Jahren ist die Generation Z in der Arbeitswelt angekommen. Nachdem sich die Unternehmen zunehmend auf die Generation Y eingestellt haben und Anstellungs- sowie auch Arbeitsbedingungen unter die Lupe genommen und teilweise Anpassungen vorgenommen haben, zeichnet sich ab, dass die Generation Z mit eigenen Erwartungen und Wertevorstellungen in die Arbeitswelt eintritt. So sind viele Vertreter dieser Generation familien- und freizeitorientierter als Vertreter ihrer Vorgängergeneration, den Millennials. Das Privatleben steht im Vordergrund der Lebensplanung, sodass Arbeit abzugrenzen ist und bisher verlockende Anreize wie Führungsverantwortung und flexible Arbeitszeiten in den Hintergrund treten oder sogar als hinderlich für die Erfüllung der Lebensplanung wahrgenommen werden. Das Attraktivitätsniveau von Unternehmen wird aus Sicht der Generation Z durch das Setzen klarer Rahmenparameter in Bezug auf die Anstellungsbedingungen (z. B. geregelte Arbeitszeiten) durchaus gesteigert, mit voraussichtlich positivem Effekt auf die Arbeitgeberattraktivität des öffentlichen Dienstes/der Verwaltung.[399]

Wenngleich man allgemein Unterschiede in den Präferenzen im Vergleich zu den Vorgängergenerationen feststellen kann, wirkt die Generation Z sehr heterogen in ihren Wünschen, Präferenzen und Lebensvorstellungen.[400] Aus Sicht der Arbeitgeber bedeutet dies, dass eine stärker individualisierte Ausrichtung des Rekrutierungsprozesses

399 Vgl. Scholz, 2018.
400 Vgl. Ernst & Young, 2020.

und – sofern möglich – der Anstellungs- und Arbeitsbedingungen im Unternehmen einen Vorteil bei der Rekrutierung und Bindung von (potenziellen) Mitarbeitenden im *war for talents* mit sich bringen kann. Zudem punkten Unternehmen bei Vertretern der Generation Z mit Transparenz über Motivation und Zielsetzung des Unternehmens. Die Glaubwürdigkeit und das Vertrauen in den Arbeitgeber sind daher zentral für die Mitarbeitergewinnung.

Die folgenden sechs Themenfelder wurden im Rahmen einer Studie als Anforderungen der Generation Z an eine gute Arbeitsumgebung und wünschenswerte Unternehmenskultur identifiziert und sollten neuen Mitarbeitenden der Generation Z so früh wie möglich aufgezeigt werden, idealerweise bereits im Rahmen der Einführungsphase:[401]

- Schaffung eines klaren Verständnisses über die Werte, Visionen und strategischen Ziele des Unternehmens und Transparenz über die Gesamtzusammenhänge im Unternehmen (Sinnhaftigkeit und Bedeutsamkeit des eigenen Beitrags),
- Sicherstellung einer persönlichen Verbindung zu den Führungskräften und innerhalb des Teams (Teamkultur),
- Work-Life-Balance im Sinne einer klaren Abgrenzung von privater und beruflicher Zeit bei gleichzeitiger Flexibilität des Arbeitsortes (Arbeitskultur).
- Leistungsrückmeldungen im Rahmen eines kontinuierlichen Dialogs und unmittelbar situationsbezogen (Leistungs- und Kommunikationskultur),
- Ermöglichung von (selbstgesteuertem) Lernen (Lernkultur).

Praxisbeispiel: Hochschulkooperationen zur Gewinnung von Nachwuchstalenten[402]

IWC Schaffhausen, gegründet 1868, ist eine führende Schweizer Luxusuhrenmanufaktur mit Hauptsitz in Schaffhausen (CH). Das als »Great Place to Work« ausgezeichnete Unternehmen verfügt über ein globales Vertriebsnetz und beschäftigt weltweit rund 1500 Mitarbeitende.

Auch in der Luxusbranche wird die Rekrutierung von Top-Nachwuchskräften zunehmend kompetitiver. Neben den neuen Herausforderungen, die sich aus dem Fachkräftemangel und den damit verbundenen höheren Ansprüchen der Kandidatinnen und Kandidaten ergeben, bleibt die Tatsache bestehen, dass sich aus den üblichen Bewerbungsgesprächen nur bedingt Rückschlüsse auf die Eignung einer Person für eine bestimmte Funktion ziehen lassen. Vor diesem Hintergrund hat IWC Schaffhausen vor zwei Jahren neue Wege in der Talentgewinnung be-

401 Vgl. Chillakuri, 2020.
402 Bettinger, 2024.

schritten und ist zwei strategische Partnerschaften mit einer Hochschule und einem Hochschulnetzwerk eingegangen.

Ziel dieser wegweisenden Kooperationen ist es, talentierte Studierende zu identifizieren, zu fördern und zu entwickeln. Dies geschieht durch die Bearbeitung konkreter Beratungsprojekte, in denen die Studierenden innovative Lösungsansätze für reale Geschäftsanforderungen entwickeln. Dieser Ansatz bietet den Studierenden nicht nur einen praxisnahen Einblick in die Unternehmenswelt, sondern ermöglicht es ihnen auch, ihre akademischen Fähigkeiten in einem realen Geschäftsumfeld anzuwenden.

Für IWC Schaffhausen bietet diese Zusammenarbeit den Vorteil, Talente in der Praxis zu erleben und deren Fähigkeiten und Potenziale besser einschätzen zu können als in herkömmlichen Bewerbungsgesprächen. Die direkte Mitwirkung an anspruchsvollen Projekten ermöglicht es, die Eignung der Studierenden für mögliche zukünftige Positionen realistisch einzuschätzen und vielversprechende Talente frühzeitig zu identifizieren.

Im Rahmen dieser Kooperation werden die Studierenden durch die Hochschule/das Netzwerk und erfahrene Mitarbeiterinnen und Mitarbeiter des Unternehmens begleitet und gecoacht. Diese individuelle Betreuung gewährleistet nicht nur einen erfolgreichen Projektverlauf, sondern fördert auch den Wissensaustausch und die Entwicklung branchenspezifischer Kompetenzen. IWC Schaffhausen und ihre Kooperationspartner erhoffen sich daraus, die Lücke zwischen akademischer Ausbildung und unternehmerischer Praxis zu schließen, um die nächste Generation von Fachkräften optimal auf die Herausforderungen der modernen Wirtschaft vorzubereiten. Die Ergebnisse dieser Partnerschaft sind bereits vielversprechend. Die Studierenden haben mit innovativen Ideen und einem frischen Blick auf bestehende Probleme neue Lösungsansätze für unterschiedlichste Problemstellungen und verschiedene Unternehmensbereiche entwickelt. Ihr Beitrag trägt nicht nur zur Optimierung der Geschäftsprozesse bei IWC Schaffhausen bei, sondern schafft auch Raum für neue Geschäftsideen und Innovationen.

Zusammengefasst trägt Partnerschaft nicht nur zur Entwicklung der Studierenden bei, sondern ermöglicht IWC Schaffhausen den Zugang zu Nachwuchskräften, bereichert die Innovationskraft und steigert die Wettbewerbsfähigkeit. Weitere spannende Projekte sind für die Zukunft geplant. Eine Win-win-Situation.

7.3 Ausgewählte Handlungsfelder im Generationenmanagement

Für das Generationenmanagement steht eine Vielzahl an Handlungsfeldern zur Verfügung. Je nach Kompetenzen, Präferenzen und Bedürfnissen der verschiedenen Generationen werden diese generationsgerecht ausgestaltet. Sie fokussieren entweder auf eine spezifische Altersgruppe oder auf generationenübergreifendes Arbeiten.

7.3.1 Personalpolitik und Altersstrukturanalysen

In der generationengerechten Führung sind die Beachtung von Spezifika unterschiedlicher Generationen und zugleich ein verstärktes Miteinander der Generationen entscheidend. In der Praxis wird der respektvolle Umgang mit den Stärken und Entwicklungsfeldern der verschiedenen Generationen benötigt sowie eine kritische Auseinandersetzung mit Altersstereotypen. Grundlagen hierfür werden in der Personalpolitik festgelegt und die Zielrichtung in der strategischen Führung definiert. Für die strategische Beurteilung der Ausgangssituation im Unternehmen, bzw. in Unternehmensbereichen empfiehlt sich eine differenzierte Analyse zur demografischen Fitness. Hierfür stehen zwischenzeitlich diverse Hilfsmittel und Kennzahlen zur Verfügung.[403] Hilfreiche Instrumente, um einschlägige Kennzahlen abzubilden, sind Altersstrukturerhebungen und -berichte bzw. Demografieberichte.

7.3.1.1 Generationenvielfalt in der Personalpolitik

Generationenvielfalt in der Personalpolitik begreift die Vielfalt der Generationen als Chance. Dabei gibt es verschiedene Perspektiven für die Abstimmung der Personalpolitik auf die strategische Ausrichtung des Unternehmens.

Personalpolitik im Diskriminierungs- und Fairness-Ansatz

Die Personalpolitik wird so formuliert, dass sich idealerweise die Realitäten der demografischen Entwicklung der Bevölkerung auch in der Belegschaft im Unternehmen widerspiegeln und die unterschiedlichen Mitarbeitergruppen diskriminierungsfrei und fair behandelt werden. Im Fokus der Argumentation stehen oftmals normative Begründungen. Altersselektive Aspekte der Personalpolitik, wie z. B. eine bewusste Bevorzugung jüngerer Mitarbeiterinnen und Mitarbeiter bei der Rekrutierung oder der Teilnahme an Weiterbildungen, entfallen.

403 Diverse Arbeitsinstrumente finden sich bei Zölch, Mücke, Graf & Schilling, 2021.

Definition: Diskriminierungs- und Fairness-Ansatz

Der bewusste Umgang mit Verschiedenartigkeit trägt dazu bei, unterschiedliche Mitarbeiterinnen und Mitarbeiter (mit Blick auf Alter, Geschlecht, Rasse, Bildung etc.) gleichberechtigt im Unternehmen zu integrieren.[404]

Wettbewerbsvorteile durch Generationenvielfalt in der Personalpolitik
Eine altersgemischte Personalstruktur kann Wettbewerbsvorteile erzielen und die Grundlage für Innovation und Entwicklung für das Unternehmen bilden.[405] Diese strategische Positionierung kann aus verschiedenen Perspektiven erreicht werden. Sie wird durch eine Personalpolitik unterstützt, die die gemeinsame Führung von Generationen forciert und den Business Case einer Altersvielfalt für die Organisation in den Vordergrund stellt.

Definition: (Markt-)Zutritts- und Legitimitätsansatz

Eine heterogene Mischung der Belegschaft ist erfolgreicher bei der Bearbeitung heterogener Märkte als eine homogene Belegschaft.

Integrativer Ansatz: Durch eine nachhaltige Integration verschiedener Generationen – ohne Egalisierung der bestehenden Unterschiede – werden intergenerative Lerneffekte erzielt und das Unternehmen profitiert auf vielfältige Weise.[406]

Wird etwa beachtet, dass Unternehmen sich zunehmend um ältere Kunden bemühen (z. B. durch Einsatz von Babyboomer in der Werbung), werden beim Zutritts- und Legitimitätsansatz unterschiedliche Generationen für die Bearbeitung unterschiedlicher Märkte eingesetzt. Die Altersstruktur der Mitarbeitenden spiegelt dann die Altersstruktur der anvisierten Käuferschicht.

Um eine strategisch fundierte Personalpolitik zu formulieren, hilft die Diskussion und Klärung folgender Fragen zur demografiegerechten Personalstrategie:

- Welche Altersstruktur haben unsere Kunden? Wie verändert sich diese?
- Gibt es eine Veränderung der Nachfrage nach Produkten oder Dienstleistungen aus einem Kundensegment mit spezifischer Altersstruktur?
- Verändern sich unsere Kundenbedürfnisse in Beratung oder auch Nutzung des Produktes?
- Können wir Wettbewerbsvorteile erzielen, wenn wir über eine bestimmte Altersstruktur bestimmte Kundensegmente ansprechen?

---

404 Vgl: Böhne & Wagner, 2002, S. 35.
405 Vgl. auch Johnson, Parnell & Lian, 2018.
406 Vgl. ebenda, S. 36 – 37.

- Haben wir genügend Mitarbeitende in dieser Alterskategorie?
- Worauf müssen wir bei Neueinstellungen achten?
- Haben alle Altersgruppen einen gleichen und fairen Zugang zu den verfügbaren Ressourcen und Arbeitsformen?
- Welche personalpolitische Position wird im Unternehmen verfolgt?

Die Personalpolitik wird so formuliert, dass die Potenziale und ihre strategische Bedeutung der Generationen ebenso zum Ausdruck kommen, wie die Chancen durch eine echte Integration der Generationen. Dies entspricht auch dem Vorgehen der oben skizzierten HR-Praktiken, die dieser Vielfalt der Generationen gerecht werden.

Altersvielfalt in der Personalpolitik erweitert die Perspektive der Mitarbeitenden und der Organisation. Die Differenzierung für verschiedene Personengruppen und die Integration von Vielfalt halten sich dabei die Balance. Ein solches Vorgehen steht für die Wahrnehmung gesellschaftlicher Verantwortung durch das Unternehmen, gleichzeitig sind positive ökonomische Effekte zu erwarten.

7.3.1.2 Altersstrukturanalysen

Altersstrukturanalysen als Grundlage für Führungsentscheidungen
Altersstrukturanalysen ermöglichen eine differenzierte Betrachtung der Demografie im Unternehmen. Gesamtgesellschaftlich ist eine demografische Zusammensetzung in den einzelnen Unternehmen parallel zu den Erwerbspersonen sinnvoll, damit die Chancen am Arbeitsmarkt für alle Generationen intakt sind. In der Organisation ist eine Altersvielfalt aus diversen Gründen nützlich und sinnvoll (vgl. Kapitel 2.1.1). Es gibt Branchen oder Unternehmen, die aufgrund ihrer strategischen Positionierung gezielt auf eine jugendzentrierte oder alterszentrierte Altersstruktur setzen.

- Bei einer **jugendzentrierten Altersstruktur** würde die Mehrzahl der Mitarbeitenden im Altersbereich der Millennials und Generation Z liegen und die Babyboomer stellten die Minderheit. Das Risiko dabei besteht z. B. im Karrierestau – da alle gleichzeitig Karriere machen möchten – verbunden mit der Gefahr, dann qualifizierte und aufstiegsorientierte Mitarbeitende zu verlieren. Für die wenigen älteren Mitarbeitenden fehlt es oftmals an Wertschätzung und Perspektive, was zu Motivations- und Leistungsrückgang führen kann. Eine jugendzentrierte Altersstruktur kann strategisch sinnvoll sein, z. B. wenn es um die Herausgabe einer Jugendzeitschrift geht.
- Bei einer **alterszentrierten Altersstruktur** wäre die Mehrheit der Mitarbeitenden in der Generation X und Babyboomer, Millennials und Generation Z wären in der Minderheit. Eine solche Altersstruktur birgt die Gefahr, dass in absehbarer Zeit ein immenser Know-how-Verlust droht, bei der hohen Anzahl an Rekrutierungen in kurzem Zeitraum Engpässe entstehen können und der Wissenstransfer nur

schwer sichergestellt werden kann. Eine alterszentrierte Altersstruktur kann strategisch sinnvoll sein, wenn z. B. gezielt Produkte und Dienstleistungen für Seniorinnen und Senioren vertrieben werden.

- Weist ein Unternehmen eine **komprimierte Altersstruktur** auf, ist die Generation X am stärksten vertreten und stellt die Mehrheit der Belegschaft. Dies kommt dann vor, wenn etwa vermehrt Frühretenteneintritt vorgenommen wurde, wenig Ausbildung betrieben wird und allgemein kaum Berufsanfänger oder Angehörige der Generation Z und Millennials eingestellt werden. Auch hier besteht das Problem der »Massenpensionierung«, zeitlich lediglich etwas später als bei der alterszentrierten Altersstruktur.

Allgemein gesehen hat eine **gemischte (heterogene) Altersstruktur** verschiedene Vorteile: Es können Wettbewerbsvorteile erzielt werden, eine gesellschaftliche Verantwortung übernommen werden (Fairnessansatz) oder auch Konflikte um Karriere-Engpässe oder Ähnliches vermieden werden (vgl. Kapitel 2). Es gibt kein Patentrezept für die Zusammensetzung der Altersstruktur. Sie muss für jedes Unternehmen in Abhängigkeit von dessen strategischer Positionierung, der Unternehmensgröße, dem Arbeitsmarkt u. a. individuell definiert und im operativen Geschäft kontinuierlich in diese Richtung entwickelt werden. Es empfiehlt sich aber, die unternehmensspezifische Altersstruktur zu kennen und regelmäßig hierzu Demografieberichte zu erstellen. Damit werden Chancen und Risiken erkennbar, die sich aus der HR-Demografie ableiten und es können rechtzeitig Maßnahmen eingeleitet werden, z. B. um verschiedene Generationen zu binden oder zu gewinnen.

Eine altersgemischte Belegschaft macht ein Unternehmen gegenüber Personalrisiken – wie Renteneintrittswellen und damit verbundenem hohem Recruitingbedarf und Know-how-Verlust – robust. Für eine altersgemischte Altersstruktur oder HR-Demografie gibt es unterschiedliche Empfehlungen, z. B. ein Mix von Generation Z, Millennials, Generation X und Babyboomern oder auch die repräsentative Zusammensetzung gemäß der Verteilung dieser Altersgruppen in der Gesellschaft.[407]

Für die Durchführung einer Altersstrukturanalyse und die Bestimmung des weiteren Vorgehens empfehlen wir folgendes Verfahren mit Entscheidungsträgern und Fachexperten aus Linien- und HR-Funktionen:[408]

1. **Vorbereitungsphase:** Verantwortliche benennen, Arbeitsschritte planen, Zeitplanung machen, ggf. Betriebs- oder Personalrat integrieren.
2. **Informationsphase:** Orientierung über die demografischen Entwicklungen und Auswirkungen im Arbeitsmarkt, Informationen über die geplante Altersstrukturanalyse und allfällige Folgeaktivitäten.

407 Vgl. hierzu auch Brandenburg & Doschke, 2007.
408 In Anlehnung Brandenburg & Domschke, 2007.

3. **Analysephase:** Durchführung einer Altersstrukturanalyse, Informationen zu betrieblichen Rahmenbedingungen.
4. **Auswertungsphase:** Aufbereitung der Ergebnisse, Entwicklung von Szenarien, Diskussion von Aussagekraft und Bedeutung, Definition von Handlungsbedarf.
5. **Maßnahmenplanung:** Identifikation und Planung von Gesamtmaßnahmenpaket und Einzelmaßnahmen (Ziele, Teilschritte, Aktionen, Erfolgskontrolle).

Altersstrukturanalysen erstellen

Die Erstellung einer Altersstrukturanalyse erfolgt in der Regel in zwei Schritten. Zunächst wird die aktuelle Altersstruktur dokumentiert (IST-Analyse), danach können Prognosen zur zukünftigen Entwicklung der Altersstruktur aufgestellt werden.[409]

Eine **einfache IST-Analyse** zur Bestimmung der Altersstruktur im Unternehmen beinhaltet:

- die Altersstruktur nach Geburtsjahrgängen und Geschlecht,
- die Zusammenfassung individueller Altersgruppen zu Altersklassen (z. B. in Fünfjahreskategorien),
- die Auflistung der prozentualen Häufigkeiten der vertretenen Altersgruppen im Unternehmen.

Eine **erweiterte IST-Analyse** enthält darüber hinaus spezifischere Informationen:

- Berufs- (z. B. Elektriker, Mechatroniker) oder Funktionsgruppen (z. B. Marketing, Produktion),
- Abteilungen,
- Funktionsstufen (Lohnklasse X–Y),
- Unternehmensstandorte,
- Qualifikationsniveau (ungelernt/angelernt, mit abgeschlossener Berufsausbildung, Hochschulabschluss etc.),
- Differenzierung nach Geschlecht,
- Aufschlüsselung nach Beschäftigungsgrad,
- Informationen zu Auszubildenden und Praktikantinnen,
- Informationen zu Altersteilzeit, flexiblem Altersrücktritt, Beschäftigung über das Renteneintrittsalter hinaus.

Spezifische Altersstrukturanalysen können – je nach Bedarf – um weitere Angaben ergänzt werden, die sich auf das Weiterbildungsverhalten, betriebliche Einsatzbereiche, Entwicklungspotenzial, Dauer der Betriebszugehörigkeit u. a. beziehen. Diese können in HR Demografieberichten unternehmensintern für die Diskussion und Ableitung von Maßnahmen verfügbar gemacht werden.

409 Vgl. Mücke, 2009; Brandenburg & Domschke, 2007; Bruch, Kunze & Böhm, 2010.

Die **projektierte Altersstrukturanalyse** antizipiert künftige Entwicklungen. Dazu wird die gegenwärtige Altersstruktur in die Zukunft hinein fortgeschrieben. Entwicklungen wie Renteneintrittsalter, Fluktuation, Veränderung der Ausbildungsquote oder gesetzliche Veränderungen (z. B. Anpassung des Rentenalters, Veränderung der Vorruhestandsregelungen), der Aufbau neuer Geschäftsbereiche und der damit verbundene Personalbedarf werden simuliert.

Beispiel: Stadt Zürich – Altersstrukturanalyse und Demografie-Cockpit

In der Stadt Zürich wird in regelmäßigen Abständen der Demografiebericht aktualisiert, und u. a. für die Erarbeitung von Grundlagen sowie Maßnahmen im Generationenmanagement genutzt.

Im Jahr 2022 wurde bereits der vierte Bericht zur städtischen Demografie mit Schwerpunkt Altersstruktur verfasst. Der Bericht enthält Kennzahlen, wie beispielsweise das Durchschnittsalter und das durchschnittliche Dienstalter innerhalb der gesamten Stadtverwaltung sowie in den einzelnen Departementen. Zusätzlich wurden im dritten und vierten Bericht weitere demografische Kennzahlen zu allen Altersgruppen erhoben, um die Demografie der Stadtverwaltung Zürich besser zu erfassen und geeignete Maßnahmen abzuleiten. Auch Daten zur Anzahl der Lernenden sowie Praktikantinnen und Praktikanten, zum Verhältnis der Vollzeit- und Teilzeitarbeit sowie zum Pensionierungsverhalten respektive Ruhestandsverhalten sind Bestandteil des Berichts.

Die Altersstrukturanalyse ergab, dass das Durchschnittsalter im Jahr 2024 bei 44,5 Jahren lag, was verglichen mit demjenigen der schweizerischen Erwerbsbevölkerung (42,2 Jahre) relativ hoch ist (Bundesamt für Statistik, 2023).

Über die ganze Stadtverwaltung hinweg war die Altersgruppe der 57-Jährigen sowohl bei den Frauen als auch bei den Männern im März 2024 am stärksten vertreten. Es hat sich gezeigt, dass der Anteil der Teilzeitangestellten in den letzten Jahren gestiegen ist. Beinahe 53 % der städtischen Mitarbeitenden hatten 2024 eine Teilzeitanstellung, was zumindest teilweise auf eine steigende Akzeptanz sowie eine bessere Umsetzbarkeit alternativer Arbeitszeitmodelle innerhalb der Stadtverwaltung schließen lässt.

Bei den Young Professionals, d. h. der Generationen Y und Z, hat die Stadt Zürich in den letzten Jahren eine Zunahme der Anzahl beschäftigten Lernenden sowie Praktikantinnen und Praktikanten verzeichnet. Bei den Babyboomern zeigt das Ruhestandsverhalten, dass sich seit der letzten Erhebung einige Mitarbeitende vor dem ordentlichen Renteneintrittsalter pensionieren ließen, sich aber auch die Tendenz abzeichnet, dass einige Mitarbeitende über das 65. Altersjahr hinaus arbeiten.

Bezogen auf die unterschiedlichen Departemente zeigten sich hinsichtlich der Kennzahlen markante Unterschiede, die teilweise stark vom gesamtstädtischen Mittelwert abwichen. Dies lässt sich u. a. auf die große Branchenvielfalt zurückführen.

Ab dem Jahr 2024 stellt die Stadt Zürich die demografischen Kennzahlen in einem interaktiven Demografie-Cockpit zur Verfügung. Das Tool basiert auf Microsoft Power BI und ermöglicht den Zugang zu monatsaktuellen Daten.

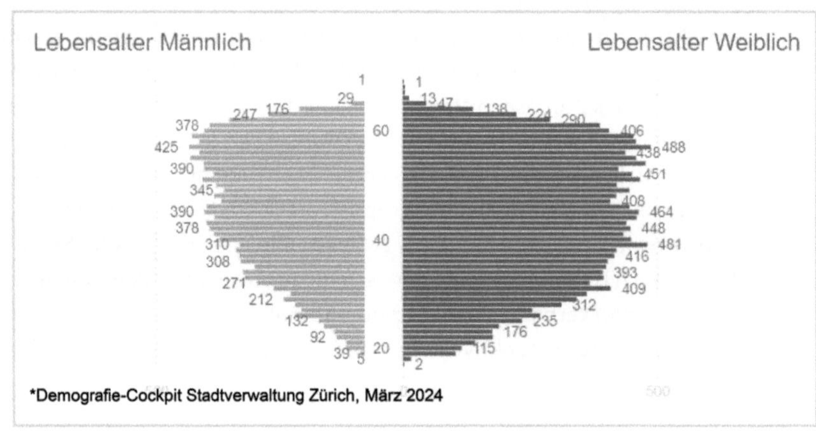

Abb. 7.5: Kennzahlen zur Demografie der Stadtverwaltung Zürich (aus Demografie-Cockpit Stadt Zürich; März 2024)

Die Durchführung der Altersstrukturanalyse liefert Daten und Prognosen und dient der Personalplanung. In der Personalplanung und im Generationenmanagement werden – auf der Basis der Altersstrukturanalysen – spezifische Projekte, HR-Programme, Bildungsangebote etc. umgesetzt. Ein beispielhafter Prozess der Personalplanung lässt sich der Abbildung 7.6 entnehmen.

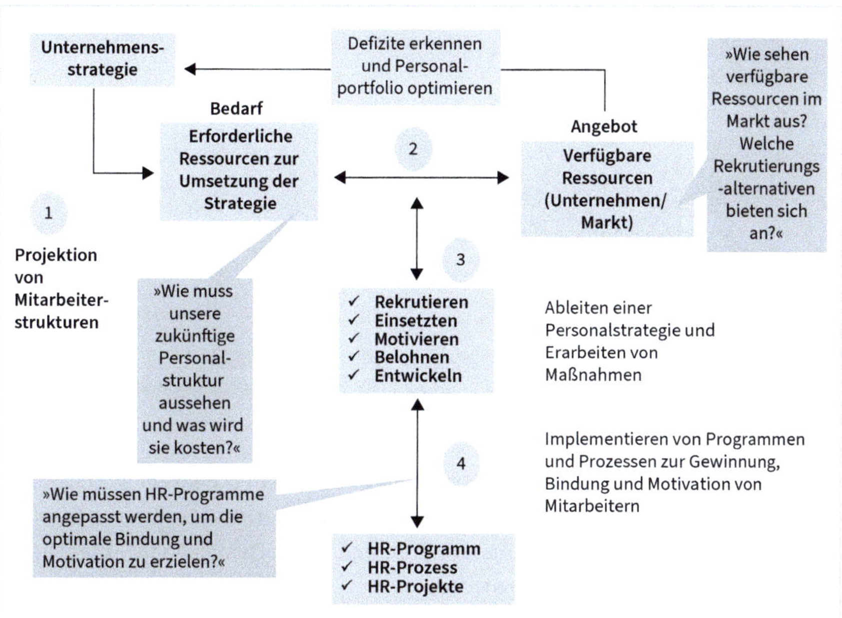

Abb. 7.6: Prozess der Personalplanung

Für den eigenen Führungsbereich eignet sich die folgende Arbeitshilfe 25 zur Analyse und Reflexion der Alterszusammensetzung und die damit verbundenen Auswirkungen.

Arbeitshilfe 25: Altersstrukturanalyse für Teams[410]

Diese Arbeitshilfe finden Sie zum Download unter Digitale Extras.

DIGITALE EXTRAS

Im Gegensatz zu den Altersstrukturanalysen, die sich für größere Organisationen eignen, kann diese Analyse auch für kleine Unternehmen oder einzelne Teams der Führungskraft eingesetzt werden und von Hand erfolgen. Die Struktur kann z. B. folgendermaßen visualisiert werden:

410 In Anlehnung an: Mücke, A., 2009.

Jede Mitarbeiterin und jeder Mitarbeiter wird auf diesem Schema eingetragen. Bei Bedarf kann mit verschiedenen Symbolen (Punkte, Dreiecke, Sternchen) eine Differenzierung weiterer Merkmale (z. B. Teilzeitarbeit, Qualifikation, Abteilung, Berufsgruppe) vorgenommen werden.

Diese »Alterslandkarte« wird im Nachhinein mit den folgenden Fragen reflektiert:

- Wie könnte man die derzeitige Altersstruktur beschreiben?
- Wie kommt diese Altersstruktur zustande (Gründe)?
- Worin liegen Vorteile und Nachteile dieser Struktur?
- Welche weiteren Merkmale (Geschlecht, Teilzeitarbeit etc.) sind relevant und warum?
- Wo positioniere ich mich selbst im Team (Nähe oder Distanz zum Team)?
- Gibt es Handlungsbedarf?
- Wie könnte die Entwicklung in den nächsten fünf bis zehn Jahren aussehen?

Durch Altersstrukturanalysen und HR-Demografieberichte können Unternehmen ihre demografische Aufteilung im Unternehmen sichtbar machen und frühzeitig erkennen, wie die Alterszusammensetzung in verschiedenen Funktionsstufen oder Bereichen aussieht.

Darüber hinaus kann der »demografische Fitness-Check« helfen, einen Überblick zu erhalten, ob Unternehmen auf die demografischen Veränderungen vorbereitet sind. Der »demografische Fitness-Check«, z. B. via Interviewleitfaden Age-R-Profiler erlaubt beispielsweise eine Einschätzung der Wahrnehmung von Stellenwert und Alter, strategischem Handlungsbedarf gegenüber diverser Generationen im Unternehmen, spezifischen Führungsanforderungen und -situationen sowie spezifischen Age-Management-Themen entlang des HR-Zyklus von der Rekrutierung bis zur Trennung.[411]

411 Age R Profiler u. a. Instrumente finden sich zum kostenfreien Download bei Zölch et al., 2021.

7.3.2 Mitarbeitergewinnung und -bindung

7.3.2.1 Mitarbeitergewinnung und Employer Branding

Die Rekrutierung neuer Mitarbeiterinnen und Mitarbeiter ist eine zentrale Führungsaufgabe, die zusammen mit dem HR-Management erfolgt. Bei der Personalbeschaffung steht im Zentrum, Mitarbeiterinnen und Mitarbeiter in hinreichender Anzahl (quantitativer Aspekt) mit den erforderlichen Kompetenzen und entsprechender Motivation (qualitativer Aspekt) anzusprechen und auszuwählen und bei der Auswahl alle Generationen zu berücksichtigen. Beeinflusst wird die Mitarbeitergewinnung von mehreren Faktoren, eine zentrale Einflussgröße ist der Arbeitsmarkt. Der demografische Wandel bringt eine wesentlich kleinere Anzahl in die Arbeitswelt eintretender Vertreter der Generation Z, Millennials und in Kürze Generation Alpha als ausscheidende Babyboomer mit sich. Viele Unternehmen haben in der Vergangenheit v. a. eine Präferenz für jüngere Mitarbeitende mit ersten Erfahrungen und weniger Interesse an älteren Bewerberinnen und Bewerber. Mit der stärkeren Verbreitung des Fachkräftemangels hat sich in wenigen Jahren diese Situation, zumindest in Branchen mit Mangel an qualifizierten Arbeitskräften, verändert. Die HR-Praktiken wurden dem Bedarf angepasst und Employer Branding, Personalmarketing, flexiblere Einstellungspraktiken gegenüber Berufseinsteigende oder ältere Mitarbeitende sind beobachtbar.

Ein weiterer Einfluss auf das Rekrutierungsverhalten hat das Alter der Führungspersonen, die die Neueinstellungen verantworten. Vorgesetzte neigen dazu, Einstellungsentscheidungen auf der Basis ihrer sozialen Zugehörigkeit zu einer Gruppe zu treffen. Oder anders formuliert: Führungspersonen stellen bevorzugt Mitarbeitende der eigenen Altersgruppe oder Generation ein. Dieser Effekt zieht sich aber nicht weiter, wenn es um die spätere Beurteilung von Leistung geht.[412]

Der *war for (young) talents* geht in Deutschland wie auch in der Schweiz von einem drohenden Fachkräftemangel aus. Die Rekrutierung von begehrten Millennials und Vertretern der Generation Z hat einen hohen Stellenwert, parallel geht es jedoch darum, attraktiver Arbeitgeber für die Generation X und die Babyboomer zu sein. Bei der Gewinnung und dem Erhalt von Mitarbeitenden ist neben dem Arbeitsmarkt auch die Arbeitgebermarke – das Employer Branding – von Bedeutung. Hat ein Unternehmen sich z. B. für eine alterssensitive Personalpolitik entschieden, geht es darum, das Generationenmanagement entsprechend auszugestalten. Nur wenn dies konsequent und konsistent erfolgt, kann eine starke Arbeitgebermarke im Bereich Generationengerechtigkeit mit entsprechender Wirkung im Arbeitsmarkt aufgebaut werden. Auch hier gilt: Die unterschiedlichen Maßnahmen im Employer Branding werden von den Generationen unterschiedlich wahrgenommen. Die externe und interne Kommunikation wird entsprechend gestaltet.

412 Vgl. Martinson, B., DeLeon, J.A. & Roberto, K.J., 2020.

Definition: Employer Branding

»Employer Branding ist die identitätsbasierte, intern wie extern wirksame Entwicklung und Positionierung eines Unternehmens als glaubwürdiger und attraktiver Arbeitgeber. Kern des Employer Brandings ist immer eine die Unternehmensmarke spezifizierende oder adaptierende Arbeitgebermarkenstrategie. Entwicklung, Umsetzung und Messung dieser Strategie zielen unmittelbar auf die nachhaltige Optimierung von Mitarbeitergewinnung, Mitarbeiterbindung, Leistungsbereitschaft und Unternehmenskultur sowie die Verbesserung des Unternehmensimages. Mittelbar steigert Employer Branding außerdem Geschäftsergebnis sowie Markenwert.«[413]

Beispiel: Stadt Zürich – Arbeitgeberversprechen und -auftritt

Der Stadt Zürich steht in einigen Berufen und Dienstabteilungen aufgrund ihrer Altersstruktur ein einschneidender demografischer Wandel bevor. Zudem berichten einige Dienstabteilungen in bestimmten Bereichen zunehmend von akutem Fachkräftemangel. Um als Arbeitgeberin Stadt Zürich bestehende und künftige Mitarbeitende aller Generationen anzusprechen, zu halten oder zu gewinnen, wurde mit Mitarbeitenden und Führungspersonen aus allen Dienstabteilungen herausgearbeitet, was die Arbeitgeberin Stadt Zürich ausmacht, wo ihre Besonderheiten und wo ihre Einzigartigkeiten liegen. Die daraus entstandenen Erkenntnisse wurden in einem Arbeitgeberversprechen verdichtet, das die folgenden Schwerpunkte aufgreift:

- Leistung erbringen, Wirkung erzielen,
- Zukunft gestalten, Perspektiven eröffnen,
- Lebensqualität schaffen, Sinn stiften,
- Offen sein für Neues, verlässlich bleiben,
- Wertschätzung leben, Mitarbeitende fördern,
- Vielfalt leben, Vorbild sein.

»Vielfalt leben«, ein Schwerpunkt des Arbeitgeberversprechens, umfasst auch die Vielfalt der Generationen. Das Arbeitgeberversprechen wurde mit einem spezifischen visuellen Auftritt kombiniert, der sich durch eine klare Orientierung an der Dachmarke Stadt Zürich auszeichnet und Botschaften, Farb- und Bildwelt konzeptionell verbindet.

In Workshops mit HR-Fachpersonen, Kommunikationsverantwortlichen, Lernenden und Hochschulpraktikant/innen wurden die Botschaften des Arbeitgeberver-

413 DEBA, 2006.

sprechens mit konkreten Maßnahmen, Anstellungsbedingungen und Aktivitäten hinterlegt und so die Employer Value Proposition kohärent herausgearbeitet. Darüber hinaus wurden in einer repräsentativen Erhebung über 500 Arbeitnehmende aus der Deutschschweiz zwischen 20 und 50 Jahren zu ihrem Bild der Stadt Zürich als Arbeitgeberin, zu ihren Erwartungen an eine Arbeitgeberin und zu Merkmalen, die eine Arbeitgeberin attraktiv machen, befragt.

Auf der Grundlage der beschriebenen Maßnahmen wurde eine mehrjährige stadtweite Kampagne zur branchen- und generationenübergreifenden Profilierung der größten Verwaltung der Schweiz als Arbeitgeberin entwickelt. Diese greift die gewonnenen Erkenntnisse sprachlich und visuell auf und fokussiert vorwiegend auf das »Image« und den »Purpose«, für die Stadt Zürich zu arbeiten.

Mit Blick auf die jüngeren Generationen sowie im Hinblick auf die zunehmend zentrale Rolle von digitalen Medien ist die Arbeitgeberin Stadt Zürich mit aktuellen Informationen auf diversen Social-Media-Kanälen sowie Hochschul-, Absolvierenden- und Berufsmessen präsent. Medial wird das Thema Generationenmanagement mit einem Erklärvideo positioniert, das die vielfältigen sowie die attraktiven Anstellungsbedingungen der Stadtverwaltung aufzeigt.

Grundsätzlich gilt, dass sich die Erwartungen und Bedürfnisse der Generationen an ihre Arbeitgeber in den letzten Jahren angeglichen haben. Generationsspezifika ergeben sich aus diesen Erwartungen wie auch aus dem Arbeitsmarkt. Aufgrund eines weit verbreiteten Fachkräftemangels haben sich die Chancen im Arbeitsmarkt in der jüngsten Vergangenheit für alle Generationen verbessert.

Gleichwohl gibt es noch Generationsspezifika, deren Kenntnis als Orientierungshilfe helfen kann, gezielt die benötigten Generationen anzusprechen und zu rekrutieren.

Babyboomer wechseln seltener den Arbeitgeber und zeichnen sich i. d. R. durch ein hohes Commitment gegenüber dem Arbeitgeber aus. Ältere Mitarbeitende werden grundsätzlich weniger aktiv rekrutiert als jüngere. Ältere Mitarbeiterinnen und Mitarbeitern werden dann gezielt umworben oder aktiv angesprochen, wenn Fachkräftemangel (oder in ausgewählten Branchen wie Gastronomie auch ein allgemeiner Arbeitskräftemangel) herrscht und eine gezielte Suche stattfindet. Bei einer Abwerbung älterer Expertinnen und Experten z. B. via Headhunter stehen gezielt deren spezifisches Wissen, die langjährige Erfahrung oder auch das berufliche Netzwerk oder die langjährigen Kundenbeziehungen im Mittelpunkt des Interesses.

Online-Stellenportale sind zwischenzeitlich stark verbreitet, es gibt auch Stellenportale, die sich auf ältere Mitarbeitende spezialisiert haben. Eine Methode ist auch die Einstellung älterer (Langzeit-)Arbeitssuchender: Hier findet sich wenig Konkurrenz mit anderen Arbeitgebern und bei guter Selektion findet sich auch die benötigte Qualifikation und Motivation.[414]

Eine gute Möglichkeit zur verstärkten Rekrutierung von Babyboomern besteht darin, das Employer Branding auf diese Zielgruppe auszurichten oder ältere Bewerberinnen und Bewerber gezielt anzusprechen.

> **Beispiel: Verkehrsbetriebe Zürich – Employer-Branding-Kampagne Generation Ü50**[415]
>
> Die Verkehrsbetriebe Zürich (VBZ) befördern pro Tag über 850.000 Fahrgäste von A nach B. Dies wird von rund 1700 Mitarbeitenden im Fahrdienst bei den VBZ geleistet – und das 365 Tage im Jahr und fast rund um die Uhr. Um diese Leistung gleichbleibend erbringen zu können, benötigen die VBZ einen steten Zufluss an neuem Fahrdienstpersonal, in Anbetracht von Fluktuation und verstärkt durch die anstehende Pensionierungswelle der Babyboomer.
>
> Die VBZ haben sich entschieden, in ihrer neuesten Arbeitgeberkampagne explizit die größte Gruppe von Arbeitnehmenden in der Schweiz, die Ü50-Generation, anzusprechen und für eine bezahlte Ausbildung für den Fahrdienst zu gewinnen. Gemeinsam mit einer Werbeagentur wurden dabei zehn Sujets kreiert, die nostalgische, einprägsame Erlebnisse aus den 1980er- und 1990er-Jahren mit einer Prise Humor wieder zum Leben erwecken. Die Kampagne war während drei Monaten in den Fahrzeugen der VBZ, auf Plakaten an den Haltestellen und in den Social Media zu sehen und war dazu gedacht, explizit die Generation Ü50 anzusprechen.
>
> Die Generation Ü50 ist grundsätzlich wechselwillig, hat aber potenziell Hemmungen vor einem beruflichen Neuanfang in einer komplett neuen Branche. Die VBZ haben in diesem Bereich einen wirklichen »USP« (Unique Selling Proposition), denn ein Job als Trampilot/in ist immer ein Quereinstieg – sprich, alle müssen bei null beginnen. Außerdem bezahlen die VBZ den angehenden Trampilot/innen vom ersten Tag der Ausbildung den vollen Lohn.
>
> Die explizite Ansprache der Generation Ü50 hat sich für die VBZ gelohnt, denn genau diese Zielgruppe hat verstärkt auf die Kampagne reagiert und so sind nun knapp 40 % aller Bewerbungen für den Job als Trampilot/in seit Kampagnenbeginn Anfang Januar 2024 von Personen über 50 Jahren. Mit diesem Vorgehen hat die VBZ sich als ein Unternehmen der Stadt Zürich für alle Generationen und

414 Vgl. Bruch et al., 2010.
415 Gees, 2024.

Wertschätzung gegenüber älteren Mitarbeitenden positioniert. Für diese aktive Wertschätzung gegenüber Ü50 wird sie mit neuen, lebenserfahrenen Mitarbeitenden belohnt.

Für die Rekrutierung von **Millennials** ist der Aufbau einer attraktiven Arbeitgebermarke (siehe Employer Branding) erfolgskritisch. Es wird empfohlen, eine konsistente Positionierung der Arbeitgebermarke zu forcieren. Für Millennials sind dabei v. a. die Bündelung emotionaler Werte und das rationale Nutzungsversprechen zentral. Weiterhin empfehlen sich die folgenden Maßnahmen:[416]

- gezielte Kommunikationsmaßnahmen,
- Gestaltung des Karrierebereichs im Internetauftritt,
- Unternehmenspräsentationen auf Plattformen wie Xing, LinkedIn, Facebook, YouTube,
- Mitarbeitende und ehemalige Mitarbeitende steigern mit positiven Beiträgen in Social Media die Attraktivität der Arbeitgebermarke,
- Beschleunigung der Rekrutierungsabläufe und stärkere Personalisierung des Bewerbermanagements,
- Aufbau intelligenter webbasierter Bewerberportale (inkl. Tele-Tutoring zur Orientierung bei Onlinebewerbungen),
- ggf. zeitnahe Absagen mit dem Angebot, sich später nochmals zu bewerben,
- Bewerbungsprozesse simpel gestalten und aktiv auf Bewerber/innen zugehen,
- im Personalmarketing die relevanten Kriterien für die Arbeitgeberwahl herausstreichen: soziales Umfeld, interessante Aufgabenfelder, Möglichkeiten zur Weiterbildung.

Die **Generation Z** tritt in einen Arbeitsmarkt ein, der in vielen, aber nicht allen Bereichen durch Fachkräftemangel gekennzeichnet ist: Im Durchschnitt gibt es weniger Bewerber und Bewerberinnen pro Stelle, die Auswahlmöglichkeiten für Arbeitgeber sind in der Regel begrenzter.[417] Junge Bewerberinnen und Bewerber sind sich dieser privilegierten Position bewusst, müssen aber gerade zu Beginn ihrer Karriere in einigen Branchen ernüchternd feststellen, dass die Anforderungen der Arbeitgeber auch sehr hoch sind. Nicht selten werden Juniorpositionen mit mehrjähriger einschlägiger Berufserfahrung, spezifischer Ausbildung sowie hervorragenden IT- und Sprachkenntnissen ausgeschrieben.

Beim Recruiting der Generation Z lohnt es sich, auf gewisse Aspekte besonders zu achten:

- Präsenz in den Social Media der Zielgruppe: Während für die Rekrutierung von 15-Jährigen für Ausbildungsberufe ein TikTok-Account sinnvoll sein kann, ist für die Besetzung einer Stelle mit einem Master-Absolventen ein LinkedIn-Auftritt wichtiger.

416 Vgl. Klaffke & Parment, 2011; Schudy & Wolf, 2014.
417 Vgl. Maas, 2021.

- Generell moderner Online-Auftritt mit allen relevanten Informationen zum Unternehmen und zur Stelle, der die kurze Aufmerksamkeitsspanne der Generation Z berücksichtigt.[418]
- Möglichkeiten der Zusammenarbeit mit Schulen und Hochschulen prüfen.
- Fokussierung der Ausschreibungen auf tatsächlich notwendige und realistische Anforderungen.
- Offene und transparente Kommunikation über Entwicklungsperspektiven, Anforderungen und Gehalt.
- Schnelles und einfaches Bewerbungsverfahren, auf keinen Fall Onlinemasken, in die man nach dem Hochladen des Lebenslaufs alle Daten noch einmal manuell eingeben muss.
- Schnelle Reaktion auf Bewerbungen und kurze Zeit bis zum Vertragsangebot.
- Bereits die Phase zwischen Vertragsabschluss und Arbeitsbeginn nutzen, um eine emotionale Bindung an das Unternehmen aufzubauen und so einem vorzeitigen Vertragsrücktritt vorbeugen.

Für Unternehmen kann es daher von Vorteil sein, sich bei ihren Rekrutierungsbemühungen um die jüngste Generation auf dem Arbeitsmarkt auf ein Gedankenspiel einzulassen und sich in die Perspektive eines Verkäufers zu versetzen: Offene Stellen werden mit Produkten gleichgesetzt, die Karriereseite mit einem Onlineshop und die Bewerberinnen und Bewerber mit Kunden. Durch diesen Perspektivwechsel wird deutlich, wo mögliche Schwachstellen im Rekrutierungsprozess aus Sicht der Generation Z liegen könnten.[419]

Beispiel: Stadt Zürich: Chancengleiches Bewerbungsmanagement

Ein diskriminierungsfreies Bewerbungsverfahren ist der Stadt Zürich ein wichtiges personalpolitisches Anliegen. Um die Chancengleichheit für alle Bevölkerungsgruppen unabhängig von beispielsweise Alter, Geschlecht oder Nationalität zu gewährleisten, wurde ein Projektteam aus Fachthemenverantwortlichen aus den Bereichen Gleichstellung, Integration, Menschen mit Behinderungen, Rekrutierung sowie aus dem zentralen HR zusammengestellt. Zusammen wurden im Projekt »Chancengleiches Bewerbungsmanagement« die Teilschritte des Bewerbungsprozesses detailliert auf Verbesserungsmöglichkeiten im Hinblick auf Chancengleichheit untersucht und diese in einem Maßnahmenplan festgehalten.

Der Maßnahmenplan basiert auf drei Säulen, die das Projektteam erarbeitete. Die drei Säulen des Projekts »Chancengleiches Bewerbungsmanagement« setzen sich wie folgt zusammen:

418 Vgl. Kleinschmitt, 2015.
419 Vgl. Huber & Schlotter, 2020.

- Kompetenzbasierte Rekrutierung: Prozessuale Chancengleichheit stützen
- Commitment & Sensibilisierung: Bewusstsein für Chancengleichheit stärken
- Transparenz & Verfahrenssicherheit: Verbindlichkeit bzgl. Chancengleichheit schaffen

Neben einer Schulungsreihe für HR-Fachpersonal und Führungskräfte zur Professionalisierung der Personalgewinnung wurden verschiedene Instrumente erarbeitet, um die Hürden im Umgang mit benachteiligten Gruppen im Bewerbungsprozess zu senken. Dazu gehören beispielsweise Hinweistexte beim Erfassen von Stellen im E-Recruiting-Tool bzgl. Chancengleichheit, eine Überprüfung von technischen und sprachlichen Barrieren im Rahmen der Onlinebewerbung, Sammlungen von Textbausteinen im Bereich Chancengleichheit für Stelleninserate oder Hilfsmittel mit Anlaufstellen zur Unterstützung beim Umgang mit benachteiligten Gruppen im Bewerbungsprozess. Die ausgearbeiteten Maßnahmen sollen im Jahr 2025 eingeführt und kommunikativ begleitet werden.

Praxisbeispiel: Förderung junger Menschen mit erschwerter Ausgangslage[420]

Viele Unternehmen können ihre Stellen schon jetzt nicht mehr besetzen. Deshalb müssen Wege gefunden werden, auch diejenigen Menschen dem Arbeitsmarkt zuzuführen, denen bislang zu wenig Beachtung geschenkt wurde. Das umfasst sowohl Menschen mit körperlichen oder geistigen Einschränkungen, Menschen mit chronischen Krankheiten, Menschen mit psychischen Krankheiten als auch Menschen mit erschwerten Lebensbedingungen und mangelnder Ausbildung.

Ein Beispiel für die Integration Jugendlicher mit erschwerten Voraussetzungen ist das Jugendprojekt LIFT. LIFT steht für »Leistungsfähig durch individuelle Förderung und praktische Tätigkeit«.

Im Fokus des LIFT-Projekts stehen Jugendliche in der Volksschule (Hauptschule), für die ein direkter Übertritt in die Erwerbstätigkeit geschaffen und Jugendarbeitslosigkeit verhindert werden soll.

Das Projekt setzt ab der siebten Klasse an und versteht sich als schulergänzend. Die Jugendlichen erhalten während der Schulzeit einen Wochenarbeitsplatz in einem KMU der Region, in dem sie mindestens drei Monate 2 – 3 Stunden pro Woche arbeiten. Währenddessen erhalten sie eine professionelle Begleitung und

420 Vgl. LIFT – eine Chance für Jugendliche, Schulen und Wirtschaft, 2020 und 2024; Walser, 2015.

Coaching in der Gruppe. Die Schulen arbeiten eng mit den Ausbildungsbetrieben zusammen.

Die Jugendlichen erhalten damit nicht nur einen ersten Einblick in die Arbeitswelt, sondern stärken auch ihre Sozial- und Selbstkompetenz. Die Ausbildungsbetriebe können sich im Vorfeld bereits auf potenzielle Kandidaten einstellen.

Die Evaluationen dieses Projekts zeigen durchweg positive Erfahrungen. Den meisten Jugendlichen, die an LIFT teilnehmen, gelingt nach der Schule ein guter Übergang in die Berufsbildung. Das weitere Ziel des Jugendprojekts ist eine bedarfsgerechte Verbreitung und Etablierung in allen Sprachregionen. Im Jahr 2017 bekam das Jugendprojekt den Swiss Re Milizpreis, weil es Integrations- und Präventionswirkung kombiniert und einen Beitrag zur Förderung von künftigen Fachkräften leistet. Lehrabbrüche, Jugendarbeitslosigkeit und Sozialhilfeabhängigkeit werden dadurch reduziert.[421] Zusätzlich wurde das Projekt 2020 mit dem Schweizer Ethikpreis 2020 ausgezeichnet. Der 2005 von der Haute École d'Ingénierie et de Gestion du canton de Vaud (HEIG-VD) ins Leben gerufene Schweizer Ethikpreis ist eine unabhängige Auszeichnung, die die Integration von Unternehmensethik und nachhaltiger Entwicklung in die Strategie von Unternehmen und anderen öffentlichen und privaten Organisationen fördert. Ihr Ziel ist es, diese strategischen Ansätze sowie konkrete gute Praktiken bekannt zu machen.[422]

7.3.2.2 Mitarbeiterbindung

Mitarbeitende erwarten Tätigkeiten, bei denen sie ihre Qualifikationen einsetzen können und die ihre im Einstellungsprozess geweckten Erwartungen erfüllen. Vor allem Mitarbeitende mit mittleren und höheren Qualifikationen erwarten Entwicklungsmöglichkeiten und es liegt im ureigenen Interesse der Unternehmen (und der Führungskraft), neu eingestellte Mitarbeitende mittel- bis langfristig an das Unternehmen zu binden. Das beginnt mit einer offenen Aufnahme und einer guten Einführung.

Die Präferenzen, die traditionell mit Millennials verbunden waren, wie der Wunsch nach einem wertekonformen Arbeitgeber und flexible Arbeitszeiten, finden sich zunehmend auch bei anderen Generationen. Aktuelle Anforderungen der Mitarbeitenden, wie Arbeitsflexibilität, Loyalitätserwartungen und Sicherheit der Arbeitsstelle, sind mittlerweile weitgehend generationsübergreifend ähnlich.[423]Es bestehen dennoch generationenspezifische Erwartungen an den Arbeitsplatz. Angehörige der Generation X genießen es, höhere Einkommen zu erzielen und Karrieremöglichkeiten zu

421 Jugendprojekt LIFT e.V., 2020 sowie Swiss Re Milizpreis, 2018.
422 Jugendprojekt LIFT e.V., 2020 sowie HEIG-VD Schweizer Ethikpreis, 2020.
423 Vgl. Deloitte, 2024, Ernst & Young, 2023.

haben.[424] Millennials wünschen sich regelmäßiges und rasches Feedback, Wertschätzung für geleistete Arbeit, Partizipation und eine Ansprache auf emotionaler Ebene.[425] Anerkennung und Respekt haben einen nachgewiesenen und signifikanten Einfluss auf ihre Leistung und das Commitment.[426] Für die Generation Z, die jüngste Gruppe im Arbeitsmarkt, sind klare Erwartungen an ihre Arbeitgeber bekannt, die über das Gehalt hinausgehen. Sie suchen nach sinnvoller Arbeit, die mit ihren persönlichen Werten und ethischen Prinzipien übereinstimmt. In einer Studie von Deloitte geben etwa 86 % der Befragten aus den Reihen der Generation Z und 89 % der Millennials an, dass der Sinn ihrer Arbeit entscheidend für ihre Jobzufriedenheit ist, und viele sind bereit, Aufträge oder Arbeitgeber abzulehnen, die nicht mit ihren Werten übereinstimmen. Weiterhin legen sie Wert auf Umweltschutz und streben nach einem ausgewogenen Verhältnis zwischen Beruf und Privatleben[427]. Angehörige der Generation Z legen Wert auf die Sinnhaftigkeit und Bedeutsamkeit des eigenen Beitrags.[428] Babyboomer schätzen v. a. das Vertrauen in das Senior Management und ein gutes Talentmanagement.[429]

Praxisbeispiel: Arbeitgeberattraktivität in Pflegeberufen[430]

Unternehmen in der Pflegebranche haben zunehmend mit Herausforderungen wie dem demografischen Wandel und dem Fachkräftemangel zu kämpfen. Die Lücke zwischen bestehendem und erforderlichem Fachpersonal wächst weiterhin und der Wettbewerb um qualifiziertes Personal in der Pflege verschärft sich.

Die Firma compassio GmbH & Co. KG wurde 2005 in Ulm gegründet und ist mit mehreren Tausend Mitarbeitern privater Träger von derzeit 35 Seniorendomizilen in Deutschland. Angesichts des steigenden Bedarfs an Pflegefachkräften ist die Entwicklung und Kommunikation einer unverwechselbaren Arbeitgebermarke sowie die Positionierung als attraktiver Arbeitgeber am Arbeitsmarkt unverzichtbar.

In einer quantitativen Studie hat die Firma compassio 2020 rund 640 Pflegefachkräfte zur Wahrnehmung der Arbeitgeberattraktivität befragt. Ferner wurde untersucht, welche Faktoren allgemein bei einem präferierten Arbeitgeber in der Pflege als attraktiv angesehen werden. Der Fragebogen beinhaltete Variablen aus den vier Themenbereichen Art der Arbeit, Qualität der Arbeit, Arbeitgeberleistungen und Arbeitgeberauftritt. Mehr als die Hälfte der Befragten waren Teil der Generation Y (Geburtsjahre 1981 – 1995). Die Befragung veranschaulichte,

424 Vgl Özcelik, 2015.
425 Vgl. Klaffke & Parment, 2011.
426 Vgl. Hennekam & Herrbach, 2013.
427 Vgl. Deloitte, 2024.
428 Vgl. Chillakuri, 2020.
429 Vgl. Towerw Watson, 2012/2013 & 2014; Oladapo, 2014.
430 Schiele, 2021.

dass Pflegefachkräfte bei der Wahl ihres Wunscharbeitgebers besonders darauf achten, dass die Bewohner im Mittelpunkt stehen sowie eine einfühlsame, liebevolle und qualitativ hochwertige Versorgung der Bewohner gewährleistet ist. Darüber hinaus legt die Zielgruppe einen starken Fokus auf die Unterstützung durch Kollegen und die Ausstattung mit den notwendigen Arbeitsmitteln, um die Arbeit gut erledigen zu können. Ebenso wichtig sind die Wertschätzung des Pflegeberufs, eine gute Work-Life-Balance und eine angemessene Vergütung. Dahingegen nehmen materielle Faktoren wie beispielsweise Mitarbeiter-Benefits oder eine betriebliche Altersvorsorge einen untergeordneten Stellenwert bei der Wahl des Arbeitgebers ein.

Zusammenfassend ist für die Firma compassio wichtig, die positiven Faktoren der Arbeitgeberattraktivität zu pflegen und in der Kommunikation sowie im Außenauftritt intensiv zu nutzen. Als zentrale Maßnahme zur Stärkung der Arbeitgeberattraktivität werden in regelmäßigen, persönlichen Gesprächen die Bedarfe und Wünsche der Mitarbeiter aufgenommen und im Unternehmen berücksichtigt. Darüber hinaus wird zur Stärkung der Arbeitgebermarke und Gewinnung von Nachwuchskräften in der Altenpflege die direkte Ansprache von potenziellen Mitarbeitern zum Beispiel durch Social Media und Onlinepräsenz des Unternehmens weiter gestärkt.

7.3.3 Handlungsfeld Arbeitsbedingungen

Wichtig: Altersgerechte Arbeitsgestaltung und -organisation

»Wenn Mitarbeiter in Zukunft länger im Unternehmen bleiben müssen, reicht es nicht aus, nur die Arbeit der Älteren besser zu gestalten. Vielmehr muss die Arbeit schon beginnend bei den jüngeren Mitarbeitern so gestaltet werden, dass Gesundheitsbeeinträchtigungen durch die Arbeit oder Arbeitsumgebung vermieden, Lernmöglichkeiten am Arbeitsplatz eröffnet und dadurch flexible Einsätze der Mitarbeiter ermöglicht werden. Im Laufe des gesamten Berufslebens muss immer wieder versucht werden, zwischen den Arbeitsanforderungen des Arbeitsplatzes und der individuellen Arbeitsfähigkeit ein Fit zu erreichen.«[431]

Für die Gestaltung der Arbeitsbedingungen stehen der Führung unterschiedliche Ansatzpunkte zur Verfügung. Wichtige Handlungsfelder sind die Arbeitsgestaltung, das Betriebliche Gesundheitsmanagement, die Flexibilisierung von Arbeitsort und Arbeitszeit und das Performance-Management.

Die altersgerechte Arbeitsgestaltung schafft Bedingungen, um die Arbeitsfähigkeit ein Berufsleben lang zu erhalten. Dazu gehören u. a. präventive Maßnahmen aus dem **Be-**

431 Knauth, 2007, S. 33.

trieblichen Gesundheitsmanagement oder die ergonomische Arbeitsgestaltung. Für die Führung ist wichtig, zu wissen, dass überdurchschnittliche Belastungen und Beanspruchungen am Arbeitsplatz aus betrieblichen Gründen immer wieder notwendig und für Mitarbeitende gut zu bewältigen sind, sofern sie durch Phasen ergänzt werden, in denen die Mitarbeiterinnen und Mitarbeiter sich regenerieren und erholen können.

Die physische und psychische Leistungsfähigkeit ändert sich im Lebensverlauf. Es gibt Tätigkeiten, die ein gesundes und leistungsfähiges Altern im Erwerbsleben erschweren, v. a. wenn dauerhafte Fehlbelastungen stattfinden. Auch hierfür existieren Handlungsfelder altersgerechter Arbeitsgestaltung, um Gesundheit, Motivation und Qualifikation zu erhalten.

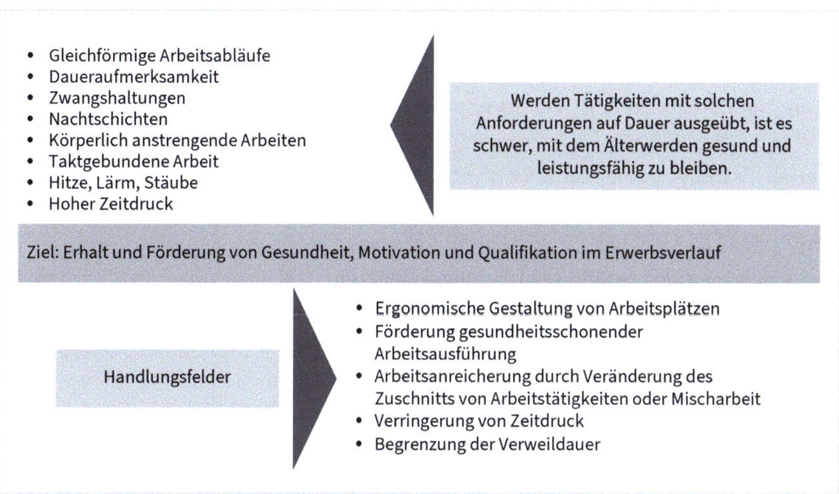

Abb. 7.7: Handlungsfelder altersgerechter Arbeitsgestaltung

In allen Lebensphasen sind eine lernförderliche Arbeitsgestaltung und eine Orientierung an den individuellen Bedürfnissen der Mitarbeiterinnen und Mitarbeiter wichtig. Für eine generationenübergreifende Arbeitsgestaltung eignet sich der Einsatz von projektorientierten Arbeitsformen mit gezielter Altersmischung.

Für eine altersgerechte Arbeitsgestaltung werden Maßnahmen speziell für eine Altersgruppe gewählt, passend zu deren Leistungsvermögen und den Erwartungen, die mit dieser jeweiligen Gruppe assoziiert werden.

Speziell für **Millennials** eignen sich:[432]

- Arbeitsprozesse, die einen breiten Erfahrungsaufbau ermöglichen und Möglichkeiten zur Kollaboration und Vernetzung innerhalb und außerhalb vom Unternehmen bieten,
- Kooperationsformen in realen, virtuellen oder abteilungsübergreifenden Teams und Projekten (z. B. Online-Zusammenarbeit),
- der Einsatz webbasierter Technologien, Homeoffice, alternierende Telearbeit (unterwegs/Homeoffice/Office), Vertrauensarbeitszeit,
- neue Konzepte der Laufbahn- und Karrieregestaltung,
- Experten- und Projektlaufbahnen parallel zur Führungskarriere und klare Kommunikation über Laufbahnen,
- Transparenz über Entwicklungsoptionen,
- eine Kombination von Lernmethoden, z. B. computer- und internetbasierte Methoden, der spielerische Einsatz von Didaktik,
- Gesundheitsförderung (v. a. Stressprävention und -bewältigung).

Speziell für **Babyboomer** eignen sich Anpassungen von Arbeitsplatz und -umgebung, um altersbezogenen physischen und psychischen Veränderungen gerecht zu werden:[433]

- Vermeidung von Aktivitäten mit länger andauernder, ungewöhnlicher Körperhaltung,
- der Einsatz von Kontrollgeräten und Werkzeugen für kräfteschonendes Arbeiten, Einsatz von Hebehilfen,
- genügend Pausen zwischen Arbeitsaufgaben,
- lautere Signale, größere Schrift, Erhöhung der Signal-Geräusch-Relation,
- Optimierung von Umgebungstemperaturen, Beleuchtung etc.,
- die Bearbeitung von Aufgaben, die eine gute Mischung von Erfahrungswissen benötigen,
- regelmäßige Gesundheitschecks,
- flexible Arbeitsbedingungen: Das Jobdesign hat einen statistisch signifikanten Einfluss auf das Commitment gegenüber der Organisation.

Praxisbeispiel: Corporate Health Management bei BASF SE[434]

Die BASF SE (Societas Europaea) mit Hauptsitz in Ludwigshafen am Rhein ist ein Chemieunternehmen in Deutschland mit weltweit über 110.000 Beschäftigten.

432 Vgl. Klaffke & Parment, 2011.
433 Vgl. Roth, Wegge & Schmidt, 2007; Hennekamp & Herrbach, 2013.
434 BASF SE, 2021.

Zur Wahrnehmung der sozialen Verantwortung des Unternehmens sowie zur Förderung des gesundheitlichen Wohlergehens der Mitarbeitenden setzt BASF ein umfassendes Corporate Health Management ein. Ein umfangreiches medizinisches Leistungsspektrum von der arbeitsmedizinischen Vorsorge über die Notfallmedizin bis hin zur Gesundheitsförderung ist dabei für alle Mitarbeitenden weltweit nach vergleichbaren Standards etabliert. Zur Überprüfung der Leistung des Corporate Health Managements werden regelmäßige arbeitsmedizinische Audits durchgeführt. Zusätzlich wurde 2011 der Health Performance Index (HPI) implementiert zur zentralen Steuerung des weltweiten Betrieblichen Gesundheitsmanagements bei BASF.

Ab Mitte 2023 steht den Mitarbeitenden von BASF direkt vor den Werkstoren in Ludwigshafen ein integriertes Medical Center zur Verfügung, das Platz für verschiedene präventive Angebote und akutmedizinische Versorgung bietet.

Zur Förderung der Vereinbarkeit von Beruf und Privatleben existiert darüber hinaus am Standort Ludwigshafen mit dem LuMit ein Mitarbeiterzentrum für Work-Life-Management. Auf dem ca. 10.000 Quadratmeter großen Areal des Mitarbeiterzentrums finden sich für die Belegschaft vielfältige lebensphasenorientierte Angebote wie das LuKids (Kindertagesstätte), LuFit (Fitness- und Gesundheitsstudio) sowie LuCare (Sozial- und Lebensberatung der BASF Stiftung).

Bei der **Gestaltung der Arbeitszeit** können Dauer, Verteilung und Lage der Arbeitszeit variiert werden. Um lebenszyklisch unterschiedlichen Zeitbedürfnissen und Präferenzen gerecht zu werden, eignen sich Lebensarbeitszeitkonten, bei denen z. B. durch Ansparen von Zeitguthaben ein flexibler Übergang in die Rente ermöglich wird.

Die Lebensarbeitszeitgestaltung ist ein flexibilisiertes Verteilungsmuster von Arbeitszeit, das – abgestimmt auf berufliche und private Ziele und Voraussetzungen – Phasen von Vollzeitarbeit, Teilzeitarbeit, Weiterbildungsphasen, Sabbaticals und Freistellungen miteinander kombiniert. Die Altersteilzeit[435] zielt ebenfalls auf eine Entlastung in der letzten Berufsphase, wie auch Angebote zum flexiblen Altersrücktritt, die beispielsweise Bogenkarrieren und Teilzeitarbeit erlauben und die Finanzierung des eigenen Ruhestandes nicht gefährden.

Für ältere Mitarbeitende wird die Möglichkeit zur Altersteilzeit, der flexible Übergang in den Ruhestand oder die Weiterbeschäftigung von berenteten Expertinnen und Experten empfohlen:[436]

435 BMAS, 2023.
436 Vgl. Bruch, Kunze und Böhm, 2010; St-Hilaire & Toure, 2010, eigene Ergänzung und Aktualisierung, 2024

Lebensphasengerechte Arbeitszeitgestaltung

- Anpassung ungünstiger Arbeitszeitregelungen (z. B. Optimierung im Schichtbetrieb),
- Teilzeitarbeit und Jobsharing,
- Jahresarbeitszeit und Arbeitszeitkonten,
- Sabbaticals.

Übergang in den Ruhestand

- Wechsel von Experten- und Führungsposition in eine Beratungsrolle mit reduzierter oder flexibel wählbarer Arbeitszeit,
- Beschäftigung von berenteten Expertinnen und Experten,
- Aushilfs- und projektbezogene Tätigkeit nach dem Renteneintritt,
- Altersteilzeit, Teilzeitrente, Flexibilisierung der letzten Berufsphase,
- Reduktion des Pensums, Bogenkarriere, flexibler Übergang in den Ruhestand, um dem Gesundheitszustand oder familiären Anforderungen gerecht zu werden,
- Möglichkeit zum Frührenteneintritt.

Praxisbeispiel: Stadt Zürich – Mehr Flexibilität in der letzten Berufsphase

Die Stadt Zürich bietet attraktive Anstellungsbedingungen bis in die letzte Berufsphase. Die älteren Mitarbeitenden können den Übergang in den Ruhestand flexibel gestalten.

Als mögliche Varianten bestehen:

- der frühere Austritt aus dem Berufsleben,
- eine Entlastung mit Weiterführung der beruflichen Vorsorge,
- bei entsprechendem betrieblichem Bedarf, eine Weiterführung der beruflichen Tätigkeit über das ordentliche Pensionierungsalter hinaus.

Die beiden letztgenanten Möglichkeiten bestehen seit 2024. Die Möglichkeit des flexiblen Altersrücktritts bestand bereits davor. Dieser ist zwischen dem vollendeten 58. und 65. Altersjahr frei wählbar. Dabei kann er auch schrittweise erfolgen, in maximal drei Reduktionsschritten zu mindestens 20 %, mit einem verbleibenden Beschäftigungsgrad von mindestens 20 %.

Die Stadt Zürich unterstützt vorzeitige Altersrücktritte unter bestimmten Voraussetzungen mit einer finanziellen Beteiligung an den Kosten einer Überbrückungsrente für die noch fehlende AHV-Altersrente, bei der Stadt Zürich Überbrückungszuschuss (UeZ) genannt. Den UeZ richtet die Pensionskasse Stadt Zürich (PKZH) bis zum ordentlichen AHV-Alter zusätzlich zur Alterspension aus, längstens aber während 5 Jahren.

Da die Erfahrungen gezeigt haben, dass der schrittweise Altersrücktritt mit Bezug einer Teilpension sehr wenig genutzt wird, wurden weitere Möglichkeiten geschaffen. Als neue Möglichkeiten werden ab dem Jahr 2024 für Angestellte nach vollendetem 58. Altersjahr Altersteilzeit wie auch eine Funktionsänderung zur Entlastung im Alter (Bogenkarriere) gefördert. Um daraus entstehende Einbußen bei der Altersrente zu vermeiden, können Angestellte zum bisherigen versicherten Verdienst bei der Pensionskasse weiterversichert bleiben. Unter bestimmten Voraussetzungen beteiligt sich die Stadt mit Arbeitgeberbeiträgen. Diese dem bisherigen Lohnniveau entsprechende Weiterversicherung ermöglicht den Angestellten, denselben Betrag an Alterskapital für die lebenslange Altersrente anzusparen, den sie erzielt hätten, wenn sie in der bisherigen Funktion und zum höheren Beschäftigungsgrad weitergearbeitet hätten. Sie können sich durch Teilzeitarbeit oder die Übernahme einer weniger belastenden Funktion entlasten und damit länger, gesund und motiviert im Arbeitsprozess bleiben.

Ebenfalls neu wird seit Januar 2024 die Beschäftigung über das 65. Altersjahr hinaus ermöglicht. Die bisherige Begrenzung bis maximal zum 66. Altersjahr entfällt. Erfahrungen aus Pilotprojekten in städtischen Betrieben mit der Weiterbeschäftigung über das Pensionierungsalter hinaus waren durchweg positiv. Sowohl die teilnehmenden Betriebe als auch die Mitarbeitenden gaben gute Rückmeldungen zu diesem Angebot. Der Erhalt und der Transfer von Fachwissen können gewährleistet und die kurzfristige Entlastung bei Personalengpässen sichergestellt werden. Die Aufhebung der Altersgrenze ermöglicht, diese positiven Effekte künftig stadtweit zu nutzen. Städtische Angestellte können bei einer Weiterbeschäftigung ihre Versicherung bei der Pensionskasse weiterführen und durch die Weiterarbeit ihre lebenslange Altersrente erhöhen.

Beide Änderungen wurden von Beginn an gut aufgenommen und werden bereits in den ersten Monaten rege genutzt.

Die Präferenzen und Nutzung von mehr **Flexibilität bezüglich Arbeitsort** wie Telearbeit, mobiles Arbeiten, Homeoffice und Workation variieren teilweise zwischen verschiedenen Generationen. Dies wird beeinflusst durch unterschiedliche Lebensphasen und berufliche Anforderungen. Mitarbeitende der Generation Z zeigen eine gemischte Reaktion auf Remote-Arbeit. Während einige die Arbeit von zu Hause aus als Chance für eine bessere Work-Life-Balance sehen, erleben andere eine Verringerung der Produktivität und Schwierigkeiten ohne persönliche Anleitung, vor allem jene, die neu im Berufsleben stehen. Millennials schätzen besonders die Flexibilität, die Telearbeit bietet, wie die Möglichkeit, ihre Arbeitszeiten selbst zu planen, was ihnen hilft, Beruf und Familie besser zu vereinbaren. Auch die Generation X schätzt die Flexibilität, die mit Telearbeit oder Homeoffice einhergeht. Für Babyboomer sind Homeoffice und flexible Arbeitsmodelle geschätzte Merkmale der Arbeitgeberattraktivität, da sie ihnen ermöglichen, ausreichend Zeit für persönliche Interessen und Verpflichtungen zu haben. Die Vorteile von Homeoffice und Telearbeit werden in der verbesserten Work-Life-Balance und Einsparungen beim Pendeln angegeben. Herausforderungen werden bei Aufgaben erkannt, die spezialisierte Ausrüstungen erfordern oder persönliche Interaktionen notwendig machen, wie im Gesundheitswesen oder im Einzelhandel. Die Möglichkeit zum Homeoffice hängt dabei von der Art der Tätigkeit ab und ist vor allem in hochqualifizierten, kognitiv anspruchsvollen Berufen verbreitet. Physisch anspruchsvolle Tätigkeiten erfordern in der Regel eine Anwesenheit vor Ort.[437]

Im **systematischen Performance-Management** sind Feedbackprozesse ein zentraler Bestandteil der Beurteilungsverfahren und der täglichen Zusammenarbeit mit der Führung. An dieser Stelle sei nochmals auf die Generationenunterschiede im Umgang mit Feedback verwiesen: Jüngere Generationen wie Millennials suchen das regelmäßige Feedback und sind kaum damit zufriedenzustellen, dieses einmalig und komprimiert im Jahresgespräch zu erhalten. Das professionelle und regelmäßige Feedback im Rahmen des Performance-Managements unterliegt den typischen Herausforderungen der Mitarbeiterbeurteilung und systematischen Beurteilungsfehlern. Als Führungskraft sollten Sie erkennen, wenn Ihre Beurteilung auf Altersstereotype aufbaut und Sie z. B. einen ungeduldigen Mitarbeiter als dynamisch kennzeichnen, wenn er zu den Millennials gehört und als altersstarrsinnig, wenn es ein Babyboomer ist. Typische Beurteilungsfehler liegen auch in der Altersinteraktion (vgl. Kapitel 6) und der Interpretation von Verhalten von Mitarbeitenden, die einer anderen Generation angehören.

Um Führungsaufgaben im Rahmen des generationengerechten Performance-Managements wahrzunehmen, ist es hilfreich, sich an den benötigten und eingebrachten Fähigkeiten der Mitarbeitenden auszurichten und genau hinzuschauen, welche Kompetenzen (unabhängig vom Alter) benötigt werden und wie diese eingebracht werden. Eine komplexe Aufgabe ist es, Lohnsysteme so weiterzuentwickeln, dass sie dem demografischen Wandel Rechnung tragen. Es wird empfohlen, diese so zu gestalten, dass sie leistungs- und kompetenzbasiert ausgerichtet sind und das Lebensalter weniger stark gewichten als bislang.[438] Dies unterstützt den *war for talents* bei Millennials und Generation Z, die eher stärker ausgeprägte Orientierung an Lohn und materieller Anerkennung bei der Generation X und beugt dem Risiko des Personalabbaus bei älteren Mitarbeitenden vor, die oft als zu teuer gelten.

437 Vgl. Virtual Vocations, 2019; Citrix, 2021, PYNHQ, 2021, McKinsey, 2022; FlexJobs, 2024.
438 Vgl. Bieling, Stock & Dorozalla, 2014.

Generationsspezifische Präferenzen im Bereich der Entlohnung ergeben, dass:

- Babyboomer gute Leistungen erwarten;
- die Generation X als ergebnisorientiert gilt und sich stärker am Lohn als an den Benefits orientiert;
- Millennials sich auf kurzfristige Zielerreichung und Honorierung fokussieren: sie möchten kurzfristig einen guten Deal machen, und sehen weniger eine Verbindung zwischen Arbeitgebererwartungen und Leistungspaketen;
- Generation Z erwartet eine faire Bezahlung (sowie eine inklusive Arbeitskultur und ein psychologisch-emotional gesundes Arbeitsumfeld); Lohn und Nebenleistungen scheinen grundsätzlich ein wichtiger Faktor bei der Arbeitgeberwahl zu sein.[439]

Für die Standortbestimmung zur Art der Umsetzung von Generationenmanagement in Ihrem Unternehmen eignet sich die Arbeitshilfe 26: Handlungsfelder im Generationenmanagement.

Arbeitshilfe 26: Generationenmanagement – eine Standortbestimmung

Diese Arbeitshilfe finden Sie zum Download unter Digitale Extras.

DIGITALE EXTRAS

Bitte notieren Sie in Stichworten, in welchen HR-Praktiken Sie Aussagen oder Konkretisierungen für Generationenmanagement sehen und welche es bereits in Ihren Unternehmen gibt. Ergänzen Sie den wahrgenommenen Handlungsbedarf. Nutzen Sie diese Übersicht als Einstieg in das Thema und als Diskussionsgrundlage für weitere interne strategische Überlegungen.

Konkretisierung Generationenmanagement	Handlungsbedarf
Personalpolitik & Altersstruktur	
Strategisches HRM	
Mitarbeitergewinnung & -bindung	
Arbeitsbedingungen	
Performance-Management & Lohn	
Lebenslanges Lernen & Personalentwicklung	
Gesundheitsmanagement	
Unternehmenskultur	

439 Vgl. YPAI 2020; Business News Daily, 2024.

Arbeitshilfe 27: Praxistransfer: HR-Praktiken und Generationenmanagement

DIGITALE EXTRAS

Diese Arbeitshilfe finden Sie zum Download unter Digitale Extras.

Was bedeutet das für die Praxis?
Machen Sie sich über die folgenden Fragestellungen Gedanken und überlegen Sie, welche Bedeutung HR-Management in Ihrer Organisation hat:

- Gibt es in Ihrem Unternehmen spezielle Maßnahmen im Bereich Generationenmanagement? Gibt es Möglichkeiten zur Weiterbildung und Gesundheitsförderung für alle Personengruppen? Würden Sie sich noch weitere Angebote wünschen? Welche Angebote könnte man leicht einführen?
- Wie würden Sie die HR-Praktiken Ihrer Organisation einschätzen? Stellen die Praktiken eher ein problembezogenes Flickwerk, einen integrativen Lebensspannen-Ansatz oder etwas dazwischen dar?
- Im Hinblick auf die Altersstruktur Ihres Unternehmens: Welche Ansprüche der Generationen liegen bei Ihnen vor und welche generationsspezifischen und generationenübergreifenden Maßnahmen können Sie einführen, um diese Ansprüche zu erfüllen?

Zusammenfassung und Kernaussagen des Kapitels

In der strategischen Führung wird die Bedeutung der Integration aller Generationen als Teil der Unternehmens- respektive HR-Strategie reflektiert und in die Strategiediskussion integriert. Im Generationenmanagement geht es darum, alle HR-Praktiken aufeinander abzustimmen und so auszuwählen und zu koordinieren, dass sie bestmöglich umgesetzt werden können und zum Geschäftserfolg sowie zur individuellen Entwicklung beitragen – generationsspezifisch und generationsübergreifend.

Klassische HR-Praktiken im Generationenmanagement sind das lebenslange Lernen und eine Unterstützung der Weiterbildung für alle Generationen, Gesundheitsmanagement und eine auf die Lebensphasen angepasste Work-Life-Balance.

Diese fünf Stufen kann man in ihrer Reihenfolge als Reifeprozess des Generationenmanagements bezeichnen, der von einer defizitorientierten Alterssicht zu einer ganzheitlichen Lebensspannenintegration reicht:

- problembezogenes Flickwerk,
- abnehmende Arbeitsanforderungen,
- Förderung individueller Ressourcen,
- intergenerationales Lernen,
- Lebensspannen-Ansatz.

Im Generationenmanagement empfehlen sich HR-Praktiken, die individuelle Ressourcen und intergenerationales Lernen fördern und idealerweise einen Lebenspannen-Ansatz anstreben.

Verschiedene Generationen haben unterschiedliche Erwartungen an Unternehmen. Es gibt HR-Praktiken, die sich an spezifischen Generationen oder Mitarbeitergruppen ausrichten und solche, die generationenübergreifend oder -integrierend wirksam sind. Die Kombination von beiden Vorgehensweisen ist im Generationenmanagement empfehlenswert. Dabei werden verschiedene Aspekte der Leistungsentwicklung, veränderte Kompetenzen und Motivation aller Generationen berücksichtigt.

Im Generationenmanagement stehen vielfältige Handlungsansätze zur Verfügung, z. B. Personalpolitik und Altersstrukturanalysen, Mitarbeitergewinnung und -bindung, Arbeitsbedingungen oder Performance-Management.

8 Inklusive und alterssensitive Unternehmenskultur

Werte kann man nicht lehren, sondern nur vorleben.
Viktor Frankl (österreichischer Psychiater und Autor)

Zusammenfassung

Die Altersheterogenität in Unternehmen nimmt zu und erfordert einen adäquaten Umgang mit Diversität. Eine altersheterogene Belegschaft ist für die Führung anspruchsvoll. Diversität und Altersvielfalt hat ein großes Potenzial für den Unternehmenserfolg, das Risiko von Reibungsverlusten in der Zusammenarbeit nimmt jedoch zu. Eine inklusive und alterssensitive Kultur unterstützt ein erfolgreiches Generationenmanagement und die Führung verschiedener Generationen. Ein Augenmerk sollte dabei auf der Wertschätzung auch gegenüber der älteren Mitarbeitenden liegen.[440]

Kultur gehört zu den Softfaktoren einer Organisation, sie ist in der Praxis jedoch einer der härtesten Faktoren. Die Unternehmenskultur prägt das Verhalten der Mitarbeitenden (und umgekehrt) und hat Einfluss auf das Leistungsverhalten, den Wert einer Organisation und den Unternehmenserfolg.

Für die Analyse und Gestaltung einer alterssensitiven und auf Inklusion aller Generationen ausgerichteten Organisationskultur stehen unterschiedliche praktische Handreichungen zur Verfügung. Für die Förderung einer alterssensitiven Organisationskultur empfehlen sich sechs Prinzipien, die an späterer Stelle ausgeführt werden. Eine alterssensitive Unternehmenskultur muss neben Respekt und einem proaktiven Umgang der Generationen untereinander auch Aspekte des Wissens, Lernens, der Innovation und der Gesundheitsförderung beinhalten.

440 Vgl. Appannah & Biggs, 2015.

8.1 Generationenvielfalt als Teil der Führungs- und Organisationskultur

Um im Berufsleben erfolgreich zu sein, muss man in jeder Lebensphase den Anforderungen an die Bewältigung der Aufgabe gerecht werden können. Die Grundlage hierfür bietet die körperlich-seelische Vitalität verbunden mit einem gesunden Lebensstil und Gesundheit. Die Bereitschaft, Neues auszuprobieren, neue Möglichkeiten zu erkennen und lebenslanges Lernen zu praktizieren, sichert die erforderliche (Weiter-) Qualifizierung und Kompetenz. Um diese Anpassung leisten zu können, sind soziale Kompetenzen wie Kommunikation und Teamfähigkeit aber auch der Aufbau und die Pflege eines beruflichen Netzwerks essenziell. Eine regelmäßige Selbstreflexion wie auch der Austausch mit erfahrenen Mentorinnen und Mentoren oder Coaches helfen, um sich selber besser zu verstehen. Eine zentrale Rolle im Hinblick auf den Erhalt der Arbeitsfähigkeit in der Lebensspanne spielt die individualisierte altersgerechte Führung. Die Führungs- und Unternehmenskultur hat dabei einen wichtigen Einfluss auf den Erhalt der Arbeitsfähigkeit und ist für die Akzeptanz und Zusammenarbeit der Generationen untereinander und für die Erhöhung der Produktivität eines Unternehmens in einer vielfältigen Belegschaft – von sehr hoher Bedeutung.

Eine positive Unternehmenskultur fördert die Zufriedenheit und das Wohlbefinden der Mitarbeitenden und unterstützt eine gute Zusammenarbeit und Teamarbeit.

Führungskräfte legen Wert auf Transparenz und Kommunikation und schaffen Vertrauen in die Beziehungen untereinander und zwischen den Angehörigen verschiedener Generationen. Eine positive Kultur erhöht die Anziehungskraft bei potenziellen neuen Mitarbeitenden und schafft ein Umfeld, in dem Mitarbeitende effizient arbeiten können. Damit die Werte und Erwartungen in eine für alle Generationen positive wahrgenommene Führungs- und Unternehmenskultur integriert werden, braucht es Offenheit und eine klare Positionierung der Organisation zu einer (generationen-)vielfältigen Belegschaft. Die positiven Auswirkungen liegen also auf der Hand: Eine inklusive und alterssensitive Unternehmenskultur (Fokus: »Age Diversity«) koordiniert das Verhalten aller Mitarbeitenden im Alltag und verhindert Altersdiskriminierung.

Definition: Unternehmenskultur

Unter Kultur ist die Gesamtheit des gewachsenen Meinungs-, Norm- und Wertgefüges zu verstehen, die das Verhalten von Führungspersonen und Mitarbeitenden prägt.[441] Kultur ist die kollektive Programmierung des menschlichen Verstandes.[442]

Generationenmanagement bietet den Rahmen, dass die verschiedenen Generationen im Unternehmen miteinander zu einer optimalen strategischen Ausrichtung und Leistungssteigerung des Unternehmens beitragen können. Dies ist jedoch nicht zwangsläufig der Fall. In einigen Studien konnte nachgewiesen werden, dass eine starke Altersheterogenität einen negativen Einfluss auf die Betriebsproduktivität hat.[443] Es gibt Hinweise darauf, dass große demografische Ähnlichkeiten am Arbeitsplatz zu einer vermehrten Wahrnehmung von Unterstützung und Fairness führen, während bei größerer Altersvielfalt eher Altersdiskriminierung vorliegt.[444] Eine Zunahme der Altersvielfalt kann zu zunehmender Altersdiskriminierung und somit einem negativen Effekt auf die Unternehmensleistung führen.[445]

Ein professionelles Generationenmanagement und der Aufbau von Age Diversity – einer Kultur der (Alters-)Vielfalt – bringen die Stärken aller Mitarbeitenden zur Geltung und tragen vielfältig zum Unternehmenserfolg bei. Erfolgsfaktoren sind beispielsweise besserer Fit in der Kundenbeziehung, verbesserte Kundenbindung, Produktivität, Raum für Kreativität und Innovation, stärkere Unternehmensidentität und Loyalität. Die negativen Folgen von Diversität, wie etwa Altersdiskriminierung gegenüber Babyboomer, werden reduziert. Aber auch die Generation Z wird mit vielfältigen Stereotypen belegt. Es bestehen Annahmen über deren Arbeitsweisen, die zu Vorurteilen und

441 Vgl. Pümpin, Kobi & Wütherich, 1985.
442 Vgl. Hofstede, 1980.
443 Vgl. Spengler, 2009; Bruch & Kunze, 2013.
444 Vgl. Avery, McKay & Wilson, 2008.
445 Vgl. Kunze, 2011.

Missverständnissen in der Zusammenarbeit führen können. Beispielsweise gelten sie als abhängig von neueren Technologien und »unfähig« , ohne diese zu arbeiten. Ihre Aufmerksamkeitsspanne wird als kürzer eingestuft, ohne dabei zu beachten, dass es sich um die Generation handelt, die sich gut an schnelle Informationsverarbeitung und Multitasking anpassen kann. Soziale Unbeholfenheit wegen der vermehrten Nutzung digitaler Kommunikation, mangelnde Arbeitsmoral wegen ihrer hohen Orientierung an einer ausgewogenen Work-Life-Balance und geringere Loyalität gegenüber Arbeitgebern aufgrund des häufigeren Wechsels der Arbeitsstellen sind weitere Charakteristika, die häufig negativ konnotiert werden.[446]

Folgende Potenziale von Vielfalt werden mit der Förderung einer (alters-)vielfältigen Unternehmenskultur gestärkt:[447]

- **Mitarbeiterzufriedenheit und -bindung**
  Eine inklusive Kultur erhöht die Zufriedenheit und Bindung der Mitarbeitenden.
- **Erweiterter Talentpool**
  Eine Kultur der Diversität kann die Arbeitgeberattraktivität steigern und die unterschiedlichsten Personengruppen ansprechen. Die Bewerberinnen und Bewerber aus verschiedenen Generationen interessieren sich für eine Beschäftigung im Unternehmen und ermöglichen den Unternehmen, aus einem größeren Talentpool auszuwählen oder in Zeiten des Fachkräftemangels für ihre Stellen Bewerbungen zu erhalten.
- **Marketing- und Vertriebspotenzial**
  Mit unterschiedlichen Mitarbeitenden, z. B. älteren und jüngeren, wird eine breitere und vielfältigere Käuferschicht angesprochen und damit das Marktpotenzial erhöht.
- **Kreativitäts- und Innovationspotenzial**
  Gruppen, die sich in demografischen Merkmalen unterscheiden, haben ein höheres Innovationspotenzial. Aus der Forschung ist bekannt, dass innovationsrelevante Kompetenzen ungleich auf verschiedene Altersgruppen im Unternehmen verteilt werden.[448]
- **Verbesserte Problemlösungs- und Entscheidungsfindung**
  Diversität und Inklusion führen zu verbesserten Entscheidungsprozessen. Analog zum Innovationspotenzial kann das Potenzial zur Problemlösungs- und Entscheidungsfindung durch eine Vielfalt an Entscheidungsträgern erhöht werden. Dabei ist eine aktive Steuerung der Gruppenprozesse wichtig, um gegenteilige Effekte zu vermeiden, etwa dass einzelne Perspektiven nicht gehört werden oder sich alle zu schnell einigen und die Vielfalt nicht zum Tragen kommt (Stichwort: Gruppenden-

446 Vgl. Schroth, 2019.
447 Vgl. Schulz, 2009; Froese, Hildisch & Kemper, 2015; Gonzalez & DeNisi, 2020; Bursztyn, Egorov & Jensen, 2020.
448 Vgl. Ciesinger, Klatt & Wendt, 2015; Hewlett, Marshall & Sherbin, 2013.

ken). Teams, die aus Mitgliedern verschiedener Generationen bestehen, zeigen bessere Problemlösungsfähigkeiten.[449]

- **Bessere Anpassungs- und Widerstandsfähigkeit**
  Organisationen mit einer inklusiven Kultur sind oft anpassungsfähiger und widerstandsfähiger. Der Vorteil einer vielfältigen Belegschaft liegt in der Erhöhung der Handlungs- und Anpassungsfähigkeit des Unternehmens, vorausgesetzt es werden geeignete Rahmenbedingungen für die Zusammenarbeit der unterschiedlichen Mitarbeiter geschaffen.[450]

Welche Rolle spielt nun die Führungs- und Organisationskultur? Kultur gehört zu den Softfaktoren einer Organisation, ist in der Praxis aber einer der härtesten Faktoren. Die Unternehmenskultur prägt das Verhalten der Mitarbeitenden (und umgekehrt) und hat unmittelbaren Einfluss auf das Leistungsverhalten, den Wert einer Organisation und den Unternehmenserfolg.[451] Dieser kann positiv oder negativ sein.

Zu Stärkung der zahlreichen Vorteile einer Kultur, die auf Generationenvielfalt setzt, und zur Vermeidung von Altersdiskriminierung und Leistungsminderung von altersheterogenen Belegschaften ist auf den Aufbau einer alterssensitiven Führungs- und Organisationskultur besonderes Augenmerk zu legen. Einstellungen und Wahrnehmungen von Führungskräften und Mitarbeitenden gegenüber den unterschiedlichen Generationen, aber auch gegenüber Alter und älter werdenden Mitarbeitenden können als Indiz dafür gelten, welche Ausprägung einer altersbezogenen Unternehmenskultur vorliegt.[452] Werden z. B. Erfahrung, Wissen und Fähigkeiten der Mitarbeitenden über 50 Jahre gewürdigt oder etwaige Rationalisierungsmaßnahmen und Personalfreisetzungen alters(un)abhängig umgesetzt?[453] Oder gibt es Vorurteile gegenüber Angehörigen der Generation Z?

Definition: Ageism oder das Klima der wahrgenommenen Altersdiskriminierung

Ursprungsbedeutung
Prozess der systematischen Stereotypisierung oder Diskriminierung von älteren Personen.[454]

449 Vgl. Rock, Grant & Grey 2016; Chang & Milkman, 2020.
450 Vgl. Nishii & Rich, 2020.
451 Vgl. Eberhardt, 2013a; Flatt & Kowalczyk, 2008; Freiling & Fichtner, 2010.
452 Vgl. Eberhardt et al., 2013a; Bruch, Böhm & Kunze, 2010.
453 Vgl. Bruch et al., 2010.
454 In Anlehnung an Butler, 1969.

Weiterentwicklung
Altersverzerrungen und Altersdiskriminierung beinhalten potenzielle Vorurteile, können sich auf jede Altersgruppe beziehen und beinhalten eine Verzerrung und unfaire Behandlung von Personengruppen, weil sie zu alt oder zu jung sind.[455]

Erweiterung um die Perspektive Organisation
Die Wahrnehmung von Altersstereotypen gegenüber verschiedenen Altersgruppen und deren Behandlung erfolgt relativ einheitlich im Unternehmen. Daraus entsteht eine Altersdiskriminierung, d.h. eine unfaire und altersspezifische Behandlung bestimmter Altersgruppen.[456]

Woran kann Kultur festgemacht werden? Am bekanntesten ist das Drei-Ebenen-Modell,[457] das die Unterscheidung Grundannahmen, Werte und Artefakte vornimmt. Kultur basiert auf ganz grundlegenden Vorstellungen (die **Grundannahmen**) über das Wesen des Menschen und seiner menschlichen Beziehungen. Für die Zusammenarbeit verschiedener Generationen spielen hier v. a. die Altersstereotype und Altersbilder (vgl. Kapitel 4.3) eine wichtige Rolle. Im Unternehmen kommunizierte Werte und von den Mitarbeitenden verinnerlichte Werte (**Werte**) sind an personalpolitischen Aussagen zum Thema Altersvielfalt oder ältere Mitarbeiter oder Diversity erkennbar (oder auch nicht). Wenn Personen aufgrund ihres (höheren) Lebensalters (Ageism oder Altersdiskriminierung) oder wegen ihrer Zugehörigkeit zu einer Generation (z.B. Gen Z) diskriminiert werden oder wenn eine Offenheit gegenüber bestimmten Personen gezeigt wird, dann sind diese Verhaltensweisen auch durch persönliche Werthaltungen geprägt. Diese persönlichen Werthaltungen beeinflussen ebenfalls die Unternehmenskultur. Die räumlichen Gegebenheiten, die Bürogestaltung, die Schaffung und Umsetzung mobil-flexibler Arbeitswelten und aber auch die gesprochene Sprache, Rituale, Zeremonien, Legenden u.a. transportieren Kulturelemente auf konkret erlebbare Art und Weise (**Artefakte**): eine ausgeprägt saloppe Jugendsprache oder die Zuteilung der großen und prestigeträchtigen Büros an älteren Mitarbeitende, die Erzählungen über all die ehemaligen älteren Mitarbeitenden, die aus unterschiedlichen, kaum nachvollziehbaren Gründen noch vor Erreichen des 60. Lebensjahrs die Stelle verloren haben, all dies sind Beispiele für den kulturellen Umgang mit Alter im Sinne der Artefakte.

455 Vgl. Snape & Redman, 2003.
456 Vgl. Kunze et al., 2011.
457 Schein, 1983.

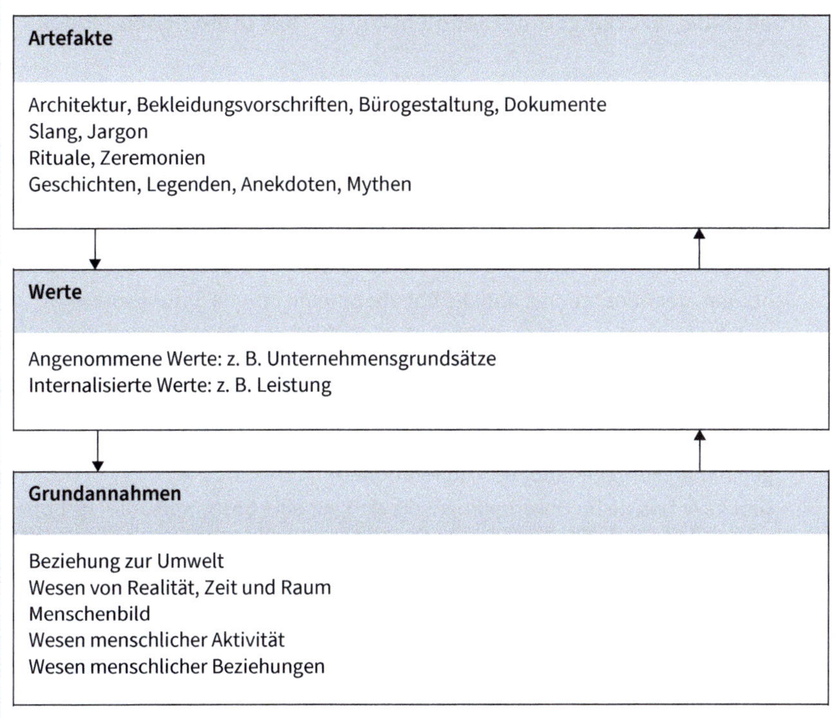

Abb. 8.1: Das Drei-Ebenen-Modell von Schein (1983, S. 14)

Das Drei-Ebenen-Modell

Das Modell geht davon aus, dass eine Kultur durch Grundannahmen, Werte und Artefakte geprägt wird. Dieses Modell lässt sich auf die Unternehmenskultur übertragen. Die Ebene Grundannahmen bezeichnet hierbei das Menschenbild, Anschauungen und Normen. Die Ebene Werte bezeichnet angenommene und internalisierte Werte, wie etwa Unternehmensgrundsätze und das Leistungsprinzip. Artefakte in Unternehmen sind z. B. Bekleidungsvorschriften, Rituale und Verhalten wie durchgearbeitete Nächte in *High-Performance Cultures*, der firmeninterne Sprachjargon aber auch große Firmengebäude mit repräsentativer Architektur.

Arbeitshilfe 28: Übung: Unternehmenskultur – das Drei-Ebenen-Modell[458]

DIGITALE EXTRAS

Diese Arbeitshilfe finden Sie zum Download unter Digitale Extras.

Untersuchen Sie die Unternehmenskultur Ihrer Organisation in Anlehnung an das Drei-Ebenen-Modell (Grundannahmen, Werte und Artefakte). Dabei helfen Ihnen folgende Leitfragen:

- Welche Annahmen haben Sie über die Generation Z, die Millennials, die Angehörigen der Generation X und die Babyboomer in ihrem Führungsbereich?
- Welche Arbeitsweise erleben Sie als typisch für Angehörige der jeweiligen Generation? Wie weicht diese von Ihrer eigenen ab?
- Welche Werthaltungen nehmen Sie im Unternehmen wahr? Gibt es offizielle Dokumente mit Aussagen zum Thema Umgang mit Alter? Welche Werthaltungen haben Sie gegenüber den Generationen?
- Gibt es Artefakte im Unternehmen, die sich auf eine bestimmte Altersgruppe beziehen oder diese begünstigen? In welche Richtung gehen diese Privilegien, Nachteile oder Geschichten?

Bitte notieren Sie ganz konkret Ihre Überlegungen und Beobachtungen und nutzen Sie diese für die Weiterentwicklung Ihres Führungshandelns und den Diskurs mit Entscheidungsträgern im Unternehmen.

Die Analyse oder Diagnose einer Organisationskultur kann auf verschiedene Arten erfolgen. Für eine systematische Kulturentwicklung hilft die Bestandsanalyse der derzeitigen Situation und daran anschließend eine aktive Auseinandersetzung mit der gewünschten Soll-Kultur.

Wie kann herausgefunden werden, wie alterssensitiv die bestehende Organisationskultur ist? Die etablierten Instrumente zur Organisationsdiagnose haben meist keinen spezifischen Fokus auf das Thema Altersvielfalt und kaum Bezug zur Demografie. Diese Diagnoseinstrumente reichen von strukturierten Fragebögen (z. B. DOCS – Denison Organisation Culture Survey; OCI – Organizational Culture Inventory) bis hin zu offenen Fragen und Beobachtungen. Insgesamt kann für die Diagnose einer Organisationskultur auf eine Vielzahl an Instrumenten zurückgegriffen werden.

Für das Thema der alterssensitiven Organisationskultur empfiehlt sich ein offenes Vorgehen. Bei einem Rundgang im Unternehmen sollte betrachtet werden, wie Gebäude, Empfang, Stimmung, Kommunikation und Umgang mit spontanen Begegnungen erfolgen und ob es Hinweise auf den Umgang mit Alter oder bestimmten Generationen

---

458 In Anlehnung an: Eberhardt, 2013d. Hier findet sich auch eine ausführliche Übersicht zu Instrumenten der Organisationskultur inkl. Bezugsquellen.

gibt. Weitere Möglichkeiten sind gezielte Beachtung von Wortmeldungen bei Sitzungen oder Präsentationen oder Einzelgesprächen oder die Teilhabe aller Generationen bei der Nutzung digitaler Kommunikationsmittel. Auf der Basis der Beobachtungen kann ein Leitfaden zur Erhebung der Unternehmenskultur konzipiert und eine Kulturdiagnose erstellt werden. Dieser Leitfaden kann auf allgemeinen Fragen zur Organisationskultur aufbauen.[459] Im Folgenden ein Muster dazu.

Arbeitshilfe 29: Leitfragen zur Erhebung der Unternehmenskultur

Diese Arbeitshilfe finden Sie zum Download unter Digitale Extras.

DIGITALE EXTRAS

Teil 1: Allgemeine Kulturdiagnose[460]

- Gute Leistung erreicht man bei uns durch ...
- Wer seinen Kollegen vertraut, ist bei uns ...
- Die Trennung von Privat- und Berufsleben ist bei uns ...
- Wenn man als Führungsperson den Mitarbeitenden vertraut, dann ...
- Anerkennung bekommt derjenige/diejenige, der/die ...

Teil 2: Alterssensitive Kulturdiagnose

- Wenn jemand schon lange bei uns arbeitet, dann gilt er/sie als ...
- Ältere Mitarbeitende gelten bei uns im Unternehmen als ...
- Jüngere Mitarbeitende gelten bei uns im Unternehmen als ...
- Unsere Form der Zusammenarbeit und unsere Kommunikation werden insbesondere von den Altersgruppen ... als besonders adäquat eingestuft.
- Prestigeträchtige Aufgaben bekommen v. a. die Angehörigen der Generation ... übertragen.
- Wer Wertschätzung den älteren Mitarbeitenden gegenüber zeigt, der ...
- Wer Wertschätzung den jüngeren Mitarbeitenden gegenüber zeigt, der ...

8.2 Die Entwicklung einer alterssensitiven Führungs- und Organisationskultur

Ob eine gezielte Entwicklung einer Organisationskultur überhaupt möglich ist, wird umfangreich debattiert. Optimisten setzen voraus, dass das Topmanagement Kulturgestaltung planen, beeinflussen und kontrollieren kann. Hierzu werden die einzelnen Werte identifiziert (hier der Aufbau einer alle Generationen umfassenden inklusiven und alterssensitiven Führungs- und Organisationskultur) und im Interesse aller Führungskräfte über alle Hierarchiestufen hinweg geteilt.

459 Vgl. Eberhardt, 2013a.
460 Entnommen aus Martins, 2007, S. 69 – 70.

An dieser Stelle zeigen sich bereits die ersten Schwierigkeiten in der Umsetzung. Sofern sich nicht alle Führungspersonen auf ein inklusives und alterssensitives Vorgehen einlassen oder gar selbst Vorbehalte bestimmten Altersgruppen gegenüber haben, wird die konsequente Umsetzung schwierig. Mitarbeitende erkennen auch subtile Hinweise auf einen bevorzugten oder weniger wertschätzenden Umgang mit bestimmten Altersgruppen. Eine solche realistische Einschätzung nimmt an, dass Kultur sich verändern kann und auch beeinflussbar ist, sie aber aufgrund der zahlreichen Einflussgrößen nicht komplett steuer- und modellierbar ist.

Führungskräfte können über unterschiedliche Mechanismen eine Organisationskultur beeinflussen und verändern. Am wirksamsten ist die Verteilung der eigenen Aufmerksamkeit:

- Was wird kommentiert?
- Was wird eingefordert?
- Was wird beurteilt und bewertet?
- Welche Themen sind wichtig?
- Welche Themen gehen unter?

Es gibt eine Reihe primärer Verankerungsmechanismen, mit denen die Führungspersonen direkt die Kultur gestalten können:[461]

Primäre Verankerungsmechanismen

- Was wird von der Führungsperson beachtet, beurteilt, kontrolliert?
- Wie geht die Führungsperson mit problematischen Ereignissen und Krisen um?
- Nach welchen Kriterien werden Ressourcen zugeteilt?
- Wie wird bewusst die Vorbildfunktion übernommen und vermittelt?
- Nach welchen Kriterien werden Belohnung und Status zugeteilt?
- Nach welchen Kriterien erfolgen die Einstellung, Auswahl, Aufgabenzuteilung, Beförderung, Trennung und Renteneintritt?
- Welche Medien werden in der Kommunikation eingesetzt?
- Wie gehe die Führungsperson mit Homeoffice oder Remote-Teilnahme bei Sitzungen um?

Bei der Auseinandersetzung mit diesen Fragen ist es sinnvoll, diese generationsspezifisch zu bearbeiten und sich Gedanken zu machen, wie welche Generation mit welchem Fokus behandelt wird.

Führungspersonen können auch über die Gestaltung von Rahmenbedingungen Einfluss auf die Kultur nehmen, das sind die sekundären Veränderungsmechanismen:[462]

461 Vgl. Schein, 1995, S. 185 – 202.
462 Vgl. ebenda.

- Aufbau und Ablaufstruktur eines Unternehmens,
- Systeme und Prozesse, die eingesetzt werden,
- Gestaltung der Räumlichkeiten, Fassaden und Gebäude, z. B. die Gestaltung von mobil-flexiblen Arbeitswelten und Verzicht auf Einzelbüros,
- Einsatz flexibler Arbeitsformen wie Homeoffice, hybrides Arbeiten und Remote Work,
- Nutzung vielfältiger digitaler Kommunikationsmittel und Social Media,

Auch bei der Gestaltung der Rahmenbedingungen können alters- und generationsspezifische Präferenzen aufgegriffen werden, wobei sich die Bedürfnisse, was Homeoffice und hybrides Arbeiten betrifft, zwischen den Generationen angeglichen hat und alle Generationen mehr Flexibilität in der Arbeitsgestaltung schätzen.

Modellvorstellungen zeigen, wie der Unternehmenserfolg durch Personalführung und aktive Kulturgestaltung erreicht werden kann. Wenn diese Faktoren gezielt um altersgerechte und generationenübergreifende Perspektiven ergänzt werden, hilft das dem Aufbau einer inklusiven und alterssensitiven Organisationskultur und wirkt negativen Auswirkungen einer altersheterogenen Belegschaft entgegen.

Eine bewusst altersgerechte und generationenübergreifende Personalführung stellt die Wertschätzung und Beachtung aller Altersgruppen sicher. Je nach Bedarf erfolgt dies spezifisch für bestimmte Gruppen (aber gleichberechtigt für alle Gruppen) oder generationenübergreifend. Konkretes Beispiel hierfür ist die altersunabhängige Unterstützung von Weiterbildungen für alle Mitarbeitenden. Durch derartige Führungsinterventionen kann eine alterssensitive Unternehmenskultur entstehen, die sichtbar und gelebt wird.

Für eine Kulturentwicklung empfiehlt es sich, nach den folgenden Prinzipien vorzugehen:[463]

- **Prinzip 1: Die erforderliche Ausrichtung der Veränderung verstehen**
  Häufig ist es gar nicht nötig, die Kultur komplett neu auszurichten. Es hilft, lediglich die bestehenden guten Ansätze innerhalb der bestehenden Kultur stärker zu fördern, aktuelle Bedürfnisse und Veränderungen aufzunehmen und zu integrieren und hemmende Faktoren gezielt zu unterdrücken.
- **Prinzip 2: Vorbild sein und andere anleiten und einbinden**
  Führungskräfte sind Vorbilder und Sponsoren der kulturellen Neuausrichtung. Es gilt also, kongruent zum Verhalten, das von den Mitarbeitenden erwartet wird, zu agieren. Wie wäre es mit einem Stellvertreter/einer Stellvertreterin aus einer anderen Generation oder einer gezielt altersgemischten Besetzung eines Projektteams? Wichtig ist auch, die organisatorische Notwendigkeit, Bedeutung und Vision einer alterssensitiven Unternehmenskultur, einer heterogenen Belegschaft aufzuzeigen.

463 In Anlehnung an Levin & Gottlieb, 2009.

- **Prinzip 3: Auf verschiedenen Ebenen arbeiten**
  Unternehmenskultur ist vielschichtig und erfordert ein Wirken auf verschiedenen Ebenen, um nachhaltig etwas zu verändern. Es empfiehlt sich eine Kombination von symbolischen Handlungen, konkreten Verhaltensweisen (wertschätzendes Verhalten gegenüber allen Altersgruppen und Vermeiden von Altersdiskriminierung) und dem Aufbau entsprechender Rahmenbedingungen (z. B. Erfassung von Kompetenzen als Grundlage für die Auswahl für Projektteams; Weiterbildung für Ältere).
- **Prinzip 4: Die gesamte Organisation und ihre Schlüssel-Gremien breit einbetten**
  Die Neuausrichtung der Kultur erfordert ein breit abgestütztes Engagement und Partizipation verschiedener Organisationseinheiten, Funktionen und Hierarchieebenen. Kulturveränderung bedeutet, Gruppen zu neuen Formen der Zusammenarbeit zu bewegen, etwa bei einer Gruppenzusammensetzung aktiv auf eine Altersmischung zu achten oder generationsspezifische Anliegen zu thematisieren (wie arbeiten wir zusammen, welche Medien nutzen wir, etc.)
- **Prinzip 5: Mit Strenge und Disziplin managen**
  Die Neuausrichtung einer Kultur ist eine bedeutende Führungsaufgabe. Wie für alle Führungsaufgaben werden eine detaillierte Planung, eine realistische Abschätzung von Ressourcen und Commitment für diese Anforderungen und ein koordiniertes Handeln benötigt. Einzelne Handlungen, Meilensteine, Termine, erwartete Ergebnisse etc. sind zu definieren.
- **Prinzip 6: In das tägliche Arbeitsleben integrieren**
  Die Neuausrichtung der Kultur gelingt dann, wenn ein wertschätzender Umgang mit allen Generationen und die Förderung der generationenübergreifenden Zusammenarbeit in das tägliche Arbeitsleben integriert sind und kein einmaliges Sonderprogramm bleiben.

Diese Prinzipien können durch Praktiken systematisch in die Praxis umgesetzt werden.

Wichtig: Acht Praktiken, um Kultur neu auszurichten[464]

1. Infrastruktur und Übersicht etablieren.
2. Angestrebte Kultur definieren.
3. Kulturaudit durchführen.
4. Modellierung von Führung sicherstellen.
5. Ebenen der kulturellen Neuausrichtung priorisieren.
6. Partizipative Anstrengungen unterstützen.
7. In strategische Initiativen integrieren.
8. Fortschritt periodisch beurteilen.

464 Vgl. Levin & Gottlieb, 2009.

Praxisbeispiel: Altersstereotype überwinden – »Wir sagen YES!« (Daimler AG)[465]

Mit der Demografieinitiative »Wir sagen YES!« möchte die Mercedes-Benz Cars Operations mit dem Tabuthema Alter(n) aufräumen und die Einstellungen und Haltungen zum Thema Alter(n) auf spielerische Art und Weise nachhaltig verändern. »YES« steht für »Young + Experienced = Successful« und beleuchtet den demografischen Wandel sowie dessen Chancen – aber nicht nur theoretisch, sondern mit viel Praxisbezug auf der Basis von »Erleben – Erfahren – Erkennen«. Die Initiative besteht aus drei Bausteinen:

1. EY ALTER – Du kannst mich mal kennenlernen: Eine interaktive Ausstellung, die für die mit dem demografischen Wandel verbundenen Chancen und Aufgaben in der Arbeitswelt sensibilisieren und einen gesellschaftlichen, politischen und wirtschaftlichen Diskurs anregen sollte. Die Ausstellung war zwischen 2015 – 2019 an verschiedenen Standorten in Deutschland vertreten. Einen Teil der Inhalte kann man nun im Internet abrufen unter: http://www.eyalter.com/de/tunnelentscheidung/
2. Führungskräfte-Veranstaltung »Mensch im Mittelpunkt: YES!«: Für 2600 Führungskräfte wurde eigens ein Format entwickelt, um ihnen den entscheidenden Einfluss von Führungskräften auf die Einstellungen der Belegschaft und als zentraler Erfolgsfaktor bewusst zu machen. Am Ende jeder der insgesamt 122 Veranstaltungen wurden die Selbsterkenntnisse und Selbsterwartungen fixiert.
3. Demografie-Spiegel: Zusammen mit der RWTH Aachen wurde ein wissenschaftsbasiertes Messinstrument zur Erfassung und Gestaltung von Demografiemaßnahmen entwickelt. In mehrtägigen Workshops diskutierten Führungskräfte, Mitarbeitende, Betriebsratsmitglieder, Planende, Personalverantwortliche sowie Demografie-Experten über die demografischen Herausforderungen verschiedener Bereiche. Die Sicherung von Wissen bei Altersabgängen und die Entwicklung der Mitarbeiterqualifikationen waren dabei nur einige der diskutierten Themen. Dass die Maßnahmen nachhaltig umgesetzt werden und bei den Beschäftigten ankommen, wurde durch Review-Workshops sichergestellt – circa neun bis zwölf Monate nach der ersten Session.

Für die langfristige und nachhaltige Verankerung einer Kultur der Vielfalt im Unternehmen ist es wichtig, dass Führungskräfte die Verantwortung hierfür selbst wahrnehmen und diese Aufgabe nicht an eine Spezialabteilung (Stabstelle) delegieren. Von zentraler Bedeutung ist dabei die Unterstützung des Topmanagements.[466] Eine

465 Charta der Vielfalt e.V., 2021.
466 Vgl. Kalev et al., 2006.

Kulturveränderung muss strategisch verankert werden, um die Bedeutung für den Unternehmenserfolg aufzuzeigen. Besonders sensibel sollte auf Hinweise für Altersstereotype und -diskriminierung geachtet werden. Vorurteile gegenüber Angehörigen bestimmter Generationen werden durch Sensibilisierung, Weiterbildung, Feedback und kritische Reflexion bearbeitet. Aufklärung und Information über Unterschiedlichkeit und Ausgrenzung helfen, Vorurteile zu reduzieren.[467] Neben der Verankerung der Verantwortung in der Linie und einer aktiven Bearbeitung von Einstellungen und Wahrnehmungen hilft es, Minoritäten zu integrieren, indem Kontaktmöglichkeiten, Austausch oder auch Mentoring-Angebote platziert werden.[468]

8.3 Ausgewählte Schwerpunkte einer inklusiven und alterssensitiven Organisationskultur

Die Entwicklung hin zu einer inklusiven und alterssensitiven Organisationskultur fokussiert den wertschätzenden Umgang mit allen Generationen im Unternehmen. Unterschiede und Schwerpunkte werden respektiert, der Beitrag des Einzelnen und der einzelnen Generationen wird geschätzt und die Zusammenarbeit verschiedener Generationen als Chance und Bereicherung angesehen. Zentral dafür sind die Wahrnehmung der Unterschiede und die Vielfalt unterschiedlicher Generationen und eine Kommunikationskultur, die zulässt, Unterschiede und Gemeinsamkeiten anzusprechen, anzuerkennen und in Dialog und Austausch einen konstruktiven Umgang damit zu entwickeln.

Relevant für eine gute Zusammenarbeit der Generationen und eine nachhaltige und anhaltend erfolgreiche Beschäftigung der Mitarbeiterinnen und Mitarbeiter über die Lebensspanne sind verschiedene Elemente einer alterssensitiven Führungs- und Organisationskultur. Dies sind v. a.:

- generationsspezifische Kompetenzschwerpunkte und der Umgang mit Erfahrungswissen,
- eine positive Lern- und Innovationskultur,
- eine gesundheitsförderliche Arbeitskultur.

Hinzu kommt eine auf Vielfalt und Inklusion ausgerichtete Unternehmenskultur.

467 Vgl. Fiske, 1998.
468 Vgl. Froese et al. 2015; siehe auch Kapitel 5.

8.3.1 Generationsspezifische Kompetenzschwerpunkte und der Umgang mit Erfahrungswissen

Bezüglich der einzelnen Kompetenzschwerpunkte der Generationen wird häufig das neueste abrufbare Fachwissen und die höhere Affinität bezüglich neuester Technologien der jüngeren Generationen dem langjährigen Erfahrungswissen und der Loyalität der älteren Generationen gegenübergestellt. Beim Aufbau einer alterssensitiven und auf Vielfalt ausgerichteten Organisationskultur spielt das Thema Umgang mit Erfahrungswissen eine große Rolle. Dabei haben die älteren Generationen zumeist langjährige Erfahrungen in der Arbeitswelt und die jüngeren Generationen umfangreiche Erfahrungen in der Nutzung von Social Media und innovativer digitaler Technologien.

Wichtig

Erfahrungswissen kann sich auf verschiedene Aspekte der Tätigkeit beziehen:

- Fachwissen
- Wissen über bestimmte Produkte
- Wissen, wie Abläufe und Prozesse funktionieren
- Wissen über das Unternehmen, die informellen Spielregeln und die relevanten Personen innerhalb und außerhalb des Unternehmens[469]
- Wissen über die Nutzung und den Einsatz innovativer Technologien, Social Media, generativer KI, digitaler Tools
- Wissen über verschiedene Branchen, globale Arbeitsweisen u.a.

Das Wissen über das Unternehmen, seine Prozesse und Produkte ist unternehmensspezifisch und für jedes Unternehmen sehr wertvoll. Eine Ausnahme bilden Change-Projekte, in denen genau an dieser Stelle Veränderungen stattfinden sollen – die Bedeutung des Erfahrungswissens rückt dann in den Hintergrund oder wird ggf. gar als hinderlich eingestuft. Es kann aber auch vorkommen, dass das über viele Jahre gesammelte spezifische Erfahrungswissen bei veränderten Arbeitsbedingungen nicht mehr benötigt wird. Diese Art von Erfahrungswissen wird aktiv unterdrückt, weil es zu aufwendig scheint, die neue Strategie mit dem vorhandenen Erfahrungswissen umzusetzen.[470] Alternativ werden die Wissensbereiche im Unternehmen neu priorisiert, damit erhält das Erfahrungswissen eine neue Wertigkeit.[471] Ergänzend werden auf einer übergeordneten Ebene Erfahrungen im Umgang mit Kunden, mit der Branche etc. abgespeichert, was zu einer Art Meta-Erfahrungswissen führt und gerade in Veränderungssituationen dazu führen kann, trotz des geplanten Change Stabilität und Ordnung zu gewährleisten.

469 Vgl. Bahl, Koch & Setter, 2015.
470 Vgl. Böhle, 2005.
471 Vgl. Koch & Warneken, 2012.

Folgende Leitlinien eignen sich für den Aufbau einer wertschätzenden Arbeitskultur im Umgang mit Erfahrungswissen:[472]

- **Wissen über Erfahrungswissen aufbauen:** Welche Bestandteile hat Erfahrungswissen? Welches Erfahrungswissen wird bei uns in der Organisation benötigt?
- **Maßnahmen für neue Führungskräfte entwickeln**, um fehlendes Erfahrungswissen zu kompensieren.
- Bei Neu- und Umstrukturierungen **Konflikte** um die Wertigkeit von Wissensbeständen **konstruktiv lösen.**
- **Unterschiede** zwischen den Generationen **identifizieren** und Konflikte lösen.

Die folgende Arbeitshilfe unterstützt Sie dabei, den Umgang mit Erfahrungswissen in Ihrem Unternehmen zu erfassen.

Arbeitshilfe 30: Übung: Umgang mit Erfahrungswissen

DIGITALE EXTRAS

Diese Arbeitshilfe finden Sie zum Download unter Digitale Extras.

Diese Übung lässt sich am besten als Paaraufgabe gestalten und z. B. bei einem Reverse Mentoring oder in Peer-Coaching-Programmen einsetzen sowie bei Führungsweiterbildungen mit Angehörigen verschiedener Generationen.

Überlegen Sie sich zu jedem Bereich des Erfahrungswissens drei Stichworte und tauschen Sie sich in der Diskussion mit Ihrer Kollegin oder Ihrem Kollegen aus:

Welches Erfahrungswissen ist in unserer Organisationseinheit besonders wichtig?

- Fachwissen
- Wissen über bestimmte Produkte
- Wissen über Abläufe und Prozesse
- Wissen über das Unternehmen und die informellen Spielregeln
- Wissen über digitale Arbeitsweisen und Technologien
- Wissen über externe Arbeitsweisen in anderen Unternehmen oder Ländern

Das Generationen-Tandem[473]

Ein interessantes Beispiel ist die Bosch-Gruppe, ein international führendes Technologie- und Dienstleistungsunternehmen mit weltweit rund 395.000 Mitarbeitern, die sich in vier Unternehmensbereiche Mobility Solutions, Industrial Technology, Consumer Goods sowie Energy and Building Technology gliedert.

472 Vgl. Bahl et al., 2015.
473 Bosch GmbH, 2019.

Um die Vielfalt im Unternehmen zu fördern, schafft Bosch bei seinen Mitarbeitern ein Bewusstsein für Vielfalt und fördert ein wertschätzendes Miteinander.

Seit 2015 können in sogenannten Generationentandems jüngere Mitarbeiter von erfahrenen lernen und umgekehrt. Die Teilnehmer tauschen sich regelmäßig innerhalb eines Tandems aus und entwickeln so ein Verständnis für die verschiedenen Lebensphasen. Im Reverse Mentoring schulen jüngere Mitarbeiter ältere im Umgang mit digitalen Tools und geben ihr Wissen weiter. Gleichzeitig profitieren sie von der Erfahrung der älteren. Auch Bosch-Rentner sollen ihr oftmals jahrzehntelang im Unternehmen erworbenes Know-how weiter einbringen können: Bereits 1999 gründete das Unternehmen die Bosch Management Support GmbH, die berentete Mitarbeiter für zeitlich befristete Beratungs- oder Projektaufgaben in den Konzern vermittelt. Ziel ist es, das Bosch-Wissen zu erhalten und jüngere Mitarbeiter von den Erfahrungen der Seniorexperten profitieren zu lassen. Der Expertenpool vereint mehr als 40.000 Jahre Berufserfahrung weltweit.

Fallstudie SKGROUP: Generationenübergreifender Co-Lead[474]

Die Strategic Knowledge Group AG (SKGROUP) ist eine Zürcher Boutique-Unternehmensberatung, die sich auf Strategie, Organisation und Führung spezialisiert hat. Die Unternehmenskultur zeichnet sich durch Offenheit für Veränderungen, ein freundschaftliches Arbeitsumfeld sowie Eigenverantwortung und Initiative aller Mitarbeitenden aus. Neue Teammitglieder werden ermutigt, ihre Interessen und Stärken zu identifizieren und aktiv in die Ausrichtung der Firma einzubringen.

Seit Oktober 2023 wird das KMU nicht mehr ausschließlich vom Gründer, sondern im Tandem aus zwei Generationen geführt. Diese strategische Entscheidung ist für das Unternehmen in vielerlei Hinsicht von großer Bedeutung. Aufgrund seiner jahrzehntelangen Erfahrung und Verbindungen zu Politik und Wirtschaft lag die Akquise und Betreuung hochkarätiger Kundinnen und Kunden in den meisten Fällen beim Gründer. Der neue Ansatz des Co-Leads verteilt diese Verantwortung auf mehrere Schultern und bringt frischen Wind ins Unternehmen. Die neue Co-Lead, zuvor Senior Consultant bei der SKGROUP, ist eine junge Vertreterin der Gen Y und treibt sowohl Rebranding und Positionierung als auch interne Veränderungen erfolgreich voran. Bereits in den ersten Monaten des Co-Leads konnte ein neues, flexibles Officedesign etabliert, neue Produkte initiiert und der Außenauftritt modernisiert werden.

474 Eberhardt, J., 2024.

Das Unternehmen und beide Führungspersonen profitieren gegenseitig von den unterschiedlichen Stärken und Perspektiven. Während für die erfahrenere Person die Nähe zu Trends und ein neuer Blickwinkel auf den Betrieb vorteilhaft ist, erhält die jüngere Person die Gelegenheit, Führungs- und Unternehmensverantwortung zu erlernen. Auf lange Sicht kann daraus auch eine reibungslose Unternehmensnachfolge resultieren. Die beiden Führungskräfte sind sich einig: Für eine erfolgreiche Führung im Generationentandem sind Vertrauen, regelmäßige und offene Kommunikation sowie ein Verständnis für die unterschiedlichen Perspektiven und Herangehensweisen entscheidend.

Letztendlich sendet der Co-Lead auch eine wichtige Botschaft an (potenzielle) Kundinnen und Kunden und neue Mitarbeitende: Wir begleiten nicht nur Strategieprozesse und Organisationsentwicklung, sondern leben dies auch im eigenen Unternehmen.

8.3.2 Lern- und Innovationskultur

Sicherung der Innovationsfähigkeit ist ein zentrales Thema in vielen Unternehmen. Aktuell sind die geburtenstarken Babyboomer in ihrer letzten Berufsphase und bilden in einigen Unternehmen die Basis für eine tendenziell alterszentrierte HR-Demografie. Gerade ältere Mitarbeitende werden jedoch häufig als weniger innovativ eingeschätzt. Dieser Zusammenhang zwischen Alter und weniger innovativem Verhalten ist bei genauerer Betrachtung jedoch nicht haltbar. Oftmals liegt dies lediglich an unterdurchschnittlichen Trainingsmöglichkeiten oder weniger Weiterbildungsangeboten und ist keinesfalls auf das biologische oder chronologische Alter zurückzuführen.[475] Das Innovationspotenzial aller Altersgruppen ist somit zu fördern und zu nutzen, unabhängig davon, dass die HR-Demografie sich mit dem Ausscheiden der Babyboomer aus der Arbeitswelt stark verändern wird.

Zentraler Bestandteil der altersgerechten Führung ist lebenslanges Lernen. Dazu braucht es eine Lernkultur, die dies unterstützt, fördert und einfordert.

Wichtig

Kulturelle Werte, die für den Aufbau einer Lernkultur notwendig sind:

- Lernen ist notwendig.
- Lernen ist erwünscht.
- Lernen wird gefördert.
- Lernen macht erfolgreich.[476]

475 Vgl. Holz, 2007.
476 Vgl. Osterheider, 2015, S. 552.

Diese Lernkultur wird durch die Entwicklung einer lernförderlichen Kultur, lernförderliche Strukturen, lernförderliche Arbeitsgestaltung und den Abbau von Lernhindernissen gepflegt. Damit kann Lernen im betrieblichen Kontext immer wieder neu verankert werden. Eine Lernkultur, die allen Generationen gerecht wird, begünstigt einerseits das lebenslange Lernen und berücksichtigt andererseits neue Lernformen und Medien. Mitarbeitende, die sich eigenverantwortlich und selbstbestimmt um ihre berufliche Qualifizierung kümmern, sind wesentlicher Bestandteil dieser Lernkultur. Personalentwickler werden zu Lernnavigatoren im Netz, zu individuellen Lernberatern und zu Wegbegleitern für selbstbestimmtes Lernen.[477]

Für die Steigerung von Innovation ist eine lern- und innovationsförderliche Organisationskultur sinnvoll und notwendig. Eine innovationsförderliche Kultur kennzeichnet sich durch eine hohe Fehlertoleranz, Lernbereitschaft, Flexibilität, Reaktionsfähigkeit, Wachstum und Ressourcengewinnung aus. Eine zentrale Rolle nimmt dabei das aktive Wissensmanagement ein.[478]

Innovationsrelevante Kompetenzen sind auf unterschiedliche Altersgruppen im Unternehmen verteilt. Eine lern- und innovationsförderliche Kultur hilft, die Innovationspotenziale in den verschiedenen Lebensphasen und Altersgruppen zu entwickeln und aufeinander abzustimmen. Dazu werden Ansätze, wie erwerbsbiografische Verläufe innovationsfreundlicher gestaltet werden können und wie altersgemischte Innovationsteams zusammenarbeiten können, benötigt.[479]

Definition: Innovationsfähigkeit

»Innovationsfähigkeit bedeutet, neue, innovative Gedanken hervorzubringen und diese erfolgreich umzusetzen und zu implementieren«.[480]

Innovationen können sich auf neue Produkte oder Dienstleistungen (Produktinnovation), verbesserte Organisationsstrukturen und -abläufe (Prozess- oder Verfahrensinnovation) oder auch auf eine Verbesserung in der Zusammenarbeit und Kommunikation (soziale Innovation) beziehen. Welche Art von Innovation wird als besondere Stärke der einzelnen Altersgruppen oder Generationen zugeschrieben? Prozess- und soziale Innovationen profitieren oftmals von der langjährigen Erfahrung älterer Mitarbeitender und deren intensiver Auseinandersetzung mit Fachthemen, Methoden und Branchenwissen. Die Herausforderung besteht darin, die Mitarbeitenden zu befähigen und zu motivieren, dieses Wissen in innovative Produkte und Dienstleistungen zu überführen. Break-Through-Innovationen werden eher den jüngeren

477 Vgl. Meiss, 2015.
478 Vgl. Schmitt, 2015; Iqbal, Rasheed, Khan & Siddiqi, 2021.
479 Vgl. Ciesinger, Klatt & Wendt, 2015.
480 Sammerl 2006, nach Ciesinger, Klatt & Wendt, 2015, S. 507.

Generationen wegen ihres modernen und unkonventionellen Denkens und neuesten Wissens aus Ausbildung und Hochschulen zugeschrieben. Von ihnen wird Innovation in Schlüsseltechnologien, Jugendmarken etc. erwartet.[481] Eine Innovationskultur, die die verschiedenen Innovationsarten kombiniert und zusammenbringt, Innovationen für Kundensegmente in verschiedenen Altersgruppen ermöglicht und den Wissenstransfer verschiedener Stärken fördert, erhöht das soziale und wirtschaftliche Potenzial eines Unternehmens.

Praxisbeispiel: Refluenced AG – Gen Z als Gründer und Führungspersonen[482]

Im Jahr 2022 haben die Gründer des schweizerischen Start-up-Unternehmens Refluenced AG das SunIce Festival in Sankt Moritz organisiert und durch Influencer-Marketing beworben. Daraus entstand die Geschäftsidee des Unternehmens Refluenced, das 2022 gegründet wurde, im selben Jahr sein Investorenkapital vergrößern konnte und seither erfolgreich expandiert. Refluenced ist eine All-in-One-Plattform, die Unternehmen eine unkomplizierte und leistungsfähige Durchführung von Influencer-Marketing ermöglicht. Als Start-up nimmt es eine Vorreiterrolle auf dem Schweizer Markt ein und expandiert derzeit bereits in Deutschland, weitere Länder sollen folgen. Die beiden Firmengründer und Inhaber sind Angehörige der Generation Z im Alter von 24 und 25 Jahren. Mit dem enormen Erfolg kam das Wachstum und die Verstärkung der Führungsebene – um weitere Vertreter der Generation Z. Im Frühjahr 2024 hat das Unternehmen 20 Mitarbeitende im Alter von 19 bis 36. Der 23-jährige Verkaufsleiter führt beispielsweise fünf Mitarbeitende im Alter von 19 bis 32.

Das Refluenced-Team verteilt sich auf die Schweiz, Deutschland und Ungarn und hat Arbeitsmethoden entwickelt, um diese Herausforderungen zu meistern. Das Management und das Sales-Team haben den Sitz in Zürich, die Marketing-Unit befindet sich in Berlin und die Tech-Unit arbeitet von Budapest aus. Wichtiges Erfolgselement sind Drive, Innovation, Mut, neue Wege zu gehen, und jede Menge Teamgeist, regelmäßiger Austausch, Zusammenarbeit und Spaß und ein Umfeld, das die Mitarbeitenden begeistert. Was kennzeichnet die Kultur und die Zusammenarbeit in diesem im doppelten Sinne jungen Start-up? Der Zugang zu Nano- und Micro-Influencerinnen, die Offenheit, kleinere und größere Unternehmen anzugehen und sie im Sales von diesen neuen Möglichkeiten des Marketings zu überzeugen, der Drive und Wille, die innovative Plattform stetig weiterzuentwickeln und zu verbessern.

481 Vgl. Holz, 2007.
482 Vgl. Eberhardt 2024.

Mit diesem Start-up gehen Young Professionals und Vertreter der Generation Z als Founder, Leader und Team in Kombination von guter Ausbildung, Drive, Neugierde, Offenheit, Spaß und Passion für Erfolg neue Wege. Sie sind auf allen Ebenen ihres Handelns Purpose-driven, erfolgsorientiert und darauf ausgerichtet, auch Spaß mit ihrer Arbeit zu verbinden: Die Influencerinnen und Influencer erhalten für ihre Beiträge statt Geld die vorgestellten Produkte, die Mitarbeitenden und ihre Führungscrew gehe neue Wege und leben den Teamspirit und sind erfolgreich.

Interessantes aus der Forschung

Kreativität und Innovation werden als Eigenschaften im Allgemeinen eher jüngeren Arbeitnehmerinnen und Arbeitnehmer zugeschrieben. Eine Befragung des Fraunhofer Instituts zu innovationsrelevanten Kompetenzen bei 1000 jüngeren und älteren Arbeitnehmerinnen und Arbeitnehmer ergab, dass die Beschäftigten selbst deutliche Unterschiede in den Kompetenzen wahrnehmen. Die Kompetenzen der Älteren sind in den Bereichen Fachwissen und Erfahrung massiv und auch im Bereich Team- und Kommunikationsfähigkeit den Kompetenzen der Jüngeren überlegen. Dafür werden den Jüngeren mehr Kompetenzen im Bereich von Flexibilität, Netzwerkfähigkeit und Lernbereitschaft zugeschrieben.

In altersgemischten Innovationsteams kann durch die Kombination aller Kompetenzschwerpunkte ein **Innovationsoptimum** entstehen. Dazu wird eine Organisationskultur benötigt, die die Lernbereitschaft, Flexibilität und Kreativität aller, insbesondere aber der älteren Mitarbeitenden erhöht. Wichtig ist, die innovationsförderlichen Kompetenzen transparent und nutzbar zu machen und Altersstereotype zu verhindern. Eine Kultur nach dem Motto »Jedes Alter zählt« ermöglicht die Erschließung von Innovationspotenzialen über alle Altersgruppen hinweg und einen Ausgleich bzw. eine Ergänzung der unterschiedlichen Generationen in ihren jeweiligen Stärken und Schwächen.[483]

Die folgende Arbeitshilfe liefert Ihnen ein Instrument zur Einschätzung der innovationsrelevanten Kompetenzen in Ihrem Unternehmen.

483 Vgl. Ciesinger, Klatt & Wendt 2015.

Arbeitshilfe 31: Kompetenzprofiling

DIGITALE EXTRAS

Diese Arbeitshilfe finden Sie zum Download unter Digitale Extras.[484]

Innovationsfähigkeit setzt bestimmte Kompetenzen bei den Mitarbeitenden voraus. Sie finden hier ein kurzes Instrument zur Einschätzung wissenschaftlich ermittelter, innovationsrelevanter Kompetenzen. Bitte beantworten Sie für Ihre Mitarbeitenden, in welchem Maße Sie ihnen die folgenden Eigenschaften zuschreiben würden:

Innovationsrelevante Kompetenzen	Trifft überhaupt nicht zu	Trifft überwiegend nicht zu	Weder noch	Trifft überwiegend zu	Trifft voll und ganz zu
Erfahrung					
Fachwissen					
Lernbereitschaft					
Motivation					
Kreativität					
Netzwerkfähigkeit					
Teamfähigkeit					
Kommunikationsfähigkeit					
Flexibilität					
Digitale Kompetenzen					

Insgesamt betrachtet hat das allgemeine Arbeitsklima großen Einfluss auf die Lern- und Innovationskultur einer Organisation. Arbeitsunzufriedenheit, Zeitdruck, unzureichendes Führungsverhalten, Angst vor Arbeitsplatzverlust gelten als lernfeindlich und innovationshemmend. Für Lernen und Innovation sind zu viel Harmonie, Zufriedenheit und Monotonie ebenso wenig förderlich. Der konstruktive Umgang mit Unterschieden und Konflikten fördert die Erweiterung des eigenen Horizontes, ermöglicht Lernen und ist oft Quelle für Innovationen. Es gibt keinen Beleg dafür, dass Babyboomer weniger innovativ sind. Die Schwerpunkte ihrer Innovation liegen allerdings in anderen Bereichen als bei den Millennials oder der Generation Z und benötigen eine Führungs- und Organisationskultur, der es gelingt, das Innovationspotenzial zu aktivieren und für künftige Aufgaben einzusetzen. Die Angehörigen der Generation X konnten bislang unterschiedliche und vielfältige Lernerfahrungen sammeln, haben mehrere Arbeitsplatzwechsel erlebt, sind mit Entwicklungen wie Globalisierung und Change-Prozessen vertraut und haben Erfahrung im lebenslangen Lernen. Sie verfü-

484 Erweitert in Anlehnung an: Ciesinger, Klatt & Wendt, 2015;

gen auch über entsprechende Schlüsselkompetenzen in Technologie, Fremdsprachen etc. Mitarbeitende, die es gewohnt sind, selbstständig und innovativ im Unternehmen zu handeln, setzen diese Fähigkeit auch für die eigenen Interessen ein. Gerade deshalb ist eine lern- und innovationsfreundliche Organisationskultur ein wichtiges Element der Mitarbeitergewinnung und -bindung.[485]

8.3.3 Gesundheitsförderliche Arbeitskultur

Ein weiterer wichtiger Teilaspekt einer alterssensitiven Organisationskultur ist das Thema gesundheitsförderliche Arbeitskultur. Die physische und die psychische Gesundheit ist Basisbestandteil der Arbeitsfähigkeit und Grundvoraussetzung für eine Beschäftigung in allen Altersgruppen. Gesundheit am Arbeitsplatz wird durch das Betriebliche Gesundheitsmanagement (BGM) gefördert und kann auf verschiedenen Ebenen unterstützt werden. BGM dient den strategischen Unternehmenszielen, die nur mit einer gesunden Belegschaft erreicht werden können – insbesondere auch bei wachsendem Anteil älterer Mitarbeiterinnen und Mitarbeiter. Dabei ist es erfolgskritisch, Risikogruppen für Verhaltensangebote wie Fitness- und Ausgleichstraining, Rückenschule, Ergonomieberatung, gesunde Ernährung, Bike-to-Work etc. zu gewinnen.

Wichtig

Die fünf Schlüsselelemente eines gesunden Arbeitsplatzes (Standards der Weltgesundheitsorganisation WHO):

- Element 1: Einsatz und Engagement der Führungskräfte,
- Element 2: Einbeziehung der Mitarbeitenden und deren Vertreter,
- Element 3: Geschäftsethik und Legalität,
- Element 4: Gebrauch von systematischen, nachvollziehbaren Prozessen, um Effektivität und kontinuierliche Verbesserung zu gewährleisten,
- Element 5: Nachhaltigkeit und Integration.

Erfolgskritisch ist die Haltung der verantwortlichen Führungspersonen. Oftmals sind es winzige Nuancen im Umgang mit Mitarbeitenden, etwa das echte Interesse an deren Gesundheit und Wohlbefinden etc., die über den Aufbau einer gesundheitsförderlichen Kultur entscheiden.

Führung und Gesundheit können auf verschiedenen Ebenen ansetzen.[486] Es geht dabei u. a. um die Gestaltung gesundheitsförderlicher Organisationsstrukturen, das gesundheitsförderliche Verhalten und den eigenen Umgang mit Gesundheit. Nachhaltig unterstützend ist eine Unternehmenskultur, die gesundheitsförderliches Verhalten

485 Vgl. Holz, 2007.
486 Vgl. Frank, 2010; Eberhardt, 2013c.

fördert. Um diese aufzubauen, hilft eine positive innerbetriebliche Kommunikation, eine stimmige Führungs- und Konfliktkultur, damit Mitarbeitende Angebote als ernsthaft wahrnehmen, das Vorleben der Führungskräfte durch eigenes gesundheitsförderliches Verhalten (z.B. Pausen einlegen, Arbeitsstunden/Tag, Erreichbarkeit), Belastungsabbau und Ressourcenaufbau sowie praxisgerechte Programme für Führungskräfte im Umgang mit der eigenen Gesundheit und der der Mitarbeitenden.

Interessantes aus der Forschung

Ausgewählte Ergebnisse zum Thema gesunde Führung aus der Top-Job-Trendstudie

Insgesamt wurden über 15.000 Mitarbeitende in knapp 100 mittelständischen Unternehmen mit ca. 270 Geschäftsleitungsmitglieder in Deutschland befragt.

1. Psychische Gesundheit wirkt sich positiv auf Wohlbefinden (+30%), Engagement (+ 19%), Unternehmensleistung (+15%) und negativ auf Kündigungsabsicht (–75%), destruktives Engagement (–63%), Resignation (–52%) aus.
2. Nur eine Minderheit der Unternehmen hat gesunde Führung etabliert (in 2% der Unternehmen »sehr gut«, in 22% »gut« ausgeprägt).
3. Gesunde Chefs fördern gesunde Mitarbeiter: In Unternehmen, in denen die Geschäftsführung gesund führt, ist die gesunde Führung des mittleren Managements um 90% und beim unteren Management um 32% besser.
4. Selbstbestimmung und Selbstbefähigung am Arbeitsplatz erhöht die Gesundheit um 31%.
5. Ein vernetztes, aufeinander abgestimmtes Gesundheitsmanagement erhöht die Gesundheit um 11%, unverbundene Einzelmaßnahmen (nur) um 5%.
6. Wenn auf anstrengende Veränderungsphasen Phasen der Reflexion, der Regeneration und Auszeiten folgen, verbessert sich die psychische Gesundheit um 23%, die Unternehmensleistung steigt um 6%.[487]

Im Folgenden empfehlen wir neun Maßnahmen für den Aufbau einer gesunden Performancekultur:[488]

1. **Topmanagement als Vorreiter einer gesunden Performancekultur**:
   Die oberste Führungsspitze eignet sich am besten, um das Thema anzustoßen, zu fördern und zu festigen.
2. **Gesunde Selbstführung**:
   Vertrauen ins Thema wird durch den eigenen positiven Umgang der Führungskraft mit dem Thema Gesundheit geschaffen.
3. **Ganzheitliches betriebliches Gesundheitsmanagement**:
   Eine Abstimmung einzelner Maßnahmen untereinander erhöht deren Wirkung.

487 Vgl. Bruch & Kovalevski, o.J.
488 Ebenda, S. 7.

4. **Freiheit mit Auffangnetz:**
Handlungsspielraum erhöht die Gesundheit der Mitarbeitenden, allerdings sollte bei Bedarf Unterstützung angeboten werden.
5. **Sinn der Arbeit:**
Sinnhafte Arbeit erhöht die Motivation; bei stark spezialisierten Aufgaben wird empfohlen, durch Führung und Kommunikation die Sinnhaftigkeit der Aufgaben aufzuzeigen.
6. **Wertschätzung:**
Anerkennung und Wertschätzung (die echt gemeint sind und über das Loben hinausgehen) haben einen gesundheitsförderlichen Effekt.
7. **Fordern und Fördern:**
Aufgaben sollen so zugeteilt werden, dass die Ressourcen im Einklang mit dem Anspruchsniveau der Person und deren Fähigkeiten stehen. Dabei gilt es, auch Entwicklungsperspektiven zu berücksichtigen.
8. **Gesundheitskonsumhaltung**:
Die Verantwortung für die Gesundheit soll nicht von den Mitarbeitenden an die Führungspersonen transferiert werden.
9. **Psychisches Immunsystem**:
Bei der Arbeitsgestaltung dürfen die Anforderungen nicht die Ressourcen übersteigen. Mitarbeitende können in einem solchen Umfeld widerstandsfähig und immun gegen Stressoren bleiben oder werden.

8.4 Altersgemischte Teamarbeit

Die Zusammenarbeit in altersgemischten Teams hat Vorteile, aber auch ihre Herausforderungen. Sie bedarf beim Aufbau einer alterssensitiven Unternehmenskultur einer gesonderten Betrachtung. Die Gruppenleistung kann durch die Zusammensetzung der Gruppe oder die Art der Gruppenzusammensetzung beeinflusst werden.

Topmanagement-Teams sind in diverser Zusammensetzung erfolgreicher, die Befundlage insgesamt ist jedoch heterogen. Bei Altersdiversität in Teams wird von schlechterem Gruppenklima, weniger Kommunikation, höherer Fluktuationsrate und Entscheidungsschwierigkeiten berichtet. Tendenziell hat eine homogene Gruppe häufig eine bessere Anfangsleistung als eine heterogene Gruppe. Die Gruppenzusammensetzung bringt auch heterogene Ergebnisse hervor, z. B. bei der Leistung und dem Gruppenzusammenhalt. Generell gilt, dass heterogene Gruppen überlegen sind bei Aufgaben, die komplex sind und bei denen es keine eindeutig richtige oder falsche oder eine klare Expertenlösung gibt. Wenn es gelingt, im Gruppenprozess alle zu integrieren, steigen die Ausgewogenheit und die Akzeptanz des Ergebnisses.[489]

489 Vgl. McGrath, 1984; Bowers, Pharmer & Salas, 2000.

Vorteile	Herausforderungen
Verbesserte Entscheidungsfindung und Vermeidung von Gruppendenken	Kommunikations- und Koordinationsprobleme
Steigerung von Kreativität und Innovation	individuelle Unzufriedenheit
Wissenstransfer und Baustein für eine lernende Organisation	Zeitaufwand und Produktivitätsverluste
verbessertes Kundenverständnis	Konflikte wegen Vorurteilen, Altersstereotype, Misstrauen

Tab. 8.1: Vorteile und Herausforderungen altersgemischter Teamarbeit[490]

Herausforderungen in altersgemischten Teams können mit der Theorie der sozialen Identität erklärt werden. Menschen tendieren dazu, sich einer bestimmten Gruppe zugehörig zu fühlen und grenzen diese von anderen Gruppen ab (»wir Jungen«, »die Älteren«).[491]

Das Diversitätspotenzial altersgemischter Teams kann folgendermaßen aktiviert und nutzbar gemacht werden:[492]

- **Unterstützende organisatorische Rahmenbedingungen schaffen**
  Durchführung von Teamanlässen und Teamentwicklungen; erfahrungs- und verhaltensbasierte Lernmethoden, damit auch ältere Teamkollegen sich gut einbringen können; regelmäßige Teammeetings mit einer Gelegenheit zum Austausch und Kennenlernen, Schaffung von teambasierten Anreiz- und Kompensationssystemen.
- **Interaktive Führung altersgemischter Teams**
  Als Führungsperson den regelmäßigen und direkten Austausch mit den Teams pflegen; transformational Führen und die Mitarbeitenden mit ihren Werten und Zielen ansprechen; kollektive Teamziele setzen und verfolgen; eine Vision für das gesamte Team verfolgen und die Teammitglieder inspirieren, ein Wir-Gefühl schaffen.

Interessantes aus der Forschung[493]

Wie wirkt die Gruppenzusammensetzung?

- Außenstehende nehmen wahr, wer in der Gruppe mitmacht: Ein Ergebnis wird z. B. als legitim beurteilt, wenn alle Interessengruppen beteiligt waren oder umgekehrt (Erwartungen und Urteile Außenstehender).

490 Vgl. auch van Knippenberg & Schippers, 2007.
491 Vgl. Ely, 2004.
492 Vgl. Kunze, 2015.
493 Vgl. Roth, Wegge & Schmidt, 2008.

- Prozesse innerhalb der Arbeitsgruppe führen zu einer Akzeptanz der Lösung (z. B. abnehmende Kooperationsbereitschaft aufgrund von Vorurteilen gegenüber Mitgliedern der eigenen Gruppe; Selbstwahrnehmung der Gruppe).
- Handlungen, die auf außenstehende Personen zielen, sind erfolgreicher bei einer heterogenen Gruppe, weil die Vernetzung vielfältiger ist (Nutzung von Ressourcen außerhalb der Gruppe).

Praxisbeispiel: Stadt Zürich – altersgemischte Teams erfolgreich führen

Um die Führung verschiedener Generationen zu unterstützen, hat die Stadt Zürich das Seminar »Altersgemischte Teams erfolgreich führen« in das städtische Weiterbildungsangebot aufgenommen, das sich an Führungskräfte aller Kaderstufen richtet. In dieser Führungsweiterbildung geht es u. a. darum, das generationenübergreifende Verständnis zu fördern und für das Generationenmanagement als strategische Führungsaufgabe zu sensibilisieren. Thematisiert werden Bedingungen für eine erfolgreiche Zusammenarbeit zwischen den Generationen und wie die unterschiedlichen Stärken der Generationen in der Teamarbeit sinnvoll genutzt werden können. Ebenso erhalten die Teilnehmenden Beispiele zur generationengerechten Führung und Empfehlungen für die eigene Führungspraxis.

Nach verhaltener Resonanz in den ersten beiden Jahren ist das Weiterbildungsangebot inzwischen zum festen Bestandteil der städtischen Führungskräfteentwicklung geworden. In einem Bereich haben sogar alle Führungskräfte einer bestimmten Funktionsebene an dem Seminar teilgenommen. Außerdem gibt es seit 2021 das komplementäre Angebot »Jung und alt im gleichen Team« für Mitarbeitende. Das von der gleichen Seminarleitung durchgeführte eintägige Seminar behandelt in verkürzter Form dieselben Themen wie im Seminar für Führungskräfte mit dem Ziel, das gegenseitige Verständnis in altersgemischten Teams zu erhöhen und einen offenen Dialog zwischen Teilnehmenden unterschiedlichen Alters zu ermöglichen. Eine generationengerechte Führung einerseits und eine gute Zusammenarbeit zwischen den Generationen andererseits zeigen die Vorteile einer diversen Belegschaft innerhalb der Stadtverwaltung auf. So wird das Thema Generationenmanagement sowohl top-down (über die Zielgruppe Führungskräfte) als auch bottom-up (über die Zielgruppe Mitarbeitende) angegangen.

Effektivitätssteigerung durch altersgemischte Teams, wie geht das?
Die Effektivität von altersgemischten Teams wird gesteigert, wenn Teams entlang der Kompetenzen und Erfahrungen der Mitglieder zusammengesetzt, die Konflikte der Teamarbeit gemildert werden und nicht zu stark auf die Unterschiede im Team fokussiert wird, sprich die Selbstwahrnehmung der Gruppe nicht negativ beeinflusst wird.

Bei großer Altersvielfalt im Team kommt es darauf an, dass die eingebrachten Kompetenzen unterschiedlich sind und sich komplementieren, idealerweise auf Basis der Zugehörigkeit zu verschiedenen Generationen. Millennials können z. B. ihre stärkere Social-Media-Kompetenz mit dem Erfahrungswissen der Babyboomer kombinieren. Die Teameffektivität kann gesteigert werden, wenn die individuellen wie auch die Teamkompetenzen durch Weiterbildungsmaßnahmen gefördert werden.

Der Zusammenhalt in altersgemischten Teams wird durch eine gemeinsam getragene Kultur mit gemeinsamen Werten, Einstellungen und geteilten Handlungsmustern gefördert. Gemeinsame Handlungsmuster entstehen durch Kommunikation und Austausch über die Generationen hinweg und durch gemeinsames, kollektives Lernen, das ebenfalls identitätsstiftend sein kann. Altersgemischte Teams tragen mit dem aktiven Austausch zwischen den Generationen, einer positiven Interaktion und einem breiten Spektrum an Kompetenzen, die gemeinsam genutzt werden, wesentlich zu einer alterssensitiven Unternehmenskultur bei.

Der TEAM-Ansatz

Das Akronym **TEAM** steht für den Ansatz, mit einer alternden Belegschaft in Hochleistungsteams umzugehen. Die Buchstaben stehen für die vier Bereiche:

- Zusammensetzung des Teams (**t**eam composition),
- Ausbildung und Training (**e**ducation and training),
- Bewusstsein/Verantwortung/Anpassung (**a**wareness/accountability/accommodation) und
- Betreuung (**m**entoring).

Die **Teamzusammensetzung** bezieht sich auf eine ausgeglichene Zusammensetzung des Teams im Hinblick auf das Alter ebenso wie auf Diversität. Der Vorteil von generationenübergreifenden Teams ist die Vermeidung von starkem Wissensverlust, wenn die älteste Generation berentet wird. Dafür muss das Wissen aktiv an die nachkommenden Generationen weitergegeben werden.

Ausbildung und Training umfasst die Sensibilisierung der Mitarbeitenden hinsichtlich der rechtlichen und ethischen Aspekte des Alterns. Damit sollten sich v. a. die Angehörigen der jüngeren Generationen auseinandersetzen. Für die Generation X und Babyboomer ist es hingegen wichtig, die Werte der nachkommenden Generationen zu verstehen. Dies fällt unter das Stichwort Diversitätsschulung. Weiterhin sollten allen Mitarbeitenden Weiterbildungsangebote zur Verfügung stehen.

Unter die Begriffe **Bewusstsein/Verantwortung/Anpassung** fällt die Aufklärung über Stereotype und Diskriminierung. Dazu gehören Sensibilisierungen im Umgang mit der Generation Z genauso dazu wie die Vermeidung von Ageism.

Arbeitshilfe 32: Praxistransfer – Alterssensitive Führungs- und Unternehmenskultur

Diese Arbeitshilfe finden Sie zum Download unter Digitale Extras.

DIGITALE EXTRAS

Was bedeutet das für die Praxis?
Machen Sie sich über die folgenden Fragestellungen Gedanken und überlegen Sie, welche Bedeutung die Unternehmenskultur in Ihrer Organisation hat:

- Wie sieht die Unternehmenskultur in Ihrer Organisation aus? Welche impliziten Werte gibt es gegenüber älteren oder jüngeren Mitarbeitenden oder den Angehörigen verschiedener Generationen? Welche Werte beeinflussen die Zusammenarbeit der Generationen?
- Gibt es in Ihrer Organisation ein Diversitätsmanagement? Werden altersspezifische Punkte berücksichtigt? Wie wird Altersvielfalt unterstützt und gefördert?
- Welchen Beitrag können Sie als Führungskraft für den Aufbau einer alterssensitiven Unternehmenskultur leisten?
- Gibt es Maßnahmen, um einem Wissensverlust durch den Weggang von Mitarbeitenden entgegenzuwirken?
- Welche Möglichkeiten möchten Sie ergreifen, um den intergenerationalen Austausch zu fördern und zu unterstützen?

Zusammenfassung und Kernaussagen des Kapitels

Kulturentwicklung ist eine erfolgskritische und zentrale Führungsaufgabe und erfordert das Zusammenspiel Vieler. Die Unternehmenskultur sollte zur Unternehmensstrategie und den eigenen Werten passen, damit die Botschaften glaubwürdig und handlungsleitend sind. Von zentraler Bedeutung bei der Kulturentwicklung ist die Unterstützung durch das Topmanagement.

Age Diversity erfordert eine Kultur, die auf Inklusion aller Generationen setzt und gleichzeitig alterssensitiv ist. Altersvielfalt bringt ein großes Potenzial für den Unternehmenserfolg auf verschiedenen Ebenen. Eine positive wahrgenommene Unternehmenskultur für alle Generationen erhöht die Mitarbeitendenzufriedenheit und -bindung, den Talentpool bei Rekrutierungen, die Kreativität der Mitarbeitenden, die damit verbundene Innovationsfähigkeit des Unternehmens sowie die Marketing- und Vertriebspotenziale und verbessert Problemlösungskapazität und Entscheidungsprozesse.

Die Unternehmenskultur spielt eine zentrale Rolle, um das Potenzial der Diversität richtig zu nutzen.

Das Drei-Ebenen-Modell beschreibt, wodurch sich eine Kultur auszeichnet: Grundannahmen, Werte und Artefakte. Das gilt für gesellschaftliche wie für organisatorische Kultursysteme gleichermaßen. Die Entwicklung einer alterssensitiven Organisationskultur wird in Unternehmen künftig eine Schlüsselfunktion einnehmen.

Die Entwicklung einer alterssensitiven Kultur wird durch sechs Prinzipien verfolgt:[494]

- Prinzip 1: Die erforderliche Ausrichtung der Veränderung verstehen.
- Prinzip 2: Vorbild sein und andere anleiten und einbinden.
- Prinzip 3: Auf verschiedenen Ebenen arbeiten.
- Prinzip 4: Die gesamte Organisation und ihre »Schlüssel«-Gremien breit einbetten.
- Prinzip 5: Mit Strenge und Disziplin managen.
- Prinzip 6: In das tägliche Arbeitsleben integrieren.

Um eine breite Akzeptanz in der Belegschaft zu erhalten, bedarf es des adäquaten Umgangs mit Heterogenität. Das beinhaltet auch die Integration von Meinungen der Minoritäten und einen insgesamt wertschätzenden Umgang miteinander.

Im Umgang mit Wissen gilt es zu beachten, dass der Wissenstransfer alle Generationen umfasst und jede Generation unterschiedliche Kompetenzen bestehend aus Wissen und Erfahrung einbringen kann. Der intergenerationale Austausch kann durch die Unternehmenskultur entscheidend gestützt werden, um von den spezifischen Kompetenzschwerpunkten jeder Generation zu profitieren. Eine geeignete Lern- und Innovationskultur gehört ebenso zur ganzheitlichen Unternehmenskultur wie die Integration der Gesundheitsförderung.

494 Levin & Gottlieb, 2009.

9 Anhang

9.1 Nützliche Internetlinks zu ausgewählten Themen

Die folgende Linkliste enthält weiterführende Informationen (Stand: Mai 2024) und Verknüpfungen zu Webseiten Dritter (externe Links). Diese Webseiten unterliegen der Haftung der jeweiligen Betreiber. Bei der erstmaligen Verknüpfung der externen Links wurden diese geprüft, es waren keine Rechtsverstöße ersichtlich. Für die Inhalte, die Sicherheit und die Gebührenfreiheit der verknüpften Seiten kann trotz sorgfältiger Prüfung keine Haftung übernommen werden.

Die Auswahl der externen Links erfolgte rein subjektiv und beinhaltet keinerlei Bewertung oder Präferenz bestimmter Institutionen.

Die Links sind in alphabetischer Reihenfolge angeordnet. Sie finden bei den meisten Links eine Kurzversion in der Form »bit.ly/xyz«, mit der Sie direkt zu der Webseite gelangen. Die Erläuterungen der Links sind z.T. den Angaben der jeweiligen Webseite entnommen.

Arbeit 50plus

- http://www.save50plus.ch/

Der schweizerische Arbeitnehmerverband 50plus ist eine Interessensvereinigung und Lobbyorganisation für erfahrene Arbeitskräfte aller Branchen. Diese Webseite bietet viele praktische Hinweise für den Arbeitsmarkt 50plus.

Arbeitgeberin Stadt Zürich

- https://www.stadt-zuerich.ch/portal/de/index/jobs/arbeitgeberin-stadt-zuerich/fuehrungsgrundsaetze.html
- https://www.stadt-zuerich.ch/site/klick/de/index/fit-fuer-digital.html:
- https://www.stadt-zuerich.ch/prd/de/index/gleichstellung/themen/beruf_familie/vereinbarkeit-familie---beruf.html
- https://www.stadt-zuerich.ch/portal/de/index/jobs/praktika-stadt-zuerich.html

Auf dieser Seite sind personalpolitische Grundlagen, Anstellungsbedingungen und diverse Angebote für die Mitarbeitenden aller Generationen der Stadt Zürich aufgeführt. Weiterhin finden sich verschiedene Elemente des Generationenmanagements, Führungsgrundlagen, Hinweise zur Vereinbarkeit von Beruf und Familie und weiterführende Informationen.

Babyboomer-Stories zwischen Arbeit und Ruhestand

- https://babyboomer-stories.de/der-babyboomer-podcast/

In diesem Podcast der »Babyboomer im Titel und im Herzen« trägt, werden sämtliche Themen rund um diese Phase der letzten Jahre im Berufsleben und den Übertritt in die Rente in einzelnen Folgen der Podcast-Serie abgehandelt. Die Journalistin und der Journalist sind selber Babyboomer und interviewen Betroffene und Fachpersonen. Sie reden über Trends, Entwicklungen, Interessantes und auch Exotisches. Sie reden auch über Betroffenheit und Selbsterleben. Sie möchten möglichst viele Perspektiven zum Thema Babyboomer auftun.

Beschäftigungsfähigkeit und demografischer Wandel im Unternehmen (betriebliche Beschäftigungsfähigkeit im demografischen Wandel)

- www.demobib.de

Online-Unterstützung für bessere Beschäftigungsfähigkeit im demografischen Wandel. Die Informationen, Instrumente und Beispiele auf dieser Webseite unterstützen dabei, vor Ort betriebliche Handlungsbedarfe im demografischen Wandel zu erkennen und für bessere Beschäftigungsfähigkeit aktiv zu werden.

Berufsstart für Absolventen und Praktikanten

- https://www.berufsstart.de/

Diese Jobbörse bietet eine große Zahl von attraktiven Stellenangeboten für den Berufseinstieg, Praktika und Abschlussarbeiten. Außerdem gibt es wertvolle Tipps.

Bundesamt für Statistik/BFS

- https://www.bfs.admin.ch/bfs/de/home.html

Das Bundesamt für Statistik BFS ist eine Bundesbehörde der Schweizerischen Eidgenossenschaft. Das BFS ist das nationale Dienstleistungs- und Kompetenzzentrum für statistische Beobachtungen in wichtigen Bereichen von Staat und Gesellschaft, Wirtschaft und Umwelt. Das BFS ist der wichtigste Statistikproduzent des Landes und führt den Datenpool Statistik Schweiz. Es stellt Informationen in allen thematischen Bereichen der öffentlichen Statistik bereit.

Demografiefitness

- http://www.demografiefitness.ch/instrumente

Die Seite der Fachhochschule Nordwest Schweiz bietet ausgewählte Instrumente, mit denen Sie überprüfen können, ob Ihr Unternehmen fit für die Herausforderungen des demografischen Wandels ist. Es finden sich verschiedene Tools für eine allgemeine strategische Einschätzung wie auch für spezielle Führungs- und HR-Fragestellungen rund um das Thema Generationenmanagement.

Demografiestrategie Bundesregierung Deutschland

- https://www.bmi.bund.de/DE/themen/heimat-integration/demografie/demografiepolitik/demografiepolitik-artikel.html

Die Demografiestrategie Politik für alle Generationen der Bundesregierung Deutschland verfolgt das Ziel, Rahmenbedingungen zu schaffen, die den Wohlstand für die Menschen aller Generationen in Deutschland erhöhen und die Lebensqualität verbessern. Um dieses Ziel zu erreichen, wurden verschiedene Handlungsfelder und Maßnahmen definiert, die aufzeigen, welche Schwerpunkte die Bundesregierung zur Gestaltung des demografischen Wandels setzt.

Demografie Portal des Bundes und der Länder

- https://www.demografie-portal.de/DE/Startseite.html (→ Über das Demografieportal)

Das Demografieportal bietet grundlegende Informationen zu demografierelevanten Themen von Bund, Ländern, Kommunen und Verbänden. Es beinhaltet:

- Fakten: kommentierte Diagramme mit Hintergrundwissen,
- Politik: Überblick über die aktuelle Demografiepolitik in Bund und Ländern,
- Gute Praxis: Datenbank mit Auswahl von innovativen und bewährten Ansätzen aus Deutschland und dem Ausland in zwölf Themenfeldern: von interkommunaler Zusammenarbeit über Gesundheit bis hin zu Digitalisierung.

Demografiestrategie der Bundesregierung Deutschland

- https://www.demografie-portal.de/DE/Politik/Bund/demografiestrategie.html

Die Demografiestrategie Politik für alle Generationen der Bundesregierung Deutschland verfolgt das Ziel, Rahmenbedingungen zu schaffen, die den Wohlstand für die Menschen aller Generationen in Deutschland erhöhen und die Lebensqualität verbessern. Um dieses Ziel zu erreichen, wurden verschiedene Handlungsfelder und Maßnahmen definiert, die aufzeigen, welche Schwerpunkte die Bundesregierung zur Gestaltung des demografischen Wandels setzt.

Deutsches Statistisches Bundesamt/Destatis

- www.destatis.de

Das Statistische Bundesamt (oft auch Destatis abgekürzt) ist eine deutsche Bundesoberbehörde im Geschäftsbereich des Bundesministeriums des Innern. Sie erhebt, sammelt und analysiert statistische Informationen zu Wirtschaft, Gesellschaft und

Umwelt. Hier finden sich interessante Befunde auch zu ökonomischen Kennzahlen und gesellschaftlichen Entwicklungen und Trends. Sehr aufschlussreich sind hier auch die Simulationen zur Entwicklung der Bevölkerung bis 2070 in verschiedenen Szenarien sowie mit Details zur Entwicklung nach Regionen innerhalb von Deutschland.

Eurostat

- https://ec.europa.eu/eurostat/de/home

Das Statistische Amt der Europäischen Union – kurz Eurostat oder ESTAT – ist die Verwaltungseinheit der Europäischen Union (EU) zur Erstellung amtlicher europäischer Statistiken. Die wichtigste Aufgabe Eurostats ist die Verarbeitung und Veröffentlichung vergleichbarer statistischer Daten auf europäischer Ebene. Dort finden sich Themen wie Wirtschaft & Finanzen, Bevölkerung und soziale Bedingungen, Internationaler Handel etc.

Eurofound

- https://www.eurofound.europa.eu/de/topic/alternde-erwerbsbevoelkerung

Die Europäische Stiftung zur Verbesserung der Lebens- und Arbeitsbedingungen (Eurofound) ist eine dreigliedrige Einrichtung der Europäischen Union. Ihre Aufgabe besteht darin, Fachwissen im Bereich der sozial- und arbeitspolitischen Maßnahmen bereitzustellen. Eurofound wurde 1975 durch die Verordnung (EWG) Nr. 1365/75 des Rates errichtet, um zur Planung und Gestaltung besserer Lebens- und Arbeitsbedingungen in Europa beizutragen. Unter diesem Link finden Sie zahlreiche europäische Fallbeispiele zum Thema alternde Arbeitskräfte.

Fachkräfteinitiative: Bessere Ausschöpfung des inländischen Fachkräftepotenzials der Schweiz

- https://www.seco.admin.ch/seco/de/home/Arbeit/Fachkraefteinitiative.html
- https://www.admin.ch/gov/de/start/dokumentation/medienmitteilungen.msg-id-68542.html
- https://www.fachkraefte-schweiz.ch/perch/resources/dokumente/schlussberichtdefki.pdf

Die Fachkräfteinitiative (FKI) wurde 2011 von Bundesrat Johann N. Schneider-Ammann vor dem Hintergrund der demografischen Entwicklung lanciert. Die verstärkte Zuwanderung, der Volksentscheid vom Februar 2014 und die noch nicht in allen Details absehbaren Folgen der Frankenstärke haben die Bedeutung der FKI seither stark erhöht. Ziel der FKI ist es, verstärkt das inländische Potenzial an Fachkräften auszuschöpfen. Im Jahr 2017 hat der Schweizer Bundesrat den zweiten Monitoring-Bericht gutgeheißen und die Anzahl an FKI Maßnahmen von 30 auf 44 erhöht. Die Schweizer Fachkräfte bleiben weiterhin knapp, u. a. wegen des demografischen Wandels, der Zuwanderungspolitik und der Digitalisierung. Im Jahr 2019 wurden die Handlungsfelder der Fachkräfteinitiative als dauernde Aufgaben in die Regelstrukturen des SECO überführt und werden im Rahmen der Regelstrukturen weiterverfolgt.

Fachkräftestrategie Deutschland

- https://www.bmas.de
- https://www.bmbf.de

Die Fachkräftestrategie Deutschland zielt darauf ab, dem zunehmenden Fachkräftemangel entgegenzuwirken. Hierzu gibt es verschiedene Ansatzpunkte und Umsetzungsaktivitäten. Die fünf Handlungsfelder sind zeitgemäße Ausbildung, gezielte Weiterbildung, Vermehrung von Arbeitspotenzialen, Erhöhung der Erwerbsbeteiligung, Verbesserung der Arbeitsqualität sowie der Wandel der Arbeitskultur, und die Modernisierung der Einwanderungspolitik zur Reduzierung der Abwanderung.

LIFT – eine Chance für Jugendliche, Schulen und Wirtschaft

- https://jugendprojekt-lift.ch;

Der Verein LIFT wurde 2006 vom Netzwerk für sozial-verantwortliche Wirtschaft lanciert und unterstützt ausgewählte Jugendliche bei ersten Arbeitseinsätzen und unterstützt die Erreichung der Berufswahlbereitschaft. U. a. werden diverse lokale Projekte und die Zusammenarbeit mit diversen Schulgemeinden gefördert.

Generationenmanagement in der Schweizer Bundesverwaltung

- https://www.admin.ch/gov/de/start/dokumentation/medienmitteilungen.msg-id-99290.html

Die Schwerpunkte der Personalstrategie der Bundesverwaltung der Schweiz für den Zeitraum 2024–2027 liegen auf der Thematik des demografischen Wandels und der Digitalisierung. Strategische Zielrichtung ist es, verschiedenen Generationen und ihren Bedürfnissen gerecht zu werden, z. B. durch generationsspezifische Vorgehensweisen für die unterschiedlichen Generationen.

Generationentalk Podcast

- https://www.srf.ch/audio/generationentalk

In den 2020/2021 produzierten Folgen des Podcasts des Schweizer Radios und Fernsehens (SRF) tauschen sich jeweils eine jüngere und eine ältere Person zu Themen aus, die die Gesellschaft bewegen. Der Podcast wurde moderiert von Heidi Ungerer.

Gesundheitsförderung für Generation 50plus

- https://www.hrtoday.ch/de/article/begehrte-best-agers-haben-die-zukunft-noch-vor-sich

Die Jobindex Media AG ist ein führendes Schweizer Medienunternehmen im Bereich Human-Resource-Management. Seit 1998 publiziert jobindex das Journal HR Today mit einer Auflage von 5.000 deutschsprachigen und 2.600 französischsprachigen Exemplaren. HR Today bietet täglich Artikel, News, Tipps und weitere relevante Informationen, die im HR-Arbeitsalltag hilfreich sind.

Great Place to work®

- https://www.greatplacetowork.ch/

Im Rahmen der Benchmarkstudie »Great Place to Work®« werden in der Schweiz und in Deutschland Beste Arbeitgeber ausgezeichnet. Die Darstellung der Sonderpreisträger in den jeweiligen Jahren erfolgt detailliert, die Darstellung der Unternehmen im engeren Kreis der Nominierten stichpunktartig.

Es werden ausschließlich Angaben der Unternehmen im Great-Place-to-Work®-Kultur-Audit (Fragebogen zur Erfassung der eingesetzten Personalmaßnahmen) aufgeführt, keine Ergebnisse der Mitarbeiterbefragung oder Kommentare der Mitarbeiter (die bei der Auswahl der Preisträger ebenfalls berücksichtigt werden). Im Jahr 2018 wurden bestplatzierte Unternehmen in Deutschland und der Schweiz auch wegen ihrer Verdienste für das Generationenmanagement prämiert.

2016 wurde erstmalig im Rahmen der Great-to-Place®-Auszeichnungen zusammen mit euforia und dem Magazin »50plus« der Sonderpreis »Generationenmanagement« vergeben.

Initiative 50Plus

- https://bvi50plus.de/

Der Bundesverband Initiative 50Plus ist die Lobby der Menschen der Generation 50Plus und vertritt derzeit – stellvertretend für eine Millionenzielgruppe in Deutschland rund 120.000 Mitglieder. Der gemeinnützige Verband sieht es als seine Aufgabe, für einen positiven Wandel des Altersbildes in Deutschland zu sorgen. Die drei Hauptaufgabenfelder des Bundesverband Initiative 50Plus sind dabei die Initiative gegen den Arbeitskräftemangel »Initiative Arbeit 50Plus«, die Umsetzung zielgruppengerechter Produkte und Dienstleistungen »Verbraucherempfehlung 50Plus« sowie der Kampf gegen Altersarmut »Initiative Not-Hilfe 50Plus Generationenhilfe«.

Der Bundesverband Initiative 50Plus ist beim Deutschen Bundestag als Interessenverband registriert. Unterstützt wird die Arbeit des Bundesverbands Initiative 50Plus unter anderem durch Microsoft und DocMorris. Partner des Bundesverbands Initiative 50Plus sind Verbände und Vereinigungen, wie z. B. der Deutsche Städte- und Gemeindebund, die Initiative Neue Qualität der Arbeit, die Offensive Mittelstand und Gewerkschaften wie Ver.di. Als Botschafter haben sich dem Bundesverband Initiative 50Plus u. a. zur Verfügung gestellt: Henning Scherf, früherer Bürgermeister von Bremen, der Trendforscher Prof. Peter Wippermann, die Schauspieler Uschi Glas, Marion Kracht und Dietrich Hollinderbäumer sowie der Olympia-Sieger Christian Schenk.

Implicit Association Test für das Alter

- https://implicit.harvard.edu/implicit/germany/takeatest.html

Menschen sagen nicht immer, was sie denken. Und es ist anzunehmen, dass sie auch nicht immer wissen, was sie denken. Das Verstehen derartiger Abweichungen ist wichtiger Gegenstand der wissenschaftlichen Psychologie. Diese Website stellt eine Methode vor, die Unterschiede zwischen dem Bewussten und dem Unbewussten zeigen kann. Die neue Methode wird »Impliziter Assoziationstest« oder kurz IAT genannt.

Der IAT erfordert die Fähigkeit, zwischen alten und jungen Gesichtern zu unterscheiden. Der Test zeigt, dass Amerikaner häufig eine automatische Bevorzugung junger gegenüber alten Menschen aufweisen.

Laufbahndiagnostik IAP (Zentrum für Studien-, Berufs- und Laufbahnberatungen)

- https://www.laufbahndiagnostik.ch/de

Laufbahndiagnostik unterstützt verschiedene Dienstleistungsangebote wie Berufs-, Studien- und Laufbahnberatung, Outplacement-Beratung oder Personalentwicklung. Dabei werden wichtige Erkenntnisse für die Ausbildung (Bachelor, konsekutiver Master), Weiterbildungen (CAS, DAS, MAS) sowie für die Forschung gewonnen. Als Fachhochschule ist sie diesem vierfachen Leistungsauftrag verpflichtet. Laufbahndiagnostik.ch wird kontinuierlich weiterentwickelt. Im Rahmen von Forschungsprojekten, aber auch Bachelor- und Masterarbeiten oder Praktika, werden die bestehenden Instrumente überprüft und weiterentwickelt sowie neue Instrumente für die Praxis erarbeitet.

Navigator Podcast

- https://www.navigatorpodcast.ch/

Im Podcast von NEOVISO-Gründer Yannik Blätter geht es um Marketing, Tech und Lifestyle, oft mit Bezug zum Generationenthema. Schließlich berät NEOVISO Unternehmen, wie sie ihre Attraktivität für die Generation Z steigern können.

Senioren Jobbörse

- https://www.seniorenportal.de/service/stellenmarkt/jobs-fuer-senioren-und-rentner
- https://www.rentarentner.de/
- https://www.rentarentner.ch/v2/index.html
- https://www.arbeitsrentner.ch/
- https://www.careerjet.ch/rentner-jobs.html

Diverse Jobbörsen in Deutschland und der Schweiz ermöglichen Arbeitgebern, gezielt nach älteren Personen, Früh- und Altersrentnern für ihren Betrieb oder sonstige Arbeitsstätten zu suchen oder selbst Stellen dort auszuschreiben.

Silver Worker Research Institute

- https://www.srh-hochschule-berlin.de/de/forschung/forschungsinstitute/silver-workers-research-institute-swri/
- https://www.leuphana.de/institute/imo/personen/juergen-deller/eigene-mitteilungen.html

Das Silver Workers Research Institut geht aus einer Kooperation der SRH Hochschule Berlin und der Leuphana Universität Lüneburg hervor. Forschungsfragen sind u. a. Fragen der verlängerten Lebensarbeitszeit, Fragen der Mobilisierung der Altersgruppe 60 – 85 für den Arbeitsmarkt. Es gibt Empfehlungen für die zukunftsorientierte altersgerechte Ausgestaltung der Arbeitswelt.

Statistik Bundesagentur für Arbeit Deutschland

- https://statistik.arbeitsagentur.de/

Die Homepage mit den Arbeitsmarktstatistiken der Bundesagentur für Arbeit gibt eine breite und aktuelle Übersicht unterschiedlicher Arbeitsmarkt- und Beschäftigungsdaten von Deutschland. Weiterhin finden sich unterschiedliche statistische Analysen und Arbeitsmarktberichte. Die Situation älterer Arbeitnehmender wird ebenfalls in einem Arbeitsmarktbericht analysiert und erläutert.

Trendstudie Jugend in Deutschland

- https://simon-schnetzer.com/trendstudie-jugend-in-deutschland-2024/

Die jährlich unter der Leitung von Simon Schnetzer erhobene Trendstudie präsentiert Einstellungen, Trends und Perspektiven der Generation Z in Deutschland.

WAI Online-Fragebogen (Kurzversion)

- https://www.wainetzwerk.de/de/work-ability-index-wai-579.html

Der Work Ability Index (WAI) beinhaltet Fragen zu Ihrer Arbeit, zu Ihrer Arbeitsfähigkeit und zu Ihrer Gesundheit. Ihre Antworten helfen Ihnen bei der abschließenden Beurteilung, ob Maßnahmen zur Gesundheitsförderung festgelegt und die Arbeitsbedingungen verbessert werden müssen.

Witty Works AI

- https://www.witty.works/de/

Witty Works ist ein AI-Tool, das Unternehmen dabei unterstützt, inklusive (auch alterssensible) Sprache besser im Unternehmen zu verankern. Auf dem Markt gibt es weitere AI-Anbieter, die in diese Richtung gehen (z. B. Textmetrics). Es lohnt sich daher, vor einer Anschaffung die eigenen Anforderungen mit verschiedenen Angeboten abzugleichen.

Generationen-Hacks der SKGROUP

- https://www.skgroup.ch/organisation

Die Generationen-Hacks der SKGROUP sind eine Sammlung innovativer Ideen, um die eigene Attraktivität als Arbeitgeber für Mitarbeitende in allen Lebensphasen zu steigern. Das Kartenset kann bei der SKGROUP erworben werden, ein kostenloser Sneak Peek wird gerne jederzeit zur Verfügung gestellt.

9.2 Glossar

Ageism oder: das Klima der wahrgenommenen Altersdiskriminierung
Ursprungsbedeutung: Prozess der systematischen Stereotypisierung oder Diskriminierung von älteren Personen[495].

Weiterentwicklung: Altersverzerrungen und Altersdiskriminierung beinhalten potenzielle Vorurteile, können sich auf jede Altersgruppe beziehen und beinhalten eine Verzerrung und unfaire Behandlung von Personengruppen, weil sie zu alt oder zu jung sind.[496]

Erweiterung um die Perspektive Organisation: Die Wahrnehmung von Altersstereotypen gegenüber verschiedenen Altersgruppen und wie diese behandelt werden sollen, erfolgt relativ einheitlich im Unternehmen. Daraus entsteht eine Altersdiskriminierung, sprich eine unfaire und altersspezifische Behandlung bestimmter Altersgruppen.[497]

495 In Anlehnung an Butler, 1969.
496 Vgl. Snape & Redman, 2003.
497 Vgl. Kunze et al., 2011.

Altersinteraktion

Altersinteraktion befasst sich mit der Frage, ob die Führungskraft jünger, älter oder gleich alt wie die Mitarbeiterin oder der Mitarbeiter ist.[498]

Altersquotient

Der Altersquotient ist der Anteil von Personen ab 65 Jahren auf 100 Personen zwischen 20 und 64 Jahren.

Arbeitsfähigkeit

»Unter Arbeitsfähigkeit verstehen wir [...] die Summe von Faktoren, die eine Frau oder einen Mann in einer bestimmten Situation in die Lage versetzen, eine gestellte Aufgabe erfolgreich zu bewältigen«.[499]

Biologisches Alter

Das biologische Alter setzt den eigenen Alterungsprozess in Vergleich zu Menschen mit demselben chronologischen Alter. Beim biologischen Alter wird gefragt: Bin ich im Vergleich zu Gleichaltrigen schnell oder langsam gealtert? Sind meine Organe, meine Stoffwechselfunktionen u.a. im Vergleich zu Gleichaltrigen schnell oder langsam gealtert?[500]

Chronologisches Alter

Als kalendarisches, chronologisches Alter wird die Anzahl an Lebensjahren bezeichnet.[501] Das chronologische Alter startet mit der Geburt und endet mit dem Tod.[502]

Diskriminierungs- und Fairness-Ansatz

Der bewusste Umgang mit Verschiedenartigkeit trägt dazu bei, unterschiedliche Mitarbeiterinnen und Mitarbeiter (mit Blick auf Alter, Geschlecht, Rasse, Bildung etc.) gleichberechtigt im Unternehmen zu integrieren.[503]

Employer Branding

»Employer Branding ist die identitätsbasierte, intern wie extern wirksame Entwicklung und Positionierung eines Unternehmens als glaubwürdiger und attraktiver Arbeitgeber. Kern des Employer Brandings ist immer eine die Unternehmensmarke spezifizierende oder adaptierende Arbeitgebermarkenstrategie. Entwicklung, Umsetzung und Messung dieser Strategie zielen unmittelbar auf die nachhaltige Optimierung von Mitarbeitergewinnung, Mitarbeiterbindung, Leistungsbereitschaft

498 Vgl. Mücke, 2009.
499 Ebenda, S. 166.
500 Vgl. Fischer, 2003.
501 Vgl. Fischer, 2003.
502 Vgl. Ilmarinen, 2001.
503 Vgl: Böhne & Wagner, 2002, S. 35.

und Unternehmenskultur sowie die Verbesserung des Unternehmensimages. Mittelbar steigert Employer Branding außerdem Geschäftsergebnis sowie Markenwert.«[504]

Erwerbspersonenpotenzial

Das Erwerbspersonen- oder Arbeitskräftepotenzial ist die Grundgesamtheit derjenigen Personen, die im erwerbsfähigen Alter sind und damit dem Arbeitsmarkt potenziell zur Verfügung stehen. Das Erwerbspersonenpotenzial ergibt sich aus allen erwerbstätigen Personen, allen arbeitslosen Personen und der stillen Reserve. Letztere sind Personen, die derzeit für den Arbeitsmarkt nicht zur Verfügung stehen, unter bestimmten Bedingungen aber bereit wären, eine Beschäftigung anzunehmen.[505]

Fachkräftemangel

Fachkräftemangel herrscht typischerweise, wenn eine bedeutende Anzahl von Arbeitsplätzen nicht besetzt werden kann, weil auf dem Arbeitsmarkt keine entsprechend qualifizierten Mitarbeiterinnen und Mitarbeiter zu finden sind.[506]

Fluide und kristalline Intelligenz

Fluide Intelligenz bezieht sich auf die Fähigkeit, logisch zu denken und Probleme zu lösen.

Kristalline Intelligenz umfasst Fähigkeiten, die von Wissen und Erfahrung abhängen.[507]

Führung

»Führung heißt, andere durch eigenes, sozial akzeptiertes Verhalten so zu beeinflussen, dass dies bei den Beeinflussten mittelbar oder unmittelbar ein intendiertes Verhalten bewirkt.«[508]

Generation

Generationen werden innerhalb einer Gesellschaft, einem Staat oder einer Familie sozial-zeitlich positioniert. Daraus ergibt sich eine bestimmte Identität, die leitend ist für das Denken, Wollen, Handeln oder Fühlen dieser Personen. Dabei sind die Geburtenjahrgänge und die Zugehörigkeit zu den oben genannten Gruppierungen bedeutend.[509]

504 DEBA, 2006.
505 Vgl. auch Gabler Wirtschaftslexikon, 2015.
506 Fachkräftemangel - IAB-Forum, 2017.
507 In Anlehnung an Cattells Faktorenmodell der Intelligenz 1971.
508 Weibler, 2012, S. 19.
509 In Anlehnung an Höpflinger, 2008a.

Generationenmanagement

Im Generationenmanagement werden die generationsspezifischen und generationsübergreifenden HR-Praktiken gebündelt und konkretisiert. Idealerweise wird Generationenmanagement durch strategische Führung initiiert und durch eine generationengerechte Personalpolitik gestützt. Durch entsprechende Rahmenbedingungen, Programme, Bildungsangebote etc. werden Mitarbeitende aus allen Generationen befähigt und motiviert sich für die Arbeitsaufgaben und Organisation erfolgreich einzubringen.

Generationen zusammen führen

Generationen zusammen führen fokussiert die generationengerechte Führung. Dabei werden:

- **altersbezogene Aspekte** in der Entwicklung von Führungssystemen und -kultur berücksichtigt
  (Perspektive 1: altersgruppen- oder generationsspezifisches Vorgehen);
- **der eigene Führungsstil** individualisiert und altersgerecht ausgerichtet
  (Perspektive 2: individuumzentriertes Vorgehen);
- **die Zusammenarbeit verschiedener Generationen** im Unternehmen gefördert und unterstützt (Perspektive 3: generationenübergreifendes Vorgehen).

Individualisierte altersgerechte Führung

Die individualisierte altersgerechte Führung beachtet altersbezogene Aspekte in der Entwicklung von Führungssystemen und -kultur. Sie integriert alters- und generationsspezifische Aspekte in das eigene interaktive Führungsverhalten.

Intergeneratives bzw. intergenerationales Lernen

Die Ausdrücke intergeneratives bzw. intergenerationales Lernen werden häufig synonym verwendet und bedeuten ganz einfach *generationenübergreifend* in dem Sinne, dass Leute verschiedenen Alters gemeinsam lernen und im Optimalfall von ihren jeweils unterschiedlichen fachlichen, lerntechnischen, erfahrungsbasierten und anderen Facetten des Lernens gegenseitig profitieren.

»Intergeneratives Lernen ist in das Konzept des Lebenslangen Lernens integriert, wenn man darunter das Aufnehmen, Erschließen und Einordnen von Erfahrungen und Wissen in das je subjektive Handlungsrepertoire über die gesamte Lebensspanne versteht«[510]

---

510 Schmidt & Tippelt, 2009, S. 85.

Innovationsfähigkeit

»Innovationsfähigkeit bedeutet neue, innovative Gedanken hervorzubringen und diese erfolgreich umzusetzen und zu implementieren«.[511]

Jugendquotient

Der Jugendquotient ist der Anteil an Personen unter 20 Jahren auf 100 Personen zwischen 20 und 64 Jahren.[512]

Kohorte

Als Kohorten werden in den Sozialwissenschaften Gruppen bezeichnet, die bestimmte Lebensphasen oder Ereignisse in einer bestimmten Zeit gemeinsam erlebt haben. So kann man Personen z. B. in Alterskohorten oder Berufskohorten einteilen.

Lebenslanges Lernen

Lebenslanges Lernen bedeutet kontinuierliches Lernen über die gesamte Lebensspanne.[513]

(Markt-)Zutritts- und Legitimitätsansatz

Eine heterogene Durchmischung der Belegschaft ist erfolgreicher bei der Bearbeitung heterogenerer Märkte als eine homogene Belegschaft.

Integrativer Ansatz: Durch eine nachhaltige Integration verschiedener Generationen – ohne Egalisierung der bestehenden Unterschiede – werden intergenerative Lerneffekte erzielt und das Unternehmen profitiert auf vielfältige Weise.

Mentoring

Mentorinnen und Mentoren sind Personen mit fortgeschrittener Erfahrung und Wissensbasis, die sich bereit erklärt haben, ihren Schützlingen (Mentees) Aufstiegsmöglichkeiten und Unterstützung bei der Karriere bereitzustellen.[514]

Motivation

»Motivation ist eine momentane Gerichtetheit auf ein Handlungsziel, eine Motivationstendenz, zu deren Erklärung man die Faktoren weder nur aufseiten der Situation oder der Person, sondern auf beiden Seiten heranziehen muss«.[515]

511 Sammerl, 2006, nach Ciesinger et al., 2015, S. 507.
512 Statistisches Bundesamt 2015; Bundesamt für Statistik, 2015.
513 In Anlehnung an Lang, 2007, S. 5.
514 In Anlehnung an Kram, in Laiho & Brandt, 2012.
515 Heckhausen, 1989, S. 3.

New Work

Bei New Work geht es um die Flexibilität, Autonomie und den Sinn der Arbeitswelt. Aufbauend darauf sind eine Vielzahl von Vorgehensweisen von der Gegenwart und Zukunft der Arbeit entstanden. Durch Flexibilisierung der Arbeitsgestaltung soll es den Mitarbeitenden ermöglicht werden, die eigene Arbeit auf die Lebensumstände anzupassen. Hierzu gehören Flexibilität bezüglich Arbeitszeit, Arbeitsort und Arbeitsumfang. Gefordert wird eine Kultur, die auf Ergebnisse setzt und Anwesenheit nachrangig ist.[516]

Selbsterfüllende Prophezeiung

Die selbsterfüllende Prophezeiung »ist eine zu Beginn *falsche* Definition der Situation, die ein neues Verhalten hervorruft, das die ursprünglich falsche Sichtweise *richtig* werden lässt (...) Die ursprünglich falsche Angst verwandelt sich in eine völlig berechtigte Befürchtung.«[517]

Stereotype

Stereotypisierungen sind Überzeugungen über die typischen Merkmale einer sozialen Gruppe. Diese Kategorisierungen werden genutzt, um unsere Umwelt in ihrer Komplexität zu reduzieren.[518]

Strategisches HR-Management

Im strategischen HR-Management geht es darum, alle mitarbeiterbezogenen Praktiken einer Organisation/eines Unternehmens auf die Unternehmensstrategie auszurichten und die Umsetzung mithilfe von Prozessen, Verfahren, Instrumenten und Beratung zu unterstützen.[519]

Subjektives Alter

Das subjektive Alter ist das Alter, das ich als mein Alter empfinde.[520]

Unternehmenskultur

Unter Kultur ist die Gesamtheit des gewachsenen Meinungs-, Norm- und Wertgefüges zu verstehen, die das Verhalten von Führungspersonen und Mitarbeitenden prägt.[521] Kultur ist die kollektive Programmierung des menschlichen Verstandes.[522]

516 Vgl. Sinclair, Doelle, Gibson, 2022; Leonardi, 2021.
517 Merton, 1995, S. 401.
518 Ebenda.
519 Eberhardt, 2010, S. 60.
520 Vgl. Fischer, 2003.
521 Vgl. Pümpin, Kobi und Wütherich, 1985.
522 Vgl. Hofstede, 1980.

Wissensaustausch

Beim Wissensaustausch geht es um die Weitergabe von Informationen, die Verarbeitung und die Anwendung von Wissen. Dazu gehören die Reflexion von Erfahrungen mit allen Vor- und Nachteilen, möglichen Verbesserungen und Alternativen und die Verankerung von neu erworbenem Wissen. Hierfür werden die aktive Auseinandersetzung mit neuen Informationen und auch das Imitieren von Verhaltensweisen anderer Personen (Modelllernen) benötigt.[523]

523 Vgl. Ellwart, Mock & Rack, 2010.

Literaturverzeichnis

Abraham, J. D. & Hansson, R. O. (1995). Successful aging at work. An applied study of selection, optimization, and compensation through impression management. *Journal of Gerontology Series B: Psychological Sciences and Sociological Sciences*, 50, 94 – 103.

Academic Work (2020): *Young Professional Attraction Index*. München.

Achatz, N. (2020). *Generationsübergreifende Führung – Neue Herausforderungen für Führungskräfte*. Universität Graz. https://unipub.uni-graz.at/obvugrhs/content/titleinfo/7848704/full.pdf; Abfrage am 17.05.2024.

Achtenhagen, F. & Lempert, W. (Hrsg.). (2000). *Lebenslanges Lernen im Beruf. Seine Grundlegung im Kindes- und Jugendalter*. Bd. IV. Opladen: Leske und Budrich.

Ackerman, P. L. & Kanfer, R. (2020). Work in the 21st century: New directions for aging and adult development. *American Psychological Association*, 75(4), 486 – 498.

Adenauer, S. (2002a). Die Älteren und ihre Stärken – Unternehmen handeln. *Angewandte Arbeitswissenschaft,* 174, 36 – 52.

Adenauer, S. (2002b). Die Potenziale älterer Mitarbeiter im Betrieb erkennen und nutzen. *Angewandte Arbeitswissenschaft,* 172, 19 – 34.

Affirmative Action and Diversity Policies. *American Sociological Review,* 71 (4), 589 – 617.

Afshar, B. (2019). *Gesundheitsförderliche Führung – Die Bedeutung für Beschäftigte und Führungskräfte in Unternehmen*. https://reposit.haw-hamburg.de/bitstream/20.500.12738/9238/1/AfsharBehjatBA_geschwaerzt.pdf; Abfrage am 12.05.2024.

Ali, M. & French, E. (2017). Age diversity management and organisational outcomes: The role of diversity perspectives. *Human Resource Management Journal*, 29, 287 – 307.

Allen, T. D. & Finkelstein, L. (2003). Beyond mentoring: Alternative sources and functions of developmental support. *Career Development Quarterly*, 51, 346 – 355.

Amerland, A. (2018). *Junge Chefs werden nicht akzeptiert*. https://www.springerprofessional.de/leadership/konfliktmanagement/junge-chefs-werden-nicht-akzeptiert/15950966; Abfrage am 22.07.2021.

Andert, D. (2011). Alternating leadership as a proactive organizational intervention: Addressing the needs of the Babyboomers, Generation Xers and Millennials. Journal of Leadership, Accountability, and Ethics, 8(4), 67 – 83.

Annele, U., Satu, K. J. & Timo, E. S. (2019). Definitions of successful ageing: a brief review of a multidimensional concept. *Acta Bio Medica: Atenei Parmensis,* 90(3), 332–339.

Appannah, A. & Biggs, S. (2015). Age-friedly organisations: the role of organisational culture and the participation of older workers. *Journal of Social Work Practice*, 29(1), 37 – 51.

Armstrong, M. (2006). *Human Resource Management Practice*, 10th edition. London: Kogan-Page.

Arsenault, P. M. (2003). Validating generational differences – A legitimate diversity and leadership issue. *The Leadership & Organization Development Journal*, 25(2), 124 – 141.

Avery, A. D., McKay, P. F. & Wilson, D. C. (2008). What are the odds? How demografic similarity affects the prevalence of perceived employment discrimination. *Journal of Applied Psychology*, 93, 235 – 249.

Bahl, A., Koch, G. & Setter, J. (2015). Welches Wissen? Welche Werte? – Zusammenarbeit und Konflikte zwischen Generationen in Industrieunternehmen. In: W. Widuckel, K. de Molina, M.J. Ringlstetter & D. Frey (Hrsg.). *Arbeitskultur 2020 – Herausforderungen und Best Practices der Arbeitswelt der Zukunft* (S. 429 – 441). Wiesbaden: Springer Gabler.

Bailey, P. E., Ebner, N. C. & Stine-Morrow, E. A. L. (2021). Introduction to the special issue on personality in adult development and aging: Advancing theory within a multilevel framework. *American Psychological Association*, 36(1), 1 – 9.

Balian Allen, R. (2019). Reverse Mentoring. *Chief Learning Officer*, 25 – 52.

Baltes, P. B. & Baltes, M. M. (1990). *Successful aging: Perspectives from the behavioral sciences*. New York: Cambridge University Press.

Baltes, P. & Baltes, M. (1993). The Aging Mind. Potential and Limits. *The Gerontologist,* 33(5), 580 – 594.

BASF SE (2021). https://www.basf.com/global/de.html; Abfrage am 22.06.2021.

Bass, B. M. & Avolio, B. (1994). Improving Organizational Effectiveness Through Transformational Leadership. Thousand Oaks: Sage.

BAuA (2020): *Stressreport 2019, Psychische Anforderungen, Ressourcen und Befinden*. Dortmund: Bundesanstalt für Arbeitsschutz und Arbeitsmedizin.

Bellmann, L. & Leber, U. (2008). Weiterbildung für Ältere in KMU. *Sozialer Fortschritt*, 57(2), 43 – 48.

Benini, S. (2019). Not okay, Millennial; *Tagesanzeiger*, 18.11.2019.

Benson, J., Brown, M., Glennie, M., O'Donnel, M. & O'Keefe, P. (2018). The generational »exchange rate«: How generations convert career development satisfaction into organizational commitment or neglect of work, *Human Resource Management Journal*, 28, 524 – 539.

Berger, M. & Saner, M. (2024). *Generationen im Unternehmen – gemeinsam erfolgreich sein*. Eine Kurzdarstellung: Swiss Textiles & Verband Textilpflege Schweiz.

Bergmann, F. (2004). *New Work, New Culture*. München: Hampp Verlag.

Bernath, J., Suter, L., Waller, G., Külling, C., Willemse, I. & Süss, D. (2020). *JAMES: Jugend, Aktivitäten, Medien – Erhebung Schweiz: Ergebnisbericht zur JAMES-Studie 2022*. Zürich: ZHAW Zürcher Hochschule für Angewandte Wissenschaften.

Bethkenhagen, E. (2014). *HR-Trendstudie 2014*. Gummersbach: Kienbaum.

Bettinger, M. (2024). *Hochschulkooperationen zur Gewinnung von Nachwuchstalenten*. Eine Kurzdarstellung. Schaffhausen: IWC Schaffhausen.

Bidian, C. (2018). *Examining intergenerational knowledge sharing and technology preferences*. The 19th European Conference on Knowledge Management. https://www.academia.edu/37597057/Examining_Inter_Generational_Knowledge_Sharing_and_Technological_Preferences; Abfrage am 10.05.2024.

Bieling, G., Stock, R. M. & Dorozalla, F. (2014). Coping with demografic change in job markets: How age diversity management contributes to organizational performance. *Zeitschrift für Personalforschung,* 29(1), 5 – 30.

Bienefeld, N., Keller, E. & Grote, G. (2023). *Human-AI Teaming in Intensive Care: A Socio-Technical Systems View and International Delphi Study Among Data Scientists.* Human-AI Teaming in Intensive Care, https://www.research-collection.ethz.ch/handle/20.500.11850/647283; Abfrage am 01.07.2024.

Bischof, N. & Olbert-Bock, S. (2020). Karrieren von Frauen, Älteren und älteren Frauen. In: S. Olbert-Bock, A. Cloots, U. Graf (Hrsg.). *Innovation im HR und Career Development von Frauen 45+. Unternehmensprozesse und Fördermassnahmen,* (S. 12 – 14). St. Gallen: FH Ost.

Blackham, A. (2014). *Extending Working Life for Older Workers: An Empirical Legal Analysis of Age Discrimination Laws in the UK,* University of Cambridge.

Blakemore, S. & Frith, U. (2006): *Wie wir lernen. Was die Hirnforschung darüber weiß*. München: Deutsche Verlags-Anstalt.

BMW Group (2024). *BMW Group Unternehmen Gesundheit.* https://www.bmwgroup.com/de.html; Abfrage am 11.05.2024.

Böcher, D., Gaignat, H. & Delecrétaz, P. (2006). *Lebenslanges Lernen*. Genève.: Editions IES.

Bocknek, G. (1986). *The young adult: Development after adolescence*. New York: Gardner Press.

Boesch, D. (2018). *Übergangsmanagement in der Bundesverwaltung – Gestaltung der beruflichen Phase vor der Pensionierung.* Eine Kurzdarstellung: Bern: Eidgenössisches Personalamt.

Böhle, F. (2005). Erfahrungswissen hilft bei der Bewältigung des Unplanbaren. *Berufsbildung in Wissenschaft und Praxis*, 5, 9 – 13.

Böhne, A. & Wagner, D. (2002). Managing Age im Rahmen von Managing Diversity – Alter als betriebliches Erfolgspotential. Chancen für die Erwerbsarbeit im Alter – Betriebliche Personalpolitik und ältere Erwerbstätige. In: C. Behrend (Hrsg.). *Managing Age im Rahmen von Managing Diversity* (S. 33 – 46). Opladen: Leske & Budrich.

Bosch (2021). *50000 Jahre Erfahrung – Wie Senior Experten bei Bosch die Teams bereichern.* https://www.bosch.com/de/stories/seniorexperten-bei-bosch/; Abfrage am 01.07.2024.

Bosch (2019). *Diversity Management bei Bosch.* https://www.bosch-presse.de/pressportal/de/de/aktives-diversity-management-bei-bosch-106701.html; Abfrage am 22.06.2021.

Böttcher, K., Albrecht A.-G., Venz, L. & Felfe, J. (2018). Protecting older workers' employability: A survey study oft he role of transformational leadership. *German Journal of Human Ressource Management*, 32(2), 120 – 148.

Bowers, C. A., Pharmer, J. A. & Salas, E. (2000). When member homogenity is needed in work teams: A meta-analysis. *Small Group Research*, 31, 305 – 327.

Brade, A. (2019). *Wenn Paare gemeinsam älter werden – protektive Faktoren einer langjährigen Ehe älterer Paare unter familienwissenschaftlicher Betrachtung.* HAW Hamburg. https://reposit.haw-hamburg.de/bitstream/20.500.12738/8783/1/2019Brade_Anette_MA.pdf; Abruf 10.06.2024.

Braedel-Kühner, C. (2005). *Individualisierte, alternsgerechte Führung*. Frankfurt am Main: Peter Lang.

Brandenburg, U. & Domschke, J.-P. (2007). *Die Zukunft sieht alt aus: Herausforderungen des demografischen Wandels für das Personalmanagement* (1. Aufl.). Wiesbaden: Gabler Verlag.

Brauner, C & Wöhrmann, A. M. (2020). Work-Life-Balance – die Rolle der Arbeitszeitgestaltung. In: *Stressreport 2019, Psychische Anforderungen, Ressourcen und Befinden* (S. 87 – 94). Dortmund: Bundesanstalt für Arbeitsschutz und Arbeitsmedizin.

Breisig, T. (2020). Führung auf Distanz und gesunde Führung bei mobiler Arbeit. *Zeitschrift für Arbeitswissenschaft,* 74, 188 – 194.

Brinzea, V. M. (2018). Reverse Mentoring, when Generation Y becomes the trainer within a multi-generational workforce. *Specific Bulletin – Economic Sciences*, 17, 77 – 82.

Bruch, H. & Kovalevski, S. (o. J.): *Gesunde Führung.* Institut für Führung und Personalmanagement, Universität St. Gallen. http://www.topjob.de/upload/presse/hintergrund/TJ_13_Studie_GesundeFuehrung.pdf; Abfrage am 19.06.2015.

Bruch, H., Boehm, S. A. & Kunze, F. (2010). Demografiefeste HR-Strategien Ergebnisse einer empirischen Studie in deutschen klein- und mittelständischen Unternehmen. In: S. Spoun & T. Meynhardt (Hrsg.). *Management eine gesellschaftliche Aufgabe* (S. 137 – 157). Baden-Baden: Nomos-Verlagsgesellschaft.

Bruch, H., Kunze, F. & Böhm, S. (2010). *Generationen erfolgreich führen – Konzepte und Praxiserfahrungen zum Management des demografischen Wandels*. Wiesbaden: Gabler.

Bruch, H. & Kunze, F. (2013). Management von Generationenvielfalt in Unternehmen. *praeview*, 2, 6 – 7.

Bruggmann, M. (2000). *Die Erfahrung älterer Mitarbeiter als Ressource*. Wiesbaden: Deutscher Universitäts-Verlag.

Bubolz-Lutz, E. (2000). Bildung und Hochaltrigkeit. In: S. Becker, L. Veelken & K.-P. Walraven (Hrsg.). *Handbuch Altenbildung. Theorien und Konzepte für Gegenwart und Zukunft* (S. 326 – 349). Opladen: Leske und Budrich.

Buengeler, C, Leroy, H. & De Stobbeleir, K. (2018). How leaders shape the impact of HR's diversity practices on employee inclusion. *Human Resource Management Review*, 28(3), 289 – 303.

Bühler, Ch. (1933). *Der menschliche Lebenslauf als psychologisches Problem*. Leipzig: Hirzel.

Buik, A. (2008). Ninja turtles and Generation Y at work. *Training and Development in Australia*, 35(4), 9 – 11.

Bundesagentur für Arbeit (2023). *Fachkräfteengpassanalyse 2022. Berichte: Blickpunkt Arbeitsmarkt.* https://statistik.arbeitsagentur.de/SiteGlobals/Forms/Suche/Einzelheftsuche_Formular.html;jsessionid=0385FF9E4DF0F2CECFC3895FB2968386?nn=27096&topic_f=fachkraefte-engpassanalyse; Abfrage am 10.03.2024.

Bundesministerium für Arbeit und Soziales (2023). *Altersteilzeit – Schrittweise in den Ruhestand*, https://www.bmas.de/DE/Arbeit/Arbeitsrecht/Teilzeit-flexible-Arbeitszeit/Teilzeit/altersteilzeit-artikel.html; Abfrage am 19.05.2024.

Bundesamt für Gesundheit (2021). *Faktenblatt Demographische Entwicklung und Pflegebedarf*, https://www.google.com/search?q=faktenblatt+demographische+entwicklung+und+pflegebedarf&rlz=1C1GCEA_enCH1056CH1056&oq=faktenblatt+demografische+entw&gs_lcrp=EgZjaHJvbWUqCAgBEAAYFhgeMgYIABBFGDkyCAgBEAAYFhge0gEJMTIzMDFqMGo0qAIAsAIB&sourceid=chrome&ie=UTF-8; Abfrage am 30.04.2024.

Bundesamt für Gesundheit (2024). *Umsetzung Pflegeinitiative*; https://www.google.com/search?q=faktenblatt+demographische+entwicklung+und+pflegebedarf&rlz=1C1GCEA_enCH1056CH1056&oq=faktenblatt+demografische+entw&gs_lcrp=EgZjaHJvbWUqCAgBEAAYFhgeMgYIABBFGDkyCAgBEAAYFhge0gEJMTIzMDFqMGo0qAIAsAIB&sourceid=chro; Abfrage am 30.04.2024.

Bundesinstitut für Bevölkerungsforschung (2024). *Demografie Portal*, https://www.demografie-portal.de/DE/Politik/Bund/demografiestrategie.html; Abfrage am 30.04.2024.

Bundesministerium für Arbeit und Soziales (2022). *Neue Wege zur Fachkräftesicherung*; https://www.bmas.de/; Abfrage am 11.05.2024.

Bundesministerium für Bildung und Forschung (2023). *Fachkräftestrategie gegen den Fachkräftemangel*. https://www.bmbf.de/; Abfrage am 11.05.2024.

Bundesministerium des Innern und für Heimat (2024). *Demografie-Radar;* https://www.bmi.bund.de/DE/themen/heimat-integration/gleichwertige-lebensverhaeltnisse/demografie/demografie-radar/demografie-radar-node.html#:~:text=Das%20Demografiereferat%20in%20der%20Heimatabteilung,regionale%20Unterschiede%20in%20den%20Lebensverh%C3; Abfrage am 30.04.2024.

Bundesamt für Statistik (2018a). Aktives Altern. *BFS Aktuell*, Demos 1 (2018), 1 – 16.

Bundesamt für Statistik (2018b). *Lebenslanges Lernen in der Schweiz – Ergebnisse des Microzensus Aus- und Weiterbildung 2016*. Neuchatel: Bundesamt für Statistik.

Bundesamt für Statistik (2021a). https://www.bfs.admin.ch/bfs/de/home/statistiken/kataloge-datenbanken/grafiken.assetdetail.13087264.html; Abfrage am 14.07.2021.

Bundesamt für Statistik (2021b): https://www.bfs.admin.ch/bfs/de/home/statistiken/bevoelkerung/stand-entwicklung.assetdetail.14347683.html; Abfrage am 14.07.2021.

Bundesamt für Statistik (2021c). *Schweizerische Arbeitskräfteerhebung SAKE*. https://www.bfs.admin.ch/asset/de/20565828, Abfrage 27.04.2024

Bundesinstitut für Bevölkerungsforschung (2024). https://www.bib.bund.de/DE/startseite.html; Abfrage am 30.04.2024.

Bundesverband Initiative 50Plus e.V.(2024). *Initiative Arbeit 50plus*, https://bvi50plus.com/initiative-arbeit-50plus; Abfrage am 30.04.2024.

Burns, J. M. (1978). Leadership. New York: Harper & Row.

Bursztyn, L., Egorov, G. & Jensen, R. (2020). Cool to be smart or smart to be cool? Understanding peer pressure in education. *Review of Economic Studies*, 87(4), 1923 – 1958.

Business News Daily (2024). *What does Gen Z expect in the workplace?* https://www.businessnewsdaily.com; Abgerufen am 19.05.2024.

Butler, R. (1969). Age-ism: Another form of bigotry. *The Gerontologist*, 9, 243 – 246.

Cachelin, J. L. (2013). *HRM Trendstudie 2013 – Die Zukunft der Personalabteilung an der Grenze zu Marketing, IT, F&E und Controlling*. St. Gallen: Wissensfabrik.

Caiña-Andree, M. (2015). Demografischer Wandel als Herausforderung für die Arbeitskultur der Zukunft. In: W. Widuckel, K. de Molina, M. J. Ringlstetter. & D. Frey (Hrsg.). *Arbeitskultur 2020 – Herausforderungen und Best Practices der Arbeitswelt der Zukunft* (S. 418 – 427). Wiesbaden: Springer Gabler.

Cattell, R. B. (1971). *Abilities: Their structure, growth, and action*. New York: Houghton Mifflin.

Chang, E. H. & Milkman, K. L. (2020). Improving decisions that affect gender equality in the workplace. *Organizational Dynamics*, 49(1), 1 – 7.

Charta der Vielfalt e.V. (2011). http://www.charta-der-vielfalt.de/charta-der-vielfalt/ueber-die-charta.html; Abfrage am 17.04.2015.

Charta der Vielfalt e.V. (2021). https://www.charta-der-vielfalt.de/ueber-uns/ueber-die-initiative/; Abfrage am 16.06.2021.

Charta der Vielfalt e.V. (2021). https://www.charta-der-vielfalt.de/erfolgsgeschichten/zeige/demografie-initiative-wir-sagen-yes/; Abfrage am 22.06.2021.

Chillakuri, B. (2020). Understanding Generation Z expectations for effective onboarding. *Journal of Organizational Change Management*, 33(7), 1277 – 1296. https://www.emerald.com/insight/0953 – 4814.htm; Abfrage am 18.06.2021.

Chou, S. Y. (2012). Millennials in the Workplace: A conceptual analysis of Millennials' leadership and followship styles. *International Journal of Human Resource Studies*, (2)2, 71 – 83.

Christ, I. & Röhrig, H. (2001). Bildung im Alter. In: R. Tippelt & A. von Hippel (Hrsg.). *Handbuch Erwachsenenbildung/Weiterbildung* (S. 497 – 511). Wiesbaden: VS Verlag für Sozialwissenschaften.

Chui, M., Hazan, E., Roberts, R., Singla, A. & Smaje, K. (2023). *The economic potential of generative AI*. http://dln.jaipuria.ac.in:8080/jspui/bitstream/123456789/14313/1/The-economic-potential-of-generative-ai-the-next-productivity-frontier.pdf; Abfrage am 12.05.2024.

Ciesinger, K. G., Klatt, R. & Wendt, R. (2015). Innovationskompetenzen älterer und jüngerer Beschäftigter in der Selbst- und Fremdwahrnehmung. Ergebnisse der repräsentativen Beschäftigtenbefragung des Verbundprojektes DEBBI. In: S. Jeschke (Hrsg.). *Exploring Demografics* (S. 505 – 515). Wiesbaden: Springer.

Citrix (2021). *Born Digital report*. https://www.citrix.com; Abfrage am 19.05.2024.

Claes, R. & Heymans, M. (2008). HR Professionals' Views on Work Motivation and Retention of Older Workers: A Focus Group Study. *Career Development International*, 13, 95 – 111.

Cleveland, J. N., Fisher, G. G. & Walters, K. M. (2017). Positive organizations and maturing workers. In: L. G. Oades, M. F. Steger, A. D. Fave & J. Passmore (Hrsg.). *The Wiley Blackwell handbook of the psychology of positivity and strengths based-approaches at work* (S. 389 – 414). Malden, MA: John Wiley and Sons.

Consenec AG (2024). *Consenec Interim Management & Consulting*. https://www.consenec.ch/de/; Abfrage am 11.03.2024.

Coupland, D. (1991). *Generation X. Tales for an Accelerated Culture*. New York, NY: St. Martin's Griffin.

Dahm, M. H. & Esters, L. (2023). Was ist Generational Leadership? In *Generational Leadership: Mit agilen Arbeitsmethoden die Stärken von Generationen nutzen* (S. 27 – 44). Springer.

DEBA (2006). *Employer Branding mit Herz und Hirn*. http://www.employerbranding.org/employerbranding.php; Abfrage am 25.04.2015.

DeClerk, C. C. (2007). *The relationship between store manager leadership styles and employee generational cohort, performance, and satisfaction.* Dissertation. University of Phoenix.

Deloitte (2019). *Arbeitskräfte gesucht. Wie die Generation 50plus den Arbeitskräftemangel lindern kann*. Repräsentative Befragung, Paper Deloitte.

Deloitte (2024). *Global 2024 Gen Z and Millennial Survey*. https://www.deloitte.com/global/en/issues/work/content/genz-millennialsurvey.html; Abfrage am 19.05.2024.

Demografie-portal (2021). https://www.demografie-portal.de/DE/Fakten/bevoelkerung-altersstruktur.html; Abfrage am 14.06.2021.

Destatis (2024). https://www.destatis.de/DE/Themen/Gesellschaft-Umwelt/Bevoelkerung/Bevoelkerungsvorausberechnung/_inhalt.html; Abfrage am 03.05.2024

Deutsche Employer Branding GmbH (2007). http://www.employerbranding.org/employerbranding.php; Abfrage am 25.04.2015.

Deutscher Bundestag (2022). *Einzelfragen zum Fachkräftemangel und zur Fachkräftesicherung in Deutschland*. file:///C:/Users/hrzebd/Desktop/Generationenmanagement/Literatur/FAchkr%C3%A4ftemangel_2022_dtBundestag.pdf; Abfrage am 10.03.2024.

Die Bundesregierung (2018). *Demografiestrategie: Politik für alle Generationen*. https://www.bundesregierung.de/Content/DE/StatischeSeiten/Breg/Demografiestrategie/Artikel/2015-08-21-zusammenfassung.html; Abfrage am 27.07.2018.

Dollinger, V. (2014). *Generationenmanagement bei Daimler macht Unternehmen und Beschäftigte fit für die Zukunft*. http://media.daimler.com/dcmedia/0-921-1281854-49-1705076-1-0-0-0-0-1-0-0-0-1-0-0-0-0-0.html; Abfrage am 17.04.2015.

Domsch, M. E. & Ladwig, D. H. (2015). Erwartungen der Generation Y. *Personalquaterly*, 01, 10 – 14.

Drumm, H. J. (2008). *Personalwirtschaftslehre* (6. Aufl.). Berlin: Springer.

Duisberg, M. & Derissen, M. (2021). *Demografierobuste Planung*. https://toolbox.flexdemo.eu/uploads/medien/2021/04/13/Demografierobuste-Planung-FlexDeMo_v9.pdf; Abruf 10.06.2024.

Dwivedi, Y. K., Kshetri, N., Hughes, L., Slade, E. L. et al. (2023). »So what if ChatGPT wrote it?« Multidisciplinary perspectives on opportunities, challenges, and implications of generative conversational AI for research, practice. *International Journal of Information Management*, 63, 102431.

Dychtwald, K., Erickson T. J. & Morrison, B. (2004). It's time to retire retirement. *Harvard Business Review*, 3, 48 – 57.

Eberhardt, D. (2009). Gesundheitsförderlich führen. In: W. Kromm & G. Frank (Hrsg.). *Unternehmensressource Gesundheit*. Düsseldorf: Symposion.

Eberhardt, D. (2010). Strategisches Human Resource Management. In: B. Werkmann-Karcher & J. Rietiker (Hrsg.). *Angewandte Psychologie für das Human Resource Management. Konzepte und Instrumente für ein wirkungsvolles Personalmanagement* (S. 59 – 86). Berlin: Springer.

Eberhardt, D., Kohler, Ch. & Oertig, M. (2011). *Strategisches Personalmanagement*. Europäische Fernhochschule Hamburg. (Studienheft).

Eberhardt, D. (2013a). Culture matters – aber wie? Impulse zum Phänomen Organisationskultur. In: D. Eberhardt (Hrsg.). *Unternehmenskultur aktiv gestalten – Praxisfälle aus Wirtschaft, öffentlichem Dienst, Kultur und Sport* (S. 5 – 32). Berlin: Springer.

Eberhardt, D. (2013b). Mit Leadership Circles im Führungsteam miteinander und voneinander lernen. In: D. Eberhardt (Hrsg.). *Together is better* (S. 79 – 86). Berlin: Springer.

Eberhardt, D. (2013c). »Gesundheit ist unser höchstes Gut!« – Wie Führung Gesundheit von Mitarbeitenden und Unternehmen fördert. *Hernsteiner*, 01(13), 9 – 11.

Eberhardt, D. (2013d). *Unternehmenskultur aktiv gestalten. Praxisfälle aus Wirtschaft, öffentlichem Dienst, Kultur & Sport*. Berlin: Springer.

Eberhardt, D. & Majkovic, L. (2015). *Die Zukunft der Führung. Eine explorative Studie zu den Führungsherausforderungen von morgen*. Berlin: Springer.

Eberhardt, D. & Meyer, M. (2011). *Mit Führung den demografischen Wandel gestalten: Individualisierte alternsgerechte Führung: Wie denken und handeln Führungspersonen?* München & Mehring: Rainer Hampp.

Eberhardt, D., Braedel-Kühner, C., Rauch, J. (2013). Fundiertes Wissen und viel Berufserfahrung. Generation 50 plus. *Persorama*, 20 – 21.

Eberhardt D., Rauch J., Wallin M., Braedel-Kühner C., Marcaletti F., Garavaglia E. & Majkovic, A.-L. (2013). *Grundtvig Programme: Results of the quantitative study »Individualized age-related leadership« conducted in Germany, Finland, Italy and Switzerland.* Unpublished research document.

Eberhardt, D. & Streuli, E. (2015). Zukunft der Führung bedeutet Vielfalt führen. In: D. Eberhardt (Hrsg.). *Führung von Vielfalt – Praxisbeispiele für den Umgang mit Diversity in Organisationen*. Berlin: Springer.

Eberhardt, D. (Hrsg.). (2013). *Together is better? Die Magie der Teamarbeit entschlüsseln*. Berlin: Springer.

Eberhardt, D. & Streuli, E. (2016). Zukunft der Führung bedeutet Vielfalt führen. In: D. Eberhardt (Hrsg.). *Führung von Vielfalt – Praxisbeispiele für den Umgang mit Diversity in Organisationen.* Berlin Heidelberg: Springer.

Eberhardt, J. (2024). *Generationsübergreifender Co-Lead. Eine Kurzdarstellung*. Zürich: SK Group.

Eberhardt, L. (2024). *Praxisbeispiel Refluenced AG: Gen Z als Gründer und Führungspersonen.* Eine Kurzbeschreibung: Refluenced AG.

Egger, M., Moser, R. & Thom, N. (2007). *Arbeitsfähigkeit und Integration der älteren Arbeitskräfte in der Schweiz – Studie I.* Bern: Staatssekretariat für Wirtschaft SECO.

Ehrentraut, O. & Fetzer, S. (2007). Die Bedeutung älterer Arbeitnehmer im Zuge der demografischen Entwicklung. In: M. Holz & P. Da-Cruz (Hrsg.). *Demografischer Wandel in Unternehmen – Herausforderung für die strategische Personalplanung*. Wiesbaden: Gabler.

Eidgenössisches Personalamt (2020). *Personalstrategie Bundesverwaltung 2020 – 2023*. Bern: Vertrieb Bundespublikationen.

Ellwart, T., Mock, K. & Rack, O. (2010). *Altersgemischte Teamarbeit – Potenziale für Wissensaustausch, Innovation und Development*. Zürich: SpektraMedia.

Ely, R. J. (2004). A field study of group diversity, participation in diversity education programs, and performance. *Journal of Organizational Behavior,* 25, 755 – 780.

Ely, R. J. & Thomas, D. A. (2001). Cultural diversity at work: The effects of diversity perspectives on work group processes and outcomes. *Administrative Science Quarterly,* 46(2), 229 – 273.

Erickson, T. (2010). Guiding Generation X to Lead. *T+D*, August (64). 14.

Ernst & Young (2020). *Gen Z — a generation of contradiction. Generation Z Segmentation Study Top-line findings and the power of five.* https://assets.ey.com/content/dam/ey-sites/ey-com/en_us/topics/advisory/ey-gen-z-contradictions-april-2020.pdf?download; Abfrage am 18.06.2021.

Ernst & Young (2021). *Is Gen Z the spark we need to see the light? 2021 Gen Z Segmentation Study Insights Report.* https://assets.ey.com/content/dam/ey-sites/ey-com/en_us/topics/consulting/ey-2021-genz-segmentation-report.pdf; Abfrage am 22.03.2024.

Ernst & Young (2023). *Jobstudie 2023: Motivation, Zufriedenheit und Work-Life-Balance*. https://assets.ey.com/content/dam/ey-sites/ey-com/de_de/news/2023/05/ey-jobstudie-motivation-2023.pdf; Abfrage am 19.05.2024.

Erpenbeck, J. & von Rosenstiel, L. (2007). *Handbuch Kompetenzmessung* (2. Aufl.). Stuttgart: Schäffer-Poeschel Verlag.

EU OSHA (2021a). *OSH management in the context of an aging workforce.* https://osha.europe.eu/themes/osh-management-context-aging-workforce; Abfrage am 17.07.2021.

EU OSHA (2021b). *A decade of action for healthy ageing and healthier working lives.* https://osha.europe.eu/en/highlights/healty-and-safety-ageing-workers-priority-all; Abfrage am 17.07.2021.

EU OSHA (2021c). *Healthy workplaces campaigns*. https://osha.europe.eu/en/healty-workplaces-campaigns; Abfrage am 17.07.2021.

Europäische Kommission (2000). *Memorandum über Lebenslanges Lernen.* http://www.die-frankfurt.de/esprid/dokumente/doc-2000/EU00_01.pdf; Abfrage am 15.08.2014

Europäische Kommission (2012). *EY 2012 Awards Workplace for all Ages*. http://ec.europa.eu/employment_social/empl_portal/EY2012/Awards/07.Workplaces_1_Finland.pdf; Abfrage am 13.06.2015.

Europäische Stiftung zur Verbesserung der Lebens- und Arbeitsbedingungen (2008). *Altersmanagement in europäischen Unternehmen*. Arbeitspapier.

Eurostat (2020). https://ec.europa.eu/eurostat/de/home; Abfrage am 02.07.2020.

Fraunhofer Institut (o.J.). Fachmedien. Projekt DEBBI. http://wiki.iao.fraunhofer.de/index.php/Studie:_InnoDemo_-_Innovationsmanagement_mit_allen_Altersgruppen; Abfrage am 07.05.2015.

Falkenstein, M. & Sommer, S. (2006). Von wegen altes Eisen. *Gehirn und Geist, 3,* 14 – 21.

Faltermaier, T., Mayring, P., Saup, W. & Strehmel, P. (2014). *Entwicklungspsychologie des Erwachsenenalters (3., überarb. und erw. Aufl.).* Stuttgart, Berlin, Köln: Kohlhammer.

Feierabend, A. & Pfrombeck, J. (2020). Schweizer HR Barometer 2020: Digitalisierung und Generationenmanagement. *Personalschweiz*, Nov, 38 – 40.

Fercher, A., Bremer, C., Leuchter, K., Wobbe, W. & Reinhardt, U. (2009). Fähigkeitsentwicklung als Voraussetzung für die Beschäftigungsfähigkeit älterer Arbeitnehmer. In: P. Speck (Hrsg.). *Employability – Herausforderungen für die strategische Personalentwicklung: Konzepte für eine flexible, innovationsorientierte Arbeitswelt von morgen* (S. 43 – 60). Wiesbaden: Gabler.

Ferguson, H. J., Brunsdon, V. E. A. & Bradford, E. E. F. (2021). The developmental trajectories of executive function from adolescence to old age. *Scientific Reports*, 11(1).

Finkelstein, S. & Hambrick, D. C. (1990). Top-management-team tenure and organizational outcomes: The moderating role of managerial discretion. *Administrative science quarterly*, 35(3), 484 – 503.

Fischer, B. (2003). *Alter und Altern. Historische und heutige Perspektiven des Alters und Alterns.* http://www.wissiomed.de/mediapool/99/991570/data/Alter_und_Altern_60_Plus.pdf; Abfrage am 10.06.2015.

Fiske, S. T. (1998). Stereotyping, prejudice, and discrimination. In: Gilbert, D. T., Fiske, S. T. & Lindzey, G. (Hrsg.). *Handbook of social psychology*, 4th ed., Vol. 2, (S. 357 – 411), New York: McGraw-Hill.

Flatt, S. J. & Kowalczyk, S. J. (2008). Creating competitive advantage through intangible assets: The direct and indirect effects of corporate culture and reputation. *Advances in Competitiveness Research*, 16(1), 13 – 30.

FlexJobs (2024). *Baby Boomers Eye Work Flexibility Over Salary, FlexJobs Survey Finds.* https://www.flexjobs.com; Abfrage am 19.05.2024.

Forrester, P. (2006). *Understanding the Millennial Generation: Insights for Educators and Employers*. Forrester Research.

Frank, G. (2010). *Gesundheitsorientierte Unternehmensführung – Ein Plädoyer für einen Paradigmenwechsel.* Ermatingen: Wolfsberg Script 4.

Frau, D., Costa, V. & Krauskopf, P. (2023). Altersdiversitätspraktiken in Unternehmen der Schweiz. https://digitalcollection.zhaw.ch/handle/11475/28804; Abfrage am 12.05.2024.

Freiling, J. & Fichtner, H. (2010). Organizational culture as the glue between people and organization: A competence-based view on learning and competence building/Organisationskultur als Bindeglied zwischen Mensch und Organisation: Eine kompetenzbasierte Betrachtung von Prozessen des Lernens und der Kompetenzentwicklung. *Zeitschrift für Personalforschung*, 24(2), 152 – 172.

Freshfields Bruckhaus Deringer (2021). Diverse Perspectives. https://www.freshfields.com/en-gb/about-us/responsible-business/diversity-and-inclusion/case-studies/reverse-mentoring; Abfrage am 15.05.2024.

Freund, A. (2014). *Psychologie der Lebensspanne und Lebenslanges Lernen. Motivationspsychologische Gesichtspunkte*. IAP Fachtagung Lebenslanges Lernen: Demografischer Wandel als unternehmerische Herausforderung, Zürich, 30.6.2014.

Friedrich, M. (2021). Intelligenz aus philosophisch-psychologischer Sicht. In: J. Rathmann & U. Voigt (Hrsg.). *Natürliche und Künstliche Intelligenz im Antrhopozän_*(S. 135 – 192). https://opus.bibliothek.uni-augsburg.de/opus4/frontdoor/deliver/index/docId/90611/file/90611.pdf; Abfrage am 10.06.2024.

Fritsch, S. (1994). *Differentielle Personalpolitik: Eignung zielgruppenspezifischer Weiterbildung für ältere Arbeitnehmer*. Wiesbaden: Deutscher Universitätsverlag.

Froese, F. J., Hildisch, A. K. & Kemper, L. E. (2015). Von Vielfältigkeit profitieren – wie eine inclusive Arbeitskultur den Unternehmenserfolg steigert. In: Widuckel, W., De Molina, K., Ringlstetter M. J. & Frey, D. (Hrsg.). *Arbeitskultur 2020 – Herausforderungen und Best Practices der Arbeitswelt der Zukunft* (S. 383 – 395). Wiesbaden: Springer Gabler.

Fulde, V. (2021). Berufung zum Beruf machen: Telekom motiviert Gen Z; https://www.telekom.com/de/medien/medieninformationen/detail/berufung-zum-beruf-machen-telekom-motiviert-gen-z-627468; Abfrage 14.03.2024.

Gabler Wirtschaftslexikon (2015). *Erwerbspersonenpotenzial*. http://wirtschaftslexikon.gabler.de/Archiv/2158/erwerbspersonenpotenzial-v12.html; Abfrage am 28.03.2015.

Gaidhani, S., Arora, L. & Sharma, B. K. (2019). Understanding the attitude of generation Z towards workplace. *International Journal of Management, Technology and Engineering*, 9(1), 2804 – 2812.

Gardenswartz, L. & Rowe, A. (2008). *Diverse teams at work – capitalizing the Power of Diversity*. Alexandria: Society for Human Resource Management.

Gees, T. (2024). *Verkehrsbetriebe Zürich – Employer Branding Kampagne Ü50*. Zürich: Stadt Zürich.

George, G., Lakhani, K. R. & Puranam, P. (2020). What has changed? The Impact of Covid Pandemic on Technology and Innovation Management Research Agenda. *Journal of Management Studies*, 57(8), Dez. 2020.

Gerpott, F. H., Hackl, B. & von Schirach, C. (2013). Attraktiver werden – für alle. *Personalmagazin*, (8), 28 – 32.

Gerpott, F. H. & Voelpel, S. (2014). Wer lernt was von wem? Wissensaustausch in altersgemischten Lerngruppen. *PERSONALquaterly*, 3, 16 – 21.

Gesell, I. (2010). How to lead when the generation gap becomes your everyday reality. *The Journal for Quality and Participation*, 32(4), 21.

Gibson, J. W., Jones, J. P., Cella, J., Clark, C., Epstein, A. & Haselberger, J. (2010). Ageism and the Babyboomers: Issues, challenges and the TEAM approach. *Contemporary Issues in Education Research (CIER)*, 3(1), 53 – 60.

Gonzalez, J. A. & DeNisi, A. S. (2020). Cross-level effects of demography and diversity climate on organizational attachment and firm effectiveness. *Journal of Organizational Behavior*, 41(2), 176 – 192.

Götz, K. & Hilse, H. (1999). Führen über Fünfzig. Was jüngere Führungskräfte von älteren lernen können. In: K. Götz (Hrsg.). *Führungskultur. Teil 1 Die individuelle Perspektive* (S. 75 – 91). München & Mehring: Hampp.

Graen, G. B. & Schiemann, W.A. (2013). Leadership-motivated excellence theory: an extension of LMX. *Journal of Managerial Psychology*, 28(5), 452 – 469.

Great Place to Work Institute (2020). *Sonderpreis »Demographiebewusstes Personalmanagement«*. https://www.greatplacetowork.de/presse/pressemitteilungen/mars-deutschland-fuer-herausragende-personalarbeit-ausgezeichnet/; Abfrage am 18.06.2021.

Gregersen, S. (2011): *Führung und Gesundheit.* Veranstaltungsdokumentation zum BGW forum 2011 – Gesundheitsschutz in der Behindertenhilfe. http://www.bgwforum.de/langfassungen/PlenumF2_Gregersen.pdf; Abfrage am 11.06.2015.

Greve, W. & Thomsen, T. (2019). Die Entwicklung der Selbstregulation über die Lebensspanne. *Psychologie der Selbststeuerung* (S. 19 – 36). Wiesbaden: Springer VS.

Hamel, G. H. & Prahalad, C. K. (1994). *Wettlauf um die Zukunft.* Wien: Überreuther Wirt.

Havighurst, R. J. (1972). *Developmental tasks and education.* Edinburgh: Longman Group United Kingdom.

Heckhausen, H. (1989). *Motivation und Handeln.* (2., völlig überarb. und erg. Aufl.). Berlin: Springer.

Heig-VD. (2020). Schweizer Ethikpreis 2020. https://heig-vd.ch/campus/vie-sur-le-campus/manifestations/prix-suisse-ethique/de/archives; Abfrage am 22.06.2021.

Heikkilä, T. (2021). *Age Management in Helsinki – continuation.* Working Document.

Hennekam, S. & Herrbach, O. (2013). HRM Practices and low occupational status older workers. *Employee Relations*, 35 (3), 339 – 355.

Henniges, J. (2021). *Digitaler Wandel: Analyse der Erwartungen zukünftiger Arbeitnehmer in Hinblick auf Führungsstil und Digitalisierung.* Hochschule für Angewandte Wissenschaften. https://opus4.kobv.de/opus4-haw/files/2185/I000970348Abschlussarbeit.pdf; Abfrage am 17.05.2024.

Herbstritt, K., Schwartl, S. & Walt, A. (2019). Welche Definition wird Karriere zukünftig beschreiben und was bedeutet das für Unternehmen und deren Personalentwicklung? In: K. Herbstritt, S. Schwartl & A. Walt (Hrsg.). *Der Girlboss Mythos: Die gesellschaftlichen und psychologischen Mechanismen der Diskriminierung von Frauen in Führungspositionen* (S. 207 – 226). Wiesbaden: Springer.

Herzberg, H. (2008). Biographie – Habitus – Lernen: Erörterung eines Zusammenhangs. In: H. Herzberg (Hrsg.). *Lebenslanges Lernen. Theoretische Perspektiven und empirische Befunde im Kontext der Erwachsenenbildung* (S. 51 – 65). Frankfurt am Main: Peter Lang.

Hess, T. M., Growney, C .M. & Lothary, A. F. (2018). Motivation moderates the impact of aging stereotypes on effort expenditure. *American Psychological Association*, 34(1), 56 – 67.

Hewlett, S. A., Marshall, M. & Sherbin, L. (2013). How diversity can drive innovation. *Harvard Business Review,* 91(12), 30 – 31.

Hochschule Luzern (2023).*Generationenbarometer 2023*, https://www.hslu.ch/de-ch/wirtschaft/institute/ifz/banking-investments-insurance/womens-business-and-diversity-management/diversity-management/generationenbarometer; Abfrage am 30.04.2024.

Hoe, S. L. (2019). Digitalization in practice: the fifth discipline advantage. *The Learning Organization*, 27(1), 54 – 64.

Hof, A. & Wittwer, C. (2021). *Mit Empowerment in den Ruhestand*. Soziothek. https://files.www.soziothek.ch/source/2021_ba_Hof%20Angelica_Wittwer%20C%C3%A9line_zenodo5565065.pdf; Abfrage am 10.06.2024.

Hoff, E.-H. (2002). *Arbeit und berufliche Entwicklung*. ResearchGate. Verfügbar unter https://www.researchgate.net/profile/Ernst-H-Hoff/publication/37366454_Arbeit_und_berufliche_Entwicklung/links/54cf81c30cf298d6566395e1/Arbeit-und-berufliche-Entwicklung.pdf; Abfrage am 11.05.2024

Hofstede, G. (1980). *Culture's consequences. International differences in work-related values*. London, UK: Sage.

Holz, M. (2007). Sicherung der Innovationsfähigkeit bei alternden Belegschaften. In: M. Holz & P. Da-Cruz (Hrsg.). *Demografischer Wandel in – Herausforderungen für die strategische Personalplanung*. Wiesbaden: Gabler.

Höpflinger, F. (2008a). Einführung: Konzepte, Definitionen und Theorien. In: P. Perrig-Chiello, F. Höpflinger & C. Suter (Hrsg.). *Generationen – Strukturen und Beziehungen* (S. 19 – 44). Zürich: Seismo.

Höpflinger, F. (2008b). Generationendiskurse, Generationenstereotype und intergenerationelle Kontakte. In: P. Perrig-Chiello, F. Höpflinger & C. Suter (Hrsg.). *Generationen – Strukturen und Beziehungen* (S. 255 – 284). Zürich: Seismo.

Höpflinger, F., Beck, A., Grob, M. & Lüthi, A. (2006). *Arbeit und Karriere: Wie es nach 50 weitergeht.* Eine Befragung von Personalverantwortlichen in 804 Schweizer Unternehmen. Zürich: Avenir Suisse.

Horx, M., Huber, J. Steinle, A. & Wenzel, E. (2009). *Zukunft machen: Wie Sie von Trends zu Business-Innovationen kommen. Ein Praxis-Guide*. Campus Verlag: Frankfurt.

Houlihan, A. (2008). When gen-x is in charge – how to harness the young leadership style. *Supervision*, 69(4), 11 – 13.

Hubert, P. & Schlotter, L. (2020). Generation Z – Personalmanagement und Führung – 21 Tools für Entscheider. Wiesbaden: Springer Gabler.

Hübner, W. & Wahse, J. (2003). Ältere Arbeitnehmer – ein personalpolitisches Problem? In: E. Kistler & H.G. Mendius (Hrsg.). *Demografischer Strukturbruch und Arbeitsmarktentwicklung* (S. 68 – 86). Stuttgart: Frauenhofer-Institut für Arbeitswirtschaft und Organisation: Stuttgart.

Hughes, J. W. & Seneca, J. J. (2019). *Move over millennials: New Jersey's unfolding generational disruptions.* https://scholarship.libraries.rutgers.edu/view/delivery/01RUT_INST/12643435850004646/13643523290004646; Abfrage am 12.05.2024.

IAB-Forum (2017). *Fachkräftemangel*. https://www.iab-forum.de/glossar/fachkraeftemangel; Abfrage am 10.03.2024.

IBM (2023). *Augmented work for an automated, AI-driven world. Bost performance with human-machine partnerships*. https://www.ibm.com/thought-leadership/institute-business-value/en-us/report/augmented-workforce; Abfrage am 10.03.2024.

Illies, F. (2000). *Generation Golf*. Eine Inspektion. Berlin: Argon.

Ilmarinen, J. E. (2001). Aging workers. *Occupational and Environmental Medicine, 58 (8)*, 546 – 552.

Ilmarinen, J. (1999). Förderung der Arbeitsfähigkeit: neue unternehmensnahe Präventionsdienstleistung für Betriebe und für betriebsärztliche Dienste. In: H. J. Bullinger (Hrsg.). *Dienstleistungen – Innovation für Wachstum und Beschäftigung* (S. 345 – 355). Wiesbaden: Springer.

Ilmarinen, J. (2004). Älter werdende Arbeitnehmer und Arbeitnehmerinnen. In: M. von Cranach, H.-D. Schneider, E. Ulich & R. Winkler (Hrsg.*). Ältere Menschen im Unternehmen. Chancen, Risiken, Modelle* (S. 29 – 47). Bern: Haupt.

Ilmarinen, J. & Tempel, J. (2002). *Arbeitsfähigkeit 2010 – Was können wir tun, dass Sie gesund bleiben?* Hamburg: VSA-Verlag.

Institut für Angewandte Psychologie (2023). *Hybrides Arbeiten – der flexible Mensch in der Arbeitswelt 4.0: Ausgewählte Ergebnisse der quantitativen und qualitativen Befragung*. IAP.

Internet Word Business (2014). https://docplayer.org/575805-Internet-world-business.html, Abfrage am 05.07.2021.

Iqbal, S., Rasheed, M., Khan, H. & Siddiqi, A. (2021). Human resource practices and organizational innovation capability: role of knowledge management. *VINE Journal of Information and Knowledge Management Systems, 51* (5), 732 – 748.

Jauslin, S., Hernandez, J. & Schulte, V. (2021). *Reverse Mentorin. Den Wissenstransfer zwischen Generationen gestalten*. Stuttgart: Schäffer-Poeschel.

Jenner, P. (2015). *Digitales Zeitalter und die Arbeitswelt von morgen*. IAP Impuls-Anlass 2015, Kunsthaus, Zürich. http://psychologie.zhaw.ch/fileadmin/user_upload/psychologie/Downloads/Veranstaltungen/IAP_Impuls_Jenner.pdf; Abfrage am 16.04.2015

Jha, A. K. (2020). Understanding Generation Alpha. https://doi.org/10.31219/osf.oi/d2e8 g; Abfrage am 12.04.2024

Jimeno, J. F. (2019). Fewer babies and more robots: Economic growth in a new era of demographic and technological changes. *SERIEs*. https://doi.org/10.1007/s13209-019-0190-z; Abfrage am 12.05.2024.

Joester, A. (2014). Die vier erwerbstätigen Generationen – eine Typologie. *HR Today* (6), 20 – 23.

Johnson, J. H., Parnell, A. M. & Lian, H. (2018). aging as an engine of innovation, business development and employment growth. *Economic Development Journal*, 17(3), 32 – 42.

Jugendprojekt LIFT e. V. (2020). http://jugendprojekt-lift.ch/; Abfrage am 22.06.2021.

Jugendprojekt LIFT e. V. (2024). *Eine Chance für Schulen, Jugendliche und Wirtschaft*. https://jugendprojekt-lift.ch; Abfrage am 03.05.2024.

Kaiser, D. (2023). Generationsdiverse Führung–Young Professional Leadership. In: *Generationsdivers führen*. Wiesbaden: Springer-Gabler.

Kalev, A., Dobbin, F. & Kelly, E. (2006). Best Practices or Best Guesses? Assessing the Efficacy of Corporate Affirmative Action and Diversity Policies. *American Sociological Review*, 71, 589 – 617.

Kanton Aargau (2021). *Kampagne »Potenzial 50plus«.* https://www.ag.ch/de/dvi/wirtschaft_arbeit/potenzial_50plus/allgemeine_informationen_3/potenzial_50plus_1.jsp; Abfrage am 16.06.2021.

Kearney, E. & Gebert, D. (2009). Managing diversity and enhancing team outcomes: the promise of transformational leadership. *Journal of applied psychology*, 94 (1), 77 – 89.

Kemter, A. & Winkler, R. (2019). Gesundheit durch alter(n)sgerechte Führung: Adaption und Evaluation eines Führungskräftetrainings für kleine und mittelständische Unternehmen. *Gesellschaft für Arbeitswissenschaft.* https://gfa2019.gesellschaft-fuer-arbeitswissenschaft.de/inhalt/C.2.5.pdf; Abfrage am 17.05.2024.

Kienbaum (2014). *HR Trendstudie 2014.* http://www.kienbaum.com/Portaldata/1/Resources/downloads/Ergebnisbericht_HR-Trendstudie2014_Final.pdf; Abfrage am 14.06.2015.

Klaffke, M. (2014). *Generationen-Management: Konzepte, Instrumente, Good-Practice-Ansätze.* Wiesbaden: Springer.

Kistler, E., Ebert, A., Guggemos, P., Lehner, M., Buck, H. & Schletz, A. (2006). *Altersgerechte Arbeitsbedingungen. Machbarkeitsstudie für die Bundesanstalt für Arbeitsschutz und Arbeitsmedizin* (Sachverständigengutachten). Berlin, Dortmund: Bundesanstalt für Arbeitsschutz und Arbeitsmedizin.

Klaffke, M. & Parment, A. (2011). Herausforderungen und Handlungsansätze für das Personalmanagement von Millennials. In: M. Klaffke (Hrsg.): *Personalmanagement von Millennials* (S. 5 – 19). Wiesbaden: Gabler Verlag.

Kleiminger, H. (2011). Gen Y: Implikationen für die Personalentwicklung. In: M. Klaffke (Hrsg.). *Personalmanagement von Millennials* (S. 133 – 146). Wiesbaden: Gabler Verlag.

Kleiminger, H. & Wortmann, A. (2022). *Psychische Belastungen am Arbeitsplatz in Abhängigkeit vom Alter.* IHRO. Hamburg. https://www.researchgate.net/profile/Achim-Wortmann/publication/361972730_Psychische_Belastungen_am_Arbeitsplatz_in_Abhangigkeit_vom_Alter/links/62cf2d6df9f1d0161314cb64/Psychische-Belastungen-am-Arbeitsplatz-in-Abhaengigkeit-vom-Alter.pdf; Abfrage 10.06.2024.

Kleinschmitt, M. (2015). *Generation Z Characteristics: 5 Infographics on the Gen Z Lifestyle.* https://www.business2community.com/infographics/generation-z-characteristics-5 – infographics-gen-z-lifestyle-01394477; Abfrage am 16.06.2021.

Knauth, P. (2007). Älter werden im Betrieb – Lebensorientierte Arbeitsgestaltung. In: N. Hummel, A. Schack. (Hrsg.). *50plus – Potenziale für Wirtschaft und Gesellschaft, Wiesbadener Gespräche zur Sozialpolitik* (S. 33). Wiesbaden: Dr. Curt Haefner-Verlag.

Knouse, S. (2011). Managing Generational Diversity in 21 st Century. *Competition Forum*, 9 (2), 255 – 260.

Koch, G. & Warneken, B. J. (2012). Wissensarbeit und Arbeitswissen. Zur Ethnografie des kognitiven Kapitalismus. In: G. Koch & B. J. Warneken (Hrsg.). *Wissensarbeit und Arbeitswissen. Zur Ethnografie des kognitiven Kapitalismus* (S. 11 – 26). Frankfurt am Main: Campus.

Kochan, T., Bezrukova, K., Ely, R., Jackson, S., Joshy, A., Jehn K., Leonard, J., Levine, D. & Thomas, D. (2003). The effect of diversity on business performance. Report of the Diversity Research Network. *Human Resource Management*, 42 (1), 3 – 21.

Köhler, B. (2017). *Ruheständler geben ihr Wissen weiter. So arbeiten die »Senior Experts« bei Daimler*. https://www.aktiv-online.de/news/so-arbeiten-die-senior-experts-bei-daimler-1511; Abfrage am 18.06.2021.

Kohn, M. L. & Schooler, C. (1982). Job conditions and personality: Longitudinal assessment of their reciprocal effects. *American Journal of Sociology, 97*, 1257 – 1285.

Kolland, F. (2008). Soziale Determinanten der Weiterbildungsbeteiligung in Österreich. In: A. Kruse (Hrsg.). *Weiterbildung in der zweiten Lebenshälfte* (S. 161 – 190). Bielefeld: W. Bertelsmann.

Kooij, D. T. A. M., Jansen, P. G. W., Dikkers, J. S. E. & de Lange, A. H. (2014). Managing aging workers: a mixed method study on bundles of HR practices for aging workers. *The international Journal of Human Resource Management*, 25 (15), 2192 – 2212.

Korff, J., Biemann, T., Voelpel, S., Kearney, E. & Rossnagel, C. S. (2009). HR Management for an Aging Workforce – A Life-Span Psychology Perspektive. *Zeitschrift für Personalpsychologie*, 8 (4), 201 – 213.

Kornadt, A. E., Kessler, E.M., Wurm, S., Bowen, C.E. et al. (2020). Views on ageing: A lifespan perspective. *European Journal of Ageing*, 17(1), 1 – 15.

Kotler, P., Keller, K. & Bliemel, F. (2007). *Marketing Management* (12. aktualisierte Aufl.). München: Pearson Studium.

Kouzes, J. M. & Posner, B. Z. (2002). *The Leadership Challenge.* San Francisco, CA: Jossey-Bass.

Kuhl, J., Wittich, C. & Schulze, S. (2022). *Intelligenz – Konstrukt und Diagnostik.* https://epub.uni-regensburg.de/53338/1/12%20Intelligenz%20%E2%80%93%20Konstrukt%20und%20Diagnostik.pdf; Abfrage 10.06.2024.

Kühni, J. & Lüthi, A. (2015). Ältere Mitarbeitende: Deadwood oder Rising Stars? Die Führung macht den Unterschied! In: D. Eberhardt (Hrsg.). *Führung von Vielfalt – Praxisbeispiele für den Umgang mit Diversity in Organisationen*. Berlin: Springer.

Kühni, J. & Lüthi, A. (2024). *Praxisbeispiel: Lebensphasenorientierte Personalentwicklung in einer öffentlichen Verwaltung. Eine Kurzdarstellung*. Eidgenössisches Departement für Verteidigung, Bevölkerungsschutz und Sport (VBS).

Kultalahti, S., Edinger, P. & Brandt, T. (2013): Expectations for Leadership – Generation Y and Innovativeness in the Limelight. *Proceedings for the 9th European Conference on Management Leadership and Governance: ECMLG, Academic Conferences Limited*, 152 – 158.

Kunze, F. (2011). Dealing with the demografic change in companies. *Zeitschrift für Personalforschung*, 25 (3), 273 – 275.

Kunze, F. (2015). Management von Alters- und Generationenvielfalt als Herausforderung und Chance für Unternehmen. In: F. Kunze, D. Eberhardt & D. Kissling (Hrsg.): *Ageing*

Workforce – Generationenmanagement als Chance (S. 5 – 20). Weinfelden, Ermatingen: Wolfsberg Script 9.

Kunze, F., Böhm, S.A. & Bruch, H. (2011). Age diversity, age discrimination climate and performance consequences – a cross organizational study. *Journal of Organizational Behavior,* 32, 264 – 290.

Kwan Lau, W. & Subedi, D. (2019). Examine the effects of generation in leadership process: A cross-cultural study in America and China. *International Journal of Business and Applied Sciences*, 8(1), 22 – 29.

Lahn, C. (2003). Competence und learning in later career. *European Educational Research Journal,* 2 (1), 126 – 140.

Laiho, M. & Brandt, T. (2012). Views of HR specialists on formal mentoring: current situation and prospects for the future. *Career Development International,* 17 (5), 435 – 457.

Lakasz, A. (2019). Führungsaspekte in Universitätskliniken mit besonderem Fokus auf ärztliche Mitarbeiter unterschiedlicher Generationen. In: *FOM-ifgs-Schriftenreihe Band 15*; https://www.econstor.eu/bitstream/10419/230702/1/FOM-ifgs-Schriftenreihe-Band-15.pdf; Abfrage am 15.05.2024.

Lang, C. (2007). Lebenslanges Lernen. In: S. Remdisch & A. Utsch (Hrsg.). *Abschlussbericht – Bedarfsanalyse und Machbarkeitsstudie. Feststellung des Bedarfs für Weiterbildung und Wissenstransfer sowie Beurteilung der Machbarkeit eines spezifischen Angebots für die Region Lüneburg*. Lüneburg: Leuphana Professional School.

Langballe, E. M., Skirbekk, V. & Strand, B. H. (2023). Subjective age and the association with intrinsic capacity, functional ability, and health among older adults in Norway. *European Journal of Aging*. https://doi.org/10.1007/s10433-023-00753-2; Abfrage am 11.05.2024.

Larsson, G. & Björklung, C. (2021). Age and leadership: Comparisons of age groups in different kinds of work environment. *Management Research Review*, 44(5), 661 – 676.

Laumer, S., Eckhardt, A. & Weitzel, T. (2010). Electronic Human Resources Management in an E-Business Environment. *Journal of Electronic Commerce Research,* 11(4), 240 – 250.

Lehr, U. (1981). Der ältere Mitarbeiter im Betrieb. In: F. Stoll (Hrsg.). *Die Psychologie des XX. Jahrhunderts, Band XIII* (S. 910 – 929). Zürich: Kindler.

Lehr, U. (1994). Einführung: Kompetenz im Alter. In: U. Lehr & K. Repgen (Hrsg.). *Älterwerden. Chance für Mensch und Gesellschaft* (S. 9 – 28). München: Olzog.

Lehr, U. (2003). *Psychologie des Alterns.* (10. überarb. Aufl.) Heidelberg/Wiesbaden: Quelle & Meyer.

Leonardi, P. M. (2021). COVID-19 and the new technologies of organizing: Digital exhaust, digital footprints, and artificial intelligence in the wake of remote work. *Journal of Management Studies, 58* (1), 241 – 252.

Levin, I. & Gottlieb, J. Z. (2009). Realigning organization culture for optimal performance: Six principles & eight practices. *Organisational Development Journal*, 27 (4), 31 – 46.

Levinson, D. J. (1979). *Das Leben des Mannes. Werdenskrisen, Wendepunkte, Entwicklungschancen.* Köln: Kiepenheuer & Witsch (engl. Original 1978).

Lindenberger, U. (2007). Technologie im Alter: Chancen aus Sicht der Verhaltenswissenschaften. In: P. Gruss (Hrsg.). *Die Zukunft des Alterns. Die Antwort der Wissenschaft* (S. 220 – 239). München: Verlag C. H. Beck.

Lindenberger, U., Smith, J. Mayer, K. U. & Baltes, P. B. (Hrsg.) (2010). *Die Berliner Altersstudie.* (3. erw. Auflage). Berlin: Akademie Verlag.

Linder, J. (2023). »Must-Know Gen Z Education Statistics [Latest Report]«. Gitnux. https://gitnux.org/gen-z-education-statistics/; Abfrage am 10.04.2024.

Lindner, C. (2023). *Generation Z: Präferenzen und Tendenzen in der modernen Arbeitswelt.* Wiesbaden: Springer Gabler.

Lippold, D. (2017). *Manager der Generation X im Führungswandel. Unternehmenskultur muss Digital Natives integrieren.* https://www.computerwoche.de/a/unternehmenskultur-muss-digital-natives-integrieren,3331267; Abfrage am 18.06.2021.

Löffler, L. & Giebe, C. (2021). Generation Z and the War of Talents in the German banking sector. *International Journal of Business Management and Economic Review,* 4, 1–18.

Lohmann-Haislah, A. (2020). Stand und Entwicklung der Schlüsselfaktoren 2006, 2012, 2018. In: BAuA (Hrsg.). *Stressreport 2019, Psychische Anforderungen, Ressourcen und Befinden* (S. 27 – 39). Dortmund: Bundesanstalt für Arbeitsschutz und Arbeitsmedizin.

Lohmann-Haislah, A., Genth, T., Leistner, W. & Jankowiak, S. (2020). Zahlen, Daten, Fakten. In: BAuA (Hrsg.). *Stressreport 2019, Psychische Anforderungen, Ressourcen und Befinden* (S. 158 – 216). Dortmund: Bundesanstalt für Arbeitsschutz und Arbeitsmedizin.

Lombriser, R. & Abplanalp, P. A. (2005). *Strategisches Management, Visionen entwickeln – Strategien umsetzen – Erfolgspotenziale aufbauen,* 4. Auflage. Zürich: Versus.

Lüscher, K., Liegle, L. (2003). *Generationenbeziehungen in Familie und Gesellschaft.* Konstanz: Universitätsverlag (Lehrbuch).

Lüscher, K., Bode, I. & Franzmann, M. (2019). *Mehrgenerationenbeziehungen im sozialen Wandel: Generationsdynamiken in familialen Transfers und intergenerationalen Unterstützungsnetzwerken.* Wiesbaden: Springer.

Maas, R. (2019). *Generation Z für Personaler, Führungskräfte und jeden der die Jungen verstehen muss.* München: Carl Hanser Verlag GmbH & Co. KG.

Maas, R. (2021). Der Vorsprung der Jüngeren ist geschrumpft. Interview von Desiree Haselsteiner mit Rüdiger Maas (10.09.2020). *eRecruiter.net* https://www.erecruiter.net/b/interview-ruediger-maas; Abfrage am 16.07.2021.

Maas, R. (2021). *Digital natives erforscht: Die Generation Z. Institut für Generationenforschung.* https://www.generation-thinking.de/post/digital-natives-erforscht-die-generation-z; Abfrage am 18.06.2021.

Mahler, K. (2018/2021). *Flexibilisierung des Altersrücktritts.* Eine Kurzdarstellung. Bern: SBB AG.

Margraf-Stiksrud, J. & Richter, M. (2020). *Entwicklung und Sozialisation im Lebenslauf.* Publisso. https://books.publisso.de/en/publisso_gold/publishing/books/overview/46/131; Abfrage 10.06.2024.

Martinelli, J. (2023). Weiterbildungen für ein zukunftsfähiges HR: Die Megatrends im Überblick. *HR Today (25.10.2023);* https://www.hrtoday.ch/de/article/weiterbildungen-fuer-ein-zukunftsfaehiges-hr-die-megatrends-im-ueberblick; Abfrage 10.03.2024.

Martins, E. (2007). Beteiligungsorientierte Unternehmenskultur: Konzept und Messung. In: F. W. Nerdinger (Hrsg.), *Ansätze zur Messung von Unternehmenskultur: Möglichkeiten, Einordnung und Konsequenzen für ein neues Instrument*. Arbeitspapier Nr. 7 aus dem Projekt TiM (S. 44 – 67). Rostock: Universität Rostock.

Martinson, B., DeLeon, J. A. & Roberto, K. J. (2020). The effect of an aging workforce on perceptions of satisfaction and performance. *Journal of Managerial Issues*, 32(4), 383 – 401.

Maßmann, A. & Egetenmeyer, R. (2019). Subjective age and the functions of continuing education. *Zeitschrift für Weiterbildungsforschung, 42* (1), 47–64.

McCann, R. M. & Giles, H. (2002). Ageism and the workplace: A communication perspective. In: T. D. Nelson (Ed.). *Ageism: Stereotyping and prejudice against older persons* (S. 163 – 199). Cambridge, MA: MIT Press.

McCarthy, J., Heraty, N. & Cross, C. (2014). Who is considered an »older worker«? Extending our conceptualisation of »older« from an organisational decision maker perspective. *Human Resource Management Journal*, 24(4), 374 – 393.

McGrath, J. E. (1984). *Groups: Interaction and Performance*. Prentice-Hall: Englewood.

McKinsey & Company (2022). *The future of remote work: An analysis of 2,000 tasks, 800 jobs and 9 countries*. https://www.mckinsey.com; Abfrage am 19.05.2024.

McNaught, J. E. (2012). *How Baby-Boomer experienced leaders use intuition in decision making*. UMI dissertation publishing: Indiana Wesleyan University.

Meiss, S. (2015). Wandel erfordert Lernen – die Herausforderungen der Energiewende als Impulsgeber für eine neue Lernkultur. In: W. Widuckel, K. de Molina, M. J. Ringlstetter & D. Frey (Hrsg.). *Arbeitskultur 2020 – Herausforderungen und Best Practices der Arbeitswelt der Zukunft* (S. 526 – 543). Wiesbaden: Springer Gabler.

Merriam, S. B, Caffarella., R. S.& Baumgartner, L. M. (2007). *Learning in adulthood: A comprehensive guide*. San Fransisco, CA: Jossey-Bass.

Merton, R. K. (1995). *Soziologische Theorie und soziale Struktur.* Berlin, New York: de Gruyter.

Mintzberg, H. (1994). *The Rise and Fall of Strategic Planning*. New York: Free Press.

Miskan, N. H., Hussin, N. L., Muhamad, N. et al. (2021). The Financial Technology (M-Banking) Adoption Among Baby-Boomers in the Twenty-First Century. *International Journal of Academic Research in Business and Social Sciences*, 11(8), 1579 – 1583.

Mock, S. E. & Eibach, R. P. (2011). Aging attitudes moderate the effect of subjective age on psychological well-being: Evidence from a 10 – year longitudinal study. *Psychology and Aging,* 26 (4), 979 – 986.

Morschhäuser, M. (2006). *Länger arbeiten in gesunden Organisationen. Auftaktveranstaltung Förderschwerpunkt »Altersgerechte Arbeitsbedingungen«* Dortmund, 15.01.2006. http://lago-projekt.de/medien/Projektpraesentation-LagO-Morschhaeuser-15–1–07–LagO.pdf; Abfrage am 19.06.2015.

Mothes, C. (2021). Confirmation Bias. Explaining the Evidence. In: F. M. Moghaddam (Ed.). *The SAGE Encyclopedia of Political Behavior*. https://sk.sagepub.com/reference/the-sage-encyclopedia-of-political-behavior/i2441.xml; Abfrage 10.06.2024.

Mücke, A. (2009). Ist Personalführung alterskritisch? – Ergebnisse der Führungskräftebefragung. In: M. Zölch, A. Mücke, A. Graf & A. Schilling (Hrsg.), Fit für den demografischen Wandel? Ergebnisse, Instrumente, Ansätze guter Praxis (S. 81 – 114). Bern: Haupt.

Mücke, A. (2009). Altersstrukturanalyse im Unternehmen. In: M. Zölch, A. Mücke, A. Graf & A. Schilling (Hrsg.). *Fit für den demografischen Wandel? Ergebnisse, Instrumente, Ansätze guter Praxis* (S. 133 – 148). Bern: Haupt.

Müller, A. (2024). Faule Deutsche? Die Schweiz gilt weiterhin als Vorbild. *Tagesanzeiger online*, 05.05.2024.

Mürdter, A. & Maucher, D. (2011). *Demografischer Wandel in der Daimler AG Chancen und Nutzen der betrieblichen Gesundheitsförderung*. http://www.google.ch/url?sa=t&rct=j&q=&esrc=s&source=web&cd=2&ved=0CCMQFjAB&url=http%3A%2F%2Fwww.bibb.de%2Fveroeffentlichungen%2Fde%2Fpublication%2Fdownload%2Fid%2F6660&ei=L_UwVdCoBe2p7Aac54GoDA&usg=AFQjCNHVTejWt_tqjWSJK55gYZSvKQaElg; Abfrage am 17.04.2015

Naji, S. (2015). *Führung von Pflegepersonal im Kinderspital – eine Kurzbeschreibung des Vorgehens*. Zürich: Kinderspital Zürich.

Netzwerk für Sozialverantwortliche Wirtschaft (2015). *Jahresbericht 2014*. http://www.nsw-rse.ch/download/Jahresberichte/NSW_Jahresbericht2014finalVersion.pdf; Abfrage am 17.04.2015.

Neuberger, O. (2002). *Führen und Führen lassen*. Stuttgart: Lucius und Lucius.

Newman, S. & Hatton-Yeo, A. (2008). Intergenerational learning and the contributions of older people. *Ageing Horizons*, 8, 31 – 39.

Ng, T. W. H. & Feldman, D. C. (2008). The relationship of age to ten dimensions of job performance. *Journal of Applied Psychology*, 93, 392 – 423.

Nienhüser, W. (1998). *Ursachen und Wirkungen betrieblicher Personalstrukturen*. Stuttgart: Schäffer Poeschel.

Nishii, L. H. & Rich, R. E. (2020). Creating inclusive climates in diverse organizations. *Journal of Organizazional Behavior*, 41 (1), 77 – 91.

Nonaka, I. (1994). A dynamic theory of organizational knowledge creation. *Organization Science*, 5 (1), 14 – 27.

Nübold, A. & Maier, G. W. (2012). Führung in Zeiten des demografischen Wandels. In: S. Grote (Hrsg.). *Die Zukunft der Führung*. Wiesbaden: Springer-Gabler.

OECD (2005). *Definition und Auswahl von Schlüsselkompetenzen. Zusammenfassung*. http://www.oecd.org/pisa/35693281.pdf; Abfrage am 26.6.2015.

Oertel, J. (2022). Baby Boomer und Generation X – Charakteristika der etablierten Beschäftigten-Generationen. In: M. Klaffke (Hrsg.): *Generationen-Management: Konzepte, Instrumente und Best Practices* (S. 15 – 38). Springer.

Oladapo, V. (2014). The impact of talent management on retention. *Journal of business studies quarterly*, 5 (3), 19 – 36.

Olbert-Bock, S. & Bischof, N. (2021). *Interessantes aus der Forschung – eine Kurzübersicht zu zwei Projekten zu späten Karrieren*. St Gallen: FH Ost.

Olbert-Bock, S., Graf, A., Berganovic, N., Dornemann, S., Zölch, M., Giermindl, L. & Diez, J. (2021/im Druck). *Late Careers – Proaktive Gestaltung und Entwicklung von Laufbahnen in Organisationen, HR Dossier*.

Olbert-Bock, S. Cloots, A. & Graf, U. (Hrsg.) (2020). *Innovation im HR und Career Development von Frauen 45+« Unternehmensprozesse und Fördermassnahmen*. St.Gallen: FH Ost.

Olbert-Bock, S., Giermindl, L., Beganovic, N., Graf, A. Zölch, M. & Dornemann, S. (2020). *Investigating stereotypes about older employees and their perception of discrimination in the face of digitalisation*. Full Paper. Hamburg: 36th EGOS Colloquium, Sub theme 62.

Osterheider, F. (2015). Lernen lebenslang – immer besser bleiben. In: W. Widuckel, K. de Molina, M. J. Ringlstetter & D. Frey (Hrsg.). *Arbeitskultur 2020 – Herausforderungen und Best Practices der Arbeitswelt der Zukunft* (S. 445 – 557). Wiesbaden: Springer Gabler.

Overbeck, R. (2024). *Zitat »Das unternehmerische Umfeld …«*. https://www.generationenmanagement.info/zitate, Abfrage am 20.04.2024.

Özcelik, G. (2015). Engagement and Retention of the Millennial Generation in the Workplace through Internal Branding International. *Journal of Business and Management,* 10 (3), 99 – 107.

Pappas, M. A., Demertzi, E., Papagerasimou, Y. et al. (2019). Cognitive-based E-learning design for older adults. *Social Sciences*, 8(1), 6.

Parasuraman, R., Tippelt, R. & Hellwig, L. (2007). Brain, cognition und learning in Adulthood. *Source OECD*, 13, 379 – 423.

Parment, A. (2013). *Die Generation Y. Mitarbeiter der Zukunft motivieren, integrieren, führen.* Wiesbaden: Gabler.

Patterson, C. (2005). *Generational diversity: Implications for consultation and teamwork.* Paper presented at the meeting of the Council of Directors of School Psychology Programs on generational differences, Deerfield Beach, Fla.

Peter, V. & Wohlt, A. (2021). *Kennzahlen zur Demografie der Stadtverwaltung Zürich. Fokus Altersstruktur*. Interner Bericht.

Pichler, S., Kohli, C. & Granitz, N. (2021). DITTO for Gen Z: A framework for leveraging the uniqueness of the new generation. *Business Horizons*. Elsevier.

Poethig, D. (2008). Funktionales vs. kalendarisches Alter. Fraunhofer Forum Leipzig 2008. http://www.age-plus-health.eu/2008/pdf/poethig.pdf; Abfrage am 15.08.2015

Postfinance (2023). Training Concept: CCYP – an excellent training company (15.11.2023). https://www.postfinance.ch/en/blog/pioneer-stories/training-concept-ccyp.html; Abfrage am 11.02.2024.

Prenzel, M. (2000). Lernen über die Lebensspanne aus einer domänenspezifischen Perspektive: Naturwissenschaften als Beispiel. In: F. Achtenhagen & W. Lempert (Hrsg.). *Lebenslanges Lernen im Beruf seine Grundlegung im Kindes- und Jugendalter. Formen und Inhalte von Lernprozessen*. Band IV. (S. 175 – 192). Opladen: Leske und Budrich.

Presse- und Informationsamt der Bundesregierung (2015). http://www.bundesregierung.de/Webs/Breg/DE/Themen/Demografiestrategie/Basis-Artikel/2012-04-18-artikel-top-basis.html; Abfrage am 17.04.2015.

Pümpin, C., Kobi, J.-M. & Wütherich, H. A. (1985). *Unternehmenskultur. Basis strategischer Profilierung erfolgreicher Unternehmen*. Bern: Schweizerische Volksbank.

PWC & HSG (2023). *Fachkräftemangel im öffentlichen Sektor*. https://www.pwc.ch/de/insights/oeffentlicher-sektor/fachkraeftemangel-studie.html; Abfrage 28.02.2024.

PYNHQ (2021). *How different generations feel about remote work*. https://www.pynhq.com; Abfrage am 19.05.2024.

Quarch, C. & König, E. (2013). *Wir Kinder der 80er. Porträt einer unterschätzten Generation*. München: Riemann Verlag.

Randstad Deutschland (Hrsg.) (2018). *Wie wir in Zukunft arbeiten*. https://www.randstad.de/s3fs-media/de/public/2020 -06/randstad-whitepaper-wie-wir-in-zukunft-arbeiten.pdf; Abfrage am 28.06.2021

Randstad (Hrsg.) (2018). *Arbeitsbarometer Q3*. www.randstad.de; Abfrage 10.06.2024.

Rauschenbach, T. (2011). Von Generation zu Generation. Die Bildungsvermittlung im Wandel. In: T. Eckert, A. von Hippel, M. Pietraß & B. Schmidt-Hertha (Hrsg.). *Bildung der Generationen* (S. 237 – 249). Wiesbaden: Springer Fachmedien GmbH.

Regnet, E. (2004). *Karrierentwicklung 40+*. Weinheim: Beltz.

Rioux, L. & Mokounkolo, R. (2013). Investigation of subjective age in the work context: study of a sample of French workers. *Personnel Review*. 42 (4), 372 – 395

Robson, S. M. & Hansson, R. O. (2007). Strategic self development for successful aging at work. *International Journal of Aging and Human Development*, 64, 331 – 359.

Rock, D., Grant, H. & Grey, J. (2016). Diverse teams feel less comfortable — and that's why they perform better. *Harvard Business Review*, https://hbr.org/2016/09/diverse-teams-feel-less-comfortable-and-thats-why-they-perform-better; Abfrage am 20.05.2024.

Rosing, K. & Jungmann, F. (2019). Lifespan perspectives on leadership. In: B. B. Baltes, C. W. Rudolph & H. Zacher (Hrsg.). *Work across the Lifespan* (S. 515 – 532), Elsevier Academic Press.

Roth, W. (2018). *Personalführung in der öffentlichen Verwaltung: Konzeption von Handlungsfeldern einer kompetenzgerechten, generationenübergreifenden Führung*. Z für Gerontologie. https://www.zfg.uzh.ch/dam/jcr:31d6c0e5-3c1f-4598-88cf-2edcb3704619/cas18_roth.pdf; Abfrage am 15.05.2024.

Roth, C., Wegge, J. & Schmidt, K.-H. (2007). Konsequenzen des demografischen Wandels für das Management von Humanressourcen in Organisationen. *Zeitschrift für Personalpsychologie*, 6 (3), 99 – 116.

Rothenmund, K. & Wentura, A. K. (2007). Altersnormen und Altersstereotypen. In: J. Brandtstädter & L. Ulman Lindenberger (Hrsg.). *Entwicklungspsychologie der Lebensspanne* (S. 540 – 569). Stuttgart: W. Kohlhammer Verlag.

Rothermund, K. & Mayer, A.-K. (2009). *Altersdiskriminierung. Erscheinungsformen, Erklärungen und Interventionsansätze*. Stuttgart: Kohlhammer.

Rudolph, C.W. (2016). Lifespan development perspectives on working: A literature review on motivational theories. *Work, Aging and Retirement*, 2, 130 – 158.

Rump, J. & Eilers, S. (2006). *Beschäftigungswirkungen der Vereinbarkeit von Beruf und Familie.* http://sofis.gesis.org/sofiswiki/Besch%C3%A4ftigungswirkungen_der_Vereinbarkeit_von_Beruf_und_Familie_-_auch_unter_Ber%C3%BCcksichtigung_der_demografischen_Entwicklung; Abfrage am 15.08.2015.

Sainger, G. (2018). Leadership in digital age: A study on the role of leader in this area of digital transformation. *International Journal on Leadership*, 6(1), 1 – 6.

Salahuddin, M. M. (2010). Generational Differences Impact on leadership Style and organzational success. *Journal of Diversity Management*, 5 (2), 1 – 6.

Santini, S., Baschiera, B. & Socci, M. (2020). Older adult entrepreneurs as mentors of young people neither in employment nor education and training (NEETs). Evidences from multi-country intergenerational learning program. *Educational Gerontology*, 1 – 20.

Schäfer, H. (2024). Arbeitszeit: Sind die Deutschen arbeitsscheu? *IW-Kurzbericht*, Nr. 21, 18.04.2024. https://www.iwkoeln.de/studien/holger-schaefer-sind-die-deutschen-arbeitsscheu.html; Abfrage am 05.05.2024.

Schäffer, B. (2012). Bildungsanstrengung und ökonomische Verwertbarkeit älterer Arbeitnehmer. In: E. Kistler & H. G. Mendius (Hrsg.). *Demografischer Strukturbruch und Arbeitsmarktentwicklung* (S. 68 – 86). Stuttgart: Fraunhofer-Verlag.

Schaie, K. W. (2005). What can we learn from longitudinal studies of adult intellectual development. *Research in Human Development*, 2, 133 – 158.

Schalk, R., Van Veldhoven, M., De Lange, A.H., De Witte, H., Kraus, K., Stamov-Roßnagel, C., Tordera, N. et al. (2010). Moving European research on work and ageing forward: Overview and agenda. *European Journal of Work and Organizational Psychology*, 19 (1), 76 – 101

Schaper, N. (2009). (Arbeits-)Psychologische Kompetenzforschung. In: M. Fischer & G. Spöttl (Hrsg.). *Forschungsperspektiven in Facharbeit und Berufsbildung. Strategien und Methoden der Berufsbildungsforschung* (S. 91 – 115). Frankfurt: Peter Lang.

Schauer, S. (2006). *Die Bedeutung des »Work Ability Index« für die betriebliche Gesundheitsförderung vor dem Hintergrund des demografischen Wandels*. Personalpolitik bei alternder Belegschaft. In: H. Wächter & D. Sallet (Hrsg.). Personalpolitik bei alternden Belegschaften (S. 62 – 92). München & Mering: Hampp.

Schawbel, D. (2014). *Gen Y and Gen Z Global Workplace Expectations Study.* http://workplaceintelligence.com/geny-genz-global-workplace-expectations-study/; Abfrage am 18.06.2021.

Schein, E. H. (1983). The role of the founder in creating organizational culture. *Organizational Dynamics*, 12 (1), 13 – 28.

Schein, E. H. (1995). *Unternehmenskultur: Ein Handbuch für Führungskräfte*. Frankfurt: Campus.

Scheiwiller, P. (2022a). Fachkräftemangel in der Schweiz. *HR Today*, Heft 3, 18 – 19;

Scheiwiller, P. (2022b). Der Branchen-Report zum Fachkräftemangel – ein kleiner Vorgeschmack. *HR Today*, Heft 6/7, 38.

Scheiwiller, P. (2022c). Der Fachkräftemangel – erste Studienerkenntnisse. HR Today, Heft 9, 32 – 33.

Schieferli, S. (2015). *Welcher Generation gehöre ich an?* Zürich, unveröffentlichtes Trainingsmaterial der Zürcher Kantonalbank.

Schiele, M. (2021): *Arbeitgeberattraktivität in Pflegeberufen – Eine empirische Befragung am Beispiel der Firma compassio*. Eine Kurzbeschreibung. Ulm: compassio GmbH & Co. KG.

Schiefer, G. & Hoffmann, C. (2019). *Lernmotivation und Weiterbildungsbereitschaft älterer Mitarbeiter: Hilfestellung für Führungskräfte im Rahmen agiler Personalführung*. Wiesbaden: Springer.

Schlick, C., Mütze-Niewöhner, S. & Köllendorf, N. (2009). Unterstützung von zukunftsorientierten Unternehmensstrategien durch professionelle Demografie-Beratung. In: P. Speck, (Hrsg.). *Employability Herausforderungen für die strategische Personalentwicklung* (S. 43 – 60), (4., akt. und erw. Aufl.). Wiesbaden: Gabler.

Schmidt, B. (2006). Weiterbildungsverhalten und -interessen älterer Arbeitnehmer. *Bildungsforschung, 3* (2). https://bildungsforschung.org/ojs/index.php/bildungsforschung/article/view/33/31; Abfrage am 18.06.2015.

Schmidt, B. & Tippelt, R. (2005). Was wissen wir über Lernen im Unterricht? *Zeitschrift für Pädagogik*, 3 (5), 6 – 11.

Schmidt, B. & Tippelt, R. (2009). Bildung Älterer und intergeneratives Lernen. *Zeitschrift für Pädagogik*, 55 (1), 73 – 90.

Schmitt, M. (2015). Innovationskultur – Grundlage einer zukunftsfähigen Arbeitskultur. In: W. Widuckel, K. de Molina, M. J. Ringlstetter & D. Frey (Hrsg.). *Arbeitskultur 2020 – Herausforderungen und Best Practices der Arbeitswelt der Zukunft* (S. 74 – 87). Wiesbaden: Springer Gabler.

Schmitz, U. & Eberhardt, D. (2017). Führungskultur auf dem Prüfstand. *HR Today*, Heft 11.

Schnetzer, S., Hamoek, K. & Hurrelmann, K. (2023). *Jugend in Deutschland – Trendstudie 2023 mit Generationenvergleich.* Datajockey Verlag, Kempten. https://simon-schnetzer.com/jugend-in-deutschland-2023-mit-generationenvergleich/; Abfrage 10.06.2024.

Schofield, C. P. & Honoré, S. (2009). *Generation Y: Inside Out.* Ashridge Business School.

Scholz, C. (2018). Generation Y plus Generation Z. *Human Resources Manager*. https://www.humanresourcesmanager.de/news/eine-neue-generation-betritt-den-arbeitsmarkt-die-generation-z.html; Abfrage am 18.06.2021.

Schröder, M. (2023). Work Motivation Is Not Generational but Depends on Age and Period. *Journal of Business and Psychology*. https://doi.org/10.1007/s10869-023-09921-8, Abfrage am 24.04.2024

Schroeder, T. & Macamo, A. (2019). *Führungskräfte und Mitarbeitende im Vergleich: Arbeitszufriedenheit, psychische Gesundheit und die Rolle unterschiedlicher Anforderungen und Ressourcen*. Verfügbar unter https://shorturl.at/3tVZz; Abfrage am 12.05.2024.

Schroth, H. (2019). Are you ready for Gen Z in the workplace? *California Management Review*, 61(3), 5 – 18.

Schudy, C. & Wolff, M. (2014). Herausforderung Generation Y – Erfolgreich Nachwuchskräfte gewinnen. *Zeitschrift für Organisation*, 83 (2), 97 – 102.

Schulz, A. (2009): *Strategisches Diversitätsmanagement. Unternehmensführung im Zeitalter der kulturellen Vielfalt*. Wiesbaden: Gabler.

Schulze, D. (2012). *Innerbetrieblicher Wissenstransfer*. Vortrag am Forschungsinstitut Betriebliche Bildung, TU Dresden.

Schweizerischer Berufsverband der Pflegefachfrauen und Pflegefachmänner (2011). *Professionelle Pflege der Schweiz – Perspektive 2020*. Positionspapier des Schweizer Berufsverband der Pflegefachfrauen und Pflegefachmännern. Bern.

Schweizerische Eidgenossenschaft (2017). *Fachkräfteinitiative – Monitoring Bericht 2017*; Bericht des Bundesrates. Bern: Berichtsdokumentation.

Schweizerische Eidgenossenschaft (2018). *Schlussbericht zur Fachkräfteinitiative – Bericht des Bundesrates*. Bern: Berichtsdokumentation.

Schweizerische Eidgenossenschaft (2022). *Bericht des Bundesrates, Monitoring 2022*. https://www.newsd.admin.ch/newsd/message/attachments/74355.pdf; Abfrage am 28.02.2024.

Seeber, K. (2010). Führungskräfte besser ausgebildet, »Seilschaften« wichtig. *Wirtschaft & Weiterbildung*, 20(6), 56 – 58.

Seitz, Y. (2018/2021). *Speed-Dating der Generationen und 380° Feedback*. Interne Dokumentation der Axa Winterthur.

Semmer, N. & Richter, P. (2004). Leistungsfähigkeit, Leistungsbereitschaft und Belastbarkeit älterer Menschen (Ageing employees: performance capacity, performance readiness, and resilience). In: M. v. Cranach, H.-D. Schneider, E. Ulich & R. Winkler (Hrsg.). *Ältere Menschen im Unternehmen* (S. 95 – 116). Bern: Haupt.

Seong, J. Y. & Hong, D. S. (2018). Age diversity, group organisational citizenship behaviour, and group performance: Exploring the moderating role of charismatic leadership and participation in decision-making. *Human Resource Management Journal*, 28, 621 – 640.

Shore, L. M. & Cleveland, J. N. & Goldberg, C. B. (2003). Work Attitudes and Decisions as a Function of Manager Age and Employee Age. *Journal of Applied Psychology*, 88 (3), 529 – 537.

Siebert, H., & Seidel, E. (1990). *SeniorInnen studieren – eine Zwischenbilanz*. Bielefeld: Bertelsmann.

Sinclair, A. J., Doelle, M. & Gibson, R. B. (2022). Next generation impact assessment: Exploring the key components. *Impact Assessment and Project Appraisal, 40* (2), 95 – 108.

Singh, S., Thomas, N. & Numbudiri, R. (2021). Knowledge sharing in times of a pandemic: An intergenerational learning approach. *Knowledge Process Management*, 1 – 12.

Snape, E. & Redman, T. (2003). Too old or too young? The impact of perceived age discrimination. *Human Resource Management Journal*, 13, 78 – 89.

Sousa, I. C. & Ramos, S. (2019). Longer working lives and age diversity: A new challenge for HRM. *European Journal of Management Studies*, 24(1), 21 – 44.

Sousa, I. C., Ramos, S. & Carvalho, H. (2020). Retaining age-diversity workforce through HRM: The mediation of work engagement and affective commitment. *German Journal of Human Resource Management*, 1 – 27.

Sparta, K. (Produzent). (2012). *The Workshop Leader's Ressource Podcast: Training to Different Generations with Yvonne F. Brown* [Audio Podcast]. http://www.workshopleadersresource.com/2010/01/08/training-to-different-generations-with-yvonne-f-brown; Abfrage am 14.06.2015, [Aus: *Professional Safety*, S. 44, März 2012].

Sparta, K. (2009). *Trainingsansätze für die Generationen*. Wiesbaden: Springer.

Spengler, A. (2009). *Altersgemischte Belegschaften und ihr Einfluss auf den Betriebserfolg*. Symposium »Wirtschaftspolitische Herausforderungen des demografischen Wandels«. Berlin, 26.–27. Februar 2009.

Spitzer, M. (2003). *Lernen. Gehirnforschung und die Schule des Lebens*. Korr. Heidelberg: Spektrum.

Staatssekretariat der Wirtschaft Seco (2018). *Pressemitteilung*. https://www.seco.admin.ch/seco/de/home/seco/nsb-news.msg-id-68542.html; Abfrage am 27.07.2018.

Stalder, H. (2016). Europäer arbeiten immer länger. https://www.nzz.ch/schweiz/rentenalter-in-europa-europaeer-arbeiten-immer-laenger-ld.112010; Abfrage am 25.08.2018.

Statista (2024a). *Arbeitslosenquote in Deutschland 1950 – 2023*. https://de.statista.com/statistik/daten/studie/1127090/umfrage/arbeitslosenquote-der-bundesrepublik-deutschland/; Abfrage am 22.03.2024.

Statista (2024b). *Statistiken zur Bevölkerung der Schweiz*. https://de.statista.com/themen/3906/bevoelkerung-in-der-schweiz/#topicOverview; Abfrage am 03.05.2024.

Statistisches Bundesamt (2019). *Bevölkerung im Wandel – Annahmen und Ergebnisse der 14. Koordinierten Bevölkerungsvorausberechnung*. Wiesbaden: Statistisches Bundesamt.

Staudinger, U. M. & Baumert, J. (2007). Bildung und Lernen jenseits der 50: Plastizität und Realität. In: P. Gruss (Hrsg.). *Die Zukunft des Alterns. Die Antwort der Wissenschaft*. (S. 240 – 257). München: Verlag C. H. Beck.

Stegh, W. & Ryschka, J. (2019). *Führen von Jung und Alt*. Berlin, Heidelberg: Springer.

Steinmann, B., Steidelmüller, C. & Thomson, B. (2020). Führungsverhalten als Schlüsselfaktor für arbeitsbezogene Anforderungen und Ressourcen und die psychische Gesundheit der Beschäftigten. In: BAuA (Hrsg.): *Stressreport 2019, Psychische Anforderungen, Ressourcen und Befinden* (S. 118 – 126). Dortmund: Bundesanstalt für Arbeitsschutz und Arbeitsmedizin.

St-Hilaire, W. G. A. & Toure, E. H. (2010). Babyboomers and New Practices In: Human Capital Management. *Journal of Global Business Administration*, 2 (1), 71 – 83.

Swiss Re Milizpreis. (2018). http://www.swissre.com/corporate_responsibility/Swiss_Re_Milizpreis_2017.html; Abfrage am 27.07.2018.

Swissstaffing (2009). *Die Schweizer Unternehmen zwischen Globalisierung, Personenfreizügigkeit und demografischem Wandel*. Arbeitspapier der Swissstaffing.

Tamm, B. (2022). *Gesundheitsfördernde Führung*. NOVAcura. https://econtent.hogrefe.com/doi/pdf/10.1024/1662-9027/a000140; Abfrage am 12.05.2024

Tavolato, P. (2016). *Aktives Generationenmanagement. Ressourcen nutzen – Mitarbeiter führen – Teams entwickeln*. Stuttgart: Schaeffer-Poeschel.

Tempel, J. & Ilmarinen, J. (2013). *Arbeitsleben 2015. Das Haus der Arbeitsfähigkeit im Unternehmen bauen.* Hamburg: VSA Verlag.

Tempest, S., Barnatt, C. & Coupland, C. (2002). Grey advantage – new strategies for old. *Long Range Planning*, 5, 475 – 492.

Tinh, N. H., Trai, D. V., Trang, N. T. T., et al. (2023). Knowledge transfer and succession process in small family businesses. https://www.researchgate.net/publication/374783919_Knowledge_transfer_and_succession_process_in_small_family_businesses; Abfrage am 10.05.2024.

Thoma, C. (2011). Generationen-sensible Personal- und Karriereentwicklung – Lebenslanges Lernen fördern. In: M. Klaffke (Hrsg.). *Personalmanagement von Millennials. Konzepte, Instrumente, Good-Practice-Ansätze* (S. 165 – 179). Springer Fachmedien Wiesbaden: Gabler.

Thrasher, G. R., Biermeier-Hanson, B. & Dickson, M. W. (2020). Getting old at the top: The role of agentic and communal orientations in the relationship between age and follower perceptions of leadership behaviors and outcomes. *Work, Aging and Retirement*, 6(1), 46 – 58.

Tietgens, H. (1992). Zum Vermittlungsprozess zwischen Altersforschung und Erwachsenenbildung. In: W. Saup (Hrsg.). *Bildung für ein konstruktives Altern* (S. 11 – 36). Frankfurt: Pädagogische Arbeitsstelle des Deutschen Volkshochschulverbandes.

Tippelt, R. (2010). *Bildung Älterer. Ergebnisse aus der EdAge-Studie*. https://www.yumpu.com/de/document/view/8121407/bildung-alterer-ergebnisse-aus-der-edage-studie-edage-dgwf; Abfrage am 19.05.2015.

Tolbize, A. (2008). *Generational differences in the workplace*. University of Minnesota.

Towers Watson (2012/2013). *Arbeitgeberattraktivität – Ergebnisse der Towers Watson Global Workforce Study*. https://docplayer.org/17829736 – Global-workforce-study.html; Abfrage am 15.07.2021.

Towers Watson (2014). *Global Workforce Study – at a glance.* http://www.towerswatson.com/en/Insights/IC-Types/Survey-Research-Results/2014/08/the-2014 – global-workforce-study; Abfrage am 14.06.2015

Troger, H. (2019). *Stärkenorientierter Personaleinsatz.* Springer. https://link.springer.com/chapter/10.1007/978-3-658-24437-8; Abfrage 10.06.2024.

Turk, V. (2017). *Understanding Generation Alpha*. Hotwire Consulting: UK. https://www.hotwireglobal.com/generation-alpha; Abfrage 10.06.2024.

Uhl, K. (2024). *Arbeitshilfe – durch Wissenstransfers implizites Wissen sichtbar machen.* Zürich.

Ulich, E. (1994). *Arbeitspsychologie*. Stuttgart: Schäffer-Poeschel.

Ulrich, D. (1999). *Das neue Personalwesen: Mitgestalter der Unternehmenszukunft*. München: Hanser.

Ulrich, D. & Brockbank, W. (2005). *The HR Value Proposition*. Harvard Business School Press.

Van Knippenberg, D. & Schippers, M. C. (2007). Work group diversity. *Annual Review of Psychology*, 58, 515 – 541.

Veldhoven, M. v., Dorenbosch, L. (2008). Age, practivitiy and career development. *Career Development International*, 13 (2), 112 – 131.

Verworn, B. (2012). Einstellungen gegenüber älteren Beschäftigten. *Gruppendynamik & Organisationsberatung*, (43), 413 – 425.

Veth, K. N., Korzilius, H. P. L. M., Van der Heijden, B. I. J. M., Emans, B. J. M. & De Lange, A. H. (2019). Which HR practices enhance employee outcomes at work across the life-span? *The International Journal of Human Resource Management*, 30(19), 2777 – 2808.

Virtual Vocations (2019). *Virtual Vocations uncover how Millenials, Gen-Xers, and Baby-Boomers telework*. https://www.prweb.com/releases/virtual-vocations-uncovers-how-millennials-gen-x-ers-and-baby-boomers-telework-815341494.html; Abfrage am 19.05.2024.

Vygotsky, L. S. (1997). Collected works of L. S. Vygotsky. In: R. W. Rieber (Hrsg.). Vol. 4. *The history of the development of higher mental functions*. New York/London: Plenum Press.

Wallin, M. (2015). Age Management at workplaces. *African Newsletter, Vol. 25(2)*, 32 – 36.

Wallin, M. & Hussi, T. (2011). *Best practices in Age Management, Evaluation of organisation cases*. Final report. Työtervaislaitos.

Walser, G. (2015). *LIFT – eine Chance für Jugendliche, Schulen und Wirtschaft*. http://jugendprojekt-lift.ch/was-ist-lift; Abfrage am 17.04.2015.

Warner, J. & Sandberg, A. (2010). *Generational Leadership*. http://www.kiwata.com/pdf/Generational-Leadership.pdf; Abfrage am 15.08.2015.

Watzlawick, P. (2000). *Anleitung zum Unglücklichseln*. (20. Aufl.) München: Piper Verlag.

WBF Kommunikationsdienst des Eidgenössischen Departements für Wirtschaft, Bildung und Forschung. (2015). https://www.wbf.admin.ch/de/themen/bildung-forschung-innovation/fachkraefteinitiative; Abfrage am 17.04.2015.

Weibler, J. (2012). *Personalführung*. (2. Aufl.), München: Vahlen.

Wenke, D. (2001). *Generationen und ältere Arbeitnehmer: Herausforderungen und Perspektiven für die Personalpolitik*. Wiesbaden: Gabler Verlag.

Whitmore, J. (2002). *Coaching for performance: GROwing people, performance and purpose*. London: National Book Network.

WHO World Health Organization. (2015). http://www.who.int/occupational_health/5keys_healthy_workplaces.pdf; Abfrage am 17.06.2015.

Widuckel, W., De Molina, K., Ringelstetter. M. J. & Frey, D. (Hrsg.). (2015). *Arbeitskultur 2020, Herausforderungen und Best Practices der Arbeitswelt der Zukunft*. Wiesbaden: Springer Fachmedien.

Willemse, I., Waller, G., Genner, S., Suter, L., Oppliger, S., Huber., A.-L. & Süss, D. (2014). *JAMES. Jugend, Aktivitäten, Medien – Erhebung Schweiz*. Zürich: Zürcher Hochschule für angewandte Wissenschaften.

Winkler, R. (2008). Von der Frühverrentung zum langen Erwerbsleben: Rentenalter 70 als Perspektive. *Schweizer Arbeitgeberverband*, 22, 2 – 5.

Wittkopf, K. (2023). *Effektiver Umgang mit den Generationen Babyboomer, X, Y und Z in einem Unternehmen: Eine literaturbasierte Analyse verschiedener Möglichkeiten für den Umgang mit generationenübergreifenden Teams*. Hochschule für Angewandte Wissenschaften. https://opus4.kobv.de/opus4-haw/files/3795/I001517113Abschlussarbeit.pdf; Abfrage am 17.05.2024.

Wöhrmann, A. M. & Brauner, C. (2020). Zahlen, Daten, Fakten. In: BAuA (Hrsg.). *Stressreport 2019, Psychische Anforderungen, Ressourcen und Befinden* (S. 63 – 70). Dortmund: Bundesanstalt für Arbeitsschutz und Arbeitsmedizin.

Woodfield, P. J. & Husted, K. (2022). Sharing knowledge across generations and its impact on innovation. *Wine Business Journal*, 5(1), 88 – 103.

Woolf, L. (2015). *Aging Quiz*. http://www2.webster.edu/~woolflm/myth.html; Abfrage am 11.05.2015.

Wymann (2014). *Ressourcen und Potenziale älterer Mitarbeitender erschließen*. IAP Fachtagung »Lebenslanges Lernen«. Zürich, 30. Juni 2014.

Yandrapalli, V. (2023). Revolutionizing supply chains using the power of generative AI. *International Journal of Research Publication and Reviews*, 4(1), 2349 – 4891.

York, A. & Zinkula, J. (2023): *Künstliche Intelligenz könnte die Übernahme der Generation Z beschleunigen*. www.businessinsider.de/karriere/international-career/kuenstliche-intelligenz-beschleunigt-uebernahme-der-generation-z/; Abfrage am 12.06.2024.

Zalcman, S., Stanton, L. & Grampp, M. (2023). *Swiss GenZ Millennial Survey 2023*. Deloitte. https://www2.deloitte.com/content/dam/Deloitte/ch/Documents/human-capital/deloitte-ch-en-swiss-genz-millennial-survey-2023.pdf; Abfrage 10.06.2024.

Zölch, M. & Mücke, A. (2018). *Personalmanagement demografiegerecht gestalten*. Stuttgart: Kohlhammer.

Zölch, M., Mücke, A., Graf, A. & Schilling, A. (2021). *Demografiefitness*. https://www.demografiefitness.ch; Abfrage am 14.07.2021.

Zukunftsinstitut (2021). *Generation Z: Mental Imbalance Youth*. https://www.zukunftsinstitut.de/zukunftsthemen/generation-z-mental-imbalance-youth; Abfrage am 22.03.2024.

Zukunftsinstitut (2024). *Die Megatrends*. https://www.zukunftsinstitut.de/zukunftsthemen/megatrends; Abfrage am 10.03.2024.

Zukunftsmodelle der SB. (2014). http://www.vslf.com/uploads/media/D_GAV_d.pdf; Abfrage am 16.04.2015.

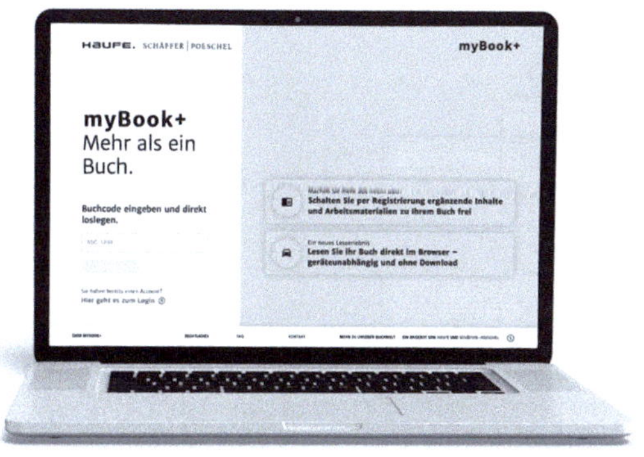

Ihre Online-Inhalte zum Buch: Exklusiv für Buchkäuferinnen und Buchkäufer!

- **https://mybookplus.de**
- Buchcode: **XTO-90639**

PI13717855
9788564